DICTIONNAIRE CYNOLOGIQUE

COMPRENANT

L'HISTOIRE DU CHIEN

SON ANATOMIE

AINSI QUE LA DESCRIPTION, LE DIAGNOSTIC
LE TRAITEMENT DE SES MALADIES ET LE MODE D'EMPLOI DES MÉDICAMENTS
DESTINÉS A LES COMBATTRE

SUIVI

D'un formulaire pharmaceutique spécial
à la médecine canine

Par E. DAUTREVILLE (O. ❁ A.)

PHARMACIEN DE PREMIÈRE CLASSE
EX-INTERNE DES HOPITAUX DE PARIS, EX-PHARMACIEN DE L'ÉCOLE VÉTÉRINAIRE D'ALFORT
LAURÉAT DE LA SOCIÉTÉ ZOOLOGIQUE D'ACCLIMATATION DE FRANCE
DE L'ACADÉMIE NATIONALE AGRICOLE
DE LA SOCIÉTÉ CENTRALE POUR L'AMÉLIORATION DES RACES CANINES EN FRANCE
DE LA SOCIÉTÉ PROTECTRICE DES ANIMAUX
(MÉDAILLE DU MINISTÈRE DE L'AGRICULTURE), ETC., ETC.

Et E. CLÉMENT

ANCIEN PROFESSEUR A L'ÉCOLE VÉTÉRINAIRE D'ALFORT

> Le chien, indépendamment de la beauté de la
> forme, de la vivacité, de la force, de la légèreté,
> a par excellence toutes les qualités intérieures qui
> peuvent lui attirer les regards de l'homme.
>
> BUFFON.

CORBEIL
IMPRIMERIE CRÉTÉ.

1887

DICTIONNAIRE CYNOLOGIQUE

COMPRENANT

L'HISTOIRE DU CHIEN

SON ANATOMIE

AINSI QUE LA DESCRIPTION, LE DIAGNOSTIC

LE TRAITEMENT DE SES MALADIES ET LE MODE D'EMPLOI DES MÉDICAMENTS

DESTINÉS A LES COMBATTRE

SUIVI

D'un formulaire pharmaceutique spécial
à la médecine canine

Par E. DAUTREVILLE (O. ⚜ A.)

PHARMACIEN DE PREMIÈRE CLASSE

EX-INTERNE DES HOPITAUX DE PARIS, EX-PHARMACIEN DE L'ÉCOLE VÉTÉRINAIRE D'ALFORT

LAURÉAT DE LA SOCIÉTÉ ZOOLOGIQUE D'ACCLIMATATION DE FRANCE

DE L'ACADÉMIE NATIONALE AGRICOLE

DE LA SOCIÉTÉ CENTRALE POUR L'AMÉLIORATION DES RACES CANINES EN FRANCE

DE LA SOCIÉTÉ PROTECTRICE DES ANIMAUX

(MÉDAILLE DU MINISTRE DE L'AGRICULTURE), ETC., ETC.

Et E. CLÉMENT

ANCIEN PROFESSEUR A L'ÉCOLE VÉTÉRINAIRE D'ALFORT

> Le chien, indépendamment de la beauté de la
> forme, de la vivacité, de la force, de la légèreté,
> a par excellence toutes les qualités intérieures qui
> peuvent lui attirer les regards de l'homme.
>
> BUFFON.

CORBEIL

IMPRIMERIE CRÉTÉ.

1887

AVERTISSEMENT

De toutes les régions du globe, l'Angleterre, l'Allemagne et la France sont, sans contredit, celles où l'élevage des animaux de l'espèce canine est l'objet des soins les plus intelligents, et des efforts les plus soutenus. La France, en particulier, par ses expositions canines annuelles, par la voie d'une presse spéciale, et par les traités publiés sur le chien, a puissamment contribué non seulement à faire aimer ce sympathique et intéressant animal, mais encore à le perfectionner dans ses formes, et à développer ses précieuses qualités.

Bien que les ouvrages traitant du chien soient nombreux, je publie avec confiance ce *Dictionnaire cynologique*. Il présente l'avantage de mettre à la disposition des propriétaires un manuel essentiellement pratique, dont l'arrangement facilitera et simplifiera les recherches.

Ancien pharmacien de l'École d'Alfort, je dirige une officine fondée vers la fin du siècle dernier par *Lebas*, dont les préparations vétérinaires spéciales jouissent d'une légitime réputation. Si maintenant on considère, d'abord, que mon savant ami, M. Clément, ancien professeur à l'École vétérinaire d'Alfort, a bien voulu me prêter le concours de ses connaissances spéciales, ensuite, que mes relations avec les hommes de l'art et les propriétaires sont journalières, nos échanges d'observations incessants; on comprendra que mon livre soit appelé à être très favorablement accueilli, et à rendre de sérieux services.

Le *Dictionnaire cynologique* que j'offre aujourd'hui au public n'est pas un traité exclusif de pathologie, pas plus qu'un livre spécial de thérapeutique; c'est plutôt, je le répète, un manuel dans lequel les personnes étrangères à la science trouveront, indépendamment de la nourriture à choisir pour le chien et des soins à lui donner, le diagnostic des maladies et indispositions les plus communes dont il peut être atteint; la façon de la traiter, et les meilleures formules de médicaments qui leur sont applicables.

Afin de compléter autant que possible l'histoire de cet animal, j'ai cru devoir, au mot chien de mon livre, en donner les caractères zoologiques en même temps qu'un résumé très complet d'anatomie et de physiologie et, de plus, les règles applicables à ses reproduction, hygiène, dressage; et à la détermination de son âge. Les discussions théoriques en ont été soigneusement écartées; tout y est pratique, et, surtout, exposé aussi clairement et intelligiblement que possible, sans la moindre prétention. Il s'adresse, d'ailleurs, principalement aux praticiens qui consultent plutôt les données positives de la saine observation, que les visées de la théorie.

De même que pour le *Traité de pharmacie vétérinaire*, j'ai adopté, pour mon nouvel ouvrage, la forme de dictionnaire, si précieuse pour la facilité des recherches.

Mon *Dictionnaire cynologique* se termine par un petit formulaire disposé, comme lui, dans l'ordre alphabétique. Il donne tous les renseignements relatifs aux propriétés des médicaments, et aux doses qu'il convient d'adopter, soit pour l'administration, soit pour les préparations des produits pharmaceutiques composés. Les meilleures formules à choisir y sont indiquées, ainsi que tout ce qui est relatif à l'emploi des médicaments simples ou composés.

E. DAUTREVILLE.

DICTIONNAIRE CYNOLOGIQUE

ABATAGE. — Action de détruire, de tuer certains animaux dangereux ou nuisibles, ou dont on ne peut plus tirer aucun service, soit en raison du contagium ou de l'incurabilité des maladies dont ils sont atteints, soit à cause de leur vieillesse et des nombreuses infirmités qui en sont fatalement les conséquences.

L'abatage, selon les cas qui le réclament, peut être prescrit et imposé par l'autorité administrative, ou bien il est simplement facultatif.

Toutes les fois qu'un animal, cheval ou chien, par exemple, est atteint d'une maladie réputée contagieuse et absolument incurable, telles que la morve, la rage, etc., il y a lieu d'appliquer la mesure de police sanitaire qui en ordonne l'abatage. L'occision, alors, est obligatoire, et nul n'a le droit ni de s'y soustraire, ni même de l'ajourner.

Dans les cas, au contraire, beaucoup plus nombreux, de vieillesse extrême ; d'infirmités plus ou moins graves déterminées par l'âge ; d'affections cancéreuses, etc., l'abatage est facultatif : il dépend exclusivement de la volonté du maître auquel appartient l'animal. Souvent encore, on se défait du malade par simple mesure hygiénique, quand ce n'est pas par pitié pour le patient.

Les procédés d'occision varient selon les animaux. On a surtout recours, pour sacrifier les sujets de petite taille, à la pendaison, à la noyade et à l'empoisonnement.

De ces trois modes d'exécution, l'empoisonnement est, tout à la fois, et le plus expéditif, et le moins répugnant. C'est aussi celui qui est le plus fréquemment mis en usage, lorsqu'on a les moyens et la faculté de faire son choix, et de se procurer un agent rapidement toxique. A défaut de poison, on pourrait en appeler au révolver.

En présence d'un chien enragé en proie à des accès de rage, la prudence la plus vulgaire exige que l'on se serve de tout ce qui peut tomber sous la main pour le détruire sur place immédiatement, ou le mettre, au moins, hors d'état de causer des malheurs toujours, ou presque toujours, irréparables, sauf à l'achever un peu plus tard. Ici, l'hésitation n'est pas permise.

ABCÈS. — **Définition.** — L'*abcès* est un amas de pus dans une cavité accidentelle, creusée au sein d'un tissu quelconque de l'organisme, et souvent aux dépens de l'un et de l'autre.

Division des abcès d'après leur siége. — Tous les organes, de même que tous les tissus, externes ou internes, peuvent devenir le siége d'un ou de plusieurs abcès. De là la distinction qui en est faite en *abcès superficiels*, et en *abcès profonds*. Les premiers sont généralement plus fréquents que les seconds.

Division des abcès d'après leur nature. — Envisagés au point de vue de leur nature, les abcès se divisent encore en *abcès chauds*, *phlegmoneux* ou *aigus*, et en *abcès froids*.

Causes. — Il n'est pas rare de voir des abcès se déclarer spontanément et sans cause appréciable. Le plus ordinairement les abcès superficiels, surtout, sont le résultat de contusions, de coups plus ou moins violents, de meurtrissures. Un état maladif particulier, une mauvaise constitution, etc., peuvent aussi en provoquer ou favoriser la formation, même sous l'influence d'une cause insignifiante en apparence.

1º **Symptômes.** — **Abcès chauds** ou **phlegmons.** — Ces sortes d'abcès succèdent toujours à une inflammation aiguë du tissu cellulaire.

Au début, on ne constate qu'une tumeur peu saillante, mais très sensible, très douloureuse, chaude, tendue, et circonscrite par un empâtement œdémateux. Sa surface reflète une couleur rouge plus ou moins vive ou foncée qu'il est toujours facile de distinguer chez les sujets dont la peau offre une teinte blanche ou légèrement grisâtre. A cette période, la plus faible compression exercée sur cette tumeur, le simple contact du doigt, suffisent quelquefois pour arracher des cris plaintifs au malade.

Plus tard, ces premiers symptômes s'affaiblissent graduellement, peu à peu, et finissent par s'évanouir : c'est ce qui a lieu lorsque la peau, considérablement amincie vers le sommet de l'abcès, et sur lepoint de s'ouvrir, permet à l'explorateur de percevoir un mouvement sensible de fluctuation dans l'intérieur de la poche. Il suffit pour s'en assurer de toucher légèrement, d'une main, l'un des points de la circonférence de la tumeur, et de comprimer, de l'autre, par petites saccades, sa partie culminante.

Traitement. — Les phlegmons, et en particulier ceux qui sont superficiels, cèdent généralement aux soins les plus simples et les plus vulgaires.

La première indication à remplir, est de chercher à calmer la sensibilité et la douleur dont ils sont le siège. A cet effet, on recouvre les tumeurs de larges cataplasmes émollients, tantôt laudanisés, tantôt saupoudrés de camphre à leur surface ; on peut aussi les enduire d'embrocations faites avec la pommade de peuplier, l'huile camphrée, ou le baume tranquille. A la campagne, loin de toute pharmacie, on les charge souvent, et d'une manière très économique, de pulpes anodines de feuilles de belladone, stramoine, jusquiame, etc.

Au bout de quelques jours, si le pus tarde à se former, il est bon d'en hâter la sécrétion par l'emploi des maturatifs, tels que l'onguent de la Mère, par exemple. L'onguent vésicatoire ferait merveille dans ce cas ; mais, chez le chien, on s'exposerait, par son application même en couche très mince, à des accidents d'une très grande gravité, cet animal ayant l'habitude fâcheuse de se lécher partout où il souffre.

Dès que l'abcès est arrivé à maturité, la ponction se commande d'elle-même. Elle doit être pratiquée à la base de la tumeur par une incision verticale aussi étendue que possible, afin de favoriser l'écoulement du pus d'une manière continue, jusqu'à l'occlusion complète de la cavité purulente.

La ponction opérée, on reconnaît que l'on a affaire à un phlegmon simple, lorsque le pus qu'il secrète est de *bonne nature*, c'est-à-dire crémeux, blanc, ou légèrement jaunâtre, homogène, et sans odeur sensible. Les qualités opposées annoncent un abcès de *mauvaise nature*.

Le phlegmon, une fois vidé, ne réclame plus que l'emploi des émollients et des soins de propreté.

On traite de la même manière les abcès profonds, avec cette différence qu'on ne doit pas attendre, pour les ouvrir, que le pus s'y soit amassé en grande quantité. L'hésitation ou le retard, ici, est dangereux, en ce qu'il peut en résulter soit des décollements sous-cutanés, toujours graves en eux-mêmes, soit des fusées d'une guérison toujours difficile. Les ponctions d'essai, ou ponctions préventives, sont alors de rigueur.

2° Abcès froids. — Les *abcès froids* sont ceux qui se forment avec lenteur, et presque toujours sans occasionner de douleur. On les observe principalement dans les régions où abondent les ganglions lymphatiques. Généralement multiples, ils sont, pour cette raison, d'un volume d'autant plus petit, qu'ils sont plus nombreux. Leur marche est essentiellement chronique.

Ils se présentent sous forme de tumeurs superficielles, molles, indolentes le plus souvent, sans teinte particulière, fluctuantes, et dépourvues de la ceinture ferme et rénitente qui caractérise les abcès chauds.

Traitement. — On pourrait ouvrir les abcès froids en se servant du bistouri; mais comme ce procédé favorise la formation de trajets fistuleux, d'ulcères cutanés, accidents rebelles à la guérison, il est préférable d'attaquer la peau à l'aide d'un agent caustique, ou, ce qui vaut mieux encore, en se servant d'un cautère à pointe effilée, qu'on chauffe à la température rouge.

Le pus fourni par les abcès froids est toujours séreux, et souvent d'une odeur forte et repoussante, surtout lorsqu'il est d'ancienne formation.

Si la poche, après la ponction, se montrait rebelle à la cicatrisation, on se trouverait très bien, pour l'activer, d'injections iodées, qu'on aurait soin de répéter plus ou moins fréquemment, selon les besoins. La liqueur de Villate pure donne aussi d'excellents résultats. Il est quelquefois utile de l'étendre d'eau.

ACNÉ. — **Définition**. — Maladie cutanée, sorte de dartre pustuleuse affectant les follicules sébacés.

Siège. — L'*acné*, assez fréquente chez le chien, se développe dans toutes les régions où les follicules sébacés sont nombreux, et, en particulier, au sternum, sur le ventre, plus rarement sur les autres parties du corps.

Division. — Quoique cette affection se présente ordinairement sous la *forme chronique*, il peut arriver, cependant, que le vétérinaire soit appelé au moment où elle ne fait que commencer, c'est-à-dire lorsqu'elle est encore *franchement inflammatoire*; mais il en est rarement ainsi.

Symptômes. — L'acné est caractérisée par des pustules isolées qui passent facilement du rouge vif au rouge violacé, en même temps qu'elles déterminent des démangeaisons d'une extrême violence. Une fois que l'inflammation est éteinte, on ne tarde pas à voir succéder à la dessiccation qui la remplace des taches purpurines, des indurations tuberculeuses, de petites cicatrices, et très souvent des *tannes*, ou petites tumeurs produites par la sécrétion folliculaire qui les remplit et les distend.

Traitement. — 1° **État aigu.** — A une certaine époque, on a traité l'acné par les antipsoriques, parce qu'on en faisait remonter l'origine à l'*acarus folliculorum*. Il est démontré aujourd'hui que cet insecte y est absolument étranger.

Les bains de son employés dès le début de la maladie ; l'amidon en poudre répandu sur la peau, et, mieux, les lotions anodines préparées avec feuilles de belladone, de stramoine, de jusquiame ; les tisanes de douce-amère, etc., suffisent, le plus souvent, pour éteindre ou, au moins, pour calmer le prurit et amener la guérison. Plus tard, si le mal ne cède ni aux émollients ; ni aux anodins, les bains de Barèges et les badigeons à la glycérine iodée, ou à la teinture d'iode pure, sont les agents les plus efficaces auxquels on puisse avoir recours pour en triompher.

2° **État chronique.** — Arrivée à cette période, l'acné résiste presque toujours au traitement simple qui précède. Il est à peu près inutile d'y avoir recours.

Beaucoup de praticiens, dans les cas absolument invétérés, conseillent de cautériser les parties malades en se servant d'acide azotique dilué ; de solutions faibles de sublimé corrosif, ou de tout autre agent minéral caustique. Mais, outre que ces substances demandent beaucoup de prudence dans leur application, nous avons la certitude que la teinture d'iode, plus facile à manier, les remplace très avantageusement, et par conséquent mérite la préférence.

Les purgatifs laxatifs administrés de temps en temps, et avec ménagement, sont de puissants auxiliaires de la médication externe. On fera bien de ne pas les négliger.

ACROBUSTITE. — **Définition.** — Propre au chien mâle, l'*acrobustite* est une maladie inflammatoire, dont le siège occupe toute la face interne du prépuce en même temps que la partie superficielle du pénis qu'il recouvre.

Causes. — L'âge avancé des animaux; une mauvaise constitution coïncidant avec une maigreur extrême; un délabrement général compliqué souvent d'une maladie de la peau plus ou moins ancienne et invétérée; le coït des rues rendu ordinairement pénible et difficile par les tracasseries des passants, des enfants principalement, telles sont les causes les mieux connues de cette affection.

Division. — L'acrobustite peut être *aiguë* ou *chronique*.

1º Symptômes. — Type aigu. — Le fourreau, quoique un peu tuméfié à sa partie antérieure, est à peine sensible au toucher; par contre, la muqueuse, assez fortement teintée de rouge, est recouverte d'un enduit généralement abondant de matière purulente. Au début de l'inflammation, la miction difficile ne s'effectue jamais sans douleur, et l'urine ne s'échappe que goutte à goutte, ou sous la forme d'un filet mince et saccadé; plus tard, surtout vers la fin du premier septénaire, entre deux émissions, on voit très souvent un pus jaunâtre, ou légèrement verdâtre, s'accumuler à l'orifice du fourreau, jusqu'à en agglutiner les bords en se concentrant.

2º Type chronique. — Sous cette forme particulière, la tuméfaction et la sensibilité de l'organe malade, à l'extérieur, sont encore moins prononcées que dans le type aigu. D'autre part, le fourreau, à son ouverture, est presque toujours obstrué et agglutiné par un pus, ordinairement sanieux, dont la couleur verdâtre et l'abondance se prononcent d'autant plus que le mal est plus ancien.

La muqueuse préputiale, mise à découvert, présente, çà et là, tantôt des ulcérations, tantôt des polypes. Ces derniers, toutefois, sont généralement plus rares que les premières, et d'un faible développement.

Traitement. — 1º Acrobustite aiguë. — Nettoyer à fond le fourreau par des lavages fréquents, ou par des injections à l'eau émolliente, est la première des mesures qu'il convient de prendre. Mais, dans le cas où la maladie daterait de plusieurs jours déjà, il serait utile de faire succéder aux soins de propreté, *ad libitum*, ou des injections vineuses légèrement alunées; ou des injections de sulfate de zinc, de liqueur de Villate convenablement étendue; ou bien, enfin, des décoctions d'écorce de chêne, etc., etc.

2º Arobustite chronique. — Ici encore, dans l'acrobustite chronique, tout aussi bien que dans le type aigu, il importe, avant de procéder au traitement curatif, de bien déterger le fourreau. Les soins de propreté ont une efficacité des plus heureuses, dont on aurait tort de se priver. Cela fait, on a recours aux injections astringentes souvent répétées; et, si les effets s'en font attendre, on les remplace par des solutions rendues légèrement caustiques à l'aide d'acide chlorhydrique, de vinaigre, d'eau phagédénique, de liqueur de Villate, d'azotate d'argent, etc., etc. Rebelle de sa nature, l'acrobustite chronique l'est davantage, lorsqu'elle se complique d'ulcères ou de polypes.

Les ulcères ne cèdent qu'à l'action des caustiques, tels que les crayons de nitrate d'argent ou de sulfate de cuivre, qu'on promène plusieurs fois, et plusieurs jours de suite, à leur surface. On obtient aussi de bons efforts de l'acide chlorhydrique, de la liqueur de Villate pure, etc., dont on imbibe légèrement un pinceau de charpie pour en rendre l'application plus facile.

Quant aux polypes, ils s'excisent avec les ciseaux courbes. Cette opération, extrêmement simple et d'un succès à peu près certain, laisse ordinairement après elle une plaie saignante, mais qui n'offre rien d'inquiétant. On en obtient promptement la cicatrisation, en la touchant avec l'un des caustiques liquides ou solides ci-dessus indiqués, et en procédant de la même manière.

De légers purgatifs, sagement administrés, de temps à autre, procurent au malade un bien-être général, dont profitent largement, tout à la fois, et le traitement local, et la marche du malade vers la guérison.

AGE. — **Définition**. — Dans son acception générale et commune à tous les êtres organisés, l'*âge* est le temps qui s'est écoulé depuis la naissance.

Considérations générales. — Les animaux domestiques de toutes les espèces et de toutes les races donnent lieu, dans certaines régions, généralement, à un commerce souvent important et si étendu, qu'il constitue, en leur faveur, une véritable source de richesse et de prospérité. Ce fait est particulièrement vrai, au moins, en ce qui concerne ceux d'entre eux qui, définitivement entrés en possession de la plénitude de leurs forces physiques en même temps que de leurs facultés instinctives, se trouvent prêts, pour cela, à partager immédiatement les travaux de l'homme, et à devenir, pour lui, en s'y associant, de précieux collaborateurs.

Les différents sujets mis en vente sont loin, toutefois, d'avoir sur les marchés la même valeur commerciale ; il n'est pas rare non plus d'y rencontrer nombre d'individus de la même race, sinon de la même famille, que l'on prise avec des écarts d'une exagération souvent si surprenante, qu'ils étonnent, tant ils paraissent, tout d'abord, ou inexplicables ou injustifiés. C'est, en effet, que, si parfaits qu'ils soient tous, ils ne le sont pas en tout, et surtout au même degré.

Trois considérations principales contribuent puissamment à donner de la valeur aux animaux dans les pays de production et d'élevage : celle de la race à laquelle ils appartiennent ; celle de la beauté de leurs formes ; et celle de l'âge qu'ils ont atteint.

Des trois questions qui précèdent, la dernière, l'âge du chien est celle à laquelle va être consacré ce chapitre qui en porte la rubrique, chacune des deux autres ayant sa place ailleurs.

Au seul point de vue de l'âge, toutes choses égales d'ailleurs, étant donnés deux sujets d'une même race, ou d'une même famille, personne n'ignore que partout on établit prudemment une notable différence entre celui qui, à ses qualités originelles, ajoute la jeunesse comme appoint, et l'autre dont l'*état civil* témoigne ostensiblement d'un plus grand nombre d'années. Personne non plus n'ignore, en effet, qu'avec le premier, on a une perspective de bons et durables services ; tandis qu'avec le second, on ne doit s'attendre qu'à un travail médiocre, et, inévitablement, de courte durée.

La question d'âge, dans l'achat des animaux domestiques destinés au travail, est donc une de celles dont la solution s'impose d'une manière tout à fait impérieuse, comme c'est aussi une de celles qui exigent l'examen le plus minutieux, une de celles, en un mot, sur lesquelles on ne saurait avoir des idées ni trop nettes, ni trop claires, ni trop solidement établies.

De l'âge d'après les caractères extérieurs. — Y a-t-il lieu de consulter les caractères extérieurs du chien afin d'en connaître l'âge ?

Étant donné un sujet de l'espèce canine : qu'on l'observe avec l'attention la plus scrupuleuse depuis sa naissance jusqu'à son extrême vieillesse, en notant même, un à un, les changements saisissables *de visu* et palpables qui s'opéreront en lui dans l'intervalle de ces deux dates extrêmes ; que, dans ce travail expérimental, par exemple, on ne vise que ses formes extérieures, et qu'en dernière analyse, on compare l'animal à lui-même, aux différentes phases de son existence, c'est-à-dire le sujet adulte

au jeune sujet, le chien devenu vieux au chien dans toute sa force
et sa vigueur ; on ne commettra jamais la faute de confondre les
caractères présentés par l'adulte avec ceux de l'enfance, pas
plus qu'on ne confondra la vieillesse avec l'âge adulte. Mais,
quelque solidement assise que puisse paraître l'appréciation de
l'observateur, en pareille circonstance, et quelque précise que soit
la formule de son jugement, on s'aperçoit bientôt que ni l'une
ni l'autre ne s'appuient réellement sur aucune base sérieuse ; et
il n'est pas difficile de constater, sans parti pris, qu'on n'y
trouve rien, aucune indication absolument significative, aucun
renseignement sur l'âge même probable du sujet en question.

De l'âge d'après l'appareil dentaire. — Ce grave inconvénient méritait bien qu'on s'en occupât, et qu'on trouvât le
moyen de le tourner victorieusement.

C'est ce à quoi sont enfin arrivés depuis longtemps les hommes
spéciaux, en s'adressant, comme ils ont su le faire, cette fois, à un
appareil unique qui a l'avantage de parler aux yeux d'une manière toujours intelligible, régulière, surtout plus complète que les
seuls changements extérieurs incapables, tous, sans exception,
de fournir autre chose que des données vagues et nécessairement insuffisantes.

Aujourd'hui, en fait de saine pratique, de tous les appareils à
consulter, le seul qui se recommande aux acheteurs, au cas particulier où il ne s'agit que de la constatation de l'âge, non pas du chien
exclusivement, mais en général de tous les mammifères domestiques, c'est assurément l'*appareil dentaire*, ou l'ensemble des dents.

Tout aussi bien que les grands organes tant extérieurs qu'intérieurs, les dents, elles aussi, changent et se modifient sous l'influence du temps et du travail dont les a chargées la nature ; et
présentent, sous ce rapport, avec les premiers et les seconds, l'analogie la plus évidente et la plus complète. Mais ce en quoi elles sont
supérieures, dans leurs changements, aux caractères extérieurs,
c'est que, lorsque les organes extérieurs, ou plutôt l'habitude extérieure des animaux ne s'altère qu'avec une lenteur extrême, peu
à peu, d'une manière insidieuse, souvent à peine, sinon difficilement appréciable, les dents, au contraire, subissent graduellement, par l'usure journalière qui s'en fait, des modifications
parfaitement saisissables, et partant éminemment propres à indiquer le passage d'une année à l'autre, c'est-à-dire l'âge à toutes
ses phases, exactement comme le font les aiguilles d'une hor-
loge qui marquent les heures sur le cadran.

Appareil dentaire. — Chez le chien, l'appareil dentaire se compose de 42 dents, distinguées en *incisives, crochets et molaires*. Sur ce nombre, 20 appartiennent à la mâchoire supérieure, et les 22 autres garnissent la mâchoire inférieure. En histoire naturelle ce fait s'exprime par la formule suivante, ou symbole, appelée, à cause de cela, *formule dentaire* :

molaires : $\frac{6}{7}\frac{6}{7}$, six supérieures, sept inférieures ; crochets $\frac{1}{1}\frac{1}{1}$,

et incisives $\frac{6}{6}\frac{6}{6}$, supérieurs et inférieurs en nombre égal.

Le nombre des dents du chien ne varie que dans des cas extrêmement rares.

A la naissance de cet animal, l'une et l'autre mâchoire sont presque toujours armées de toutes leurs dents. Ces dernières portent alors le nom de *dents de lait*, ou mieux de dents *caduques* en raison de ce qu'elles commencent à s'ébranler et tombent d'elles-mêmes peu de temps après la période de la lactation, pour faire place à de nouvelles dents, celles-ci appelées *dents de remplacement, dents persistantes*, parce que, une fois développées, elles ne sortent de l'alvéole, et ne se détachent que par l'effet d'un accident, ou de leur usure définitive.

Notons, comme détail, que les incisives caduques sont plus petites que leurs remplaçantes ; en outre, qu'elles sont toujours, quoique juxtaposées, assez écartées les unes des autres pour ne se toucher jamais.

Incisives. — La formule dentaire $\frac{6}{6}\frac{6}{6}$ indique douze incisives, six à chaque mâchoire, où elles forment la partie antérieure et convexe de l'une et l'autre arcade. Les deux du milieu, placées en manière de clef de voûte, sont désignées sous le nom de *pinces*. On appelle *mitoyennes* celles qui les touchent immédiatement à droite et à gauche, et *coins* les deux dernières. Celles-ci terminent l'arcade en lui servant de base ou point d'appui.

Dans ces deux séries, les dents ne présentent entre elles ni la même grosseur, ni la même longueur, soit qu'on compare les incisives supérieures aux inférieures, soit qu'on les compare entre elles dans l'une ou l'autre des mâchoires prise isolément. Eu égard au premier cas, les incisives supérieures se montrent constamment plus grosses que les inférieures ; et, dans le second, il est facile de constater que des pinces aux coins, elles augmentent visiblement de grosseur et de largeur.

Toutes les incisives, sans exception, ont leur bord libre ou tranchant divisé en trois lobes d'inégal volume; dans toutes, le lobe médian est plus fort que les deux latéraux. Cette disposition festonnée particulière les fait ressembler assez bien à un *trèfle*, ou mieux à la partie supérieure d'une *fleur de lis*.

Crochets. — *Les crochets*, *crocs*, *lanières*, *canines*, comme on les appelle encore, sont au nombre de quatre, un sur chacune des quatre branches maxillaires, soit deux en haut et deux en bas. C'est ce qu'exprime d'ailleurs parfaitement leur formule dentaire représentée par les deux signes fractionnaires $\frac{1}{1}\,\frac{1}{1}$.

Singulièrement remarquables déjà par le volume et la longueur considérables qui les caractérisent, les crocs le sont encore par la solidité de leur implantation dans l'alvéole dentaire, où ils s'engagent profondément.

Ainsi que nous l'avons fait remarquer à l'égard des incisives, les crocs supérieurs, eux aussi, sont plus forts que les inférieurs.

Molaires ou **Mâchelières**. — On compte 26 molaires : 12 à la mâchoire supérieure, soit 6 sur chacune de ses branches; et 14 à l'inférieure, 7 pour la branche droite, 7 pour la branche gauche. L'expression fractionnaire $\frac{6}{7}\,\frac{6}{7}$ est le symbole qui représente leur formule spéciale.

Essentiellement différentes les unes des autres sous le double rapport de la forme et du volume, les dents molaires forment deux groupes parfaitement distincts : *les petites* ou *fausses molaires*, et *les grosses molaires*.

Chacune des branches du maxillaire supérieur est garnie de six molaires, dont *les trois premières*, plus petites que les trois autres, constituent *les fausses molaires*.

En ce qui regarde les molaires du maxillaire inférieur, ici au nombre de sept de chaque côté, ce sont *les quatre premières* qui forment *les fausses molaires*, avec cette particularité que *la quatrième*, dite encore *carnassière*, diffère de ses trois congénères qui la précèdent, par deux pointes tranchantes dont elle est pourvue.

Dans les deux mâchoires, la supérieure et l'inférieure, les trois premières molaires sont aiguës, à un seul lobe et tranchantes; les grosses molaires sont, au contraire, tuberculeuses. — Enfin, comme dernier caractère distinctif, toutes les fausses molaires sont *caduques*.

Pour compléter la description qui précède, nous ajouterons que, au point de vue de l'anatomie spéciale de toutes les dents sans distinction, on leur considère trois parties : *une partie libre*, ou *table dentaire*; un *étranglement* correspondant au bord alvéolaire, appelé *col* ou *collet*; et une troisième partie, *la racine*, beaucoup plus développée que la partie libre et creusée, de plus, d'une cavité qui s'oblitère au bout de peu de temps. C'est à l'aide de la racine que la dent se fixe dans la mâchoire.

De ces trois parties, la table seule se modifie avec les mois et les années d'une manière généralement régulière. Il suit de là que, seule aussi, cette table mérite d'être consultée, lorsqu'on veut connaître l'âge des animaux en s'appuyant sur les indications précises qu'on en tire. Il y a un cas, cependant, où les renseignements qu'elle fournit peuvent quelquefois donner lieu à des erreurs, c'est celui, par exemple, où l'usure de l'arcade dentaire s'est opérée dans des conditions exceptionnellement anormales, sous l'influence d'une alimentation mal surveillée.

En anatomie, on donne le nom d'*usure* des dents à l'altération plus ou moins complète de la table dentaire; et on appelle *rasement* la disparition ou effacement total de sa forme spéciale et caractéristique.

Détermination de l'âge du chien par l'usure des dents. — Trois âges, comme on sait, se partagent la vie totale du chien : 1° l'*âge de l'enfance* et *celui de la jeunesse*, correspondant ensemble à la période de la croissance; 2° l'*âge adulte*, période où toutes les fonctions vitales, par l'état d'équilibre dont elles jouissent, mettent la machine vivante en possession de tous ses moyens d'action; 3° l'*âge de la vieillesse*, dernière phase de la vie, pendant laquelle l'organisme se détériore, se dégrade tous les jours un peu, et arrive à la mort après avoir passé par la décrépitude.

Les dents que le chien apporte en naissant sont appelées *dents de lait* ou *caduques*. Celles qu'il conserve pendant toute la durée de sa jeunesse, et celles de l'âge adulte et de la vieillesse, ont reçu le nom de *dents persistantes* ou de *remplacement*; nous l'avons déjà dit plus haut.

A chacune de ces trois phases correspondent trois états différents présentés par les dents qui, de ce fait, et eu égard à leur évolution d'abord, à leur usure graduée ensuite, deviennent les agents révélateurs de l'âge, c'est-à-dire du passage d'une première série de mois à une autre série, d'une année à celle qui vient immédiatement après.

Ages indiqués par les dents de lait. — Le chien naît, ordinairement, avec toutes ses dents de lait. S'il arrive, par hasard, que quelques-unes soient en retard, elles ne tardent pas à opérer leur évolution et à venir compléter l'arcade dentaire. Cette dernière, lorsqu'elle est au complet, compte douze incisives, quatre crochets, et seulement douze molaires.

C'est à partir de la naissance du chien, jusqu'à six ans inclusivement, qu'on peut seulement déterminer son âge d'une manière à peu près certaine, pour ne pas dire certaine et même précise, comme on va le voir.

De quatre à deux mois, les pinces et les mitoyennes caduques se déchaussent les premières et tombent pour être remplacées, presque immédiatement, par les persistantes.

De cinq à huit mois a lieu, d'une manière successive, la chute de toutes les autres dents caduques, et leur remplacement dans le même ordre. La *denture* de *nouvelle formation* est alors définitivement terminée.

Ages indiqués par les dents persistantes. — *A un an*, les deux arcades ou râteliers dentaires sont au grand complet ; le chien a refait ses dents, et *sa gueule est fraîche*, pour nous servir d'une expression vulgaire bien connue. Molaires, canines, incisives, tant supérieures qu'inférieures, toutes, sans exception, sont entières, intactes, sans aucune apparence d'usure, et, par dessus tout, d'une remarquable et éclatante blancheur.

A 15 mois, un commencement d'usure se manifeste aux pinces inférieures. Malgré cette altération, la blancheur de l'appareil dentaire n'a encore rien perdu de sa pureté primitive.

A 2 ans, les lobes du bord libre de ces mêmes pinces sont complètement rasés ou nivelés.

A 2 ans et demi, ce sont les mitoyennes inférieures qui succèdent aux pinces dans leur altération, et qui commencent à s'user à leur tour.

A 3 ans, leur rasement est complet, et l'on peut constater déjà, sur les pinces supérieures, les premières traces de leur déformation ; d'autre part, les incisives en général, et les crocs se ternissent d'une manière sensible.

A 3 ans et demi, 4 ans, les pinces supérieures ont définitivement rasé, et le râtelier dentaire ne reflète plus qu'une teinte d'un blanc sale. La gueule a perdu, à tout jamais, sa fraîcheur.

A 4 ans, les mitoyennes supérieures sont rasées ; une couleur jaune ou noire s'est, en outre, répandue sur les dents des deux mâchoires, supérieure et inférieure, et les crocs sont déjà altérés.

A 5 ans, les coins des arcades incisives ont opéré leur rasement, pendant que, de leur côté, les pinces et les mitoyennes se sont détériorées d'une manière plus complète par continuation d'usure, en devenant, en même temps, plus ternes qu'elles n'étaient dans l'âge précédent. Les crochets et les coins commencent à jaunir à la base.

A 6 ans, on peut s'assurer facilement que les crochets et les coins se sont émoussés et usés sur toutes les surfaces de frottement en se teintant d'un reflet jaune prononcé.

A partir de 6 ans révolus, il n'existe plus de caractères assez certains, ni d'indices assez précis pour qu'ils puissent guider l'observateur dans la recherche de l'âge du chien. Désormais, les données qui se présentent, si tant est qu'on en rencontre, ne sont toutes que des données vagues, et, pour cette raison, souvent insidieuses.

Cependant, il est bon et utile de faire observer : 1° qu'à 6 ans, les incisives, avec les progrès de l'âge, s'effacent de plus en plus jusqu'à se niveler avec les gencives, ou à peu près ; qu'elles se cassent fréquemment chez les chiens qui mangent beaucoup d'os, et deviennent ainsi inégales et très irrégulières ; qu'elles se recouvrent d'une couche épaisse de tartre à leur base ; enfin qu'elles se colorent quelquefois en noir ;

2° Qu'à 7 ou 8 ans, les poils commencent à grisonner autour du nez, des yeux, sur le front et sur la face ;

3° Qu'à 10, 11 ou 12 ans, les yeux perdent leur vivacité expressive ;

4° Que, plus tard encore, le dos se dépouille souvent d'une partie de ses poils pour se couvrir d'un roux-vieux tenace et très difficilement curable.

Tout ce que nous venons de dire des renseignements fournis par l'évolution et la chute des dents de lait, l'évolution et l'usure des remplaçantes, est absolument exact, étant donnée, bien entendu, une race unique de chiens chez laquelle rien ne vient contrarier la marche régulière des différentes phases de la vie, ainsi que des fonctions physiologiques. Mais, car il y a des mais pour toutes choses, même en ce qui concerne la détermination de l'âge appliquée au chien, mais pour que la denture de cet animal marque avec précision, il est indispensable qu'aucune influence anormale n'intervienne pour la modifier, soit en plus, soit en moins, dans les changements successifs par lesquels elle passe.

Dans l'état actuel des choses, deux raisons principales s'opposent à ce qu'on prenne, comme rigoureusement, absolument vraies, les données de l'appareil dentaire : d'abord, la multiplicité des races dans l'espèce canine ; ensuite, les différences que présente, dans son application, le régime alimentaire.

Avec la multiplicité des races, coïncide dans chacune d'elles, en ce qui regarde la dureté des dents, une inégalité souvent des plus considérables. De là, et comme conséquence obligée, lorsque, chez les unes, cette dureté est très grande et l'usure dentaire lente à se produire ; chez les autres, elle offre beaucoup moins de résistance, au point que c'est exactement l'effet contraire qui a lieu quelquefois.

Quant au rôle particulier que, de son côté, remplit le régime alimentaire, je ne dirai pas au point de vue de son influence physiologique sur la constitution générale qui n'a rien à voir dans cette question, mais bien à l'égard du rasement ou des altérations autres qu'il fait subir aux dents quelles qu'elles soient ; il n'est que vrai de dire qu'il est des plus frappants dans ses résultats immédiats. C'est ainsi que chez les chiens qui rongent habituellement des os, les dents se détériorent inévitablement vite et très vite ; tandis que chez ceux auxquels on n'en donne jamais, ou presque jamais, elles rasent invariablement en suivant la marche régulière que nous venons de faire connaître.

AGGRAVÉE. — ENGRAVÉE. — Définition. — On désigne sous le nom d'*aggravée* l'inflammation du tissu éminemment vasculaire qui recouvre et tapisse la surface profonde de l'épiderme presque corné dont est revêtue la sole du chien.

Causes. — L'aggravée, très fréquente chez les chiens de chasse, est presque toujours, pour eux, la conséquence forcée de courses prolongées et fatigantes sur les guérets couverts de chaume, ou sur les terrains en pente durs et cailouteux, particulièrement lorsqu'ils sont rendus brûlants, les uns et les autres, par l'action d'un soleil ardent. On doit encore l'attribuer à la marche, même de courte durée, sur les chemins couverts de petits glaçons, comme on en voit se former si souvent après un demi-dégel ; et, en toute saison, au travail sur les routes ordinaires, lorsqu'on exige du chien attelé, par exemple, à une petite voiture chargée, un déploiement de vigueur et d'efforts qui l'épuisent autant par leur durée que par leur violence, quand ils sont au-dessus de ses moyens.

Symptômes. — Cette affection est d'un diagnostic aussi simple que facile. Les pattes sont tuméfiées, chaudes, sensibles et douloureuses. Dans ce cas, non seulement le malade ne marche qu'avec la plus grande hésitation, lorsqu'il essaie de le faire; mais il arrive encore, quelquefois, qu'il peut à peine se tenir debout. Il n'est pas rare, non plus, de trouver l'épiderme plantaire usé et aminci au point de laisser voir la couleur rouge vif des tissus enflammés, et de rendre tout déplacement impossible.

Plus tard, pour peu que l'on apporte de négligence à soigner le patient, les tubercules du pied se crevassent, suppurent ou deviennent le siège d'abcès multiples qui, si l'on n'y prend garde, peuvent amener des décollements de la peau, la chute des ongles, et, ce qui est plus grave encore, des accidents gangréneux, la plupart du temps, absolument ou à peu près irrémédiables.

Ordinairement le chien, quand l'aggravée est intense, en proie à une fièvre ardente, refuse toute nourriture pour n'accepter que les boissons. Ce symptôme n'a rien qui doive surprendre.

Traitement. — Cette maladie, attaquée au moment même où elle débute, ne présente aucune gravité. Elle ne consiste encore, en effet, qu'en une sorte de meurtrissure pure et simple, facilement curable, des tissus sus-épidermiques. Dans le plus grand nombre des cas, on se contente alors, pour en avoir raison, de laisser le chien au repos pendant quelques jours; de lui faire prendre des bains froids; et d'envelopper les pattes de compresses qu'on arrose, suivant les indications, soit de solutions astringentes aux sulfates de fer, de zinc, etc., ou à l'extrait de Saturne, soit de décoctions d'écorce de chêne, de brou de noix, etc.

Mais, lorsque l'aggravée se complique d'abcès, de décollements, ou bien encore, ce qui est heureusement plus rare, de gangrène plus ou moins imminente, le traitement doit être nécessairement beaucoup plus énergique. On ne peut, en effet, remédier aux abcès que par la ponction; aux décollements que par le débridement de la peau; et à la gangrène menaçante que par la scarification des parties malades, toutes opérations sanglantes. Les plaies qui en résultent sont ensuite pansées avec les teintures d'aloès, d'arnica, de myrrhe, etc., les vins aromatique, de gentiane, de quinquina, etc.

ALBUGO. — **Taie, Nuage de la cornée, Leucôme, Néphélion**.

Définition. — L'*albugo* consiste en une tache ou sorte de nuage, de couleur blanche, qui se développe entre les lames de la cornée lucide (vulgairement la *vitre de l'œil*), et en altère la transparence.

Causes. — Parmi les causes susceptibles de donner naissance à cette affection, il convient de placer, en première ligne : les coups portés sur le globe de l'œil ; l'irritation résultant de la présence de corps étrangers entre les paupières ; les inflammations dont la conjonctive peut être atteinte spontanément.

En tout cas, et quel que soit le point de départ de l'albugo, ce mal tout particulier n'offre aucun des caractères de l'inflammation franche. Il n'est réellement que le produit de l'immobilisation, par concrétion, des matières albuminoïdes qui se sont infiltrées dans l'épaisseur même du tissu de la cornée transparente.

Le *leucome*, que l'on confond quelquefois avec l'albugo, ne lui ressemble sous aucun rapport. Il est invariablement, en effet, le résultat de la cicatrisation de la cornée lucide, à la suite d'une plaie dont cette membrane a été le siège. On en a la preuve dans les caractères physiques de la tache qui, non seulement est superficielle, ridée et luisante, mais encore quelquefois dure et épaisse, comme le sont la plupart des cicatrices.

Symptômes. — On reconnaît l'albugo à ce qu'il se présente sous forme d'une tache mate, comme crayeuse, assez bien circonscrite, et généralement plus blanche et plus opaque au centre qu'à la circonférence.

Avec une taie peu développée, et assez mince pour être transparente, l'animal voit assez clair pour se guider facilement.

Division. — L'albugo se distingue en *Al. récent*, et en *Al. ancien*. Ce n'est guère que pour ce dernier que l'on consulte le vétérinaire.

Traitement. — On obtient de bons effets, au début de la maladie, de l'emploi des antiphlogistiques ; des lotions d'eau de guimauve ; des compresses imbibées de décoctions anodines aux têtes de pavots. A son déclin, on les remplace par les collyres rendus légèrement astringents à l'aide du sulfate de zinc. Ils en accélèrent singulièrement la guérison.

Si l'albugo est ancien, on a recours aux insufflations d'alun calciné ; de sucre candi ; de sulfate de zinc ; de sel ammoniac, les uns et les autres, réduits en poudre fine. L'eau blanche, instillée sous les paupières, est également d'un excellent usage.

La cautérisation avec le crayon de nitrate d'argent, ou avec la simple solution de ce sel faite soit au vingt-cinquième, soit au cinquantième, suivant les cas, est encore un moyen héroïque qu'on ne saurait trop recommander, surtout quand l'albugo a de la tendance à s'étendre sur toute la cornée.

En résumé, un traitement rationnel et sagement dirigé triomphe fréquemment de l'albugo récent ; l'albugo ancien se montre, au contraire, assez souvent rebelle, voire même incurable.

ALIMENT. — **Définition**. — **L'**_aliment_, ou _substance alimentaire_, peut être défini tout ce qui nourrit. C'est une substance qui, introduite dans l'appareil digestif, chez l'homme, ou les animaux, en favorise le développement ; y entretient la vie ; et, par les éléments assimilables qu'elle fournit au sang, permet au fluide nutritif de réparer les pertes de l'organisme.

De tous les animaux que l'homme a soumis à la domesticité, le chien et le porc sont les seuls qui soient _omnivores_, c'est-à-dire dont la nourriture se compose, indépendamment de substances animales, de la plupart des substances végétales qu'on sert sur nos tables ; de tout ce qui, le repas terminé, est encore mangeable, etc. Les autres, tels que le cheval, le bœuf et le mouton, se nourrissent presque exclusivement d'herbes vertes ou sèches, et sont, pour cette raison, qualifiés d'_animaux herbivores_.

Nous n'avons donc, en ce qui regarde le chien, à nous occuper, ici, que des aliments empruntés au règne animal, et de quelques rares produits seulement du règne végétal.

Il va sans dire que le chapitre restreint que nous consacrons à leur étude ne peut s'en occuper que d'une manière très sommaire ; et qu'il n'insistera que sur les points qui intéressent exclusivement l'amateur du chien, au point de vue de l'hygiène de cet animal.

1° Les substances, tirées du _règne animal,_ qui forment habituellement la base de la nourriture du chien sont : la chair musculaire commune, ou viande de la dernière catégorie ; les tête, panse et tripes de mouton ; tous les restes de cuisine ; les os plus ou moins secs ou charnus provenant des dessertes ; les débris de volaille et de gibier ; la viande de cheval, lorsqu'on peut s'en procurer facilement ; tous aliments, sans exception, sustentifiques au premier chef.

2° Les aliments d'_origine végétale_ comprennent en première ligne : le pain de froment, de dernière qualité, et les pains préparés avec les farines d'orge, de seigle ou d'avoine ; en seconde ligne : les pommes de terre, et, avec elles, les haricots, le riz, les légumes, etc., qui n'ont pas été entièrement consommés à la table des maîtres de la maison. Les aliments de cette seconde catégorie sont généralement des éléments sustentifiques d'un ordre inférieur.

Outre ces agents alimentaires dont la nutritivité est absolue, quoiqu'à des degrés différents, les deux règnes animal et végétal en fournissent quelques autres encore, mais formant classe à part, en raison de ce qu'on ne saurait réellement les assimiler à ceux dont il vient d'être question plus haut. Leur rôle, en effet, dans les phénomènes de la nutrition générale, n'a été établi d'une manière rigoureuse, ni chimiquement, ni expérimentalement. Tout ce que l'on sait, à leur égard, c'est qu'ils ne semblent pas concourir au développement des appareils organiques.

Ces agents particuliers, connus sous le nom de *principes immédiats des animaux et des végétaux*, sont : tous les corps gras en général (graisses et huiles grasses) ; l'amidon ou fécule ; les sucres divers ; les gommes ; les corps spiritueux ou odorants.

Comme on a pu déjà le remarquer, nous n'avons fait figurer dans nos trois catégories d'aliments que les substances d'un usage rigoureusement journalier ; mais nous serions incomplets, si nous n'ajoutions pas aux produits animaux, en particulier, le lait et le lait de beurre ; les œufs, qui, quoique plus rarement employés, sont, dans plus d'une circonstance, impérieuse ou non, mis aussi à contribution avec grand avantage.

Nutritivité des divers aliments. — Envisagées comparativement au point de vue de la puissance alibile qui les caractérise : les substances animales occupent, sans conteste, le premier rang ; les produits végétaux tiennent le second ; tandis que les corps gras, les féculents, les sucres, etc., sont relégués au troisième. Nous l'avons déjà fait pressentir plus haut.

Cette division en trois catégories distinctes est scientifiquement basée sur la présence ou l'absence, et, en outre, sur les proportions plus ou moins élevées de l'élément azote, présence, absence, ou proportions, constatées chimiquement chez les corps appartenant à chacun de ces groupes. Ce sont les aliments d'origine animale qui sont les plus riches en azote ; les aliments végétaux viennent après eux ; et comme on ne trouve pas d'azote, à l'analyse, dans les principes immédiats sucrés, amylacés, gras, gommeux etc., c'est à cause de cela qu'ils forment un groupe à part, parfaitement distinct. Ils ne sont que les auxiliaires des premiers.

Ces considérations établies, si l'on cherche actuellement à se rendre compte des effets produits, sur l'organisme, par ces matières de composition très différente; on constate, sans peine, que les *azotés animaux* sont à peu près les seules substances nutritives qui possèdent réellement la faculté d'entretenir la vie, la force et l'énergie dans les organes, en même temps que l'intégrité de leurs fonctions.

Les *azotés végétaux*, le fait est indiscutable, et le pain de froment avant tous les autres, jouent également le même rôle, celui d'agents essentiellement revivifiants; ils contribuent, on ne saurait le mettre en doute un instant, pour une certaine part à la nutrition organique; néanmoins, d'une nutritivité sensiblement inférieure, au moins en ce qui concerne le chien, animal essentiellement carnivore, ils sont inférieurs aussi en action, sur lui, aux azotés d'origine animale.

Quant aux aliments de la troisième catégorie, dépourvus d'azote, comme nous venons de le dire, ils semblent presque exclusivement destinés à entretenir la respiration pulmonaire et à subvenir, en partie, à ses besoins, et aussi à produire la chaleur animale. Nous venons de dire *presque exclusivement*. Dans l'état actuel de la science, tout porte à croire, en effet, qu'ils ne sont pas complètement étrangers à l'assimilation ou nutrition générale. Tel est le pourquoi de leur dénomination d'aliments respirateurs.

En résumé: il n'y a donc que les produits azotés qui soient capables de maintenir un équilibre régulier entre la constitution chimique des organes et leurs fonctions; de même qu'il n'y a qu'eux qui, pour ce motif, méritent réellement le nom sous lequel on les désigne, celui d'aliments *plastiques* ou *réparateurs*. Nous allons, d'ailleurs, essayer de le faire comprendre dans les quelques lignes qui suivent.

Pour se faire une idée aussi nette que possible du grand travail de la nutrition, il faut que l'on sache bien que, chez l'homme et les animaux, les appareils organiques sont de véritables machines, comparables, jusqu'à un certain point, aux machines ou instruments mécaniques, dont nous nous servons journellement pour nos besoins industriels particuliers. La ressemblance dans l'agencement des pièces n'est pas contestable. Elle ne l'est pas non plus dans les altérations que leur fonctionnement leur inflige d'une manière fatale. A l'instar des machines proprement dites, le temps et le travail aidant, nos organes s'usent et s'épuisent effectivement comme elles, sans s'arrêter jamais dans le mouvement de dégradation qui les entraîne.

Mais ici s'arrête l'analogie. En continuant la comparaison, on ne constate plus que des dissemblances. Lorsqu'une machine essentiellement matérielle et inerte, par nature, est assez détériorée pour ne pouvoir plus fonctionner que difficilement, on la réforme afin de la réparer; puis on la remet en état. Souvent même on la remplace. Rien de semblable à l'égard des appareils organiques. Ils ne peuvent, eux, avant d'entrer en réparation, attendre que leur usure, ne fût-elle que partielle, soit plus ou moins avancée. Il est essentiel, pour que la vie ne s'y éteigne pas, que leur constitution chimique demeure constamment et invariablement la même.

Or, et cela se voit clairement dès à présent : si, dans le repos tout aussi bien que dans l'action, dans le sommeil comme dans la veille, la dégradation organique marche et ne s'arrête jamais; il importe qu'il en soit de même pour la nutrition ou réparation. En deux mots, et en d'autres termes, pour une molécule qui se dégrade, se détache de l'organe auquel elle appartient, et disparaît, il doit en arriver immédiatement une autre destinée à prendre sa place; à se fixer au même organe; et à réparer sa dégradation.

Ainsi s'explique le fonctionnement incessant, ininterrompu, sans chômage, sans que l'homme et l'animal en aient conscience, de l'influx nerveux, de la respiration, de la circulation, et finalement de l'assimilation, depuis l'heure de la naissance, jusqu'à l'heure de la mort. Ainsi s'expliquent aussi les dangers auxquels se trouve exposée la vie, lorsque l'une ou l'autre de ces importantes fonctions primordiales subit le moindre temps d'arrêt; ne fût-il que de quelques minutes, quelquefois même de quelques secondes.

Une dernière différence à signaler encore : c'est toujours la main de l'homme qui intervient dans la restauration de la machine qu'il a fabriquée; c'est au contraire la nature seule, ou mieux, ce sont les organes seuls qui réparent les détériorations qu'ils subissent. Ils s'usent, et ils se refont d'eux-mêmes.

Mais pour qu'elle puisse répondre, en tout point, aux besoins de l'organisme, il ne suffit pas que la composition chimique des aliments les rende plus ou moins aptes à fournir, les uns, à la nutrition, les éléments réparateurs qu'elle réclame, les autres, à la respiration, des éléments de combustion; il faut, de plus, que

les matières alimentaires soient autant que possible d'une digestibilité prompte et facile, la quantité des principes de l'assimilation qu'elles doivent fournir étant d'autant plus grande, que
leur digestibilité est plus complète.

Digestibilité des aliments. — En thèse générale, on considère
comme aliment de facile digestion tout produit, animal ou végétal, peu importe, qui jouit de la triple propriété : de se laisser
attaquer presque sans travail par les sucs gastro-intestinaux ;
de s'y dissoudre pour la plus grande partie ; et de n'abandonner
que peu de résidu dans l'intestin.

Ainsi envisagées, de tous les aliments, les substances animales sont incontestablement celles qui jouissent au plus haut
degré des propriétés diverses que nous venons d'énumérer. Et
s'il était besoin d'en donner la preuve, nous n'aurions, pour le
faire, qu'à signaler seulement la rapidité avec laquelle elles parcourent l'appareil intestinal ; la quantité très grande d'éléments
assimilables qu'elles cèdent à l'absorption, malgré leur peu de
volume ; et, comme conséquence, la longueur du temps pendant
lequel la faim, complètement apaisée, cesse de se faire sentir.
Cependant, parmi ces mêmes substances, et toujours au point de
vue spécial de la digestibilité, toutes ne la possèdent pas à un
égal degré ; les plus nutritifs compris, nul autre aliment en effet
ne saurait entrer en parallèle avec le lait, les œufs et le pain. Ils
défient toute comparaison ; leur puissance alibile est absolue.
Dans la santé comme dans la maladie, aucun ne développe une
action de réparation et de sustentation plus remarquable à tous
les égards. La raison, en est, qu'à leur composition chimique,
qui en forme des *aliments complets*, s'ajoute la propriété, non
moins précieuse, de céder à l'organisme, avec une facilité extrême et une grande promptitude, leurs éléments alibiles naturellement et merveilleusement animalisés. On ne peut leur
adresser qu'un reproche, celui d'être beaucoup trop chers.

Pour terminer notre comparaison : quel contraste entre les
aliments végétaux et les aliments animaux ! Autant ces derniers
sont riches en azote, autant les premiers, à quelques exceptions
près, en sont médiocrement pourvus. En outre, qui ne sait aussi
qu'ils sont chargés de fibres ligneuses, de cellulose, de matière
incrustante, toutes substances parfaitement réfractaires à la
digestion, et qui, à cause de cela, semblent ne se dépouiller
qu'avec regret du peu de matière alibide qu'ils contiennent ?
Ainsi s'explique la lenteur avec laquelle les aliments végétaux

parcourent le canal intestinal ; la longueur presque démesurée de
cet organe, chez les herbivores ; la quantité considérable de résidu qui s'y accumulent ; et la nécessité dans laquelle ils mettent
les animaux de les évacuer d'une manière pour ainsi dire incessante, le jour et la nuit, dans le mouvement et le travail, tout
aussi bien que pendant la période de repos qui leur succède.

Une dernière considération générale, mais cette fois, en ce qui
concerne particulièrement la santé, considération qui a bien également son importance et qui doit avoir sa place ici : c'est que
l'économie animale se ressent toujours et inévitablement, en
bien ou en mal, de l'usage prédominant de ou des aliments
qu'elle reçoit ; et que, si elle prospère sous l'influence d'une
nourriture réconfortante, elle dégénère, au contraire, par l'effet
d'une alimentation insuffisamment nutritive.

ALIMENTATION. — **Régime alimentaire**. — **Diététique.**

Définition. — Quoique, aujourd'hui encore, le mot *alimentation* n'ait pas un sens bien déterminé, et que, pour ce motif, les
hygiénistes l'emploient indifféremment lorsqu'ils veulent exprimer, par exemple, tantôt l'action de nourrir, tantôt les résultats
de cette action ; nous ne nous en servirons, dans ce chapitre,
qu'à titre de synonyme des termes *Régime alimentaire, Diététique*.
L'alimentation ainsi envisagée, est donc la partie de l'hygiène qui
traite de l'usage raisonné des aliments dans le but de conserver
la santé.

A ne consulter que les apparences, on serait tenté de croire
que le chien, eu égard à la nature des substances qui doivent
constituer la base de son régime alimentaire, est un animal, sinon
indifférent, au moins très peu difficile. Et, ce qui semble justifier
cette croyance, c'est que nous le voyons, à chaque instant, se
nourrir, un jour de chair, le lendemain de végétaux seulement ;
comme s'il n'était ni essentiellement carnivore, ni essentiellement
herbivore.

Ce serait cependant une grande erreur que de penser ainsi ;
le chien, avant tout, est un animal carnassier, une bête de proie.
Sans en aller chercher bien loin les preuves, les instincts sangui-
naires qu'il développe dans son genre de vie à l'état sauvage en
sont une suffisamment démonstrative, pour qu'on puisse s'en contenter. Admirablement organisé pour la chasse, il ne s'y nourrit,
comme on sait, que des petits animaux qu'il traque et poursuit

dans les champs et les bois; tandis que rien ne démontre que, si la venaison fait défaut, il sait se passer de gibier pour se contenter d'herbes ou de racines crues.

Sans doute, il n'en est plus de même pour le chien réduit à l'état de domesticité; sans doute, dans cette nouvellle condition, qu'il ne doit qu'à l'homme, et que sa sociabilité lui fait accepter volontiers, il perd en grande partie ses appétits carnassiers et parvient, sans peine, à se contenter d'un régime alimentaire mixte composé de viande cuite ou crue, et de végétaux cuits; malgré cela, il n'en reste pas moins essentiellement carnivore, exigeant même en ce qui concerne la composition de sa nourriture journalière, et médiocrement disposé à se contenter d'une ration qui comprendrait moins de viande que de légumes.

Les viandes que l'on donne habituellement au chien sont celles, ainsi que nous l'avons dit plus haut, que, dans le langage vulgaire, on qualifie de basses viandes; telles que les têtes, les tripes, les panses de mouton. Plus exceptionnellement, dans les grands centres de population, là où il existe des clos d'équarrissage, on le nourrit de viande de cheval. Il est fâcheux que cette dernière soit généralement rare, ou au moins, peu commune; car à ne considérer que l'avidité avec laquelle il se jette dessus, il est facile de se faire une idée du plaisir qu'il éprouve à la dévorer, et combien il s'en délecte.

A la campagne, loin des villes, dans les localités principalement où l'on ne trouve pas de boucherie, il est souvent très difficile de se procurer des aliments animaux; on est bien obligé, alors, de se contenter des substances exclusivement végétales qu'on a sous la main, du pain de froment, des farines d'orge, de seigle, d'avoine, etc. Dans ce cas, impossibilité fait loi. Néanmoins, on ne doit pas perdre de vue que l'usage de ces aliments, quelque nutritifs qu'ils soient naturellement, ne sauraient ni exclure totalement le régime animal, ni se prolonger pendant de trop longs mois, ces produits, quoique azotés, ayant le grave inconvénient, sans parler de beaucoup d'autres, de prédisposer les animaux à la gale.

A la rigueur, à la campagne, bien entendu, on peut cependant enrayer cette fâcheuse prédisposition; on peut même y arriver sans beaucoup de peine, au moyen d'une mesure toute simple et facile à prendre. C'est de mêler aux farines des céréales, soit du lait, soit du lait de beurre, qu'on y trouve abondamment, soit purement et simplement des pommes de terre cuites, à la condition qu'on aura soin, dans le cas dont s'agit, de les assaisonner avec un peu de graisse. L'addition de la graisse, on ne l'a pas oublié, en raison même de son rôle que rien ne peut remplacer, celui de fournir au travail respiratoire ses matériaux de combustion, et de contribuer ainsi à la production de la chaleur animale, y est absolument indispensable.

Que l'on habite la ville, ou qu'on soit retiré à la campagne ; on peut encore utiliser, pour la nourriture du chien, les choux, les panais, les carottes, etc., qui n'ont pas été consommés dans la maison. S'il arrivait cependant, comme on l'observe quelquefois, que le chien fît des difficultés pour les manger, on pourrait toujours vaincre sa répugnance en les mélangeant avec quelques résidus de viande cuite ou crue.

Mais admettons que, par impossible, on manque de tout pour animaliser, tant bien que mal, les aliments végétaux du chien ; on a encore depuis quelques années, une ressource pour se tirer d'embarras, et, qui plus est, pour le sustenter d'une manière irréprochable, ne laissant absolument rien à désirer. Ce moyen puissant et nouveau, c'est l'alimentation au sang de bœuf desséché, sang qu'il est si facile de se procurer aujourd'hui, et d'introduire dans les rations ordinaires de soupe.

Soit dit en passant, on prépare en grand ce précieux produit industriel à Paris principalement, où il se vend à prix très modéré, à l'état de pureté, sous forme de granules, ou bien associé à de la farine et sous forme de biscuit surazoté.

Désormais, et nous n'hésitons pas à l'affirmer, le fait est constant : avec le sang de bœuf desséché pur, et mieux encore, avec le pain ou biscuit dans la préparation duquel il entre en proportion rigoureusement déterminée, on arrive, sans difficulté aucune, à entretenir et à maintenir, en condition parfaite, tous les chiens quels qu'ils soient, jeunes, adultes, ou vieux, le chien de chasse lui-même, qu'on peut maintenant entretenir à la campagne, loin de tout, aussi exactement que si l'on était à la ville, où l'on a tout sous la main.

Fixés sur la valeur nutritive des différentes substances dont se compose le régime alimentaire journalier du chien, il ne nous reste plus, pour terminer, qu'à établir aussi bien que possible les proportions pour lesquelles ces mêmes substances doivent figurer dans chacun des repas de notre animal, et le nombre de repas auquel il a droit par journée de travail.

Ici, et avant d'aborder les détails que comportent ces deux

points importants, nous ferons observer tout d'abord : que la très jeune bête et le vieux chien sont hors de cause, l'un et l'autre, en raison des conditions exceptionnelles où ils se trouvent naturellent, et qu'ils doivent, physiologiquement parlant, à leur âge respectif.

Il y aurait imprudence à les soumettre au rationnement régulier des adultes ; le petit chien, en voie de développement, assimilant plus qu'il n'use ; et le chien, parvenu à l'âge de la vieillesse, en voie de dégradation ou décadence, usant plus qu'il n'assimile.

Et, puisqu'il en est ainsi, commençons par eux ; et disons, en quelques mots, le régime diététique qui paraît, tout à la fois, et leur convenir, et s'adapter le mieux à leur nature.

Alimentation du jeune chien. — Le jeune animal, pendant toute son enfance, se contente parfaitement bien d'une nourriture, formée exclusivement de pain, ou mieux de soupe au lait ; à la condition qu'on lui donne peu à la fois, et souvent à manger. A notre avis, il ne doit pas en recevoir d'autre. Cependant, ce sera comprendre ses propres intérêts, à soi personnellement, que de faire entrer dans son régime des restes de viande cuite résidus de la cuisine. La chose étant tous les jours praticable, on lui en servira autant que de pain, en tout cas, en proportions toujours modérées.

Plus tard, aussitôt que le jeune sujet prend plus de développement et plus de force ; on ne tient plus compte que de la marche progressive et ascendante de sa taille, et l'on augmente d'autant plus la quantité de viande, qu'il grandit plus rapidement.

La variété, dans la nourriture de l'homme et des animaux domestiques, est un des principes fondamentaux de toute hygiène bien comprise. Pour ce motif, il importe d'en faire profiter largement le petit chien pendant toute la période de son enfance.

Alimentation du chien pendant la vieillesse. — On est généralement porté à croire que le chien devenu vieux n'a plus besoin d'une nourriture ni copieuse, ni sustentifique. Du moment qu'il est sorti de l'âge adulte pour prendre rang parmi les vieillards, pour tout le monde, il est fatalement condamné à l'impuissance. Une autre opinion fort accréditée aujourd'hui encore, est celle que, désormais incapable de suffire à un travail quelconque, pour peu qu'il soit ou long ou pénible, il est peu digne d'être soigné.

Rien n'est plus faux et plus antiphysiologique que ce raisonnement. Les deux époques de l'enfance et de la vieillesse, au contraire, sont celles, de toute leur existence, où, sans distinction, les vieux, tout aussi bien que les jeunes, réclament les soins les plus minutieux.

Non seulement il n'y a pas lieu, pour le chien arrivé à vieillesse, de réduire la ration qu'il recevait pendant la période du travail ; il faut faire mieux encore que lorsqu'il menait une vie active et de fatigue, il faut l'augmenter. La raison, nous la répétons ici, quoique nous l'ayons déjà donnée : c'est que la période de la vieillesse, chez tous les êtres animés, est une période de décadence ; c'est que, jusqu'au jour où doit se terminer leur vie, le travail de désassimilation l'emporte sur la fonction d'assimilation ; c'est, en un mot, que la machine organique s'use plus vite qu'elle ne répare les pertes dont elle souffre.

Et quand les choses se passent de cette façon chez les vieillards de l'espèce canine, on voit s'il est prudent de les mettre à la portion congrue.

Régime alimentaire du chien adulte. — Ce que nous venons de dire du régime diététique des chiens jeunes ou vieux, nous sera d'une grande utilité pour faire comprendre toute l'importance que l'on doit attacher aux règles qui concernent l'alimentation des chiens adultes, de ceux principalement qu'on utilise journellement au travail.

Une première précaution générale à prendre, à leur égard ; c'est, d'abord, que leur nourriture soit abondante, nutritive, riche en azote, variée autant que faire se peut ; ensuite, qu'elle se trouve constamment en rapport avec la somme de forces qu'ils dépensent dans leur travail quotidien.

Mais, ici, se posent quelques questions que tous les amateurs de chiens se font à eux-mêmes. Puisque le chien domestique est devenu, par le fait de la domestication, un animal omnivore (rien de mieux établi), peut-il se nourrir indifféremment de substances animales et de produits végétaux ; est-il loisible de le soumettre, sans inconvénient, à un régime essentiellement animal, ou essentiellement végétal ; sinon, dans quelles proportions faudra-t-il faire concourir les aliments animaux par rapport aux végétaux dans la composition de la ration de travail ?

Avant de répondre, rappelons à ceux de nos lecteurs qui auraient pu l'oublier, le fait significatif que voici :

Le chien qui vit à l'état sauvage et n'a, pour règle de conduite, que ses instincts naturels, ne connaît que la chasse comme moyen de se procurer la nourriture de chaque jour. Il s'y livre avec passion. Le gibier qu'il attaque alors le plus volontiers est le petit gibier, lapins, lièvres, oiseaux, etc. En possession de sa proie, il la tue d'un coup de dent; puis, sans plus de retard, la dépèce et la dévore. Il s'en rassasie, s'en gave pour ainsi dire. La viande fraîche, crue et saignante, est celle dont il paraît se repaître avec plus de plaisir. Cependant, à défaut de cette dernière, il mange volontiers la chair qui est déjà en voie de putréfaction, partout où il en trouve; il est si peu difficile, principalement lorsqu'il est poussé par la faim! La vérité est, qu'il lui faut de la viande; et que, si celle qu'il rencontre sur son chemin est plus ou moins altérée, peu lui importe, il la mange.

Il est évident, d'après cela, que le chien est né carnivore, et que, à ce titre, une alimentation animale lui est indispensable.

Cela posé, passons aux autres questions: dans quels rapports l'élément animal et l'élément végétal devront-ils s'ajouter l'un à l'autre, pour fournir au chien de travail un aliment mixte suffisamment réparateur?

Nous n'éprouvons aucun embarras à en faire l'aveu: il est à peu près impossible de donner ici des chiffres d'une valeur absolue et invariable. Les chiens diffèrent tellement entre eux sous le double rapport de la taille et des services plus ou moins pénibles qu'on leur demande, comme aussi de la vie active ou de *farniente* qu'on leur impose, qu'on ne trouve nulle part de documents dignes d'être consultés. Notre avis est que, seul, le propriétaire est compétent pour trancher la difficulté. A lui seul incombe la solution de la question qui nous occupe.

On peut avancer, néanmoins, sans s'éloigner beaucoup de la vérité, qu'un chien de taille moyenne, occupé tous les jours, peut consommer facilement 1000 grammes environ d'une nourriture composée de parties égales de viande commune sans os, et de pain, auxquels on ajoutera quelques *légumes cuits*. Les légumes devront toujours être cuits, nous insistons sur ce fait, et, de plus, triturés et intimement mélangés au pain sous forme de soupe. Sans cette précaution, l'animal ne les mangerait pas, ou ne se déciderait à y toucher que vaincu par la faim. Ce fait journalier est connu de tout le monde.

A la campagne, on trempe souvent la soupe des chiens avec les eaux provenant des saloirs. C'est là une pratique vicieuse contre laquelle on ne saurait trop se mettre en garde; au bout d'un certain temps, elle ne manque jamais, l'expérience est positive à cet égard, de déterminer des diarrhées aussi violentes que dangereuses, voire même une altération profonde de l'économie animale, à laquelle il est, plus tard, difficile de remédier.

Telle doit donc être la composition de la ration de travail. Mais à l'égard des chiens qui ne sortent jamais des appartements que pour se livrer à l'exercice de la promenade; qui ne fatiguent jamais; qui n'éprouvent, en un mot, que des pertes insignifiantes; comment conviendra-t-il de procéder? Il est à peine nécessaire de le dire; cela va de soi : on les réduira à l'alimentation d'entretien, en diminuant la ration de viande pour augmenter celle des matières végétales. En ce qui les concerne particulièrement, une nourriture surabondamment azotée serait un non sens.

On agira également de la même manière envers le chien ouvrier, lorsqu'il restera plusieurs jours de suite sans travailler. Il n'est ni utile, ni rationnel de lui conserver le régime qu'il réclame pendant la vie active.

Et maintenant, combien de repas fera-t-on prendre, par jour, au chien de travail?

Le chien, on en a journellement mille fois la preuve, est toujours disposé à manger tout ce qu'on lui donne, à moins qu'il ne soit complètement repu. Est-ce à dire qu'il faille multiplier les repas entre les deux soleils? Ce serait commettre une grave erreur que de le croire. Propriétaires et chiens ne tarderaient pas à s'en trouver mal, les uns et les autres, les premiers quant à la dépense, les seconds quant à leur santé.

Un seul repas, exclusivement composé de viande, du poids de 600 ou 800 grammes, en moyenne, représentant 1/10 ou 1/16 du poids total de l'animal, est parfaitement susceptible de le maintenir en vigueur pendant une journée tout entière. Il est préférable, toutefois, d'adopter le régime mixte dont nous avons déjà parlé; et de faire deux parts de la ration journalière, l'une pour le matin, l'autre pour le soir, à l'heure, du reste, qu'il plaira au propriétaire de choisir.

Nous ne précisons pas les moments du jour où il est préférable de faire manger le chien. C'est l'affaire du propriétaire qui agit à sa convenance; il n'a à consulter que ses intérêts en pareille matière, pourvu qu'il y mette de la régularité et de l'exactitude.

Il ne faut pas, pourtant, que l'on se croie dispensé de ne tenir aucun compte des instincts du chien. C'est précisément le contraire qui doit avoir lieu, comme il est possible de s'en convaincre, pour peu qu'on l'observe avec quelque attention dans ses allures journalières. Aussitôt qu'il a pris son repas, s'il est libre d'obéir à ses habitudes naturelles, il se retire dans un coin et s'y endort immédiatement. N'est-ce pas là sa manière, à lui, de nous faire comprendre qu'il a besoin de repos après le travail; et que, celui-ci terminé, son dernier repas a sa place tout indiquée peu de temps avant l'heure du sommeil.

La digestion, du reste, demande beaucoup de calme pour s'opérer avec régularité. C'est alors, en effet, et alors seulement, qu'elle s'effectue avec la lenteur désirée pour être complète et profitable à l'animal. Le fait est que pendant l'exercice, cette fonction, susceptible d'être troublée d'un moment à l'autre, peut occasionner des accidents; et que, pendant le sommeil, elle n'est exposée à aucun dérangement.

Du reste, en agissant ainsi, et il n'est pas inutile d'en faire ici la remarque, le chien ne fait qu'obéir à un instinct qu'on retrouve chez tous les animaux. Pour ne citer qu'un exemple : que font les ruminants pâturant en liberté dans les prairies? A peine ont-ils dégluti la dernière bouchée d'herbe de leur repas, leur premier soin n'est-il pas d'aller à la recherche de l'ombre projetée par un arbre touffu, ou par une haie haute et épaisse, de s'y coucher, et de se mettre tout aussitôt à ruminer en silence? Pourquoi cette manière d'agir instinctive, si elle n'avait pas sa raison d'être?

Nous ne terminerons pas ce chapitre de l'alimentation du chien sans répondre à la question de savoir s'il est utile de faire entrer des os dans sa ration; ou bien s'il est préférable de les lui refuser, les os pris en excès ayant l'inconvénient de provoquer la constipation chez cet animal. Nous répondrons encore que ce sont ses instincts qui doivent, ici, comme plus haut, nous servir de guide à cet égard.

Pas n'est besoin de théorie; voyons seulement ce que fait le chien, à l'état sauvage, où il vit en chasseur émérite.

Le chien sauvage ne se nourrit que des produits de sa chasse, c'est-à-dire exclusivement de viande, nous l'avons déjà dit. Mais ce sur quoi nous n'avons pas insisté : c'est que, si la viande, base de sa nourriture, très azotée, est parfaitement apte, par conséquent, à entretenir et réparer les tissus mous de l'organisme animal ; elle est, par contre, d'une grande pauvreté en sels terreux, produits chimiques sans lesquels le maintien de la charpente osseuse est absolument impossible.

Où trouver alors ces matériaux, que ne peut lui procurer la

chair musculaire seule? Qui les fournira, chez lui, à la fonction de la nutrition? En dehors de la chair musculaire, il n'y a que les os de ses victimes.

On comprend maintenant pourquoi le chien libre, le chien des déserts et des bois, après avoir dévoré la viande, en premier lieu, ne dédaigne pas les os à la fin de son repas ; pourquoi il les attaque avec vigueur, les broie entre ses dents robustes, et s'en repaît. En cela, il ne fait qu'obéir aux besoins et aux exigences de l'organisme, dont il tient ses instincts. D'ailleurs tous les carnassiers font comme lui.

Le chien domestique est-il dans les mêmes conditions de régime que son congénère le chien sauvage, et que tous les carnassiers en général ; et les os lui sont-ils aussi indispensables qu'au premier et aux autres ? Assurément non, puisque sa nourriture diffère, comme elle doit différer évidemment de la leur. Comme l'homme lui-même, son maître, dont il est le commensal, le chien domestique est omnivore. A ce titre, il n'a pas d'autre nourriture que celle de l'homme ; il se nourrit de la même manière que lui ; et si l'homme fabrique tous les jours ses os, bien qu'il n'en consomme pas, lui aussi doit trouver dans la partie végétale de sa ration journalière, une partie notable des éléments terreux qui sont nécessaires à la formation de son squelette.

Les conclusions à tirer de là se déduisent d'elles-mêmes : il n'y a nullement nécessité de donner beaucoup d'os à ronger au chien domestique ; et, si l'on croit devoir lui en procurer par mesure hygiénique, mesure très rationnelle d'ailleurs, ils ne doivent figurer que pour une partie modérée dans son régime alimentaire.

AMAUROSE. — Définition. — Affaiblissement ou perte complète de la vue, résultant de la lésion du nerf optique, les milieux réfringents de l'œil ayant conservé intégralement toute leur diaphanéité et leur transparence normales.

Division. — On distingue plusieurs sortes d'amauroses : 1° *l'Am. idiopathique* ; 2° *l'Am. sympathique* ; 3° *l'Am. symptomatique* ; 4° *l'Am. sthénique* ; 5° *l'Am. asthénique*.

Causes. — Les unes agissent directement sur l'organe de la vision ; les autres ne font sentir leurs effets que d'une manière indirecte.

1° Amaurose idiopathique ou essentielle. — Nous nous bornerons à citer les causes les plus connues et les mieux établies. Ce sont : 1° une lumière très vive, qu'elle émane directement du soleil, ou qu'elle soit simplement artificielle ; 2° l'action prolongée d'une lumière quelconque réfléchie par les corps blancs (neige) ; 3° les coups portés sur la tête, et capables de déterminer une congestion sur les racines des nerfs optiques.

2° **Am. sympathique.** — C'est ordinairement une affection éloignée du globe de l'œil, la présence de vers nombreux dans l'intestin, par exemple, ou bien une inflammation de l'intestin lui-même (fièvre typhoïde) qui est la cause déterminante de l'amaurose sympathique.

3° **Am. symptomatique.** — L'amaurose symptomatique se rattache à plusieurs causes très diverses : à la dégénérescence spontanée de la rétine ou du nerf optique ; à une lésion traumatique de la cinquième paire des nerfs encéphaliques ; à une congestion générale ou partielle de la masse du cerveau.

4° **Am. sthénique.** — Ce type succède assez fréquemment à un mouvement fluxionnaire qui a envahi l'appareil oculaire tout entier.

5° **Am. asthénique.** — On la voit ordinairement survenir, chez certains sujets, à la suite d'hémorrhagies abondantes ; chez d'autres, comme conséquence d'un épuisement déterminé, soit par un travail excessif, soit par une alimentation insuffisante ou de mauvaise qualité. L'amaurose asthénique coïncide aussi, personne ne l'ignore, avec la vieillesse, dont elle est alors une des infirmités les plus incurables.

L'hérédité, qui a le fâcheux privilège de transmettre un si grand nombre de maladies, comme on sait, peut également transmettre l'amaurose.

Symptômes. — Dans l'immense majorité des cas, l'état amaurotique du chien ne frappe son maître que d'une manière tardive. Ce dernier ne s'en aperçoit guère, la plupart du temps, qu'au moment même où le malade commence à marcher avec une certaine hésitation, en se heurtant, çà et là, contre les obstacles qui se présentent devant lui, soit parce qu'il ne les distingue qu'imparfaitement, soit parce qu'il ne les voit plus du tout. On peut encore constater, comme signe significatif, qu'il ne lui reste plus alors que le flair, dont il puisse se servir pour se guider ; comme effectivement, il ne se sert plus que de lui dans les déplacements.

Ces premiers symptômes sont, le plus souvent, ceux de l'amaurose double ; ils la signalent d'une manière toute spéciale. Mais ils ne sont pas seuls ; il en existe d'autres encore non moins caractéristiques. Les yeux, par exemple, sont fixes ou oscillants; la pupille, qui chez les jeunes sujets, apparaît avec une couleur noire foncée, chez les animaux plus âgés et amaurotiques, reflète une teinte manifestement verdâtre ; enfin, la membrane de l'iris, si éminemment contractile ou dilatable, se montre presque invariablement frappée d'immobilité.

Il importe souvent au propriétaire de s'assurer lui-même de la gravité plus ou moins grande de la maladie de son chien. Rien de plus facile, pour peu qu'il se donne la peine de prendre les quelques précautions, d'ailleurs très simples, que voici : ces précautions consistent à exposer d'abord l'animal à une vive lumière, la tête tournée vers le soleil ; puis à observer avec une grande attention le mode de manifestation des mouvements qu'exécutent l'iris et les paupières sous son influence. Après cette première épreuve, en supposant qu'elle soit insuffisante ou douteuse, parce que ces mouvements auront été peu sensibles, l'opérateur peut avoir recours à un second moyen d'exploration beaucoup plus concluant : il couvrira, avec la main, les deux yeux du malade; et, au bout d'un certain temps, deux ou trois minutes environ, il la retirera brusquement. Dans l'amaurose complète ou double, l'iris n'exécute aucun mouvement saisissable ; dans l'amaurose simple, au contraire, l'iris malade se montre seul inerte, tandis que l'iris de l'œil·sain se contracte toujours, et toujours aussi d'une manière facile à constater. Le passage rapide d'un corps étranger devant les yeux, et à une petite distance de ces organes, peut déterminer le même effet. Il est *également* bon d'en essayer.

Nous venons de dire que l'amaurose n'affecte quelquefois qu'un seul œil, constituant ainsi l'*amaurose simple*. Lorsque ce cas se présente, le chien voit toujours, et souvent assez bien, pour qu'on ne s'aperçoive pas de l'accident dont il est atteint.

Pronostic. — Le pronostic est toujours grave, le traitement de l'amaurose confirmée étant en général presque toujours stérile.

Traitement. — On conseille contre les amauroses idiopathique et sthénique : à l'extérieur, les saignées ; les sangsues aux tempes ; les vésicatoires ou le téton à la nuque ; et, à l'intérieur, les tempérants et les purgatifs. On combat l'amaurose symptomatique en s'attaquant avant tout à la maladie dont elle est une des expressions. Enfin, on a recours, pour l'amaurose asthénique, aux vapeurs stimulantes d'alcool dirigées sur le globe de l'œil ; aux collyres stimulants ; aux vésicatoires volants appliqués dans le voisinage des paupières ; aux frictions, dans la région des temps, soit avec l'essence de térébenthine, soit avec l'ammoniaque.

Presque toujours ces moyens doivent être employés avec persévérance pendant un certain temps, et surtout alternés à des intervalles assez rapprochés. Il y a rarement lieu de compter sur leur efficacité.

AMÉLIORATION des animaux de l'espèce canine. — Il est incontestable que, depuis quelques années, dans le monde des veneurs, l'attention se porte avec un remarquable entrain sur les animaux de l'espèce canine ; et que, du côté des amateurs, tout aussi bien que de celui des éleveurs, tous les efforts tendent vers un seul et unique but : améliorer les races que nous possédons.

La raison de ce mouvement sympathique n'est pas difficile à établir. En admettant que des idées de mode y entrent bien pour quelque chose, le chien, tel qu'il se présente à nous aujourd'hui, n'est-il pas, d'une part, l'ami, le compagnon fidèle et dévoué du foyer domestique ; et d'autre part, pour beaucoup, un auxiliaire au moins des plus utiles dans nombre de travaux, lorsqu'il ne devient pas un véritable, et même un précieux collaborateur, par les services aussi importants que variés qu'il est susceptible de rendre ?

Que faut-il de plus pour justifier l'intérêt qu'excite en nous cet animal ; et le besoin que nous éprouvons de l'améliorer et de le perfectionner ?

Pendant longtemps, la cynotechnie a borné ses opérations à conserver seulement et à maintenir le chien et ses différentes races dans leurs caractères distinctifs et leurs qualités originelles intrinsèques. Aujourd'hui, ce but ne suffit plus, quoique cependant, à vrai dire, on doive déjà se trouver heureux, lorsqu'on voit couronnés de succès les efforts qu'on a faits en ce sens. Désormais, s'appuyant presque exclusivement sur ce principe absolu : que toutes les races, chez toutes les espèces d'animaux domestiques, même les plus estimées, pour répondre aux nombreux besoins sociaux actuels, sont encore perfectibles à un plus haut degré, et doivent, autant que possible, atteindre l'idéal ; amateurs et éleveurs, tous ensemble, d'un commun accord, n'ont plus d'autre objectif, dans l'élevage du chien, que son amélioration poussée jusqu'à ses dernières limites.

C'est l'étude des moyens mis en usage pour arriver à ce résultat final, qui va nous occuper dans cet important chapitre.

Définition de l'amélioration. — Les zootechniciens donnent le nom *d'amélioration* à l'ensemble des moyens et des règles dont l'application à l'art de multiplier les animaux domestiques, a, tout à la fois, pour but et pour résultat de modifier, en bien, les races de toutes les espèces, et les espèces elles-mêmes, moins cependant dans le propre intérêt de ces races, que dans celui des services qu'elles doivent nous rendre un jour, et que nous attendons d'elles.

A ce sujet, et dès maintenant, faisons une observation, ou pour mieux dire, donnons un avertissement qui est, ici; tout à fait à sa place. En matière de perfectionnement, c'est un axiome qu'il ne faut pas se réjouir trop tôt de ses premiers succès; comme c'est aussi une vérité, que l'on tomberait dans une grave erreur, et que l'on s'exposerait aux plus grandes déceptions, si l'on s'imaginait être arrivé à ses fins, au résultat définitif, lorsque, au bout de quelques tentatives, on a obtenu, presque d'un premier jet, une amélioration désirée. Il ne suffit pas, en effet, pour qu'elle puisse être considérée comme qualité acquise, qu'une amélioration ait été produite une ou deux fois de suite; il faut principalement qu'elle présente, chez les sujets qui l'ont obtenue, tous les caractères de la fixité; en d'autres termes, qu'elle soit transmissible intégralement par la génération. A cette condition-là seule, elle devient le caractère distinctif d'une race nouvelle, ou si l'on aime mieux, d'une race améliorée.

Procédés d'amélioration. — Deux procédés peuvent être employés, ensemble ou séparément, dans la pratique de l'amélioration des animaux domestiques. L'un consiste à mettre à profit, d'une manière raisonnée, l'action puissante des principaux agents extérieurs désignés en hygiène sous le nom collectif de *circumfusa*; l'autre, à faire intervenir, avant tout et surtout, la *génération*.

Nous ne nous occuperons, dans ce chapitre, en ce qui regarde le chien, que de cette dernière, la *génération*; l'amélioration par génération, au su et vu de tous les éleveurs, étant, sans conteste, la voie à suivre la mieux connue, la plus courte, la plus sûre, et, par conséquent, la meilleure pour arriver au but que l'on veut atteindre.

Aujourd'hui, dans l'état actuel de l'art zootechnique, il paraît parfaitement établi que le perfectionnement des races est contenu et réside tout entier dans la génération; et, d'autre part

que, s'il est sage et rationnel d'appeler le régime hygiénique à
son aide, ce régime n'a pas d'autre rôle à remplir que celui
d'auxiliaire ou d'adjuvant.

Conseils généraux. — Ce serait ici le lieu d'aborder d'emblée
les règles et moyens raisonnés de la mise en pratique du procédé
améliorateur de la génération. Mais, afin d'éviter plus loin des
répétitions fastidieuses, et aussi dans l'intérêt du lecteur lui-
même, nous croyons de notre devoir de formuler, sans plus
attendre, quelques conseils sommaires, ou considérations générales, ne fût-ce qu'à titre de notions préliminaires :

1° L'éleveur intelligent, le zootechnicien soucieux de ses intérêts, celui qui, dans ses opérations, aura cure de son temps et de
son argent, c'est-à-dire, de bien faire et faire avec économie,
ne devra manquer jamais d'apporter dans le choix des reproducteurs canins une attention aussi prudente que sévère ; ce point
est capital ;

2° Il se gardera bien aussi d'oublier, ce que d'ailleurs tout le
monde sait et connaît depuis longtemps, que les accouplements
de hasard, témoins ceux des rues, ne donnent et ne sauraient
donner rien autre chose que des produits sans race, sans famille,
sans nom, ce qui veut dire sans valeur ;

3° Il tiendra encore, non seulement un grand, mais un très
grand compte de l'âge, et particulièrement de la constitution, de
la santé, de la rusticité des sujets qu'il se proposera d'accoupler
dans un but bien arrêté d'amélioration ; la règle, à cet égard, étant
d'opter en faveur des reproducteurs vigoureux, avant tous les
autres ;

4° Enfin, l'éleveur devra savoir, si par hasard il l'ignorait,
qu'un sujet (les apparences extérieures fussent-elles des plus
séduisantes), qu'un reproducteur, qu'aurait déjà visité une
maladie d'une certaine gravité, ne peut jamais exercer qu'une
influence fâcheuse sur le produit de la conception.

Tous ces conseils sont de la plus haute importance, et les
négliger, les uns ou les autres, serait courir volontairement, de
propos délibéré, au-devant d'un insuccès inévitable.

Et ici encore, afin de n'y pas revenir plus loin non plus, un mot,
un seul, si l'on veut, en ce qui concerne *spécialement*, et l'*âge* des
reproducteurs, et les *maladies graves* dont ils auraient pu être
atteints à une époque plus ou moins ancienne, âge et maladies
anciennes que nous n'avons fait que mentionner plus haut.

En zootechnie raisonnée, il ne serait ni prudent, ni habile

de n'avoir pas les yeux ouverts sur eux, ou de les traiter à la
légère.

AGE. — L'*âge*, sans doute, est chose de convenance; il n'est
pas absolument nécessaire qu'il y ait égalité d'âge entre le mâle
et la femelle. Il est, toutefois, de la dernière évidence qu'on
aurait trois fois tort de faire couvrir *une femelle jeune* par un
mâle voisin de la vieillesse. Personne n'ignore que de semblables
accouplements ne produisent d'ordinaire que des êtres faibles et
délicats, et rarement autre chose.

Avec des sujets jeunes, au contraire, c'est-à-dire d'une forte
constitution et d'une santé florissante (deux états qui n'en font
qu'un), on peut compter, presque à coup sûr, sur les meilleurs et
les plus heureux résultats. L'observation de tous les jours le
démontre encore actuellement.

VIEILLES MALADIES. — Pour ce qui regarde les sujets grevés
des suites plus ou moins visibles d'une ancienne maladie, nous
n'hésitons pas à affirmer qu'il n'est pas un éleveur qui n'ait appris,
quelquefois à ses dépens, que la génération transmet les défauts
tout aussi bien que les qualités, peut-être même plus facilement
que les qualités; et, ce qui est particulièrement inquiétant, que
souvent elle les aggrave en les transmettant.

La conclusion, maintenant, à déduire de ces faits positifs? N'est-
elle pas, d'abord, qu'un reproducteur débile, incomplet, etc., ne
peut engendrer que des enfants incomplets, débiles, etc., impropres à toute espèce de service, même aux plus insignifiants:
ensuite, qu'on ne saurait trop se préoccuper de ces fâcheux
résultats?

AMÉLIORATION **des races canines par la génération**. —
En France, comme partout ailleurs, les éleveurs, sans exception,
qui se livrent spécialement à l'amélioration des races de l'espèce
canine, ont recours surtout, et avant tout, aux puissants effets
que leur offre *la génération*. En cela, ils procèdent exactement
de la même manière que les éleveurs zootechniciens des grands
animaux domestiques; comme aussi, à l'exemple de ces derniers
encore, et suivant les résultats qu'ils se proposent d'obtenir,
c'est tantôt à l'*appareillement* qu'ils s'adressent, tantôt à la *consanguinité*, tantôt enfin au *croisement*.

Ces trois méthodes sont fréquemment, peut-être même quelquefois utilisées au même titre. Elles sont loin néanmoins, d'avoir
la même importance; et ce n'est pas sans raison que bon nombre d'auteurs font remarquer, au point de vue spéculatif pur,

bien entendu, que, de ces trois moyens améliorateurs, à ne considérer que les mariages auxquels ils donnent lieu, il n'y a que ceux de l'appareillement et de la consanguinité qui soient rigoureusement conformes aux lois de la nature, tandis que le mariage par croisement ne constitue qu'une opération toute de calcul, dans l'accomplissement de laquelle on ne prend pour guide et on ne fait intervenir que de pures idées de théorie. De là la conséquence naturelle et logique, que les deux premiers ont une puissance et une sûreté d'action qu'on ne trouve pas toujours dans le dernier.

VALEUR des mots Sélection, Choix, Appareillement. — Maintenant, arrivés que nous sommes à étudier avec toute l'attention qu'ils comportent les trois grands moyens améliorateurs, *Appareillement, Consanguinité, Croisement*; nous croyons devoir nous arrêter un instant, afin de nous faire une idée exacte du sens vrai qu'il convient de leur attribuer, sur les mots *Sélection, Choix* et *Appareillement* journellement employés dans le langage zootechnique, et que l'on confond, à tort, souvent ensemble.

De prime abord, ces trois derniers mots semblent être des expressions synonymes. Le fait est que, dans la pratique, par l'usage abusif qu'on en fait quelquefois, on n'établit pas toujours une grande différence entre eux. Il y a là, à notre avis, une erreur qui mérite d'être plus que signalée, mais relevée; et nous sommes convaincus qu'une simple comparaison entre l'*appareillement*, le *choix* et la *sélection* suffira pour lever tous les doutes à ce sujet.

Dans l'opération de l'*Appareillement* proprement dit, cet appareillement constituant un véritable moyen améliorateur, on choisit des formes particulières bien déterminées; on associe des formes spéciales; on oppose des qualités à des défauts; et, dans ce travail important, on est fixé, et sur le résultat que l'on veut obtenir, et sur la marche méthodique à suivre pour y arriver. On procède par principes.

Dans la *Sélection* et le *Choix*, on ne recherche les reproducteurs qu'au point de vue exclusif des apparences extérieures; d'une bonne conformation générale, par exemple; et d'une solidité de tempérament qui promet une constitution rassurante, sans rien préciser de particulier. C'est l'arbitraire mis en pratique.

Cette manière d'opérer, il est vrai, soit dit en passant, est absolument conforme à la doctrine du *darwinisme*, en ce qui concerne la *sélection de la nature;* mais cela ne signifie nullement qu'elle soit la meilleure. C'est ce qu'il est facile de démontrer.

Selon Darwin, il existe deux sortes de sélections : l'une qu'il appelle *sélection de l'homme* ; l'autre qu'il désigne sous le nom de *sélection de la nature*. Dans la première, la nature fournit à l'homme les variétés qu'il ne fait que combiner dans une direction déterminée par ses besoins. Dans la seconde, ce que l'homme opère d'une manière méthodique et consciente, la nature l'exécute, à la longue, par l'action des seules lois qui régissent le monde physique. Il suit de là, que si, dans la nature, le monde physique n'est régi que par des lois physiques : 1° c'est la force seule qui doit présider à l'union des sexes ; 2° que la sélection de la nature n'a lieu réellement qu'en vertu *du droit du plus fort, du plus rustique, du plus solide*, etc. Cette double conclusion ne saurait être taxée d'exagération.

Et s'il en est ainsi, peut-on dire maintenant que la *sélection* et le *choix*, le *choix* est la *sélection*, ce qui est une seule et même chose, ont quoi que ce soit de commun avec l'*appareillement proprement dit* ; quoi que ce soit de commun, non plus, avec la consanguinité et le croisement ? Assurément non ; et il n'est que parfaitement vrai d'affirmer que l'Appareillement, la Consanguinité et le Croisement sont les procédés essentiellement fondamentaux de tout perfectionnement ; tandis que la Sélection et le Choix ne peuvent intervenir qu'à titre de moyens auxiliaires, et rien de plus.

Sans doute par la Sélection et le Choix on appareille aussi les reproducteurs. Mais, dans l'Appareillement auquel ils donnent lieu, tout se borne aux convenances de beauté générale ; nous l'avons déjà dit.

Les véritables procédés zootechniques de perfectionnement ne sont donc en définitive qu'au nombre de trois seulement : l'*Appareillement*, la *Consanguinité*, le *Croisement*.

DE L'APPAREILLEMENT, DE LA CONSANGUINITÉ ET DU CROISEMENT DANS L'AMÉLIORATION DES RACES CANINES.

APPAREILLEMENT. — Les éleveurs qui s'occupent de l'amélioration des races du chien ont plus souvent recours à l'Appareillement, qu'à la Consanguinité et au Croisement. Pour ce motif, nous croyons que c'est par le premier de ces procédés zootechniques améliorateurs qu'il convient de commencer notre étude.

Définition de l'Appareillement. — Appareiller des reproducteurs dans le but de perfectionner la race à laquelle ils appartiennent, c'est choisir, dans les différentes familles de cette race, deux individus, les plus parfaits entre tous, qui se rapprochent le plus l'un de l'autre sous tous les rapports de formes spéciales, de santé, et d'aptitudes spéciales.

En tout état de cause, l'*appareillement* ne doit être rationnellement utilisé, qu'autant qu'il s'agit d'une race déjà ancienne, c'est-à-dire faite, chez laquelle existent de véritables qualités physiques, aptitudes, etc. acquises, parfaitement déterminées, et tendant visiblement à la fixité.

Dans la mise en pratique de ce procédé, on appareille d'abord les sujets d'après les caractères de la beauté d'ensemble, du tempérament, et de la santé, rien n'étant possible sans eux. Ce premier résultat obtenu, il faut ensuite chercher, parmi les formes caractéristiques de la race susceptibles de plus de développement, la forme la plus appréciée, la plus demandée ; et, parmi certaines aptitudes précieuses, celle que l'éleveur, dans son intérêt particulier, espère pouvoir pousser à un plus haut degré de perfection. Dans quelques cas, il y a même nécessité de s'attacher à la couleur du pelage et de chercher, lorsque la mode ou la vogue en fait une question importante, la nuance distinctive de la robe, afin de la conserver pure et sans mélange.

Dans cet ordre d'idées, règle d'ailleurs à laquelle nul ordinairement ne déroge jamais, le premier soin est de ne choisir les sujets que dans les familles d'une même race, et nulle part ailleurs ; de les y prendre partout où on les trouve ; et de ne leur demander que d'être aussi peu éloignés que possible du perfectionnement visé.

Comme on le voit, et pour conclure, l'appareillement ne procède pas par création ; il ne ne crée rien. Il rend les races d'abord plus parfaites ; et, lorsqu'il a réussi dans ses opérations, il leur assure ensuite la stabilité du perfectionnement par une multiplication raisonnée qui le fixe définitivement.

Effets de l'appareillement. — Nous résumons en quelques mots, ainsi qu'il suit, en ce qui concerne spécialement le chien, les principaux effets de l'appareillement :

En premier lieu : plus-value donnée à une ou plusieurs des qualités distinctives d'une race canine quelconque ;

En second lieu : fixité imprimée à cette qualité ou à ces qualités définitivement améliorées ;

En troisième lieu : hérédité et transmissibilité certaine, de génération en génération, de ces mêmes qualités, à la condition, facile désormais à remplir, que les reproducteurs soient toujours l'objet d'un choix judicieux.

Règles de l'appareillement. — Parmi les principales races canines que nous possédons : les unes sont recherchées en raison de leur *taille ;* les autres à cause de certaines *formes particulières* qui leur sont propres ; celles-ci, parce qu'elles possèdent quelques *aptitudes* tout à fait *spéciales*, ou bien qui ne se trouvent chez les autres qu'à un degré bien inférieur ; celles-là, enfin, parce que la *couleur* de leur robe est en crédit et haute estime chez les fidèles sectateurs de la mode ou de la fantaisie du moment.

Ce sont donc les règles de l'apareillement applicables à ces quatre points principaux, qu'il nous reste à traiter pour terminer ce chapitre. Nous allons les passer successivement en revue.

TAILLE. — La *taille* à améliorer arrêtée, quelle doit être maintenant celle du chien par rapport à celle de la femelle ? Y a-t-il avantage à ce qu'il y ait discordance ? est-il préférable qu'il y ait concordance ? En d'autres termes, étant donnée une chienne plutôt petite que grande, faut-il lui procurer un mâle de haute stature ?

Pour répondre à cette question et fixer les idées, il suffit simplement d'observer les faits significatifs que la nature elle-même met tous les jours sous nos yeux, et d'en tenir le compte qui leur est dû. La nature, à cet égard, est le meilleur guide que nous puissions consulter.

Or que voyons-nous partout ? Sous tous les climats, sur tous les points du globe, chez toutes les espèces, dans toutes les races : c'est le mâle qui, d'ordinaire, est le plus grand ; c'est la femelle presque toujours, qui est la plus petite.

Qui pourrait accuser la nature d'être inconsciente ? Par quel argument péremptoire pourrions-nous démontrer qu'elle est intelligente ; que nous comprenons les accouplements mieux qu'elle ; et que la raison est de notre côté ? Prétendre faire mieux que la nature !... Assurément personne n'oserait afficher une semblable présomption.

En ce qui concerne les précautions à prendre relativement à la *taille*, il n'existe qu'une seule règle : choisir, dans l'appareillement des reproducteurs, des sujets qui, sous ce rapport, se rapprochent le plus l'un de l'autre, tout en donnant la préférence, à l'exemple de la nature, lorsqu'on peut le faire, à un mâle un peu plus grand que la femelle qu'il doit féconder.

Cette simple précaution de prudence n'est pas seulement spéculative ; elle a une grande et principale raison d'être : c'est par elle seule, qu'on peut prévenir la diminution de la taille dans les races chez lesquelles elle constitue, à peu près, toute la valeur.

La règle que nous venons de formuler n'a néanmoins rien d'absolu. Comme beaucoup de lois générales, elle souffre quelquefois exception. Le fait a lieu nécessairement lorsque, par exemple, on se trouve empêché soit par des embarras difficiles à tourner, soit par l'impossibilité de découvrir ce que l'on cherche, avant tout, la *taille typique*. Dans ces circonstances exceptionnelles, on peut déroger aux exigences de la taille ; mais il est sage de ne pas abuser de l'exception, et d'en sortir aussitôt que la chose est faisable.

FORMES. — Il ne faut chercher à améliorerer les *formes* chez certaines races du chien, qu'autant qu'elles sont déjà arrivées à un haut degré de perfection, et que le travail de l'amélioration n'aura pas à lutter contre de trop grands obstacles ; à cet égard, les races communes seront complètement mises de côté. Le conseil est absolument rationnel, la fixité des caractères n'existant chez aucune d'elles.

Si tous les sujets appartenant à une race distinguée étaient irréprochables de formes, on devrait y prendre, les yeux fermés, les reproducteurs dont on a besoin. Malheureusement l'idéal, dans ce genre de beautés, ne se trouve nulle part. Partout, les animaux, même les mieux faits, ou laissent à désirer, ou diffèrent plus ou moins les uns des autres, et par conséquent nécessitent toujours des appareillements intelligents et méthodiques.

Que faire alors, et comment opérer, afin d'écarter tout mécompte ? Une seule et unique précaution est à prendre : avec la plus scrupuleuse attention, dans le choix des sujets auxquels on s'arrête, ces différences de formes, ou oppositions prononcées, qu'on appelle des *contrastes* absolus, en se rappelant bien que, malgré l'ancienneté et la valeur incontestée de la race à laquelle appartiennent les reproducteurs, ces oppositions ne produisent le plus souvent que des êtres, sinon difformes, au moins défectueux, *décousus*, comme on dit, et portant, en eux, les germes d'une dégénérescence prochaine.

Nous mettons, toutefois, comme restriction que, si les différences n'existent que dans une région circonscrite du corps, elles ne présentent que peu d'inconvénients, en ce sens que, dans nombre de circonstances, elles donnent des *produits intermédiaires* qui, en se rapprochant beaucoup du résultat que l'on vise, sont de nature à conduire très près du but que l'on veut atteindre, pour peu que les oppositions soient bien nettes ; pour peu aussi qu'elles soient disséminées plutôt que condensées sur une région quelconque du corps.

QUALITÉS. — APTITUDES INSTINCTIVES. — Les beautés extérieures des animaux ne sont pas les seules qualités qui se montrent parfois reprochables ; il en est souvent aussi de même des *aptitudes* et des *qualités instinctives ;* et, chez les races les plus estimées, tout aussi bien que chez les races ordinaires, elles ne présentent pas toujours, dans les individus de choix, le même degré de développement. De là, comme pour la taille, l'indication d'agir avec discernement, et de ne donner la préférence qu'à ceux des reproducteurs canins où l'on ne constate, autant que possible, aucun vice sérieux de caractère ; à ceux chez lesquels, ni les instincts naturels, ni les aptitudes acquises n'ont subi d'atteinte appréciable.

Il est encore de bonne pratique de ne pas essayer de combattre plusieurs défauts, pas plus que d'infuser plusieurs qualités à la fois. Généralement, on fixe d'abord une qualité ; et, lorsqu'on a réussi à l'établir solidement, à la rendre héréditaire, on passe à une autre.

COULEUR. — Y a-t-il lieu, lorsqu'on appareille des animaux pour la reproduction, au moins en ce qui concerne l'espèce canine, de tenir compte, voire même un compte sérieux de la *couleur* du pelage? Cette question est plus importante qu'elle n'en a l'air tout d'abord.

Se déclarer pour l'affirmative, est la seule réponse qu'il faille y faire, à mon avis au moins. Qui ne sait, pour peu qu'il soit au courant des goûts et fantaisies du jour, que la couleur de la robe coïncidant avec la taille et la conformation extérieure, est souvent un des principaux caractères distinctifs auxquels les amateurs attachent de l'importance chez tous les animaux, et qu'ils recherchent avec le plus grand soin? On peut même affirmer, à cet égard, que pour quelques-uns d'entre eux, la couleur de la robe, avec ses petites particularités, constitue un cachet important, un cachet typique, sur lequel ils ne transigent jamais. Cela est au moins particulièrement vrai en ce qui concerne le chien.

Cependant, dans l'immense majorité des cas, et quoi qu'on en puisse penser, à moins que le goût du jour n'en décide autrement, on ne devra jamais sacrifier ni la taille, ni les aptitudes instinctives ou acquises, à la conservation de la pureté de la robe, quel que soit le prix qu'on lui assigne.

Heureusement pour les éleveurs que, chez les races canines anciennes et pures, les couleurs de la robe, en général, possèdent un degré de fixité tel, qu'elles semblent, indistinctement les unes et les autres, défier à peu près toute espèce de dégénérescence.

Règles complémentaires à observer dans le travail de l'Appareillement. — Aussitôt qu'un premier résultat satisfaisant a été obtenu, de nouveaux soins à prendre incombent à l'éleveur; toute une série de mesures, de surveillance, et de précautions hygièniques concernant le *régime*, le *pansage*, etc., particulièrement, s'imposent à son attention.

Régime. — Admettons que les jeunes sujets issus d'un appareillement judicieux apportent en naissant les qualités précieuses qu'on a visées : ils devront, par ses soins, être soumis à un *régime alimentaire* approprié, en tout point, à leur constitution d'abord, aux services, ensuite, qu'ils seront appelés à rendre, plus tard, aussitôt que s'ouvrira pour eux la période de travail. La plus grande régularité présidera, en outre, à la distribution de leurs repas.

Pansage. — Le *pansage* des chiens, en général, est souvent négligé. C'est là un grand tort. Celui des jeunes sujets de race, en particulier, est de rigueur, à partir du jour où leur mère les abandonne ; et, si l'on ne peut pas s'en occuper tous les jours, il faut, au moins, le pratiquer le plus souvent possible. Combien de maladies cutanées, chez le chien adulte, ont leur point de départ dans la négligence des propriétaires, dans la malpropreté où ils laissent, pour la plupart, la peau du jeune animal !

Habitations. — Les *habitations* qu'on destinera à ces élèves seront absolument exemptes d'humidité, saines, aérées, et suffisamment vastes pour qu'ils n'y soient jamais exposés à respirer un air confiné. La plus grande propreté en doit être le premier ornement. Il importe, avant toute chose, que la santé des élèves, dans leur bas âge, n'ait jamais à souffrir de la moindre influence malfaisante, d'où qu'elle vienne.

Instincts génésiques. — Plus tard, dès qu'arrivera, pour eux l'âge adulte, époque où la nature développe chez le chien les *instincts génésiques*, il sera prudent de ne pas abuser des forces des sujets nouvellement améliorés. Cependant, si pour une raison sérieuse, l'on était désireux de les utiliser à la reproduction, il conviendrait alors de ne les appareiller qu'avec des reproducteurs aussi avancés qu'eux dans l'aptitude génésique, en observant, toutefois, une extrême réserve, jusqu'à ce que l'on ait atteint l'idéal désiré.

A partir de ce moment, en effet, on ne vise plus à de nouveaux progrès; on est arrivé à ses fins; il ne reste plus qu'à fixer les qualités acquises en les rendant héréditaires.

L'emploi de reproducteurs pris parmi les produits les plus parfaits y conduit infailliblement, et permet de conserver indéfiniment la race améliorée.

Produits défectueux. — Pour ce qui est maintenant des *produits défectueux*, car il s'en rencontre quelquefois dans une portée, la règle qui leur est applicable est absolue : ils doivent être impitoyablement sacrifiés. En pareille matière, l'hésitation n'est pas permise; elle ne pourrait être que pernicieuse, au moins très compromettante.

C'est en procédant comme nous venons de l'exposer, que, sans sortir d'une race pure, unique, on arrive, par la méthode de l'appareillement, à fixer des beautés typiques, qui ne demandent plus que des soins ordinaires raisonnés, pour se perpétuer de génération en génération.

Encore une fois, et nous y revenons : l'appareillement ne crée rien, ni races nouvelles, ni qualités ou beautés nouvelles; il perfectionne celles que certaines races possèdent naturellement, et c'est à cela que se borne son rôle. Il ne l'outre-passe jamais. Il ne donne, il est vrai de résultats réels qu'après un nombre de générations relativement élevé; mais, par contre, il n'entraîne pas de mécomptes derrière lui. C'est, d'ailleurs, ce qui distingue aujourd'hui encore la loi immuable comme de tout le monde : *opérer lentement, si l'on veut opérer sûrement.*

Ce que l'on reproche à l'Appareillement. — Malgré les avantages incontestables attachés à l'appareillement judicieusement exécuté, ce procédé améliorateur, qui n'a plus cependant à faire ses preuves pour se faire accepter, n'échappe pas, pour cela, aux traits de la critique. S'il n'a pas à se défendre contre des détracteurs de parti pris à proprement parler ; il se heurte souvent à des idées inconscientes, contre lesquelles il lui faut lutter, même à notre époque cependant si éclairée. Mais, hâtons-nous de le dire : ce sont principalement les personnes les moins au courant des lois de la physiologie, qui essayent de le déprécier. On n'en saurait douter, car, à défaut de raisons péremptoires, elles ne lui opposent, toutes, que des objections plus spécieuses que vraies, que des préjugés vulgaires.

Que reproche-t-elle généralement à l'appareillement, pour ne citer que quelques-uns des blâmes à leur usage? D'abord, de ne conduire au perfectionnement des races qu'avec une excessive lenteur; ensuite, de n'arriver jamais à un perfectionnement complet, dans le sens absolu du mot.

Une longue dissertation sur cette double question serait assurément ici hors de saison. Pour toute défense de la cause de l'appareillement, nous nous bornerons à deux réponses seulement:

1º En ce qui concerne la première objection, *la lenteur dans le développement de l'amélioration cherchée*, nous objecterons qu'elle ne se fait généralement remarquer que chez les reproducteurs qui sont déjà voisins de la perfection, et, par conséquent, auxquels il ne manque ordinairement que très peu de chose pour être irréprochables.

Il est d'observation journalière, d'ailleurs, que les dernières traces d'imperfection, dans les races, sont d'autant plus lentes à s'effacer, qu'elles s'affaiblissent davantage par l'effet même du travail améliorateur; et, d'autre part, que l'appareillement, même à son début, pas plus que la nature, notre maîtresse en toute chose, ne procède par sauts aussi brusques qu'étonnants: *natura non facit saltus.*

2º En ce qui regarde le second reproche, *l'impossibilité d'obtenir un perfectionnement absolu*, qu'il nous suffise de faire observer que viser à perfectionner jusqu'à l'infini, jusqu'à la perfection idéale, c'est tout uniment caresser un rêve irréalisable; c'est courir après une chimère. On n'escalade pas, d'un bond, une montagne.

Partout aujourd'hui, on ne professe plus qu'une seule et unique croyance: que les races pures sont les seules avec lesquelles on obtient des résultats solides, et surtout des résultats suivis. C'est la conviction profonde de l'immense majorité des cultivateurs de nos pays d'élevage, comme elle est aussi celle de tous les hommes vraiment pratiques, et qu'on ne voit jamais se payer de mots.

CONSANGUINITÉ. — **Définition**. — La *consanguinité* est un procédé zootechnique de multiplication qui consiste à accoupler des reproducteurs de même sang, le fils, par exemple, avec la mère, le frère avec la sœur; ou encore des sujets appartenant à la même famille, à des degrés un peu plus éloignés, mais néanmoins toujours très proches parents. Cette opération, il est facile de le voir, ne marche vers ses fins que par des mariages incestueux, bien différente, en cela, de l'appareillement, qui va chercher ses sujets dans toutes les familles d'une même race, dans une famille unique jamais.

But et utilité de la Consanguinité. — Avec l'appareillement, on ne l'a pas oublié, on ne travaille qu'à fixer solidement des qualités acquises, en même temps qu'on les perfectionne; et on termine l'opération en les rendant définitivement héréditaires. Avec la *consanguinité*, au contraire, on ne fait le plus souvent que s'emparer d'une qualité précieuse qu'un hasard, un cas fortuit vient nous offrir; et on en prépare ainsi et la fixité et l'hérédité. La différence entre les deux procédés est patente.

Nous l'avouons sans embarras, la consanguinité, dans certaines circonstances exceptionnelles, est un excellent moyen de créer des races, comme aussi de concourir à leur perfectionnement; mais, néanmoins, ainsi qu'on pourra en juger plus bas, c'est à la condition expresse que son rôle soit considéré comme fini, aussitôt que les résultats désirés seront obtenus. De l'avis des praticiens les plus autorisés, à partir de ce moment, elle n'a plus de raison d'être continuée indéfiniment; elle a atteint ses dernières limites.

L'utilité de la consanguinité paraît être encore bien établie, dans le cas où l'on veut, dans une famille de constitution saine et solide d'ailleurs, conserver la rusticité qui en fait le prix et qu'il importe d'élever à sa plus haute puissance. Il faut bien le dire pourtant, bon nombre de savants, et des plus compétents, tout en reconnaissant les bons effets de la consanguinité sagement dirigée, sont tous d'accord pour lui reprocher maints résultats des plus fâcheux, qui imposent aux éleveurs la plus grande circonspection, et que ces derniers ne sauraient négliger sans s'exposer à toutes sortes de déceptions.

Sans doute, il n'est pas encore péremptoirement démontré que les unions ou mariages consanguins, chez les animaux domestiques, soient fatalement des agents de dégénération; cependant on ne saurait nier qu'il est constant que ces incestes concourent puissamment à perpétuer et aggraver les vices de conformation en germe dans les familles; à favoriser l'évolution des prédispositions à contracter, soit des défaut plus ou moins apparents ou cachés, soit une foule de maladies internes, celles du système lymphatique en particulier; à faire naître aussi, par le seul fait de l'hérédité, des êtres monstrueux, ou frappés de débilité dès leur enfance; à donner, enfin, par la même voie, tantôt des mâles, tantôt des femelles complètement stériles, et chez lesquels ne se manifestent même jamais les moindres instincts génésiques.

A cet égard, la lumière sur le rôle souvent trompeur de l'opération zootechnique de la consanguinité, longtemps douteux et discuté, est à peu près faite aujourd'hui.

Au surplus, comme les prédispositions aux affections intérieures, en raison de l'impossibilité où l'on se trouve, ne fût-ce que d'en soupçonner l'existence, lorsqu'elles n'existent encore qu'à l'état latent, défient les hommes les plus perspicaces et les plus expérimentés parmi les praticiens ; c'est faire acte de jugement, non moins que de sagesse, d'en tenir un compte sérieux dans la mise en action de la consanguinité. Il est à peu près avéré que, tôt ou tard, le mal peut faire explosion, entraînant après lui des ravages irrémédiables.

En Angleterre, les éleveurs les plus accrédités, dont personne ne conteste la compétence en la matière, sont aujourd'hui parfaitement édifiés ; et depuis un grand nombre d'années déjà, ils ont généralement renoncé aux mariages consanguins pour ne procéder, dans l'amélioration des animaux domestiques, que par la seule voie de la sélection, en d'autres termes, par l'appareillement. L'appareillement, ne leur aurait, paraît-il, jamais donné que des résultats heureux et satisfaisants.

Autre utilité de la consanguinité. — Nous avons dit, en tête de ce chapitre, que la consanguinité, chez toutes les espèces d'animaux domestiques, est le seul moyen que l'on possède pour créer une race de toutes pièces, étant donné un caractère nouveau, dû au hasard, bon à conserver, et que l'on désire perfectionner pour le rendre héréditaire. C'est là le premier de ses rôles, nous le répétons.

Mais il n'est que juste d'ajouter aussi, qu'elle se montre encore d'une utilité indéniable, et rend de réels services dans l'amélioration obtenue, soit par le croisement, soit par le régime ou le dressage, lorsqu'il ne reste plus qu'à compléter leur action. Seulement, dans ces conditions toutes spéciales, la consanguinité, au lieu d'être un moyen créateur, ne joue plus qu'un rôle d'auxiliaire, et n'a plus, ne doit plus même avoir lieu entre parents au premier, ni au deuxième dégré.

Régles à observer dans la consanguinité. — Dans la consanguinité, comme dans l'appareillement, on a recours à la sélection, ou au choix raisonné des reproducteurs. La nouvelle race, une fois créé, ce sont les sujets les plus avancés et les plus parfaits sous les différents rapports de la constitution, de la taille, des formes, des aptitudes, et surtout du caractère particulier que l'on a obtenu, qui doivent avoir la préférence. Cela fait, l'éleveur n'a plus, pour le reste de son travail, qu'à s'en tenir aux règles que nous avons développées dans le chapitre de l'appareillement Il n'a rien à y ajouter, rien à en retrancher. La marche qu'il lui importe de suivre, y est rigoureusement tracée.

Ce que l'on reproche à la consanguinité. — Comme tout ce qui est sujet à controverse, la consanguinité a ses détracteurs à côté de ses partisans quand même. A qui s'adresser alors, si l'on tient essentiellement, en ce qui la touche, à connaître la vérité vraie?

Des savants, dont l'impartialité fait foi, et qui se sont donné la peine de réunir, afin de les comparer entre elles, les observations des deux camps, ont été amenés à porter un jugement que nous pouvons résumer, dans les trois propositions que voici, avec le caractère tranchant qu'il leur ont donné:

1° La consanguinité, disent-ils, n'a d'influence que sur l'hérédité; à ce titre des parents parfaitement sains ne peuvent donner que des produits sains;

2° La consanguinité (homme ou animaux) élève à sa plus haute puissance l'hérédité des défauts, tout aussi bien que celle des qualités;

3° Sous l'influence de la consanguinité, ce qui n'est chez les reproducteurs, qu'une tendance, soit en bien, soit en mal, devient une réalité dans le produit de leur union.

Dans l'hypothèse où il en est réellement ainsi; et s'il est démontré, ici, que les simples tendances à la dégénération deviennent des réalités dans les produits consanguins, et là, que des germes de maladies, après être demeurés à l'état latent pendant plusieurs générations, croissent et se développent assez pour n'attendre qu'une circonstance favorable afin de faire, tôt ou tard, explosion avec violence; ces deux considérations particulières, au moins, méritent d'être méditées et pesées à leur juste valeur. A notre avis, elles sont plus que suffisantes pour faire voir combien sont précaires les chances heureuses qu'on pourrait fonder sur les unions consanguines pour perfectionner des races anciennes, ou pour en créer de nouvelles en dehors des cas exceptionnellement heureux qu'on ne doit qu'au hasard.

Des considérations qui précèdent, et surtout de ce fait incontestable et incontesté que la seule tendance aux vices de constitution ou de formes devient, tôt ou tard, une réalité dans les produits issus de la consanguinité, découlent naturellement comme conséquences : 1° que le zootechnicien ne doit user du procédé améliorateur de la consanguinité qu'avec une circonspection extrême ; 2° que tout reproducteur qui n'est pas irréprochable à tous les points de vue, doit être impitoyablement écarté ; 3° en dernière analyse, que l'exception ne saurait être admise que dans le cas seulement où les contrastes seraient peu prononcés et susceptibles de se corriger l'un par l'autre.

Somme toute, ce n'est donc qu'avec une certaine circonspection qu'on devra user de la consanguinité dans l'amélioration des races canines, ou dans leur perfectionnement. Encore faudra-t-il, lorsqu'on sera obligé de s'en servir, qu'on ne puisse pas faire mieux. Ainsi le conseille la prudence la plus vulgaire. Les faits à l'appui ne souffrent que l'embarras du choix.

CROISEMENT. — **Définition**. — *Croiser* des reproducteurs, en zootechnie, c'est appareiller un mâle et une femelle de *races* ou d'*espèces différentes*, dans le but d'obtenir, par l'effet d'une sorte de combinaison sanguine, un produit intermédiaire qui réunisse en lui, modifiées en bien, les qualités distinctives de l'un et de l'autre reproducteur.

A l'aide de cette méthode, et en répétant le croisement, comme il convient de le faire, avec toute la prudence qu'elle impose jusqu'à parfaite réussite, on doit parvenir à chaque nouvelle opération, et on parvient, en effet, à modifier ces qualités et à les compléter de telle sorte, qu'elles n'en forment bientôt plus qu'une seule, une véritable qualité composée, très sensiblement supérieure aux deux composantes.

Division. — Suivant la nature des produits que l'on se propose d'obtenir, et selon qu'on opère, tantôt avec les *races*, tantôt avec les *espèces*, on divise le croisement en *Métissage* et en *Hybridation*.

La dénomination de *métissage* s'applique au croisement des races. Ce procédé donne des sujets appelés *métis*, féconds comme leurs parents, et qui ont pour caractère distinctif de pouvoir se reproduire indéfinitivement en conservant les qualités qu'on leur a communiquées.

Le nom d'*hybridation*, par contre, est employé pour désigner le croisement des espèces. Les individus qui en résultent, chose remarquable, admirables souvent de formes et de constitution, se montrent, dans la très immense majorité des cas, absolument inféconds, ou d'une fécondité extrêmement limitée, et, par le fait, absolument inutilisables comme reproducteurs. Ils sont appelés *mulets*, du mot latin *mulus*.

But du Croisement. — Chez toutes les espèces et races domestiques indistinctement, le croisement, nous le répétons, est un moyen améliorateur qui a pour effet principal de créer une race de toutes pièces, en faisant intervenir deux races pures, à titre d'éléments constituants. En ce qui regarde les races de l'espèce canine, il leur a déjà rendu, et leur rend encore aujourd'hui de signalés services.

On le met en pratique pour le perfectionnement du chien, principalement lorsqu'on se propose d'obtenir, soit des *formes*, soit des *qualités* ou des *aptitudes* absolument indépendantes du sol, du climat et de la nourriture, et qui n'ont rien à attendre de leur influence.

Toutes les *formes*, indistinctement, chez le chien, comme chez les autres animaux, peuvent être utilement modifiées. Cependant, celles qu'on attaque plus particulièrement, sont les formes de la tête, de l'encolure, du tronc, etc., et, plus rarement, les formes d'une région tout entière. Il n'est pas jusqu'à la *couleur* même du pelage, que, dans certains cas, il y ait aussi avantage à remplacer par une autre.

En ce qui concerne les *aptitudes*, lorsqu'il y a lieu d'en modifier quelqu'une : l'adresse à chasser une espèce particulière de gibier ; l'habileté à garder et conduire les troupeaux ; à travailler, ou à veiller à la garde des maisons ; à défendre contre les malfaiteurs la personne de ses maîtres, sont les seules, on peut le dire, que l'on cherche quelquefois à perfectionner, par la fusion ou le mélange de deux sangs différents.

Effets du croisement. — On en connaît trois principaux. A leur tête, se place naturellement la création d'une race entièrement nouvelle, et dont les types les mieux réussis, lorsque l'un des reproducteurs a été choisi pour exercer à lui seul une action réformatrice prépondérante, doivent se rapprocher assez des ascendants de la race améliorante, pour ne pouvoir en être distingués à première vue.

Outre cette première création, due entièrement à la puissance seule du croisement d'un sujet de race étrangère, à action prépondérante, on peut en obtenir une seconde : la création d'une race intermédiaire qui possède, à parties sensiblement égales, les caractères distinctifs, mais déjà améliorés, de l'une et de l'autre des races composantes.

Enfin la troisième création que l'on peut obtenir du croisement, est celle des *hybrides*, produits du croisement particulier appelé *hybridation*.

L'*hybridation* ou croisement des *espèces*, n'est pas un moyen améliorateur comme le *croisement des races*. La raison en est, que les sujets qui en proviennent, *hybrides* ou *mulets*, naturellement improductifs, et, par conséquent, incapable de faire souche, n'ont de valeur réelle qu'en raison des services spéciaux qu'on attend d'eux, et que, d'après l'usage que l'on fait de ces animaux, on ne peut attendre que d'eux seuls. L'hybridation d'ailleurs, n'est pas utilisée en zootechnie canine.

Avantages du croisement. — Aujourd'hui encore, avons-nous dit plus haut, on reproche à l'appareillement, de n'avancer qu'avec lenteur dans le perfectionnement des races. C'est presque le reproche contraire qu'il faudrait adresser au croisement. En général, ce mode de reproduction et d'amélioration opère avec une remarquable promptitude. Il agit même quelquefois, dès les premiers essais, d'une manière si rapide et si complète, qu'il ne reste bientôt plus au bout d'un petit nombre de générations successives, qu'à fixer les résultats acquis.

Il ressort maintenant et clairement de ce qui précède : que, lorsqu'il s'agit d'obtenir immédiatement ce que l'appareillement ne donnerait qu'à la longue, ou ne donnerait pas du tout, il n'y a que le croisement auquel on puisse s'adresser à coup sûr ; et, de plus, que le croisement, comme l'appareillement lui-même, est parfaitement susceptible de rehausser les races médiocres.

Règles du croisement. — Y a-t-il quelque bénéfice à retirer du croisement d'une race médiocre avec une race distinguée ? A cette question nous répondrons : Non, pour deux raisons principales : la première, c'est qu'on s'expose à n'atteindre son but que très difficilement et qu'avec une excessive lenteur ; la la seconde, c'est qu'on n'est jamais certain d'y arriver.

Cela posé, pour procéder avec méthode, et avant de songer au choix des reproducteurs, nous insistons sur ce double fait capital : d'abord, qu'il est de la plus haute importance d'être judicieusement fixé sur la valeur réelle et instrinsèque de la race, ou des races types auxquelles on a l'intention de s'adresser ; ensuite, qu'on doit s'attacher à bien saisir le moment opportun où les deux races à croiser se trouvent, l'une et l'autre, pourvues amplement de toutes les convenances que l'on recherche.

Une fois ces premières conditions remplies, il ne reste plus qu'à appliquer avec la plus rigoureuse exactitude les règles qui suivent, et que nous présentons en forme de lois, afin d'éviter les longueurs :

1° Le mâle et la femelle doivent être convenablement appareillés, tant sous le rapport de la beauté des formes et de la solidité de la constitution, que sous celui de leurs aptitudes spéciales. Leur perfection relative, en toutes choses, ne laissera, autant que possible, rien à désirer.

2° Les reproducteurs, en ce qui concerne l'âge, doivent être adultes l'un et l'autre. C'est à cette période de leur vie, que, chez eux, la puissance génératrice a acquis toute son activité, et qu'ils sont le plus aptes à donner les meilleurs produits.

3° On répétera avec persévérence le croisement des générateurs, tant que cela sera nécessaire, tant que le résultat ne sera pas complètement acquis.

4° On croisera les sujets réussis jusqu'à perfection entière et complète, sans jamais se reposer pour quelque motif que ce soit.

5° On rejettera enfin impitoyablement tous les produits mal conformés, ou même légèrement défectueux.

IMPORTATION **d'une race étrangère**. — Jusqu'ici, nous ne sommes occupés que du croisement des races indigènes. C'est à ce croisement, en effet, que les éleveurs ont le plus fréquemment recours. Il peut arriver cependant qu'ils se voient dans la nécessité d'aller chercher des reproducteurs dans une race étrangère, lorsque celle-ci, par exemple, possède des qualités qui manquent aux races indigènes, et que ces qualités sont impérieusement réclamées, soit en raison de besoins réels, soit par la mode ou la faveur du moment.

Règles. — Dans cette opération particulière, tous les grands principes généraux qui président au choix des sujets destinés à la reproduction améliorate conservent, sans aucun doute et nécessairement, leur valeur absolue. Toutefois, du moment qu'ils s'appliquent à un croisement avec race étrangère, il est impossible qu'ils ne subissent pas quelques modifications importantes dans la pratique.

Malgré cela, trop nombreuses pour que nous puissions nous attarder à les passer en revue, nous nous bornerons, avec la majorité des éleveurs, à ne donner ici qu'un seul et unique conseil qui nous semble contenir tous les autres et répondre à tous les besoins: c'est celui de ne jamais emprunter, indifféremment, à la race étrangère, soit un mâle, soit plusieurs femelles. Un mâle et un mâle seulement, doit suffire, la pratique ayant suffisamment démontré que l'intervention d'un mâle unique est plus efficace, plus prompte, et surtout plus économique que celle d'un grand nombre de femelles.

Avantages. — Deux notables avantages se rattachent à cette manière particulière de procéder. Il suffit de les énoncer pour les faire comprendre : 1° avec un seul mâle, et presque sans frais, on peut obtenir cent fécondations dans une seule année, à la seule condition de lui fournir cent femelles indigènes choisies et valables. 2° Dans le même espace de temps, et, par conséquent, sans passer par une série de générations longues et successives, on se procure immédiatement cent jeunes sujets, (et même plus encore dans l'espèce canine) qui offrent à la sélection tous les moyens d'opérer avec intelligence et sécurité.

L'évidence, à cet égard, est palpable, assurément. Rien de semblable, économiquement parlant, au moins, rien ne pourrait jamais être obtenu avec l'importation de femelles nombreuses, de race étrangère. Nous n'insistons pas sur ce fait éminemment pratique. Pour tout homme compétent, il se passe de commentaire.

Inconvénients du croisement. — Nous l'avons déjà dit plus haut, et nous venons d'en fournir la démonstration sommaire : le croisement crée des races nouvelles avec les races croisantes, et les perfectionne dans infiniment moins de temps que ne le fait l'appareillement. Il a encore sur lui un autre avantage non moins précieux : il met à la disposition du Zootechnicien, à une même époque de l'année, un nombre considérable de sujets en voie d'amélioration; de beaucoup d'avenir pour la plupart; et qui lui permettent de faire d'emblée les choix les plus heureux. Malheureusement, comme toutes les plus belles médailles, le croisement a aussi un revers peu flatteur : entre des mains inhabiles ou peu exercées, il peut devenir rapidement une cause funeste de dégénération.

A ce point de vue, on ne saurait trop appeler l'attention sur les inconvénients d'ordre majeur, qui suivent, et qui sont tous incontestablement très graves :

1° Les qualités obtenues avec rapidité, malgré les apparences séduisantes sous lesquelles elles se présentent, sont généralement aussi promptes à se détériorer, qu'elles l'ont été à se produire, lorsqu'elles ne comptent encore qu'un nombre restreint de générations amélioratrices ;

2° Ces mêmes qualités, avant de s'implanter solidement et de devenir définitivement héréditaires, réclamant l'intervention de plusieurs générations successives, toutes dirigées avec autant d'habileté que la première opération, nécessitent, par ce fait, de grandes dépenses ;

3° Les sujets nouvellement créés et améliorés, en passant des mains de l'éleveur qui les a obtenus, entre celles d'un amateur étranger aux précautions qui ont présidé à son élevage, souvent même en émigrant simplement d'un pays dans un autre, sont fatalement condamnés à dépérir, pour peu que leur nouveau maître ne leur applique pas identiquement les mêmes soins, la même hygiène, le même régime que ceux auxquels ont été soumis les générateurs d'où ils dérivent ;

4° Enfin, la dégénération une fois commencée, ne peut être que très difficilement entravée dans sa chute ; à tel point, que temps, peines et argent, tout est perdu, tout est à recommencer.

Assurément, le croisement, par la rapidité avec laquelle il exerce son action sur la progéniture des races croisées, paraît, à la première vue, faire merveille, et semble devoir occuper le premier rang parmi les moyens zootechniques réputés essentiellement améliorateurs ; mais, pour peu qu'on étudie et qu'on suive ses effets avec quelque attention, et sans idée préconçue, on ne tarde pas à s'apercevoir que beaucoup d'entre eux, tout d'abord heureux en apparence, se sont transformés plus tard en résultats parfaitement négatifs.

Et maintenant, si cette vérité avait besoin de confirmation, ou si elle éveillait seulement quelques soupçons défavorables dans l'esprit de certaines personnes peu expérimentées, il ne nous serait pas difficile de dessiller leurs yeux. Nous n'aurions, et c'est notre conviction, pour rectifier leur jugement, qu'à leur opposer les paroles, sur le croisement, d'un de nos plus habiles et plus grands éleveurs, de M. de Béhague, dont personne n'oserait contester la compétence. « Les croisements entre les races, disait-il il y a longtemps de cela, ne doivent être tentés d'une façon utile que dans le but de créer un produit, mais jamais pour faire souche. » Bien qu'elle soit déjà vieille de plusieurs années, l'opinion du célèbre zootechnicien n'a encore jusqu'ici rien perdu de sa valeur. Elle est aussi juste aujourd'hui, que le jour où elle a été émise pour la première fois. Nous n'avons aucune réflexion à faire à son sujet.

Résumé général. — En résumé : lorsqu'on compare entre eux l'Appareillement, la Consanguinité et le Croisement, et qu'on cherche à déterminer d'une manière précise, l'importance du rôle améliorateur afférent à chacun d'eux dans la génération, il est facile de le fixer, tant est grande la netteté avec laquelle il se dessine dans la pratique journalière. Pour le faire, en quelques mots :

1° *Appareillement*. — L'appareillement est le procédé de perfectionnement des races par exellence, le procédé propre surtout à
améliorer une qualité acquise, à lui imprimer une grande fixité,
à l'incruster pour ainsi dire, et à la rendre définitivement héréditaire;

2° *Consanguinité*. — La consanguinité se justifie, lorsqu'il s'agit
de consolider, dans une famille privilégiée, une qualité précieuse
due au hasard, un résultat inattendu provenant d'un croisement;

3° *Croisement*. — Le croisement est très utilement mis en usage,
toutes les fois que l'on veut combiner entre elles des qualités
différentes et parfaitement acquises, appartenant à deux races
distinctes, afin d'obtenir des produits d'une valeur intrinsèque
supérieure, et par conséquent plus dignes d'être recherchés que
les générateurs de l'une et l'autre race. Tel est le rôle de chacun
d'eux.

DARWINISME. — Un mot, mais un mot seulement sur le *Darwinisme*, pour compléter l'historique que nous venons de faire,
au point de vue de l'amélioration des animaux domestiques,
des méthodes de l'Appareillement, de la Consanguinité et du
Croisement des races. La question du Darwinisme, d'ailleurs,
compte trop de partisans de nos jours pour que nous ne nous y
arrêtions pas, ne fût-ce qu'un instant.

Des naturalistes, et des plus éminents, au nombre desquels
on trouve Cuvier, ont défini, il y a longtemps de cela, et consi-
dèrent l'*espèce* comme un *type fixe* immuable qui, de génération
en génération, est arrivé jusqu'à nous sans rien perdre de sa
forme originelle ou primitive.

D'autres savants, d'une grande science également, tels que
Geoffroy Saint-Hilaire, auquel il convient d'ajouter en première
ligne le célèbre naturaliste anglais Charles Darwin, prétendent,
au contraire, ces deux derniers particulièrement, que les espèces,
sous l'influence du temps ainsi que de diverses causes plus ou
moins puissantes, se transforment en *types nouveaux spécifiques*
d'un ordre plus élevé.

Suivant Darwin, par exemple, dans la nature organisée,
c'est-à-dire dans les deux règnes animal et végétal, les innom-
brables espèces d'animaux et de plantes qui existent, dérive-
raient toutes de quelques types organiques, peut-être même
d'un type unique primordial. Les raisons qu'il donne de sa
théorie, les deux faits principaux qu'il lui assigne pour bases,
c'est que : entre les êtres organisés, existe une *lutte* incessante

pour l'existence, lutte qu'il appelle *concurrence vitale*, et, comme conséquence inévitable, *une sélection naturelle.*

Dans sa conception, la *lutte pour la vie,* d'une part, d'une autre part, la *sélection naturelle*, auraient pour effet de donner naissance à des *variétés* qui, avec le temps et les influences combinées du climat, de la nourriture, du milieu, de l'*adaptation* des organes aux conditions de ce milieu, du mode d'exercice des organes, etc., deviendraient des *races* d'abord, et, définitivement des *espèces* nouvelles, susceptibles de se perpétuer indéfiniment, protégées qu'elles seraient par les lois de l'hérédité.

Malheureusement pour elle, cette théorie ne repose, en réalité, que sur des hypothèses. Dans tous les cas, jusqu'à aujourd'hui, l'observation n'est pas encore parvenue à découvrir la preuve certaine et inattaquable qu'une *variété* peut se transformer, par voie de sélection naturelle, en une *espèce nouvelle* proprement dite, (et c'est là, cependant, ce qu'avant tout il importait de mettre en lumière) jouissant indéfiniment, à l'instar de l'espèce mère, de la permanence héréditaire.

Ainsi tombe d'elle-même la théorie du Darwinisme, que l'on désigne encore sous le nom de *théorie de l'évolution* ou *du transformisme.*

Quoi qu'en dise le Darwinisme, le fait est là palpable, l'homme est impuissant à créer les espèces ; il n'en a jamais créé. Quant à la nature ; à quel âge du monde a-t-elle joui du privilège d'en faire naître ? A quelle époque l'a-t-elle perdu ? Pourquoi l'a-t-elle perdu, ce privilège ?

Et, au contraire, si elle le possède encore, pourquoi ne rencontre-t-on nulle part, de nos jours, des variétés en voie manifeste d'évolution, de transformation ? Qui pourrait en montrer une seulement obéissant aux lois du darwisnisme ? Enfin, où sont les fossiles du transformisme ? Qui en a jamais vu ?

Autant de questions qui restent sans réponses. Autant de *desiderata* qui resteront longtemps encore cachés sous le voile épais qui les couvre.

ANATOMIE ET PHYSIOLOGIE DU CHIEN. — Anatomie. — Définition. — L'*Anatomie* est la science des corps organisés. Elle a pour objet l'étude des différentes parties dont ils sont formés, sous les rapports multiples, de leur nombre, de leur structure, de leur forme, de leur situation, et de leurs connexions.

Cette science comprend deux parties : 1° la *zootomie* ou description des organes qui, par leur agencement et dans leur ensemble, constituent le corps des animaux, ou l'*anatomie* proprement dite ; 2° la connaissance des différentes fonctions vitales que ces organes ou instruments sont chargés d'accomplir, c'est-à-dire la *physiologie*.

Dans l'intérêt de l'éleveur, nous croyons devoir consacrer à l'une et à l'autre de ces deux parties quelques développements, sans doute très sommaires, mais, cependant, suffisamment explicites, pour qu'il puisse, en les consultant avec attention, se faire une idée générale de l'organisme animal.

Quoique ce soit l'usage de traiter l'anatomie et la physiologie, chacune dans un chapitre particulier ; pour deux raisons nous ne le ferons pas : 1° parce que la connexité qui les unit est telle, qu'elles sont, pour ainsi dire, inséparables ; 2° parce que nous ne pouvons donner, sur l'une et sur l'autre, dans cet article spécial, que des notions extrêmement succinctes.

Ainsi, lorsque nous aurons parlé du *squelette*, des *muscles* et des *articulations*, nous décrirons les principaux organes de l'économie animale ; et, après la description de chacun d'eux, sans désemparer, nous en ferons connaître les fonctions.

Observations préliminaires. — Au point de vue chimique, tout l'animal se compose de quatre éléments principaux, ou corps simples : l'*oxygène*, l'*hydrogène*, le *carbone* et l'*azote*, auxquels il convient d'en ajouter quelques autres tels que : le *phosphore*, le *calcium*, le *soufre*, etc., dont les proportions sont beaucoup moins considérables.

La nature, en les combinant entre eux par des lois qui nous sont encore inconnues, et qui échappent à nos investigations, les transforme journellement, sous nos yeux, en de nouveaux éléments, ou substances composées, que les anatomistes désignent sous le nom de *tissus animaux*.

Bien différents les uns des autres, sous plus d'un rapport, ces tissus le sont particulièrement au point de vue de leur consistance. Les uns sont durs et solides, ce sont les *os* ; les autres mous et flexibles, ce sont les divers *tissus organiques*, au nombre desquels se placent, en première ligne, les *muscles*, dont le rôle est de mettre les os en mouvement, et en seconde ligne, quant au volume, le *système nerveux*, le régulateur universel de toutes les fonctions physiologiques. L'ensemble des os, *organes passifs* du mouvement, forme ce qu'on appelle le *squelette* dont les muscles et le système nerveux, ses *organes actifs*, sont les moteurs.

Squelette. — Charpente, ou appareil osseux, le *squelette* détermine l'individualité zoologique de chaque animal, et l'aspect sous lequel il s'offre à nos yeux. Son rôle physiologique est double : il sert à protéger les principaux appareils splanchniques ; et à fournir des leviers et des appuis pour les muscles auxquels est dévolu le rôle de faire jouer, les unes sur les autres, les différentes pièces des articulations mobiles.

Chez le chien, comme chez tous les animaux d'un ordre supérieur, le squelette est agencé de telle façon, qu'on peut facilement y distinguer trois régions principales : *la tête, le tronc et les membres*.

Tête. — La *tête* occupe l'extrémité antérieure du corps. Elle comprend plusieurs cavités la plupart destinées à contenir, outre l'encéphale, vulgairement la *cervelle*, les organes des sens les plus essentiels à la vie.

En anatomie, on reconnaît deux parties à la tête : le *crâne* et *la face*.

Le *crâne* affecte la forme d'une véritable boîte, à parois osseuses, dures et résistantes. Il occupe tout le haut de la tête et sa région postérieure. Cette cavité, la plus vaste des cavités céphaliques, est formée par le *frontal*, en avant ; *les deux pariétaux*, en arrière du frontal, avec lequel ils constituent le plafond de la boîte crânienne ; *les deux temporaux*, sur les côtés ; *le sphénoïde*, ou plancher du crâne ; et enfin, *l'occipital* qui le termine en arrière. C'est dans le temporal, dans la portion appelée le *rocher*, que sont creusés les canaux de l'oreille interne ; et c'est sur la face postérieure de l'occipital, qu'existe l'ouverture, dite *trou occipital*, destinée à établir une communication directe entre la boîte cranienne et le canal vertébral. Les os de la *face* précédent l'ensemble de ces diverses parties.

On compte cinq cavités dans la *face : les deux orbites* où sont logés les yeux ; *les deux fosses nasales* séparées l'une de l'autre par une mince cloison cartilagineuse, et couchées obliquement sous le chanfrein, au-dessus de la bouche ; et enfin *la bouche*.

Plusieurs os concourent à la formation des cavités de la face. Les principaux sont : *les os jugaux* ou des pommettes chez l'homme ; *les os nasaux* qui forment la voûte *des fosses nasales* ; *les deux os maxillaires supérieurs* dont la réunion constitue *la mâchoire supérieure*, et enfin *le maxillaire inférieur*, base de *la mâchoire inférieure*.

Ces deux derniers appareils osseux, les *mâchoires*, sont pourvus d'un bord libre creusé de petits trous plus ou moins régulièrement coniques *ou alvéoles*, dans lesquelles s'implantent les racines des dents. Les *dents*, douées d'une très grande dureté, sont considérées comme de véritables concrétions osseuses. Elles sont préposées à la trituration que les aliments doivent subir dans la bouche, avant de se rendre dans l'estomac.

Tronc. — Le tronc comprend : la *colonne vertébrale*, ou mieux le *rachis*, quand on parle des animaux ; le *sternum* avec *les côtes* ; *le bassin*.

Le *rachis*, *colonne vertébrale*, ou encore *épine dorsale*, est une longue tige osseuse composée d'une série de petits os impairs nommés *vertèbres*. Chaque vertèbre offre cela de particulier, qu'elle est percée d'un trou dans son milieu, et s'articule avec celle qui la précède et celle qui la suit, de manière à former, en se plaçant ainsi les unes à la suite des autres, un véritable canal, *le canal rachidien*, qui commence à la partie antérieure du rachis pour se terminer à la queue de l'animal. L'ouverture antérieure de ce canal s'abouche avec le trou occipital.

A droite et à gauche de *l'anneau* formé par chaque vertèbre prise isolément, on voit se détacher des prolongements osseux appelés *apophyses* ; et, sur sa face supérieure, une épine osseuse unique désignée sous le nom d'*apophyse épineuse*. Cette dernière est destinée à empêcher la flexion en arrière, en même temps qu'elle offre des points d'attache à un muscle puissant, l'*ilio-spinal*.

Le chien possède quarante-cinq vertèbres, y comprise la moyenne des vertèbres coccigiennes : *sept cervicales* déterminant la longueur du cou ; *treize dorsales* déterminant celle du dos ; *sept lombaires*, situées entre la cage thoracique et le bassin ; *trois sacrées*, qui se soudent entre elles dès la première enfance pour former l'os appelé *sacrum* ; et, de *seize à vingt et une*, en moyenne, *dix-huit coccygiennes*, à l'état rudimentaire, se prolongeant à l'extrémité postérieure du rachis sous forme de queue.

Vertèbres cervicales. — La première cervicale porte le nom d'*atlas*, en raison du rôle dont elle est chargée dans le rachis. C'est sur l'atlas, en effet, que s'appuie l'occipital en s'articulant avec lui à la faveur de deux surfaces dites articulaires, une pour chacun des deux os. La surface articulaire de l'occipital est convexe et porte le nom de *condyle* ; celle de l'atlas, par contre, est concave, et appelée *cavité glénoïde*. Quant aux autres vertèbres, à notre avis, elles n'offrent pas de caractères assez intéressants, pour que nous accordions à chacune d'elles une description particulière.

Vertèbres dorsales. — On compte, entre la base du cou et les lombes, treize *vertèbres dorsales*. La première s'articule avec la septième cervicale, et la treizième avec la première lombaire. Leurs apophyses latérales servent de point d'appui à la partie supérieure des côtes, concourant ainsi à donner à la cage thoracique des parois aussi solides que résistantes.

Vertèbres lombaires. — De même que les cervicales, les *vertèbres lombaires* sont au nombre de sept. Elles sont situées entre la dernière dorsale et le sacrum avec lesquels elles s'articulent. Leur principal caractère consiste en ce que les apophyses transverses, qui sont très longues, très larges et développées dans le sens horizontal, concourent à former le plafond de la *cavité abdominale* ou le *ventre*.

Sacrum. — Chez le chien, les trois vertèbres du *sacrum* se soudent de très bonne heure, comme nous en avons déjà fait la remarque, et constituent, dans ce nouvel état, un os unique et impair, couché dans une direction un peu oblique entre les lombes et les os de la queue. Par ses bords latéraux, il s'articule avec l'os composé appelé *coxal*. La voûte de la *cavité pelvienne*, ou du *bassin*, lui appartient tout entière.

Vertèbres coccygiennes. — Leur nombre varie de seize à vingt et un. Les cinq ou six premières seulement sont aussi parfaites que les vraies vertèbres. *Les vertèbres coccygiennes* servent de base à la queue; elles diminuent graduellement de volume jusqu'à la dernière.

Côtes. — On compte treize *côtes* : neuf appelées *sternales* parce qu'elles s'appuient, par leur extrémité inférieure, sur le bord latéral du sternum, et quatre dites *asternales* pour la raison opposée. Il va de soi, qu'il entre treize côtes dans chacune des moitiés de thorax, ce qui donne un total de vingt-six.

Les côtes sont des os allongés, très incurvés en dehors, étroits, épais et terminés par un prolongement cartilagineux à l'aide duquel elles se rencontrent angulairement avec le sternum. C'est à cette seconde et heureuse disposition, que les parois de la cage thoracique doivent, en partie, leur souplesse et leur élasticité.

Les cartilages des côtes dites sternales continuent les côtes du même nom jusqu'à la rencontre du sternum. Les cartilages appelés asternaux ne s'appuient qu'indirectement sur le sternum, à la faveur du cartilage de la dernière côte sternale.

Sternum. — Chez les grands animaux domestiques, le *ster-*

num, qui occupe le devant ou mieux la partie inférieure de la poitrine et son milieu, est une pièce osseuse allongée, aplatie et rétrécie dans sa partie moyenne. Chez le chien, la même pièce est représentée par huit os également allongés et renflés chacun à leurs deux extrémités ; ils ne se soudent jamais. Chacun de ces os, quant à sa forme, ressemble assez bien aux derniers coccygiens du cheval.

Le mode de connexion particulier des os du sternum du chien mérite d'être remarqué ; ils ne sont pas soudés. D'après cela, il est évident, que c'est à cette disposition qu'il faut attribuer la liberté de flexion dont jouit la région sternale chez cet animal, ainsi que la facilité et la souplesse avec lesquelles il peut se courber et se tordre, pour ainsi dire, sur lui-même, soit qu'il veuille s'infléchir à droite, soit qu'il veuille s'infléchir à gauche.

Membres. — Les membres sont au nombre de quatre. Ils se divisent en deux paires que l'on désigne collectivement sous les noms : de *membres antérieurs* ou *thoraciques*, et de *membres postérieurs* ou *abdominaux*.

Membres antérieurs ou **thoraciques**. — *Les membres thoraciques*, vulgairement *pattes de devant*, se composent : de l'*omoplate* ou *scapulum*, de l'*humérus*, du *radius* et du *cubitus*, et du *pied antérieur*.

Omoplate ou **scapulum**. — L'*omoplate*, l'os de l'épaule, est une pièce osseuse large et plate, couchée obliquement sur le haut de la partie antérieure de la cage thoracique, et qui, fortement attachée au dos par des muscles, sert de base de mouvement aux rayons osseux du reste du membre.

Humérus. — L'*humérus*, qui, à lui seul, forme l'os du bas et la base de cette région, est long, cylindrique et creux. Son extrémité supérieure s'articule avec l'omoplate, l'inférieure, avec les os de l'avant-bras. Cette articulation, à angle aigu, a son ouverture dirigée du côté du flanc de l'animal.

Radius et **cubitus**. — Les deux os, le *radius* et le *cubitus*, forment, ensemble, l'avant-bras et la base de la région du même nom. Ils sont, l'un et l'autre, comptés parmi les os longs. En haut, ils s'articulent avec l'humérus ; en bas, ils s'unissent aux os du carpe qu'ils atteignent en prenant une direction parallèle et verticale. L'angle articulaire huméro-cubital présente son sommet en arrière et son ouverture en avant.

Pied antérieur. — L'extrémité inférieure du membre thoracique, ou *pied antérieur*, comprend : 1° le *carpe*, formé de sept petits os ; 2° le *métacarpe*, qui en compte cinq ; 3° la *région digitée*, avec cinq doigts terminés, chacun, par un ongle ordinairement mousse.

Membres postérieurs ou **abdominaux**. — *Les membres abdominaux*, dits encore *pattes de derrière*, comprennent : l'os composé appelé *coxal*, le *fémur*, le *tibia* et le *péroné*, et les os du *pied postérieur*.

Coxal ou **os de la hanche**. — Le *coxal*, base de la hanche et de la fesse, est formé, dans le jeune âge, de trois os qui se soudent de très bonne heure : l'*ilium*, le *pubis* et l'*ischium*. Très vaste, plat, diversement incurvé et d'une forme bizarre, mais symétrique, cet os est suspendu presque horizontalement au-dessous du sacrum, auquel il est intimement uni par des articulations d'une très grande solidité. Il concourt avec lui à former la charpente de la *cavité pelvienne* ou *bassin*. C'est dans une cavité articulaire profonde (*cavité cotyloïde*), creusée sur le côté extérieur, que pivote la tête du fémur, lorsque le membre postérieur entre en mouvement.

Fémur. — Base de la région de la cuisse, le *fémur*, os long, cylindrique et creux, s'articule, en haut, avec le coxal, en formant un angle aigu dont l'ouverture regarde en avant ; et en bas, avec le tibia.

Tibia et **péroné**. — Le *tibia* et le *péroné*, le premier, os long et prismatique, le second, très grêle et effilé en bas, constituent la base de la région de la jambe. Ils se dirigent obliquement de haut en bas et un peu en arrière jusqu'à la rencontre du pied postérieur, auquel ils sont unis par plusieurs petites articulations d'une grande solidité. Le tibia forme, avec le fémur, un angle à ouverture postérieure, et, avec le pied, un angle obtus à ouverture antérieure.

Pied postérieur. — Le *pied postérieur* comprend : 1° le *tarse* ; 2° le *métatarse* ; 3° la *région digitée*. Chez les carnassiers, dont le chien fait partie, cette dernière région ne compte que quatre doigts au lieu de cinq ; le pouce n'existe pas, ou plutôt il n'est représenté que par un métatarsien rudimentaire.

Articulation. — **Définition**. — On appelle *articulation* l'assemblage, le mode de connexion de deux ou de plusieurs pièces osseuses qui se touchent ou se correspondent par des surfaces dont la configuration est réciproque, et susceptibles, dans le plus grand nombre des cas, de jouer les unes sur les autres.

Quelques articulations seulement sont *immobiles*, comme celles des os du crâne ; toutes les autres sont *mobiles*, c'est-à-dire capables de mouvements plus ou moins étendus. De ce nombre, sont les articulations de la tête et du cou, du bras et de l'avant-bras, de la cuisse et de la jambe, etc.

Dans les articulations mobiles, les surfaces articulaires des os sont revêtues d'un tissu blanc, poli à sa surface libre, élastique, désigné sous le nom de *cartilage*. D'autre part, des faisceaux fibreux, véritables ligaments, d'une très grande ténacité, entourent ces surfaces ou abouts osseux, et les maintiennent invariablement dans leurs rapports normaux. Enfin, un liquide visqueux, filant comme du blanc d'œuf, renfermé dans une bourse ou capsule nommée *bourse synoviale*, *la synovie*, en un mot, lubrifie tous les points des surfaces cartilagineuses qui frottent les unes contre les autres, et en favorise le glissement.

Muscles. — **Tendons**. — *Les muscles*, on ne l'a pas oublié, sont les organes actifs du mouvement. Ce sont eux qui constituent la *chair* des animaux. Ils sont composés de faisceaux de fibres disposés parallèlement entre eux, de manière à former des masses plus ou moins isolées les unes des autres, et qui se terminent fréquemment, à chacune de leurs extrémités, par des cordons ou rubans blanchâtres et nacrés, d'une texture fibreuse, éminemment inextensibles, très résistants, nommés *tendons*. Ces tendons, en s'implantant, l'un, sur l'os d'une région où il prend son point d'appui ou d'origine, l'autre, sur un second os appartenant à une région contiguë, transmettent le mouvement à cette dernière.

C'est par un phénomène de contraction, c'est-à-dire de racourcissement, de plissement en zig-zag de la fibre musculaire, que les muscles font exécuter mille mouvements différents aux nombreux os qui entrent dans la composition du squelette.

Les fibres constituantes des muscles sont connues sous le nom de *tissu musculaire*.

Mécanisme ou physiologie du mouvement. — Un exemple suffira pour donner une idée de la manière dont s'opère le mouvement des articulations, en général, et, en particulier, celui des grandes articulations mobiles.

Soit l'avant-bras qui s'articule avec le bras, en d'autres termes, *l'articulation huméro-radio-cubitale*, ainsi désignée en anatomie. Parmi les muscles de la région brachiale antérieure, le *coracoradial*, ou *fléchisseur de l'avant-bras* ou *biceps*, s'insère, en haut, à l'os de l'épaule, en bas, au radius, un des os de l'avant-bras ; et parmi les *muscles extenseurs* de la même région, le *moyen extenseur*, par sa partie supérieure, s'attache au bord inférieur de l'omoplate, tandis que l'inférieure s'implante au sommet de l'olécrâne.

Dans cette articulation, le mode de connexion qui unit l'humérus au radius et au cubitus est tel, que l'avant-bras, obéissant à la volonté de l'animal, peut alternativement se fléchir et s'étendre sur le bras sans dévier ni à droite ni à gauche. Le chien veut-il fléchir l'avant-bras : aussitôt le muscle coraco-radial entre en action, se contracte, se raccourcit, et entraine le radius et le cubitus qui se rapprochent plus ou moins de la face antérieure de l'humérus. Veut-il, au contraire, étendre l'avant-bras sur le bras : le fléchisseur se détend ; le *scapulo-olécranien*, l'un des extenseurs, se contracte à son tour, et les deux os de l'avant-bras, dans un mouvement de rétrogradation, reviennent à leur position primitive. Il en est de même des autres articulations similaires.

Tous les muscles qui agissent à la manière des extenseurs sont dits muscles *antagonistes*. On les trouve partout où l'agencement des pièces osseuses permet les deux mouvements opposés de flexion et d'extension.

Quant à l'intensité de la force avec laquelle un muscle se contracte, elle dépend du volume du muscle lui-même ; de la manière dont il se fixe à l'os ; et de la rusticité de l'animal.

Quelque abrégées que soient les considérations générales que nous avons consacrées à la description de l'appareil locomoteur, elles nous paraissent cependant contenir tout ce qu'il faut pour donner l'intelligence des grands et principaux mouvements auxquels nous voyons, tous les jours, se livrer les animaux de toutes les espèces. Cela posé, nous passons, sans transition, à la description des appareils de la vie organique qui caractérisent exclusivement les êtres animés, description que nous ferons suivre immédiatement de l'étude de la *physiologie* des mêmes appareils, ainsi que nous l'avons annoncé plus haut.

Il va de soi, qu'ici, encore, nous n'aurons en vue que le chien seul.

Physiologie. — **Définition.** — On appelle *physiologie* la science qui traite des *fonctions organiques* dont l'ensemble constitue la *vie*.

Fonction. — **Définition.** — On désigne sous le nom de *fonction* tout acte nécessaire à l'accomplissement des phénomènes vitaux.

Les fonctions se divisent en trois grandes classes : 1° Les *fonctions de nutrition* qui, communes aux animaux et aux plantes, appartiennent *à la vie végétative* ; 2° Les *fonctions de relation* qui constituent *la vie animale* ; 3° Les *fonctions de la reproduction*. Les fonctions des deux premières classes sont préposées à la conservation de l'individu ; celles de la troisième, le sont à la conservation de l'espèce.

Nous nous bornerons, dans ce dictionnaire, à l'étude des fonctions de nutrition et de relation.

Toutes les fonctions, à quelque ordre qu'elles appartiennent, exigent, pour leur accomplissement, soit un *organe unique*, soit un *appareil d'organes*, ou plusieurs organes.

Organe. — **Définition**. — Un *organe* est une partie de l'animal, ou un *instrument* destiné à exécuter une fonction quelconque. On donne le nom d'*appareil* à l'ensemble des organes qui concourent à une même fonction, à un même but.

Fonctions de nutrition. — **Nutrition**. — **Définition**. — *La nutrition* est l'acte ou l'opération vitale qui a pour but et pour résultat d'entretenir, de réparer et d'accroître les différentes parties du corps des êtres organisés, en même temps qu'elle maintient en état les forces de chaque individu. Elle a pour objet la conversation du sujet pris isolément.

Les principales fonctions nécessaire à la nutrition sont au nombre de sept : la *digestion* ; l'*absorption* ; la *circulation* ; la *respiration* ; les *sécrétions* et l'*excrétion*.

Digestion. — **Définition**. — La *digestion*, fonction exclusivement départie aux êtres animés, a pour effet de transformer les aliments en un suc réparateur qui se mêle au sang et le renouvelle, ou, si l'on aime mieux, d'extraire des aliments tout ce qui peut servir à la nutrition. Cette fonction s'exécute au moyen d'un système d'organes désigné, sous le nom d'*appareil digestif* que nous allons décrire.

Appareil digestif. — Dans sa division la plus simple, l'appareil digestif comprend : la *bouche*, le *canal intestinal* et un certain nombre de *glandes*.

Bouche. — La *bouche* constitue l'entrée du tube digestif. Située entre les deux mâchoires, elle est limitée : en avant, par les lèvres ; en arrrière, par le voile du palais ; en haut, par la voûte palatine ; en bas, par la langue ; sur les côtés, par les joues. Elle est bordée, à l'intérieur, de deux rangées de dents, l'une supérieure, l'autre inférieure, disposées en forme d'arcades. Elle est, de plus, entourée, extérieurement, de glandes, dites salivaires, dont les canaux excréteurs viennent déboucher dans la cavité qu'elle forme. C'est dans la bouche, dont elle représente le plancher, qu'est placée la langue, entre les branches du maxillaire inférieur.

Intestin. — Chez les animaux d'un ordre supérieur, chez le chien, par exemple, l'*intestin* ou *le canal intestinal* est un long conduit musculo-membraneux logé dans la cavité abdominale. Il commence, à proprement parler, au pharynx, et se termine à l'anus.

Diverses parties, ou organes, concourent à la formation du *tube digestif*. Ce sont : *le pharynx* ou arrière-bouche ; l'*œsophage ;* l'*estomac ;* l'*intestin grêle ;* le *gros intestin* et le *rectum*.

Pharynx. — Le *pharynx* est une sorte de vestibule, de carrefour, placé entre la bouche et l'œsophage, d'une part, et, d'autre part, entre les cavités nasales et le larynx. Il a la forme d'un canal musculo-membraneux très court.

Œsophage. — Cet organe consiste en un tube ou conduit musculo-membraneux étroit qui, après avoir longé le cou, sous la peau, un peu à gauche, pénètre dans la poitrine entre les deux premières côtes ; passe au-dessus du cœur entre les deux poumons ; et se termine à l'estomac, dans la cavité abdominale.

Estomac. — L'*estomac* est un véritable sac musculo-membraneux dont les parois sont douées d'une très grande extensibilité. Il est situé dans l'abdomen immédiatement derrière le foie et le diaphragme. Par son extrémité gauche, *œsophagienne* ou *cardiaque*, il est continu à l'œsophage ; par l'extrémité opposée, *intestinale* ou *pylorique*, il se soude, à droite, à l'intestin grêle. On distingue donc à cet organe deux orifices : le premier, *stomogastrique*, appelé *cardia ;* le second, *intestinal*, nommé *pylore*. Chez le chien, l'estomac est piriforme.

Intestin grêle.— L'*intestin grêle*, de même que l'estomac, est musculo-membraneux. Il diffère de ce dernier, en ce qu'il affecte la forme d'un tube long, étroit, et qui donne naissance à plusieurs circonvolutions en se contournant de diverses manières. Uni au pylore à son origine, il se termine au côlon. Ses principales circonvolutions occupent, chez le chien, le milieu de la cavité abdominale. Il mesure 3^m, 90, environ.

Gros intestin ou **côlon**. — **Cœcum**. — **Rectum**. — Le *gros intestin*, à peine plus gros que l'intestin grêle auquel il fait suite, comprend le *cœcum*, le *côlon*, et le *rectum*. Ces trois parties se distinguent très peu l'une de l'autre. Le côlon, un peu plus gros cependant que l'intestin grêle, ne se courbe que trois fois jusqu'à l'endroit où il atteint le rectum. Sa place, dans l'abdomen, est à gauche, pour sa partie descendante et terminale ; et sa longueur totale, de 60 à 65 centimètres.

Le *rectum* ne mérite d'être signalé que parce qu'il présente sur

ses côtés, près de sa terminaison à l'*anus*, deux poches glanduleuses, à ouvertures étroites, et remplies d'une matière fétide de
couleur brunâtre. Nous ne dirons rien du *cæcum*.

La longueur totale de l'intestin du chien de taille moyenne
ne dépasse ordinairement pas celle de 4 mètres et demi, dont
60 à 65 centimètres seulement appartiennent au gros intestin,
ainsi qu'il vient d'être dit plus haut.

Comparé, sous le rapport de la longueur, à l'intestin des herbivores, l'intestin du chien (le grêle en particulier) est infiniment
plus court. Chez les herbivores, il peut atteindre jusqu'à vingt-
huit fois la longueur du corps de l'animal ; chez le chien, au contraire, animal carnivore, il ne dépasse pas deux longueurs, ou
deux longueurs et demie. Ces différences tiennent à ce que les
substances animales, d'une digestion beaucoup plus facile et
plus rapide, parce qu'elles sont beaucoup plus riches en azote,
sous le même volume, que les matières végétales, doivent séjourner moins longtemps que celles-ci dans le canal alimentaire.

Physiologie de la nutrition. — Digestion. — Nous
l'avons annoncé plus haut : la *nutrition* est l'acte par lequel
l'être animé, depuis l'heure de sa naissance jusqu'à sa mort,
(l'intervention de l'air atmosphérique aidant) renouvelle, au
moyen des aliments, les pertes qu'il éprouve d'une manière
incessante pendant le fonctionnement de ses organes.

C'est par la *digestion* que commence le grand travail réparateur
de l'organisme connu sous le nom de *nutrition*.

La fonction de la *digestion* consiste en une série de phénomènes
chimiques, qui ont pour effet d'élaborer, au moyen des aliments,
divers produits solubles et essentiellement nutritifs, propres à
maintenir le sang, auquel ils se mêlent, dans un état de composition physiologique, aussi constamment que possible, identique
à lui-même.

Ces phénomènes chimiques sont au nombre de trois : l'*Insalivation ;* la *chimification*, ou *digestion stomacale ;* et la *chylification*, ou *digestion intestinale*.

Physiologie de l'insalivation. — Pendant le court séjour
que font les aliments dans la bouche, les dents les broient, les
divisent et les triturent jusqu'à ce qu'elles les aient réduits, à la
faveur de la *salive*, en une pâte molle et ductile. Ce liquide particulier, la salive, est déversé dans la cavité buccale par les
glandes salivaires situées, comme on l'a vu plus haut, au voisinage du même organe.

L'usage de la salive ne se borne pas, toutefois, à mouiller les aliments pour en rendre la mastication plus facile; elle agit surtout chimiquement sur eux, par la *ptyaline* ou *diastase animale* qu'elle contient. De nombreuses expériences ont démontré que la salive, en vertu de ce ferment particulier, *transforme*, même dans la bouche, les *aliments féculents en sucre de glucose ou sucre d'amidon*, produit aussi soluble qu'il est excellemment absorbable.

Physiologie de la chimification. — Digestion stomacale. — Arrivés dans l'estomac sous la forme d'une pelote dite *bol alimentaire*, les aliments ne tardent pas à y subir, de la part du *suc gastrique*, une nouvelle et profonde modification qui les rend désormais absolument méconnaissables.

Le *suc gastrique* est le produit de la sécrétion de la muqueuse stomacale, et la *pepsine* un des principes les plus importants dont il se compose.

Sous l'influence de cette dernière, le suc gastrique disssout la fibrine, la caséine, l'albumine coagulée, tous les aliments azotés, en un mot; et les transforme définitivement en une matière nouvelle éminemment assimilable du nom d'*albuminose* ou de *peptone*. La peptone n'est jamais isolée dans l'estomac. Tant qu'elle y séjourne, elle reste mêlée aux parties de la digestion, demeurés solides, et concourt avec elles à la formation d'une pâte grisâtre, le *chyme*, qui n'a plus qu'à franchir le pylore pour s'engager dans l'intestin grêle, où l'attend une autre métamorphose, la dernière qu'elle doit subir.

Indépendamment de l'action chimique du suc gastrique sur la masse alimentaire, l'estomac, par les contractions de ses parois et les mouvements de va-et-vient, etc., qu'il lui imprime, prend encore une part, mécanique il est vrai, mais néanmoins indispensable, à la formation du chyme.

Les physiologistes ont constaté expérimentalement que, chez l'homme, il faut de trois à quatre heures, en général, pour la digestion d'un repas ordinaire. Chez le chien, elle dure plus longtemps.

Physiologie de la chylification. — Digestion intestinale. — La conversion du chyme en *chyle* constitue essentiellement la *chylification* ou *digestion intestinale*.

Le *chyle* qui résulte de ce travail, se présente, lorsqu'il est pur, sous la forme d'un suc blanc, laiteux, d'une saveur alcaline et légèrement salée. Il est destiné à être absorbé dans l'intestin grêle lui-même, où il s'est formé.

Plusieurs réactions, ou phénomènes chimiques, président à la chylification. On sait, par expérience, qu'ils s'accomplissent à l'origine de cet organe, comme dans une sorte de laboratoire, par l'action combinée de deux agents presque exclusivement chylifiants : 1° la *bile*, sécrétée par le foie, liquide de couleur verdâtre et d'une saveur amère; 2° le *suc pancréatique*, fourni par le pancréas, liqueur limpide comme de l'eau, analogue à la salive, et dont le principe actif a reçu le nom de *pancréatine*.

C'est aussi par la voie expérimentale, que l'on a appris que la bile et le suc pancréatique ont pour fonctions : la première, de dissoudre et d'émulsionner en partie les matières grasses contenues dans le chyme; le second, d'achever la transformation, en glucose, des aliments féculents, tout en émulsionnant simultanément les matières grasses.

L'absorption du chyle commence aussitôt qu'il est formé. Elle a lieu dans toute la longueur de l'intestin grêle par la muqueuse qui le tapisse intérieurement, et à la faveur des contractions du tube intestinal, qui ont encore pour fonction importante de faire cheminer les fèces vers le côlon.

Physiologie de l'absorption. — A la chylification succède l'*absorption*, le premier but que doit atteindre la digestion. Le phénomène de l'absorption s'accomplit dans toute la longueur de l'intestin, mais notamment dans l'intestin grêle, dont la surface interne est couverte, à cet effet, de petits prolongements filiformes nommés *villosités*.

Deux voies, pourvues, chacune, d'un rôle parfaitement distinct, sont ouvertes à l'absorption : les *veines* et les *vaisseaux chylifères*.

Absorption par les veines. — L'absorption de l'eau, des boissons, des matières albuminoïdes et sucrées, quelle que soit leur provenance, est exclusivement réservée aux *veines de l'intestin grêle*. Immédiatement après leur entrée dans la circulation veineuse, ces substances diverses vont, tout d'abord, se déverser dans la *veine porte* qui les conduit elle-même directement au foie, où elles ne font qu'un court séjour. Elles sortent ensuite de cet organe, plus ou moins modifiées, et, finalement, pénètrent dans le torrent de la circulation générale, après avoir parcouru la *veine cave postérieure* vers sa terminaison même.

Absorption par les vaisseaux chylifères, ou vaisseaux lactés. — Les chylifères, sortes de petits conduits d'un très petit diamètre, sont des vaisseaux d'une nature toute particulière, qui émergent de la surface de l'intestin grêle et gagnent le *canal thoracique* en contractant entre eux, sur leur trajet, de nombreuses anastomoses. Leur rôle est d'y transporter exclusivement le chyle dont ils se sont gorgés par l'intermédiaire des villosités intestinales. C'est ce liquide que le canal thoracique, en s'abouchant avec la veine jugulaire gauche, est chargé, à son tour, de mêler avec le sang que contient cette veine, juste au moment où elle-même va se souder à l'oreillette droite du cœur.

Il n'existe aucune ressemblance, sous le rapport de la composition chimique, entre les liquides absorbés par les veines et le chyle des vaisseaux chylifères. Le chyle représente tous les produits essentiellement nutritifs et alibiles élaborés par la digestion, tels que les matériaux azotés assimilables, les graisses, etc., tandis que les spiritueux, les sucres divers, les gommes ne sont ni nutritifs, ni assimilables.

Des détails qui précèdent, quelque succincts qu'ils soient, et pour nous résumer, il résulte clairement : que tous les produits dont s'empare l'absorption, 1° les liquides aqueux et sucrés, etc., d'une part, 2° les fluides animalisés, d'autre part, suivent chacun, et pour cause, une voie différente afin de se rendre à leur commune destination ; que les premiers gagnent d'abord le foie avant de se jeter dans la veine cave postérieure, parce qu'ils ont besoin d'y subir un dernier travail d'élaboration et de transformation ; tandis que les seconds, après avoir parcouru le canal thoracique jusqu'à la jugulaire gauche, n'ayant à passer par aucun nouveau travail d'élaboration, s'engagent immédiatement dans la veine cave antérieure, où a lieu leur mélange avec le sang provenant de la grande circulation veineuse.

Quant aux liquides et boissons dont nous n'avons pas encore parlé, si l'on fait exception du lait, du bouillon, de l'huile, etc., qui sont véritablement digérés ; l'eau, le vin, l'alcool affaibli, etc., inhabiles à nourrir ne forment ni chyme ni chyle. L'eau et les spiritueux, en particulier, n'exercent guère d'autre action sur les aliments que celle de les diviser, de les ramollir et de les dissoudre, en même temps que, à la faveur de l'alcool lorsqu'ils contiennent, ils stimulent les muqueuses stomacale et intestinale.

Glandes de l'intestin. — Dans l'historique abrégé que nous venons de faire de la digestion, nous avons appelé l'attention du lecteur sur l'intervention aussi curieuse qu'efficace de deux glandes importantes, le *foie* et le *pancréas*, quoique nous ne les ayons pas décrites. Nous allons combler, ici, cette lacune, en leur consacrant, à l'une et à l'autre, les quelques lignes qui suivent.

Anatomie du foie. — Le *foie* est une glande volumineuse, d'une texture granuleuse, d'une couleur rouge foncé, et trilobée. Il est situé dans l'abdomen derrière le diaphragme auquel il adhère. A sa face postérieure, et un peu en bas, existe un petit réservoir, appelé *vésicule du fiel*, dans lequel s'accumule la bile, avant qu'elle ne se rende dans l'intestin par le *canal cholédoque*, à peu de distance du pylore.

Anatomie du pancréas. — Le *pancréas* ou *glande salivaire abdominale*, comme on l'appelait autrefois, de forme allongée, est situé derrière l'estomac, tout près de la colonne vertébrale. Il sécrète un liquide aqueux, le *suc pancréatique*, qui est versé dans l'intestin grêle, à son origine, par le *canal de Wirsung*.

Estomac, intestin grêle, gros intestin, rectum, foie et pancréas, tous ces organes divers, dont l'ensemble constitue l'appareil digestif, sont contenus dans une vaste cavité, l'*abdomen*, que l'on désigne communément sous le nom de *ventre* dans le langage vulgaire.

L'*abdomen*, appelé encore *cavité abdominale*, est placé en arrière du thorax. Il en est séparé par une cloison membraneuse à son centre, musculeuse à la périphérie, désignée sous le nom de *diaphragme*, à cause du rôle qu'il remplit. A sa partie postérieure, il se termine au *bassin*, autre petite cavité qu'occupent simultanément le rectum, la vessie, et partie de l'utérus chez la chienne.

Physiologie de la circulation. — **Définition**. — La *circulation* est le transport continu du liquide nourricier appelé *sang*, de l'appareil respiratoire où il se vivifie, dans les diverses organes du corps, et son retour au même appareil de la respiration.

L'étude de cette intéressante fonction comprend : 1° l'anatomie de l'*appareil circulatoire* ; 2° les caractères et les propriétés du *sang* ; 3° le mécanisme de la *circulation*.

1° Anatomie de l'appareil de la circulation. — L'appareil de la circulation, ou l'ensemble des organes destinés à effectuer le transport du sang, comprend : le *cœur*, les *artères* et les *veines*.

Cœur. — Muscle creux, de forme conique, le *cœur* est couché dans le thorax presque horizontalement entre les deux poumons, la base regardant l'entrée de la poitrine, la pointe dirigée en arrière et à gauche du côté du diaphragme. Il est enveloppé de toutes parts par une poche fibreuse appelée *péricarde* ; et suspendu au-dessus des vertèbres dorsales par les gros vaisseaux qui naissent de sa partie antérieure.

Chez le chien, comme chez tous les mammifères, et chez les oiseaux, le cœur est divisé en quatre *cavités* : deux sont à droite, deux à gauche, distinguées, pour cette raison, en *cavités droites* (*cœur droit*) et en *cavités gauches* (*cœur gauche*). La cavité antérieure, dans chacun de ces cœurs, porte le nom d'*oreillette*, tandis que la cavité postérieure est désignée sous celui de *ventricule*. Chaque ventricule communique avec l'oreillette qui lui est propre ; mais les ventricules ne communiquent point entre eux, pas plus que les oreillettes entre elles. La destination des oreillettes est de servir de déversoir aux veines ; et celle des ventricules, de réservoir pour l'alimentation de conduits artériels. Intérieurement, les ventricules sont garnis de colonnes charnues.

Artères. — Les *artères* sont des vaisseaux ou canaux qui ont pour usage de transporter le sang du cœur dans les différents organes de la machine animale. Elles naissent des ventricules du cœur, et sont comme eux, par conséquent, au nombre de deux : l'*artère aorte* qui part du ventricule gauche, et l'*artère pulmonaire* qui naît du ventricule droit.

Artère aorte. — L'aorte, à son origine, est fixée au ventricule gauche du cœur par un tronc très court appelé *tronc aortique*. A une petite distance de son point de départ, elle se divise en deux branches, qui, à mesure qu'elles s'allongent pour pénétrer dans les organes où elles se terminent, donnent naissance à des ramuscules de plus en plus nombreux et de plus en plus déliés. Les dernières divisions artérielles portent le nom de *vaisseaux capillaires*. Ils sont comme noyés dans la trame intime des divers tissus où ils s'abouchent avec les capillaires veineux.

Artère pulmonaire. — Cette artère particulière se détache du ventricule droit du cœur pour se distribuer dans les poumons en fournissant, à chacun d'eux, une branche principale dont les divisions le plus ténues se répandent sur les parois des vésicules pulmonaires sous forme de vaisseaux capillaires.

Structure des artères. — Toutes les artères sont formées de trois tuniques parfaitement distinctes : l'une, l'*intérieure*, mince et lisse, est dite *séreuse* ; l'autre, la *moyenne*, est épaisse, jaunâtre et composée de fibres circulaires très élastiques ; la troisième, encore appelée *externe* ou *celluleuse*, est formée d'un tissu cellulaire dense et serré.

Lorsqu'on coupe une artère en travers, son ouverture reste béante et laisse écouler le sang sous la forme d'un jet qui ne s'arrête jamais de lui-même.

Veines. — Les *veines* sont les vaisseaux destinés à ramener au cœur le sang devenu impropre à la nutrition après son passage à travers les tissus organiques, où elles le puisent directement. Plus grosses et plus nombreuses que les artères, elles les accompagnent généralement dans leur trajet. Les veines naissent par des vaisseaux capillaires ; c'est le contraire de ce qui existe pour les artères. En raison de cette disposition, au lieu de se diviser de plus en plus en se dirigeant vers le cœur, elles se réunissent pour former des branches de plus en plus grosses. Elles se terminent à cet organe par deux gros troncs : la *veine cave antérieure* et la *veine cave postérieure*.

Structure des veines. — Examinées sous le rapport de leur structure, les veines comprennent trois tuniques : une *interne*, une *moyenne*, une *externe* ; la tunique moyenne est plus mince que celle des artères. Les veines diffèrent encore des artères, en ce qu'elles sont pourvues, de distance en distance, de *valvules*, sortes de soupapes dont l'office est de s'opposer à la rétrogradation du sang veineux.

Systèmes veineux secondaires. — Indépendamment du système veineux général dont nous venons de faire la description sommaire, on trouve encore les *veines pulmonaires* ; le *système de la veine porte*, et les *vaisseaux lymphatiques*. Nous n'en dirons que quelques mots.

Les veines pulmonaires ont leurs racines dans les poumons, où elles naissent en s'abouchant avec les capillaires de l'artère pulmonaire. Elles ramènent dans l'oreillette gauche du cœur le sang qui a pris le caractère artériel en traversant le tissu aérien du poumon. Elles s'ouvrent dans l'oreillette par trois ou quatre troncs distincts.

Le *système de la veine porte*, ou des *veines intestinales*, a son point de départ à l'appareil digestif. Plusieurs rameaux, espacés les uns des autres, se détachent de la surface externe de cet organe, et, se réunissant de proche en proche, finissent par former un tronc commun qui pénètre dans le foie, où il se ramifie à la manière des artères. A la sortie de cet organe, les ramifications qui s'en détachent, vont se sonder à la veine cave antérieure par deux ou trois troncs plus petits que la veine porte proprement dite, et que l'on connaît sous le nom de veines *sus-hépatiques*.

On ne trouve point de valvules dans le système de la veine porte.

Système lymphatique. — Le nom de *vaisseaux lymphatiques* donné à ce système particulier de canaux, vient du rôle qu'ils jouent dans la circulation générale : celui de charrier le liquide particulier, la *lymphe*, ainsi appelée à cause de sa ressemblance avec l'eau ordinaire.

Les vaisseaux lymphatiques n'ont pas plus de 2 à 3 millimètres de diamètre. Ils prennent naissance au sein des organes, sur les fibres organiques elles-mêmes, par des capillaires relativement larges, qui contractent entre eux de nombreuses anastomoses, affectant ainsi la forme de véritables réseaux.

Vus au microscope, ces canaux offrent de nombreux rétrécissements correspondant à des valvules, au nombre de deux à chaque point rétréci, et disposées de façon à s'opposer à tout mouvement rétrograde de la lymphe.

Sur leur parcours, ces mêmes vaisseaux rencontrent, çà et là, de petits organes de forme ovalaire, appelés *ganglions lymphatiques*, qu'ils traversent en se ramifiant, et dans lesquels la lymphe subit un travail particulier.

Les lymphatiques de la partie postérieure du corps et du côté gauche se terminent, par plusieurs troncs principaux, au *canal thoracique*. Ceux de la partie antérieure et du côté droit, se réunissent en un vaisseau commun, la *grande veine lymphatique*, laquelle s'ouvre dans la *veine cave antérieure*.

Semblables en structure aux artères, les vaisseaux lymphatiques sont formés de trois tuniques, une *externe*, une *moyenne*, une *interne*. C'est à la moyenne qu'est dévolu, en vertu de sa contractilité, le rôle de faire circuler la lymphe.

2° Liquides nourriciers de l'économie animale. — On désigne sous le nom de liquides nourriciers : le *sang*, le *chyle* et la *lymphe*. Considérés au point de vue de l'importance de leur rôle : le sang occupe le premier rang, le chyle vient après, et la lymphe après le chyle.

Caractères du sang. — Agent réparateur par excellence, le sang mérite d'être estimé le grand nourricier de l'économie animale. C'est lui seul qui distribue aux organes les matériaux nécessaires à la réparation des pertes du corps, etc., comme c'est à lui seul qu'il appartient d'y entretenir la vie.

Chez l'animal vivant, le sang est dans un état de fluidité parfaite, circulant avec la plus grande liberté du cœur au sein des tissus organiques, et des organes au cœur. Sa couleur est rouge.

Lorsqu'on le soumet à l'analyse chimique, on en sépare un grand nombre de produits très différents les uns des autres. Sa composition est très complexe. Cependant on peut dire qu'il est presque essentiellement formé d'un liquide fibrino-albumineux où sont maintenus en suspension une innombrable quantité de petits corpuscules solides, rougeâtres, appelés *globules rouges* ou *sanguins*.

Onctueux au toucher, le sang doit sa fluidité à l'eau qu'il contient naturellement, et son onctuosité à deux substances éminemment azotées : l'une appelée *albumine*, la plus abondante des deux, l'autre connue sous le nom de *fibrine*. Elles sont l'une et l'autre en solution parfaite dans le sang.

Tant que le sang est *vivant*, c'est-à-dire tant qu'il circule dans les vaisseaux sanguins, il reste fluide ; une fois, au contraire, qu'il est sorti de la veine pour séjourner dans un vase inerte, *mort* désormais, il se coagule spontanément et, au bout de vingt-quatre heures, il se sépare en deux parties distinctes : la première solide appelée *caillot*, formée de fibrine coagulée ; la seconde liquide appelée *sérum*, dans laquelle l'albumine est entièrement dissoute. Le caillot est coloré en rouge par les globules sanguins ; le sérum est d'une couleur jaunâtre ; on n'y trouve jamais de globules rouges.

Outre ces trois corps, albumine, fibrine et globules rouges, le sang, ou plutôt le sérum, contient encore plusieurs *sels*, soit à base de potasse et de soude, soit à base de chaux et de magnésie, et enfin des *matières grasses*, de l'*acide carbonique*, etc. Les globules rouges renferment du fer. Ils doivent leur couleur caractéristique à une matière particulière appelée *hématoglobuline*.

Le sang du chien extrait de la veine au moyen de la saignée ordinaire offre cela de remarquable, qu'il se coagule très rapidement. Il en est de même du sang des oiseaux de basse-cour. C'est exactement le contraire qu'on observe chez les autres animaux domestiques. Quant à sa séparation en caillot et en sérum, elle ne présente rien que de très ordinaire.

Caractères du chyle. — Le *chyle* est un fluide réparateur comme le sang, mais non immédiatement assimilable. Il se sépare des aliments, après que ces derniers ont été complètement modifiés par la digestion intestinale. Ce fluide, ou suc animal, est pompé à la surface de l'intestin grêle par un système de vaisseaux, les *vaisseaux chilifères*, dans l'intérieur desquels il circule, jusqu'à ce qu'il se déverse dans le canal thoracique, comme nous l'avons annoncé plus haut.

D'une couleur blanche, et de plus opaque, il ressemble assez bien à du lait. Si on le recueille à une petite distance de sa source, il est faiblement coagulable; un peu plus loin, il le devient davantage, et d'autant plus qu'il traverse un plus grand nombre des ganglions qu'il rencontre sur son passage avant d'atteindre le canal thoracique, son déversoir naturel. A ce point extrême, il offre une teinte sensiblement rosée.

Reçu dans une éprouvette et abandonné à lui-même, le chyle se coagule à la manière du sang. Il forme, dans ce cas et comme lui, un caillot plus ou moins consistant qui laisse bientôt suinter, de tous les points de sa surface, un sérum albumineux légèrement opalin.

Un des caractères distinctifs du chyle, c'est la présence, dans sa partie séreuse, d'une grande quantité de matière grasse à l'état d'émulsion, et à laquelle il doit son opacité particulière.

La composition du chyle présente, avec celle du sang, la plus grande analogie. On y trouve tout ce que contient ce dernier : de la fibrine, de l'albumine, des matières grasses, des sels alcalins et des sels terreux, et, à défaut de globules rouges, de nombreux globules blancs.

De cet examen comparatif, résulte le fait évident par lui-même, que le chyle doit être considéré, à juste titre, comme le liquide essentiellement reconstituant du sang, essentiellement destiné à lui fournir les matériaux réparateurs que réclame, à tout instant, la machine animale, pour remplacer ceux que lui fait perdre le travail de la décomposition organique.

Caractères de la lymphe. — On appelle de ce nom, *lymphe*, un liquide qui provient, à n'en pas douter, de l'acte chimico-vital dont la trame intime des tissus est le siége pendant l'accomplissement des phénomènes complexes auxquels donne lieu la fonction mystérieuse de la nutrition. C'est sur le lieu même où elle s'élabore, qu'elle est absorbée par une foule de petits vaisseaux particuliers, dits *lymphatiques*, chargés de la conduire, à la faveur du *canal thoracique* et du *grand vaisseau lymphatique droit*, jusqu'aux *jugulaires droite* et *gauche*, dans lesquelles elle se mêle avec le sang, ce que nous savons déjà.

La lymphe se présente sous l'aspect d'un liquide transparent, jaunâtre ordinairement, quelquefois faiblement rosé, et offrant une resemblance frappante avec la sérosité du sang. Sa fluidité cependant est un peu plus grande que celle du sérum sanguin.

En dehors des vaisseaux, elle se coagule spontanément au bout de dix à quinze minutes, en formant une masse gélatiniforme. Peu de temps après sa solidification, le coagulum qui en résulte, laisse échapper une sérosité légèrement opaline, au milieu de laquelle flotte un caillot longuement étranglé dans le sens de sa longueur, et remarquable par sa faible consistance.

A l'analyse chimique, on trouve dans la lymphe : de l'eau, de l'albumine, de la fibrine, des globules blancs, de la matière grasse, et des sels, les uns alcalins, les autres terreux. Ce sont, comme on le voit, tous les matériaux du sang lui-même moins les proportions, qui sont très différentes. Il n'y manque que les globules rouges.

3° **Mécanisme de la circulation.** — Afin de rendre plus facile l'intelligence du mécanisme de la circulation, mécanisme réduit, dans ce paragraphe, à sa plus simple expression, nous croyons devoir rappeler la définition que nous en avons déjà donnée : *La circulation consiste dans le transport continuel du sang de l'appareil respiratoire dans tous les organes du corps, et dans le retour du sang de ces organes à l'appareil de la respiration.*

Considérations générales. — Aussitôt que le sang, arrivé dans la trame des tissus, s'est engagé dans les capillaires artériels, qu'il les a entièrement pénétrés, et que, par leur intermédiaire, il s'est mis intimement en rapport avec les tissus des organes, il reprend immédiatement, par le système veineux général, la route du cœur, son point de départ. Ses déversoirs, dans l'oreille droite de cet organe, sont deux gros vaisseaux : la veine cave antérieure et la veine cave postérieure. De l'oreillette droite, le sang passe dans le ventricule droit qui se contracte dès qu'il en est rempli, et le chasse dans l'artère pulmonaire. Il envahit alors et imprègne pour ainsi dire les deux poumons ; se met en contact avec l'air venu du dehors, et, de veineux ou *noir* qu'il était, se transforme en sang artériel, d'un *rouge vif et rutilant.*

Cette révivification opérée, le sang retourne au cœur pour la seconde fois, à l'oreillette gauche d'abord, au ventricule gauche ensuite, pour, de là, s'engager dans l'aorte, dont il parcourt toutes les ramifications jusque dans leurs plus petites divisions capillaires.

Les deux troncs artériels dont nous avons parlé plus haut : celui qui se détache du cœur droit, l'*artère pulmonaire*, et celui qui émane de la base du cœur gauche, l'*aorte*, charrient, chacun, un sang de composition et de propriétés essentiellement différentes. Ils forment, pour cette raison, deux systèmes de canaux sanguins complètement distincts l'un de l'autre, et n'ayant entre eux aucune communication quelconque. L'artère pulmonaire, qui ne reçoit que du sang veineux, appartient en effet, au système de la *circulation* dite *pulmonaire*, appelée encore *petite circulation;* l'aorte, qui ne reçoit que du sang artériel, appartient à celui de la *circulation générale* ou *grande circulation.*

La cause de la séparation de ces deux courants sanguins est facile à saisir. Le sang veineux étant un sang *mort*, et le sang artériel, un sang essentiellement *vivant* et vivifiant, ne pouvaient et ne devaient circuler utilement dans le même ordre de vaisseaux. Il était indispensable qu'une circulation indépendante fût affectée à chacun d'eux ; et c'est pour prévenir leur mélange, mélange qui eût été incompatible avec la vie des animaux, que le sang veineux circule seul du cœur droit aux poumons, où il se régénère, et le sang artériel, seul aussi, des poumons au cœur gauche, puis, de là, aux différentes parties du corps, qu'il nourrit, entretient et fortifie.

Un organe, une machine unique, admirablement établie pour ce genre de travail, *le cœur*, est chargé de mettre en mouvement toute la masse du sang, et de la lancer dans les artères d'abord, et, par leur intermédiaire, dans les veines ensuite.

Circulation dans le cœur. — *Mécanisme.* — Lorsque le sang charrié par les veines caves, a rempli et distendu l'oreillette droite, et que, pendant le même temps, le sang fourni par les veines pulmonaires en a fait autant de l'oreillette gauche, ces deux oreillettes se contractent simultanément, et se vident, chacune dans son ventricule respectif, en forçant à s'ouvrir les soupapes ou valvules auriculo-ventriculaires dont sont munies les ouvertures de communication qui portent le même nom.

Ce premier mouvement effectué, les deux ventricules ont reçu simultanément tout le sang que contenaient les oreillettes. Arrive alors pour eux le moment d'entrer en action. A peine distendus par l'ondée sanguine, ils se contractent immédiatement sur elle avec énergie, comme viennent de le faire les oreillettes, et la forcent à évacuer à son tour leur cavité.

Sous ce nouvel effort, les valvules qui venaient de s'ouvrir pour livrer passage, dans les ventricules, aux sangs veineux et artériel, se ferment afin d'en empêcher le reflux dans les cavités auriculaires ; et les deux liquides sont définitivement lancés dans les vaisseaux des deux systèmes artériels, où ils circulent de la même manière.

Circulation dans les artères. — *Mécanisme.* — Bien différent est le mécanisme de la circulation dans les artères. Et d'abord, cette circulation s'y produit sans intermittence, sans saccade prononcée, d'une manière continue, et avec une rapidité qui va toujours en augmentant.

Dans le cœur, les causes du mouvement du sang ne sont pas autre chose que les contractions absolument mécaniques et alternatives des parois des oreillettes, et de celles des ventricules. Dans les canaux artériels, au contraire, les causes du même mouvement, au nombre de deux principales, résident tout entières, la première, uniquement dans la force impulsive venant du cœur ; la seconde, dans la force coopératrice résultant de l'élasticité des parois artérielles, force qui continue la première et lui succède sans la plus petite interruption.

Pouls. — C'est ici, croyons-nous, le lieu de parler du *pouls* que tout le monde connaît, et de dire comment et dans quels cas on l'explore. Le pouls consiste en un mouvement pulsatif, ou battement régulièrement saccadé, qui est occasionné par le choc du sang contre les parois des artères, chaque fois que les ventricules se contractent. Pour l'explorer, on applique très légèrement la pulpe de l'index et du médius sur une artère superficielle immédiatement sous-jacente à la peau, et l'on compte ses battements pendant une minute.

Chez un chien bien portant, calme et tranquille depuis quelque temps, le pouls est absolument régulier ; il bat sans lenteur ni fréquence, et donne, en moyenne, 90 à 100 pulsations par minute. Lorsque ces nombres sont dépassés, c'est que le même animal est malade et fiévreux. Les médecins consultent le pouls, le *tâtent*, pour nous servir de l'expression consacrée, toutes les fois qu'il leur importe d'être fixés sur le diagnostic et le traitement de bon nombre de maladies, généralement de nature inflammatoire.

Circulation dans les capillaires artériels. — *Mécanisme.* — Le mécanisme de cette circulation est le même que celui des artères ; il n'y a de différence que dans les mouvements, qui en sont considérablement affaiblis. Vu au microscope, le sang parvenu et engagé dans les capillaires artériels, y circule d'une manière uniforme, lentement, et sans produire le phénomène du pouls. Les globules cheminent les uns à la suite des autres, un à un ; et, dans ce court trajet, ils perdent leur couleur rouge vif, pour revêtir la teinte caractéristique du sang veineux.

La marche du sang, dans le système artériel, se fait du centre à la périphérie du corps.

Circulations dans les veines. — *Mécanisme.* — Le mouvement du sang veineux est déterminé par les contractions du cœur ;

par les réactions élastiques des capillaires artériels; par les contractions des muscles, et par le jeu des nombreuses valvules des veines, dont l'effet, bien connu, est de s'opposer à la rétrogradation du fluide sanguin.

Dans le système veineux, la circulation procède de la périphérie du corps au centre, c'est-à-dire au cœur. Elle commence dans les capillaires ou racines des veines; se continue dans les ramifications plus volumineuses qui leur succèdent, et se termine dans les veines caves antérieure et postérieure, à une petite distance de l'oreillette droite.

Le mouvement du sang veineux est remarquable par son uniformité.

Telle est l'idée que l'on doit se faire de la grande et importante fonction de la circulation.

Respiration. — Définition. — La *respiration* est la fonction organique qui a pour effet de transformer le sang veineux, ou sang impropre à la nutrition, en sang artériel, ou sang éminemment nutritif et assimilable.

Si l'on veut se rendre un compte exact du rôle considérable que la nature a départi à la grande fonction de la respiration, il ne faut pas perdre de vue, d'abord, que le sang artériel, pendant le travail de la nutrition organique, subit des modifications tellement profondes, qu'il devient bientôt tout à fait inhabile à entretenir la vie; en second lieu, que le sang veineux qui sort des capillaires artériels pour entrer dans les capillaires veineux, ne peut acquérir de nouvelles propriétés vivifiantes, qu'en repassant dans le poumon, pour y redevenir sang artériel par son contact avec l'oxygène de l'air.

C'est donc dans le poumon, le principal organe de l'appareil respiratoire, que s'opère cette transformation, aujourd'hui encore mystérieuse ou peu connue.

Avant d'en aborder l'étude dans le chapitre que nous lui consacrons, un mot d'abord sur la structure de la *trachée* et des *poumons*.

Anatomie de la trachée et des poumons. — Les poumons sont au nombre de deux, distingués en *droit* et en *gauche*, et renfermés, l'un et l'autre, dans la cavité appelée *thoracique*, ou simplement *thorax*. Ils sont unis entre eux par l'intermédiaire d'un long canal aérien, ou tube, désigné par les anatomistes sous le nom de *trachée-artère*, que nous allons décrire la première.

1° La *trachée* est formée d'anneaux cartilagineux incomplets à

5.

leur partie supérieure, rigides et élastiques tout à la fois, et unis les uns aux autres, de manière à engendrer un véritable canal ou conduit, destiné exclusivement à la circulation de l'air.

Ce conduit part de l'arrière-bouche ou pharynx ; longe la partie inférieure du cou ; s'engage entre les deux premières côtes, et pénètre dans le thorax. Avant de s'enfoncer dans les poumons, il se divise en deux grosses branches appelées *bronches*. L'une d'elles, la *bronche droite*, gagne le poumon droit et s'y distribue en lui fournissant mille et mille ramifications plus fines et plus ténues les unes que les autres ; l'autre, la *bronche gauche*, gagne le poumon gauche et s'y épuise exactement de la même manière. A l'intérieur l'arbre trachéal est tapissé par une membrane muqueuse à laquelle s'applique le même nom.

Par son extrémité antérieure ou *laryngienne*, par le *larynx*, la trachée communique avec l'air extérieur, à la faveur du pharynx et des cavités nasales ; par les dernières divisions bronchiques, avec les *vésicules pulmonaires*, et mieux les *vésicules bronchiques*. Ces petites ampoules ne sont, en effet, rien autre chose que de petits culs-de-sacs formés par les tubes capillaires bronchiques comme gonflés à leur terminaison.

2° Les *poumons* sont des organes cellulo-vasculaires, au nombre de deux, avons-nous dit. Ils forment deux masses d'une structure spongieuse très remarquable, et d'une légèreté qui ne l'est pas moins, lorsqu'ils ont été insufflés et desséchés.

Renfermés dans la cage thoracique, ils en occupent toute la capacité conjointement avec le cœur, qu'ils enveloppent complétement. Leur surface libre est recouverte par une membrane séreuse, la *plèvre*, qui a pour usage de leur permettre de glisser, à frottement doux, sur les parois intérieures du thorax.

Les deux poumons sont situés entre les vertèbres dorsales, en haut ; le sternum en bas ; les côtes à droite et à gauche ; le diaphragme en arrière.

On vient de voir que les bronches, à leur terminaison, forment les vésicules bronchiques. C'est sur leurs parois minces et transparentes que s'épanouissent les dernières ramifications de l'artère pulmonaire ; et c'est là, ainsi que nous allons le montrer, que le sang veineux se transforme en sang artériel.

Mécanisme de la respiration. — Ce mécanisme a pour but et pour effet, d'abord, de déterminer l'entrée de l'air dans les poumons et d'établir son contact avec le sang veineux par l'intermédiaire des vésicules bronchiques ; ensuite, d'en favoriser la sortie immédiatement après que le contact a eu lieu. De là deux mouvements opposés l'un à l'autre : celui de l'*inspiration*, pendant lequel, la poitrine se dilatant, l'air entre et circule dans la trachée et ses divisions, et celui de l'*expiration*, pendant lequel il en est chassé par la contraction ou l'abaissement des parois pectorales. Ces deux mouvements obéissent à l'action alternative qu'exercent différents muscles, les uns sur les parois costales, les autres sur le diaphragme. La mort seule met fin à l'accomplissement de tous ces phénomènes.

Physiologie et phénomènes chimiques de la respiration. — On entend par *phénomènes chimiques* de la respiration les modifications que subissent simultanément le sang veineux et l'air inspiré, au moment où ils se mettent en rapport l'un avec l'autre à travers les parois, et des vésicules bronchiques, et des vaisseaux capillaires artériels compris eux-mêmes entre ces mêmes parois.

Altération subie par l'air. — Pendant le court espace de temps que l'air séjourne dans les poumons, il éprouve les modifications suivantes : il perd une partie de son oxygène au profit du sang veineux ; il reçoit, en échange, une quantité à peu près égale d'acide carbonique, et il se charge, en même temps, d'une certaine quantité de vapeur d'eau et d'azote en proportion variable, et indéterminée. Après cette transformation, il s'échappe de l'appareil pulmonaire, pour se répandre et se perdre dans l'air ambiant.

Modifications éprouvées par le sang veineux. — Parvenu dans les capillaires de l'artère pulmonaire, le sang du cœur droit perd le caractère veineux en y subissant le phénomène particulier de l'*hématose*. Avant l'accomplissement de cette conversion, il était absolument impropre à entretenir la vie et à réparer les pertes de l'organisme ; *hématosé*, il est, au contraire, éminemment vivifiant, assimilable et réparateur.

Jusqu'aujourd'hui, le grand et important phénomène de la respiration, malgré toutes les études auxquelles se sont livrés les physiologistes, est encore peu connu dans son essence intime. Tout ce que l'on sait, c'est que pendant son passage à travers la trame pulmonaire, le sang veineux emprunte à l'air qui remplit et distend les vésicules partie de son oxygène ; lui abandonne de l'acide carbonique et de la vapeur d'eau, et, de rouge foncé qu'il était un instant auparavant, devient rutilant et écarlate. Il s'est transformé, en un mot, en sang artériel.

Nous nous en tenons à ces données succinctes sur la théorie de de la respiration; le dernier mot, en effet, de ce mystérieux phénomène est encore à trouver aujourd'hui. Ce qu'il importe de plus, en attendant mieux, de ne pas passer sous silence, c'est que la combustion qui résulte de l'action de l'oxygène sur les éléments du sang et sur ceux de la trame des tissus organiques, est la principale origine, la source incontestable de la *chaleur animale*.

De tous les animaux à sang chaud, les oiseaux sont ceux qui produisent la plus grande somme de chaleur. Suivant les espèces, leur température oscille entre 40 et 44 degrés centigrades. Chez l'homme, la température moyenne n'est que de 37 degrés environ. D'autre part, les climats et les saisons ne paraissent ni exercer une grande influence sur ce dernier chiffre, ni même le faire varier d'une manière sensible.

Si l'on se reporte, actuellement, à toutes les considérations dans lesquelles nous sommes entré en traitant des phénomènes multiples qui s'accomplissent dans les trois appareils de la digestion, de la circulation et de la respiration, au moment où ils fonctionnent avec activité, il est facile de concevoir une idée assez exacte de la nutrition organique.

Pour nous résumer en quelques mots : cette action finale, la nutrition, comprend deux sortes de travaux diamétralement opposés l'un à l'autre : le *travail de l'assimilation* et le *travail de la désassimilation*. Ces deux fonctions, dans l'état de santé, marchent de front et développent la même activité; et chacune d'elles opère mystérieusement, au sein de la trame même des tissus, d'une manière incessante et sans la plus légère interruption. A l'assimilation, appartient le rôle de transformer, en matières vivantes, les matières réparatrices charriées par le torrent de la circulation, et qui ne sont encore qu'ébauchées; à la désassimilation, celui de séparer des tissus les parties détériorées par le jeu des organes, et d'en favoriser l'élimination.

Anatomie et physiologie du système nerveux. — Définition. — Le *système nerveux* constitue l'appareil dont la fonction est de présider à l'accomplissement de tous les phénomènes du mouvement et de la sensibilité, en même temps qu'à tous les actes de la vie organique. C'est le principal instrument, le plus important même de tous ceux de la machine animale.

Deux systèmes distincts concourent à sa formation : l'un, désigné sous le nom de *système nerveux de relation*, *animal*, ou encore *cérebro-spinal*; l'autre appelé *système nerveux de la vie organique*, ou *système du grand sympathique*, ou *ganglionnaire*.

Étudié au double point de vue de l'*anatomie* et de la *physiologie*, le système nerveux comprend les détails les plus intéressants et les aperçus les plus curieux, détails et aperçus tous plus dignes les uns que les autres qu'on s'y arrête, ne fût-ce qu'un instant. Malheureusement ces détails et aperçus sont tellement nombreux, qu'ils se trouvent, à cause de cela, tout à fait hors de proportion avec les cadres restreints du dictionnaire cynologique.

Si encore il nous était donné de faire connaître au moins, eu égard à l'importance qu'ils présentent, ceux d'entre eux qui occupent les premiers rangs dans l'ordre hiérarchique. Mais une raison d'un ordre majeur s'y oppose totalement : il faudrait, pour être compris, que la majorité de nos lecteurs fût initiée à la science de l'anatomie descriptive. Or, il faut bien le dire, ce n'est pas le cas. Pour cet autre motif, nous nous voyons donc, encore une fois de plus, dans la nécessité d'écourter, c'est-à-dire de réduire à leur plus simple expression, les quelques paragraphes avec lesquels nous nous proposons de composer les deux chapitres sus-énoncés concernant le système nerveux : celui de son anatomie et celui de sa physiologie.

Anatomie du système nerveux. — Ce titre annonce plus que nous ne donnerons. D'après les observations contenues dans le paragraphe qui précède, au lieu d'une étude détaillée du système nerveux, nous nous bornerons, comme il y est dit, à le décrire à grands traits. Nous commencerons par les *cavités* qui servent à le loger et protéger, et terminerons par l'*appareil nerveux* proprement dit.

1° Cavités. — Deux *cavités* qui se continuent, se complètent l'une par l'autre, et qui, par conséquent, communiquent librement entre elles, sont façonnées pour recevoir la portion principale du système nerveux : la première porte le nom de *boîte crânienne* ou simplement de *crâne*; la seconde, celui de *canal rachidien*.

Crâne. — La *cavité crânienne*, chez les animaux, occupe la partie antérieure et le sommet de la tête. Elle a pour mesure : en longueur, la distance qui sépare la base du nez de l'occiput; et, en largeur, celle qui va d'une oreille à l'autre. A l'intérieur, elle est divisée en deux compartiments d'inégale capacité situées : la plus grande, en avant, derrière le front; la plus petite, en arrière et en haut, en avant de l'occiput.

Ces deux chambres, à parois osseuses, sont creusées dans les os de la tête, excepté toutefois ceux du nez et des mâchoires, dont l'ensemble constitue le museau. Elles sont, de plus, tapissées intérieurement par une membrane fibreuse très résistante, à laquelle les anatomistes ont donné le nom de *dure-mère* ou de *méninge.*

Canal rachidien. — Le *canal rachidien* commence à l'occiput par la première vertèbre cervicale, et se prolonge jusque dans les premiers os coccygiens. Toutes les vertèbres, c'est-à-dire les vertèbres cervicales, dorsales, lombaires, sacrées, et quelques-unes des coccygiennes, concourent à sa formation, en s'articulant à la suite les unes des autres. C'est de l'agencement, de l'union qui existe entre elles, que résulte le long tuyau qui nous occupe.

La membrane appelée *dure-mère* qui tapisse les parois intérieures de la boîte crânienne, revêt également celles du canal rachidien.

La nature n'a été que prévoyante en ménageant cette enveloppe osseuse à la partie principale du système nerveux. Il était de toute nécessité, en effet, non seulement que l'appareil de l'innervation, en raison du rôle prépondérant qu'il joue dans l'organisme animal, fût renfermé dans des cavités solides et résistantes ; mais encore, que ces cavités fussent capables de le mettre à l'abri de toute violence, ou chocs extérieurs.

Quoique très limité dans ses mouvements, le canal rachidien peut cependant s'infléchir légèrement, soit en avant, soit en arrière, soit à droite ou à gauche ; mais se plier, jamais.

2° **Appareil nerveux.** — On distingue, ainsi qu'on vient de le voir, deux parties principales dans l'appareil nerveux : le *système nerveux de la vie animale,* ou *de relation ;* et le *système nerveux de la vie organique.*

Appareil nerveux de la vie de relation. — Chez le chien, comme chez tous les animaux vertébrés, cet appareil se compose d'une partie centrale dite *axe cérébro-spinal,* comprenant : le *cerveau,* le *cervelet,* le *bulbe rachidien* et la *moelle épinière ;* et d'une partie périphérique formée par des cordons allongés et diversement ramifiés, auxquels on a donné le nom de *nerfs.*

Cerveau. — Le *cerveau,* vulgairement la *cervelle,* est la partie la plus considérable de l'axe cérébro-spinal. Chez le chien, il affecte la forme d'un *ovoïde allongé,* déprimé de dessus en dessous, et dont la portion antérieure est plus volumineuse que la postérieure.

Sa face supérieure présente un sillon médian profond qui la divise en deux moitiés latérales, nommées *hémisphères* du cerveau. Chacun d'eux porte un grand nombres d'éminences arrondies, contournées sur elles-mêmes, en quelque sorte vermiculaires, désignées sous le nom de *circonvolutions* ou *plis du cerveau*.

Sa face inférieure repose sur le plancher de la boîte crânienne, s'y moule, et reproduit fidèlement, en relief, tous les creux qu'on y remarque.

Le cerveau est logé dans le compartiment antérieur, la plus vaste des deux cavités du crâne.

Cervelet. — Beaucoup moins volumineux que le cerveau, le *cervelet* est situé en arrière de cet organe et à l'origine de la moelle épinière. Toute sa face supérieure est sillonnée en tous sens. Son aspect général est celui d'un corps lobulé. Dans l'entre-croisement des sillons, deux principaux méritent d'être remarqués ; ils règnent circulairement, mais d'une manière quelque peu irrégulière, de chaque côté de la ligne médiane. C'est à eux que cette même face doit de présenter, en-bas reliefs, trois lobes beaucoup moins distincts, toutefois, les uns des autres que ceux du cerveau, en raison du peu de profondeur et de l'irrégularité des deux sillons qui les circonscrivent.

Le cervelet occupe le compartiment postérieur du crâne.

Bulbe rachidien. — Connu encore sous le nom de *moelle allongée*, le *bulbe rachidien* n'est pas, à proprement parler, un organe distinct de la moelle épinière, dont nous donnons plus loin la description ; il n'en est réellement que l'origine. Il est situé entre le cerveau, le cervelet et la moelle, qu'il lie entre eux d'une manière si intime, qu'il constitue, à leur égard, un véritable trait d'union sans ligne de démarcation bien apparente. C'est à l'organe complexe résultant de cette union, que les physiologistes ont donné le nom de *centre nerveux*, de *centre cérébro-spinal*, ou d'*axe cérébro-spinal*. Ils appellent, en outre, d'une manière collective, *encéphale* ou *masse encéphalique*, le cerveau, le cervelet et le bulbe rachidien, parce qu'ils sont contenus tout entiers dans la boîte crânienne.

Pour terminer la description du bulbe rachidien, ajoutons : qu'il est de forme conique et aplati de dessus en dessous ; que sa base, tournée en haut et en avant, est en rapport avec le cerveau et le cervelet ; et que son sommet, dirigé en bas et en arrière, se continue avec la moelle épinière.

Nous verrons un peu plus loin, au paragraphe des fonctions physiologiques de l'appareil de l'innervation, le rôle très important et plein d'intérêt qu'il remplit.

Moelle épinière. — Cette partie de l'axe cérébro-spinal, la *moelle épinière*, se présente sous la forme d'une grosse corde qui sort de l'intérieur du crâne par le *trou occipital*, en fournissant le bulbe rachidien; s'engage dans le canal vertébral; et se prolonge jusque dans les premiers os coccygiens, où elle se termine et s'épuise.

Sa surface, dans toute son étendue, n'offre ni plis, ni circonvolutions; elle est entièrement lisse. Seulement, sur le milieu de chacune de ses deux faces principales, l'une supérieure, l'autre inférieure, se voit un sillon longitudinal qui divise l'une et l'autre en deux parties ou cordons parfaitement symétriques.

Structure de l'appareil nerveux. — *Axe cérébro-spinal*. — Étudiés quant à leur *structure*, le cerveau, le cervelet, et mieux l'encéphale, d'une part, et la moelle épinière, d'une autre part, sont essentiellement constitués par deux substances de couleur différente, l'une grise et l'autre blanche, intimement soudées entre elles, et offrant ce caractère particulier, dans leur situation respective, qu'elles n'occupent pas la même place dans chacune des deux parties de l'*axe cérébro-spinal*.

Lorsqu'on fait une section transversale du cerveau et du cervelet, on constate : d'abord, que la substance grise est extérieure par rapport à la substance blanche, et qu'elle l'enveloppe de toutes parts ; ensuite, que la couche enveloppante, très mince autour de la substance blanche du cerveau, est beaucoup plus épaisse dans le cervelet.

Si l'on pratique la même coupe transversale sur la moelle épinière, c'est la disposition contraire qui se fait remarquer : la couche nerveuse enveloppante est constituée par la substance blanche, et la grise occupe le centre de la corde épinière.

Enfin, ainsi qu'il a déjà été dit plus haut, le cerveau, le cervelet et le bulbe rachidien, intimement unis entre eux au point d'être solidaires les uns des autres, le sont également avec la moelle épinière, sans qu'il existe entre eux la moindre ligne de démocration.

Nerfs. — On appelle *nerfs*, en anatomie, des espèces de cordons ou rubans de couleur blanchâtre, qui émanent, les uns de la base de l'encéphale (*nerfs encéphaliques*) et les autres, des deux côtés de la moelle épinière (*nerfs rachidiens*). Ils se divisent en branches et ramuscules, à peu de distance de leur origine, et finalement, pénètrent dans la profondeur des tissus organiques, où ils s'épuisent en filets microscopiques.

C'est à ces cordons, pris dans leur ensemble, que les anatomistes et les physiologistes donnent le nom de *partie périphérique du système nerveux.*

Les nerfs sont composés de fibres nerveuses réunies en faisceaux, et essentiellement constituées par une substance blanche qui est identique avec celle du cerveau et de la moelle épinière.

Tous les nerfs crâniens se détachent de la base de l'encéphale, mais de points différents. Il n'en est pas de même des nerfs spinaux ou rachidiens. Ceux-ci forment deux séries de faisceaux parallèles entre elles et situées, l'une à droite de la moelle épinière, l'autre à sa gauche. D'autre part, chacune de ces séries confine à l'encéphale à son origine, et va se terminer au niveau des premiers os coccygiens. En outre, chacun des faisceaux comprend deux ordres de nerfs dont les racines, séparées les unes des autres, émergent, de deux points diamétralement opposés, à la surface des parties latérales de ladite moelle épinière.

Physiologie ou fonctions du système nerveux. — Aux diverses parties composant l'appareil nerveux cérébro-spinal, cerveau, cervelet, bulbe rachidien et moelle épinière, ont été départies des fonctions essentiellement différentes les unes des autres, et n'offrant pas, non plus, entre elles la plus petite analogie. C'est ce que nous allons essayer de faire comprendre.

Cerveau. — Le cerveau est le siège de la volonté; il est en même temps celui de la perception des sensations venues de l'extérieur, le centre où elles aboutissent toutes. Ce sont là les deux grands rôles qu'il est spécialement chargé de remplir. Chose digne de remarque : c'est sans doute à cause de cette destination bien déterminée, que, quoique le siège des impressions sensoriales, il est lui-même dépourvu de toute sensibilité; qu'il est au moins extrêmement peu sensible. On peut le piquer, sur un animal en pleine santé, sans produire de douleur, sans que le sujet en ait pour ainsi dire conscience.

Cervelet. — Les fonctions réelles du cervelet ne sont pas encore parfaitement établies. Néanmoins, tout porte à croire, d'après les résultats fournis par les expériences, qu'il est destiné à coordonner les mouvements volontaires.

Bulbe rachidien. — Qu'on pique le bulbe rachidien avec la pointe d'un stylet, en l'enfonçant dans l'espace compris entre l'occiput et la première vertèbre cervicale, on arrête immédiatement la respiration, et l'on produit instantanément la mort chez tout animal à sang chaud. Flourens a donné le nom de *nœud vital* à ce point vulnérable. Expérimentalement parlant, le *nœud vital* est le lieu d'élection où la vie paraît avoir établi son siège. On ne saurait guère y contredire.

Moelle épinière. — Son principal usage est de transmettre au cerveau les impressions du dehors, et de fournir ensuite aux nerfs, le cas échéant, le principe des mouvements que dirige la volonté.

Comme le bulbe rachidien, la moelle épinière, elle aussi, est d'une sensibilité extrême. Cependant l'animal, lorsqu'elle n'est que légèrement blessée, échappe généralement à la mort. Les principaux accidents auxquels le patient soit alors exposé, consistent dans de vives souffrances, ou dans des paralysies partielles. Ainsi en est-il toujours, quand la moelle se trouve assez comprimée pour ne pouvoir plus remplir ses fonctions avec liberté.

Nous ferons observer ici, cela est important à savoir : 1° que les deux faisceaux inférieurs et antérieurs de la moelle qui confinent au cerveau et dont les prolongements forment les pyramides inférieures du bulbe rachidien, entre-croisent leurs fibres avant de gagner le cerveau et le cervelet ; 2° que c'est là la raison qui explique pourquoi *la transmission du mouvement du cerveau au tronc et aux membres est toujours croisée.*

Il résulte de cette disposition que, si le cerveau est paralysé d'un côté seulement, à droite par exemple, ce sont les membres ou organes appartenant au côté opposé du corps, c'est-à-dire du côté gauche, qui perdent, conséquemment, et la sensibilité, et le mouvement.

Nerfs. — Les nerfs se divisent : 1° en *nerfs moteurs*, chargés de présider aux contractions musculaires ; 2° en *nerfs sensitifs*, qui servent à la transmission des sensations ; 3° et en *nerfs mixtes*, composés de fibres motrices et de fibres sensitives, dont le double rôle consiste à déterminer le mouvement et à percevoir les impresions qui viennent du dehors.

Nous n'en dirons que très peu de chose.

En ce qui concerne les *nerfs spinaux* en particulier, il est utile, pensons-nous, de rappeler ici pour l'intelligence de leurs fonctions, qu'ils naissent de la moelle épinière par deux ordres de racines, les unes supérieures, les autres inférieures.

Les expériences ont démontré que les fibres nerveuses qui descendent de la partie supérieure de la moelle sont exclusivement propres à la sensibilité, tandis que celles qui naissent de la partie inférieure sont destinées aux mouvements musculaires. Néanmoins, comme ces deux ordres de racines, après un court trajet, convergent vers un ganglion où leurs prolongements se réunisssent en un seul faisceau, tous les nerfs spinaux qui se dégagent ensuite de ce cordon unique pour se distribuer aux organes, sont des *nerfs mixtes*, c'est-à-dire contenant à la fois des fibres motrices et des fibres sensitives.

Ajoutons, à titre de complément de ce qui précède, qu'un nerf, pour fonctionner régulièrement, doit être entier, intact, exempt de toute lésion, même la plus petite, depuis son origine jusqu'à sa terminaison.

Système nerveux de la vie organique. — Définition. — *L'appareil* ou *système nerveux de la vie organique* est encore désigné sous le nom de *système ganglionnaire*, ou de *grand sympathique*. Il s'étend depuis la partie encéphalique de l'axe cérébro-spinal, c'est-à-dire de la tête, jusqu'au bassin. Entre ces deux points extrêmes, il forme deux cordons parallèles, situés de chaque côté de la colonne vertébrale, lesquels, dans leur trajet, traversent un certain nombre de petites masses nerveuses, appelées *ganglions*.

Ces corps particuliers, les ganglions, sont disposés par paires, et étagés à droite et à gauche du rachis. On les rencontre à la tête, au cou, dans le thorax et l'abdomen; ils sont, en outre, en communication avec la moelle épinière. Enfin, ils émettent une multitude de nerfs qui se répandent et s'épuisent dans le cœur, les poumons, les intestins, les vaisseaux artériels et veineux, les glandes, dans tous les organes, en un mot, de la vie végétative.

Le grand sympathique tient sous sa dépendance, non seulement les diverses fonctions qui président à la vie organique et la règlent, mais encore les actes, en général, nécessaires tout à la fois à l'entretien et à la conservation de la machine animale.

Chose non moins digne de remarque : les parties du corps qui reçoivent les nerfs ganglionnaires sont douées d'une sensibilité très obtuse, et les mouvements qu'elles exécutent sous son influence, sont absolument indépendants de la volonté. Telles sont, par exemple, les contractions du cœur et des intestins; tels sont encore les mouvements respiratoires, etc.

Instinct des animaux. — Les animaux qui occupent le haut de l'échelle des êtres organisés, le chien en particulier, accomplissent journellement, sous nos yeux, une foule d'actes auxquels on est souvent tenté d'attribuer tous les caractères de la réflexion et du raisonnement. Est-il juste, pour ce simple motif, de leur accorder une intelligence véritablement digne de ce nom, et de les croire capables d'associer des idées, et, jusqu'à un certain point, de porter un jugement? Personne, pensons-nous, n'oserait l'affirmer hautement ; on oserait encore moins, malgré les apparences, les supposer ornés des facultés de l'esprit, de l'âme, pour appeler les choses par leur nom. Les facultés de l'esprit sont l'apanage de l'homme seul.

Pour peu qu'on y réfléchisse, il est de la dernière évidence, qu'il n'y a que l'instinct qui guide les animaux et les inspire en toutes circonstances. Il n'existe, chez eux, qu'une sorte de penchant aveugle qui les porte, dans des cas déterminés, à agir d'une manière déterminée et toujours la même, sans qu'ils cherchent jamais à la modifier.

Quoi qu'il en soit, du reste, de l'instinct, il n'a pas d'autre siège que celui de l'intelligence chez l'homme, les hémisphères cérébraux. Unité de siège, voilà le seul lien qui les rapproche l'un de l'autre, l'instinct des animaux et l'intelligence de l'homme.

Sens. — On appelle *sens*, les facultés par lesquelles les animaux perçoivent et apprécient certaines propriétés caractéristiques appartenant aux corps dont ils sont environnés, et que, instinctivement, ils sont intéressés à connaître ; et *organes des sens*, les appareils à l'aide desquels s'exercent les facultés sensoriales.

Chez la plupart des animaux, ainsi que cela existe chez l'homme, les sens sont au nombre de cinq : le *toucher*, le *goût*, l'*odorat*, la *vue*, et l'*ouïe*. Nous allons les passer rapidement en revue.

Sens du toucher. — Le *sens du toucher* est celui qui révèle à l'être animé, par le contact direct, la présence des corps extérieurs.

Ce sens comprend la *sensibilité tactile ou générale*, et le *toucher proprement dit*.

Sensibilité tactile. — On ne peut et ne doit considérer cette sensibilité spéciale que comme une sorte de *toucher passif*. Elle est répandue dans toutes les parties du corps, quoiqu'elle ait son siège principal dans la peau. C'est par elle que les animaux apprécient la température des corps, la douleur, etc.

La peau de l'homme est douée d'une exquise sensibilité ; celle, au contraire, de la généralité des animaux n'est que peu sensible, chez les uns, à cause des poils ou d'autres productions de nature cornée ; chez les autres, à cause des plumes qui recouvrent et protègent leur corps.

Toucher proprement dit. — Le *toucher proprement dit* ne réside que dans quelques parties du corps pourvues, pour cette raison, d'une sensibilité plus parfaite que les autres. Ces parties sont disposées de manière à se mettre directement en rapport avec les objets soumis à leur appréciation. Chez le chien, le chat, etc., ce sont les lèvres qui remplissent cet office ainsi que les longs poils, qui, sous la forme de moustaches, ornent leur museau.

Du goût. — Ce sens est celui qui fait connaître la saveur des corps. Il a son siège dans la bouche et particulièrement sur les bords de la langue et la voûte du palais.

Les corps insolubles sont généralement sans saveur. Quant aux substances sapides, elles n'exercent directement sur le sens du goût une action plus ou moins prononcée, qu'à la condition, toutefois, qu'elles soient dissoutes dans un liquide quelconque, ou susceptibles de se dissoudre dans la salive.

De tous les nerfs de la tête, ce sont les *nerfs lingual* et *glosso- pharyngien* qui jouissent de la propriété de percevoir les saveurs. Le goût, chez le chien, diffère, sous plus d'un rapport, de celui de l'homme ; il est en particulier beaucoup moins parfait. On en a la preuve irrécusable dans l'appétence prononcée de cet animal pour les viandes pourries, qui, chose remarquable, paraissent l'affecter très agréablement.

Sens de l'odorat. — Le *sens de l'odorat* permet aux animaux de percevoir les odeurs et de les apprécier. Il n'y a que les corps volatils qui jouissent de la propriété d'être odorants.

Pour remplir leur rôle spécial, l'organe de l'odorat, et surtout la membrane muqueuse qui tapisse l'intérieur des cavités nasales, la *pituitaire*, doivent être légèrement humides à leur surface ; exempts d'inflammation ; et se trouver en rapport intime avec les particules éminemment ténues, ou mieux avec les vapeurs que répandent autour d'elles les matières dites odorantes.

On appelle *olfactif* le nerf qui se divise dans la pituitaire, et sur lequel agissent les odeurs.

Le sens de l'odorat est très développé chez le chien. C'est lui qu'il consulte, à la chasse, pour se lancer à la découverte de la proie qu'il doit poursuivre, et qu'il traque jusqu'à ce qu'elle se rende. Il s'en sert également pour chercher et retrouver son maître, lorsqu'il en est assez éloigné pour ne plus l'apercevoir, ou lorsqu'il s'est égaré lui-même.

Sens de l'ouïe. — L'*ouïe* est le sens qui recueille les sons et les transmet au cerveau. Son siège est dans l'oreille.

Tout corps, quel qu'il soit, pourvu qu'il puisse entrer en vibration, est susceptible de rendre un *son* quelconque ; et tout animal qui est pourvu de l'organe de l'audition, est doué de la faculté de l'entendre. Il est indispensable, pour que les vibrations soient perceptibles, qu'il se trouve entre le corps sonore et l'oreille de l'animal, un milieu, tel que l'air atmosphérique, l'eau, la terre, etc., dont le rôle est de transmettre le son en vibrant lui-même.

Un corps qui vibre dans le vide ne produit pas de son. On le démontre expérimentalement en physique.

Oreille. — Chez le chien, comme chez l'homme, l'appareil de l'audition, ou l'*oreille*, se compose de trois parties principales : *une partie extérieure*, qui est le *pavillon de l'oreille*, encore appelée *conque ;* une *partie intérieure, l'oreille interne*, qui renferme le *nerf acoustique ;* et enfin, entre les deux, une petite cavité appelée *oreille moyenne ou caisse du tympan*, fermée, du côté de la conque, par une *membrane* du nom de *tympan.* Cette membrane, tendue à la manière d'une peau de tambour, est capable, comme lui, de vibrer lorsqu'elle est frappée par les ondes sonores de l'air.

De même que l'homme encore, le chien est pourvu de deux oreilles, placées symétriquement des deux côtés de la tête, et logées dans l'intérieur d'un os du crâne, auquel les anatomistes ont donné le nom de *temporal.*

Le sens de l'ouïe est très sensible et d'une remarquable finesse chez les animaux de l'espèce canine. Le chien, ainsi que tout le monde le sait, entend de très loin.

Lorsque l'attention de cet animal est excitée par un bruit insolite qui le surprend, il se dresse vivement sur ses quatre pattes ; dirige sa tête du côté d'où il vient, et agite instinctivement le pavillon de ses oreilles, afin de recueillir et concentrer au fond de la conque la plus grande somme possible de vibrations sonores.

Sens de la vue. — La *vue* est le sens qui sert à un très grand nombre d'animaux à percevoir, soit la lumière qui émane directement du soleil ou de tout autre corps lumineux, soit la lumière réfléchie, à l'aide de laquelle ils distinguent les objets qui les entourent. Elle s'exerce par l'intermédiaire de l'*œil*.

ŒIL. — Organe d'une structure très complexe, et que, pour ce motif, nous nous abstiendrons de décrire, l'*œil* est enchâssé dans les cavités orbitaires, au nombre de deux, situées l'une à droite, l'autre à gauche de la base du nez, au-dessous de la ligne transversale qui limite le front en avant.

Chacune de ces cavités renferme un œil, sorte de globe plein, au fond duquel s'épanouit le *nerf optique* pour former une membrane d'une espèce particulière, molle et blanchâtre, appelée *rétine*. C'est sur cette membrane que se dessinent, comme dans la chambre noire des photographes, les objets extérieurs plus ou moins éloignés que fixe l'animal afin de les distinguer, d'abord, et de s'en rendre compte, ensuite.

En avant de l'œil, se développent deux petits voiles parfaitement mobiles, *les paupières*. Elles ont pour principaux usages : de protéger le globe oculaire contre les poussières fines qui voltigent dans l'air ; d'entretenir dans un très grand état de netteté sa surface libre, et de limiter la quantité de lumière qui doit pénétrer jusqu'au nerf optique sans le blesser.

Des glandes fixées sous la voûte de l'orbite et désignées sous le nom de *glandes lacrymales*, versent constamment sur la face antérieure de l'œil un liquide onctueux qui est destiné à favoriser le glissement des paupières.

La vue du chien s'étend à une très grande distance. Elle est extrêmement perçante et lui est du plus grand secours, soit que, dans la chasse, il poursuive le gibier sur lequel on l'a lancé, soit qu'il ait besoin d'éviter le danger, ou de fuir l'ennemi qui le menace.

Sécrétions. — Chez la plupart des animaux à sang chaud, le sang qui circule dans le réseau capillaire des différents tissus de la machine organique, s'y charge, entre autres matériaux, d'une certaine quantité d'eau, dont il ne tarde pas à se dépouiller en partie. Tantôt, c'est sous la forme d'une vapeur invisible qu'elle s'exhale et se dissipe dans l'air en échappant à nos yeux ; tantôt, c'est sous celle d'une multitude innombrable de gouttelettes, appelées *sueur* qu'elle se dégage, en ruisselant plus ou moins abondamment à la surface du corps ; tantôt enfin, fluidifiée dans les reins, elle est éliminée sous la forme du liquide particulier appelé *urine*.

Ce phénomène d'épuration a reçu le nom d'*exhalation*. Les physiologistes en ont formé deux types, celui de l'*exhalation externe*, et celui de l'*exhalation interne*.

En égard au premier type, c'est-à-dire à l'*exhalation externe*, nous ne nous occuperons que de la peau et de la muqueuse bronchique, qui se continuent réciproquement l'une par l'autre et qui sont le siège de cette fonction. En ce qui concerne l'*exhalation interne*, le second type, nous nous bornerons à donner une idée de la sécrétion des reins, qui en est la manifestation principale.

Exhalation externe. — Deux organes en sont chargés : la *peau* et la *muqueuse bronchique*.

Peau. — **Exhalation cutanée**. — L'exhalation, par la peau, se produit sous deux formes différentes : ou bien l'eau qu'elle dégage se répand et se dissipe dans l'air, à l'état de vapeur invisible, donnant lieu à la *transpiration insensible*, comme on l'appelle ; ou bien cette même eau se condense à l'état de *sueur* sur l'épiderme, et constitue le phénomène qui, pour cette raison, a reçu le nom de *transpiration sensible*.

Pour que la vapeur d'eau qui s'élève de la surface cutanée, *dans la transpiration insensible*, ne perde pas cet état particulier, il faut l'intervention de l'une ou de l'autre des deux circonstances suivantes : 1° que l'animal soit en repos, ou ne se livre à aucun mouvement violent et soutenu ; 2° que la température de l'air ambiant, au milieu duquel il se trouve, ne soit pas inférieure à 0°. En dehors de ces conditions, l'exhalation cutanée apparaît sous forme de fumées blanches, quelquefois assez abondantes pour que l'animal paraisse comme enveloppé dans un nuage. Ce dernier phénomène ne se remarque pas chez le chien. Nous en donnons plus loin la raison.

La *transpiration sensible* ne diffère pas seulement de l'*insensible*, en ce qu'elle se traduit par un amas de gouttelettes d'eau qui viennent sourdre à la surface de la peau et la mouillent ; elle en diffère surtout par son origine. Elle constitue en effet un véritable produit de sécrétion, qui a sa source dans des glandes logées entre les mailles serrées du derme, glandes désignées sous le nom de *sudoripares*.

Deux causes peuvent faire naître la sueur : l'afflux anormal du sang à la peau, pendant la durée d'un violent exercice ; en second lieu, la suppression instantanée, comme dans le cas de syncope, de la transpiration pulmonaire.

A moins que la température de l'air ambiant ne soit très élevée, la sueur ne se produit jamais spontanément.

Il est à remarquer que le chien ne se couvre jamais de sueur, quelle que soit la rapidité de sa marche, ou la vitesse de la course à laquelle il se livre ; quelle que soit aussi l'intensité de la chaleur extérieure à laquelle il se trouve exposé. La raison en est, que sa peau est dépourvue de glandes sudoripares. Mais la nature, qui n'est jamais en défaut, a pourvu à ce manque de glandes.

Chez le chien, quand cela est nécessaire, comme par exemple pendant et après un exercice qui a demandé un grand développement de forces et d'efforts, et, de plus, lorsque l'eau est en excès dans le sang, ce qui arrive lorsqu'il a bu abondamment, c'est la transpiration pulmonaire qui supplée la peau, en ce qui regarde son insuffisance éliminatrice. Dans ce cas, non seulement les mouvements respiratoires s'exécutent d'une manière précipitée ; mais encore, on voit l'animal, afin de favoriser le dégagement de l'eau en vapeur qui s'échappe de ses poumons, respirer la gueule ouverte, et la langue pendante. La langue, alors, laisse distiller, goutte à goutte, par sa pointe, la petite quantité de vapeur, qui au moment où elle va se perdre dans l'air, se condense à sa surface.

Indépendamment de la sueur, la peau sécrète encore incessamment une petite quantité de matière grasse destinée à entretenir sa souplesse, et à la préserver du contact trop immédiat, en même temps que de l'action irritante de l'air atmosphérique. Un élément glandulaire spécial est chargé de cette sécrétion spéciale : ce sont de petits follicules désignées sous le nom de *follicules sébacées*, de forme arrondie, creusées dans le derme, et s'ouvrant à la surface de l'épiderme par une sorte de goulot.

Muqueuse bronchique. — Exhalation ou transpiration pulmonaire. — La transpiration pulmonaire est intermittente. Elle n'a lieu que pendant le phénomène de l'expiration, lorsque l'air qui a servi à l'hématose du sang veineux, est chassé du poumon par l'affaissement des parois de la cavité thoracique.

La muqueuse qui tapisse les tuyaux bronchiques et les cellules pulmonaires, est l'organe de l'appareil respiratoire à la surface duquel s'accomplit cette fonction physiologique.

À la sortie du poumon, l'air, ainsi qu'il a été dit plus haut, dépouillé d'une partie de son oxygène, se trouve chargé, par contre, d'acide carbonique et de vapeur d'eau.

La plupart des chimistes attribuent la formation de ces deux produits, très différents l'un de l'autre, au travail de nutrition et de réparation qui s'opère d'une manière continue dans tous les points de l'organisme. Si cette opinion est fondée, le sang qui les charrie pendant un certain temps après leur formation, ne garde pour lui qu'une partie de l'eau, celle qui entre dans sa composition intime et lui est indispensable, tandis que, d'autre part, il se débarrasse bientôt de l'excédent dont il n'a nul besoin, soit par l'intermédiaire de la peau, soit par la muqueuse des bronches dans l'intérieur du poumon.

C'est l'expulsion de cette eau en vapeur, invisible à la température ordinaire, visible au contraire par sa condensation, sous forme de brouillard, à l'orifice des cavités nasales lorsque l'animal respire dans un air froid, qui constitue la *transpiration pulmonaire*.

Exhalation interne. — **Sécrétion par les reins**. — **Sécrétion urinaire.** — Les reins sont le siège de l'*exhalation interne*, encore appelée *sécrétion urinaire*. Ce sont des organes glanduleux, au nombre de deux, situés dans l'abdomen, et qu'on trouve suspendus à la face interne de la voûte lombaire, l'un à droite, l'autre à gauche de la colonne vertébrale. Leur fonction est de séparer du sang, tout à la fois, et une partie de l'eau en excès dont il s'est chargé après avoir porté et déposé les matériaux de réparation et de vie dans tous les tissus de l'organisme ; et la majeure partie des principes azotés, résidus désormais inutiles et destinés à être éliminés, provenant, les uns et les autres, de la combustion qui s'opère au sein de ces mêmes tissus par l'oxygène des globules artériels.

On donne le nom d'*urine* au liquide sécrété par les reins ; et, à la fonction dont ils sont le siège, celui de *sécrétion urinaire*, comme nous venons de le dire.

L'urine tient en solution, entre autres produits très nombreux d'ailleurs, de l'urée, de l'acide urique, et des sels ammoniacaux, tous, indistinctement, éminemment riches en azote. L'urine est le résidu excrémentitiel de la grande fonction de la nutrition ; comme, de leur côté, les matières fécales constituent le résidu excrémentitiel de la fonction de la digestion.

ANÉMIE ou ANHÉMIE. — **Définition**. — Encore appelée improprement **hydrohémie**, **typhoémie**, **cachexie**, l'*anhémie* est caractérisée par une diminution de la masse du sang ; ou, ce qui est plus exact, par l'abaissement, dans leurs porportions, des parties fibrineuse et albumineuse, ainsi que des globules rouges, qui tous les trois en forment la base. Avec cet appauvrissement, coïncide, en outre, et invariablement, une augmentation proportionnelle de la partie séreuse du même liquide. C'est là, on le voit, une modification chimique complexe d'une haute importance, et digne, à cause de cela, du plus grand intérêt.

Division. — L'anhémie peut être *primitive* ou *idiopathique*, ou bien *symptomatique*. — Sauf quelques cas particuliers, elle est presque toujours symptomatique.

Causes. — 1° **Anémie primtive**. — L'*anémie primitive* s'engendre plus particulièrement chez les chiens chasseurs, et chez les chiennes nourrices. Les causes sous l'action desquelles ces animaux la contractent ordinairement sont : pour les chiens, les fatigues excessives, épuisantes s'il en est, qu'ils subissent en temps de chasse, et que ne réparent pas toujours suffisamment l'alimentation souvent vicieuse qu'ils reçoivent ; pour les nourrices, un nombre trop considérable de petits à élever, inconvénient auquel viennent s'ajouter quelquefois les effets d'une mauvaise nourriture ; et, enfin, pour les uns comme pour les autres, les habitations froides et humides, etc.

2° **Anémie symptomatique**. — D'une tout autre nature sont les causes de l'*anémie symptomatique;* le nombre en est, de plus, très grand. Parmi les plus communes et les mieux connues on peut citer : les diarrhées chroniques ; les hémorrhagies abondantes ; la sécrétion exagérée des plaies ulcéreuses ; la présence prolongée des vers dans l'intestin ; les maladies chroniques de cet organe ; les vieilles maladies de la peau, etc., etc.

Symptômes. — Quelle que soit l'origine à laquelle on puisse attribuer l'anémie de l'un ou l'autre type, les symptômes caractéristiques de ces affections ne présentent, entre eux, aucune différence importante qui mérite d'être signalée. Ils se montrent tous avec la même physionomie, ou à peu près.

Les signes les plus ordinaires sont les suivants : les parties solides naturellement molles prennent, peu à peu, une flaccidité comme diffluente ; les muqueuses pâles et décolorées n'offrent plus qu'une teinte blafarde ; les forces, sensiblement diminuées, ne permettent plus au malade que des mouvements lents, difficiles, et toujours accompagnés d'essoufflement avec battements du cœur. Il est bon de noter que ces battements peuvent quelquefois être assez violents, pour que les parois de la poitrine en soient en quelque sorte ébranlées. Vers la fin de la maladie particulièrement, l'appétit est sensiblement diminué, et les urines, comme conséquence, sont, tout à la fois, et plus claires, et moins abondantes que dans l'état de santé.

Pour compléter cette première série de symptômes : la peau est sèche, aride, rêche au toucher, et les poils, hérissés sur toute la surface du corps, se couvrent d'une poussière fortement adhérente, qui leur fait perdre leur lustre et leur brillant ; enfin, tremblotants et grelottants en toute saison, en été comme en hiver, les anémiques ne manifestent plus qu'une nonchalance invincible dans le travail, et une profonde indifférence aux caresses qu'on cherche à leur prodiguer.

Si l'on consulte, d'autre part, les analyses du sang de ces malheureux malades, on est frappé des différences et modifications inexplicables qui le distinguent du sang normal. Nous n'avons pas l'intention de les énumérer toutes ; mais ce que nous ne pouvons nous dispenser de faire remarquer : c'est que, pour 1000 grammes, d'une part, le chiffre des globules rouges peut descendre de 125 à 60 grammes, et celui du sérum monter de 800 à 900 grammes, en moyenne ; et que, d'autre part, lorsque la fibrine coagulée ne forme plus dans l'éprouvette de l'hématomètre qu'une colonne cylindrique effilée et étranglée vers le milieu de sa longueur, par contre, les proportions de l'albumine en solution se montrent sensiblement augmentées. Comme il est facile de le voir, c'est le renversement complet de l'état normal du sang.

Pronostic. — L'anémie, chez le chien, est presque toujours grave. La cause en est, que, à son début, cette maladie frappe rarement l'attention du propriétaire de l'animal ; ensuite, et, pour cette raison, qu'elle progresse d'une manière absolument insidieuse ; enfin, qu'elle est passée depuis longtemps déjà à l'état de maladie constitutionnelle, lorsqu'on pense à appeler le médecin pour la traiter. Or, en ce qui concerne ce dernier cas surtout, il est avéré que, lorsque l'organisme est irrémédiablement épuisé du fait de l'anémie, cette dernière ne peut plus se terminer que par la mort, et qu'il n'y a plus à compter ni sur le médecin ni sur la médecine.

Traitement. — 1° **Anémie idiopathique.** — Les premières mesures à prendre dans le traitement de l'*anémie idiopathique* consistent : à mettre au repos les chiens chasseurs ; à supprimer aux chiennes nourrices quelques-uns de leurs nourrissons ; à procurer une habitation saine et aérée aux animaux mal logés ; enfin à donner, à tous, une nourriture abondante et réconfortante tout à la fois.

Nous ne saurions trop insister sur la nécessité d'une solide alimentation. Un régime analeptique bien compris est, en effet, à peu près le seul traitement auquel il convient de soumettre les malades, surtout lorsque l'anémie est à son début, c'est-à-dire dans des conditions de curabilité presque certaines. Sans lui, les médicaments ont bien peu d'efficacité.

De tout temps, on a préconisé, avec juste raison, et conseillé, à titre d'*aliments analeptiques*, les féculents, le lait, les bouillons, les viandes hachées, etc., substances, incontestablement, très aptes à rétablir la santé des convalescents. Mais, il faut bien le dire aussi, l'acquisition de ces produits présente un grave inconvénient; c'est celui d'imposer aux propriétaires de lourdes dépenses, lorsque leur emploi doit se prolonger pendant un temps d'assez longue durée.

Aujourd'hui, heureusement, cette difficulté n'en est plus une. Depuis quelques années, on remplace les anciens analeptiques avec un avantage marqué, sous le double rapport et de la valeur nutritive, et de l'économie, par un biscuit particulier, préparé avec du sang de bœuf desséché, et qui ayant constamment donné les meilleurs résultats sans se démentir une seule fois, n'en est plus à faire ses preuves sous le rapport de son alibilité.

La composition chimique de ce nouveau produit, invariable dans ses proportions, est combinée de telle façon, que, sous un petit volume, il renferme tous les éléments constituants du sang. C'est dire clairement, en d'autres termes, qu'il est éminemment apte à fournir à un organisme épuisé par une longue et grave maladie, les principaux éléments réparateurs qui lui manquent, et qu'il réclame impérieusement.

Si cependant les aliments analeptiques, si le biscuit au sang de bœuf déjà très tonique par lui-même, n'étaient pas suffisants, ou plutôt, si l'estomac du malade manquait d'énergie pour pouvoir les digérer facilement (le cas peut se présenter), on ferait bien alors, dans le but de fortifier leur action, de leur associer les amers, telles que la gentiane, l'aunée, les sommités d'absinthe, etc., et l'une ou l'autre des nombreuses préparations pharmaceutiques, à base ferrugineuse, qui se trouvent partout. On doit en dire autant du sang de bœuf desséché pur, et du vin de quinquina.

2° **L'anémie symptomatique**, presque toujours amenée par une maladie ancienne, et qu'il y a lieu, à cause de cela, de considérer comme étant à peu près incurable, résiste généralement aux médications les mieux entendues et le plus habilement dirigées.

Aussi, est-il de la première importance, avant d'en entreprendre la curation, de combattre tout d'abord les affections principales sous l'influence desquelles elle a pris naissance, et s'est ensuite développée; de s'efforcer, par exemple, de tarir les diarrhées chroniques par les médicaments spéciaux qui leur sont applicables; de faire cicatriser les plaies sanieuses, les ulcères, les cancers, etc., par les caustiques ou par les liqueurs fortement astringentes, la solution du perchlorate de fer au 10°, la liqueur de Villate; d'évacuer les vers intestinaux par les vermicides, etc. L'inobservance de ce précepte rationnel serait une faute capitale, tout traitement, en dehors de lui, étant à peu près impossible.

Ici encore, le régime analeptique est de rigueur absolue, et se compose des mêmes aliments reconstituants et des médicaments toniques que nous avons signalés plus haut. On n'oubliera pas, en outre, dans son application, que le chien, animal essentiellement carnivore, ne doit jamais être privé de viande : qu'il est sage, sans doute, de le rationner, mais qu'il est nécessaire qu'on lui en donne.

ANGINE. — Définition. — L'*angine* est une maladie inflammatoire qui a son siège, soit dans les premières voies alimentaires, soit dans les premières voies respiratoires, soit même, tout à la fois, à l'origine des unes et des autres.

Division. — De là, quatre sortes d'angines parfaitement distinctes : 1° l'angine de l'arrière-bouche ou pharynx, appelée *angine pharyngée, pharyngite ;* 2° l'angine du larynx, dite *angine laryngée, laryngite ;* 3° l'angine de la trachée ou *angine trachéale ;* 4° et enfin l'angine du larynx et du pharynx, ou *angine laryngopharyngée, laryngo-pharyngite.*

A ces quatre types d'angines d'importance primordiale, nous pourrions ajouter, si besoin était : l'*angine couenneuse*, ou *diphtérite pharyngienne* et *laryngienne ;* le *croup*, ou *angine de la trachée*, etc., avec formation de fausses membranes; et enfin l'*angine gangréneuse*. Mais nous croyons de notre devoir de passer sans nous y arrêter, pour le double motif: d'abord, qu'elles sont très rares, aussi bien chez le chien que chez les autres animaux domestiques; ensuite, que jusqu'aujourd'hui, elles ont été très peu, ou à peine étudiées.

Causes. — Les causes de l'angine, quel que soit le nom sous lequel on la désigne, sont aussi nombreuses que variées. On peut cependant en former deux groupes particuliers comprenant :

le premier, les *causes* dites *ordinaires*; le second, les *causes* appelées *extraordinaires*.

Causes ordinaires. — Toutes les causes ordinaires des angines, sans exception, consistent : 1° ou bien en refroidissements brusques et profonds ; 2° ou bien en arrêts subits et complets de la transpiration. Toutes ces causes, tout le monde les connaît sans les avoir étudiées, en raison de ce que, non seulement elles sont journalières, on pourrait presque dire de tous les instants ; mais encore, de ce qu'elles déterminent invariablement sur le chien, sur la brute en général, des effets qui sont identiquement ceux qu'on observe sur l'homme lui-même dans les mêmes circonstances.

Les angines se manifestent d'une manière à peu près constante : ici, lorsque l'animal s'est trouvé exposé, pendant un temps plus ou moins long, aux pluies glaciales des saisons froides, ou des temps de dégel ; là, quand, à la suite d'un exercice violent et prolongé, il s'est précipité dans les eaux d'un fleuve ou d'une rivière gonflée par la fonte des neiges ; quelquefois, enfin, lorsqu'il a été saisi par un courant d'air froid, humide et soufflant avec une certaine vivacité. L'habitation d'un endroit, au sol et aux murs humides et salpêtrés, et, en outre, dépourvu de litière, est parfaitement susceptible aussi de donner naissance aux mêmes troubles physiologiques.

Causes extraordinaires. — Ces causes particulières de l'angine sont tellement nombreuses, et diffèrent tellement les unes des autres, que nous ne saurions les décrire utilement. Pour ce motif, nous nous abstenons d'en parler, laissant au propriétaire, ou au médecin, le soin de les déterminer lui-même.

1° Pharyngite. — Siège de l'angine pharyngée ou des premières voies digestives. — Elle a ordinairement son siège dans le pharynx, dont elle n'affecte que les parois ; c'est ce qu'exprime clairement le mot *pharyngite*. Cependant elle peut, chez certains sujets, s'étendre jusqu'à l'origine du tube œsophagien.

Causes. — Les causes de cette maladie ne diffèrent en rien de celles que nous venons d'énumérer plus haut. Nous ne pouvons donc mieux faire que d'y renvoyer le lecteur, afin d'éviter des répétitions sans intérêt.

Symptômes. — Une gêne plus ou moins prononcée dans l'acte de la déglutition constitue le *signe essentiellement pathognomonique* de cette sorte d'angine. La même observation est, de tout point aussi, applicable à la grande sensibilité de la région parotidienne sous la pression exercée par la main.

Outre cela, au début de la maladie, le fond de la gorge est rouge, tuméfié et sensible au contact du corps le plus léger. Si le malade tousse, il le fait avec hésitation, et sa toux est sèche, courte, comme avortée. Il perd ordinairement la voix, la crainte de la douleur l'empêchant d'aboyer. Plus tard, l'appétit disparaît momentanément pour ne se réveiller qu'après la période d'augment définitivement passée.

Au bout de quelques jours, dès que l'angine est en voie de résolution, apparaît un nouveau cortège de symptômes. Ceux-ci, toutefois, sont plus rassurants que les premiers, la muqueuse pharyngienne étant devenue, avec le temps, le siège d'une sécrétion extrêmement abondante. On voit alors des mucosités floconneuses, chassées par l'air qui s'échappe des poumons, venir faire éruption à l'orifice extérieur des cavités nasales ; s'y concréter en masses plus ou moins consistantes ; ou s'en écouler sous forme d'un jetage filant qui ne tarde pas à tomber à terre par son propre poids. L'apparition de cette sécrétion critique, et le retour de l'appétit qui l'accompagne toujours, sont ordinairement les signes d'une convalescence prochaine.

Pronostic. — Quelle que soit son intensité apparente, l'angine pharyngée cède assez facilement à un traitement émollient ou antispasmodique, pourvu cependant qu'elle ne coexiste pas avec *la maladie* dite *des chiens;* dans ce cas particulier, elle persiste et se prolonge autant que cette dernière.

Traitement. — Les soins à donner varient avec les caractères présentés par la pharyngite, ou selon qu'elle est de date plus ou moins récente. Pendant la période d'augment, ou, pour préciser davantage, au début de l'affection, il sera prudent, avant de rien entreprendre, de placer le malade dans un endroit sain et chaud, et même de rouler deux ou trois tours de flanelle autour de son cou. Ces premières précautions prises, on lui donnera à boire dans une écuelle placée à côté de lui (après les avoir fait préalablement tiédir, bien entendu), soit des tisanes émollientes miellées, soit simplement du lait coupé, ou non, avec un peu d'eau.

Si l'inflammation est devenue intense et douloureuse, et la déglutition difficile, on s'efforcera d'attaquer le mal avec énergie. A cet effet, on posera quelques sangsues sur l'une et l'autre région parotidienne, à moins qu'on ne juge plus convenable de les remplacer par une purgation avec l'huile de ricin ou le sirop de nerprun. La poudre d'alun appliquée sur le fond de la gorge, à l'aide d'un pinceau, produit également des effets aussi prompts qu'ils sont efficaces.

On continuera les tisanes adoucissantes tant que cela sera nécessaire. Ajoutons encore qu'il y a indication absolue de supprimer les aliments solides, ne fussent-ils que fermes, pour leur substituer les soupes, les bouillies, etc., qui ne demandent, de la part du pharynx, pour s'engager dans l'œsophage, presque aucun effort de contraction.

2° Laryngite muqueuse, laryngite aiguë, laryngite. Siège de l'angine laryngée, ou des premières voies respiratioires.. — On désigne ainsi l'inflammation aiguë de la membrane muqueuse du larynx; nous l'avons déjà dit.

Faisons observer ici, avant d'aller plus loin, que l'irritation dont cet organe peut être le siège existe si rarement seule, qu'elle est presque toujours accompagnée de celle du pharynx.

Causes. — Aucune différence entre celles-ci et les causes de la pharyngite. Inutile de s'y arrêter.

Symptômes. — Ce qui frappe tout d'abord dans l'aspect du malade, c'est son poil terne et hérissé, sa prostration, son air abattu. Indifférent aux carresses de ses maitres, il éprouve le besoin de se tenir à l'écart, souvent même de se blottir dans quelque coin obscur. Presque toujours son nez est obstrué par des mucosités abondantes qui le remplissent, et n'en sortent que sous forme de flocons épais. Dans cette situation critique, la respiration, devenue difficile, s'accompagne inévitablement de toux et d'ébrouements plus ou moins fréquents; le chien respire moins par le nez que par la gueule; et cette cavité, convulsivement béante, presque paralysée, les lèvres pendantes, laisse échapper une salive épaisse, qu'on voit descendre jusqu'à terre en longues filandres.

Déjà rare dès le début de la maladie, l'aboiement, plus tard, ne se fait entendre qu'à de très longs intervalles. Il a perdu, du reste, toute sa sonorité et son éclat habituel, et le timbre en est devenu sourd et voilé.

La fièvre vient quelquefois compliquer la laryngite. Il est toujours facile de constater ce fait en consultant le pouls et la température du malade. Le pouls alors est plus fréquent que d'habitude; la température générale plus élevée; et les pattes de l'animal, chaudes à la main, paraissent comme gonflées.

Vers la fin de la période d'exacerbation, le cas est important à noter en raison des complications qui peuvent survenir : un empâtement facile à apprécier, entoure la région de la gorge ; la gorge, dès lors, est extrêmement sensible, et le malade se montre profondément abattu. Des abcès viennent souvent compliquer cet état.

Pronostic et durée. — La laryngite muqueuse simple n'est ni dangereuse ni d'une longue durée. Il est rare qu'elle ne se termine pas par résolution, et que la guérison s'en fasse attendre au delà de deux ou trois septénaires. Mais lorsqu'elle est compliquée de pharyngite, et principalement de bronchite, elle se montre quelquefois rebelle au traitement employé pour la combattre, ou ne cède qu'avec lenteur. La laryngo-bronchite, en particulier, se trouve dans ce cas. Très souvent, en outre, elle laisse après elle une toux quinteuse et tenace, dont le moindre inconvénient est de fatiguer beaucoup l'animal.

Les signes précurseurs qui annoncent le relèvement de la santé, ont une physionomie des plus caractéristiques. Ils sont tous, ou à peu près, fournis par l'habitude extérieure du malade. Dès le début de la convalescence, c'est tout d'abord la gaîté et l'appétit qu'on voit se réveiller les premiers et presque simultanément. Peu de temps après, les poils reprennent leur lustre et leur brillant primitifs ; le nez, ensuite, se nettoie, rendant ainsi la respiration plus facile et plus libre ; enfin, les instincts, que rien ne déprime plus, se dégageant de leur torpeur, se réveillent insensiblement les uns après les autres.

Traitement. — Il n'existe aucune différence entre les moyens curatifs de la laryngite simple et le traitement de la pharyngite ordinaire. Aussi, afin de ne pas charger ce paragraphe de redites sans intérêt, nous nous bornons à renvoyer le lecteur à celui de cette dernière maladie.

Cependant, et le fait n'est pas rare, si l'inflammation laryngienne était accompagnée de celle des bronches, avec toux fréquente et douloureuse, les antiphlogistiques seraient insuffisants pour la combattre. C'est surtout aux opiacés, tels que l'opium en nature, la morphine, le laudanum, l'extrait thébaïque ; ou aux antispasmodiques, à la belladone, par exemple, à la stramoine, etc., administrés *intus* et *extra*, qu'il conviendrait alors d'avoir recours.

Lorsque, par extraordinaire, un, ou des abcès se sont formés, dans l'empâtement dont la gorge peut être le siège, on doit se hâter de les ouvrir, afin d'évacuer complètement le pus qu'ils pourraient contenir. Point de retard, si l'on veut épargner au malade des souffrances inutiles. On panse ensuite plusieurs fois par jour, jusqu'à parfaite cicatrisation.

3° **Angine trachéenne.** — **Siège de l'angine de la trachée ou trachéale.** — C'est le nom sous lequel on connait l'inflammation de la muqueuse qui tapisse l'intérieur de la trachée. Elle se montre rarement isolée : la laryngite ou la bronchite, la bronchite principalement, coexistent presque toujours avec elle.

Causes. — Toutes les *causes* que nous avons déjà énumérées dans la description des angines pharyngées et laryngées, peuvent, suivant les prédispositions particulières des sujets, occasionner l'*angine trachéale*. Ce sont assurément, parmi tant d'autres, les plus communes. Néanmoins, elles ne sont pas les seules : on voit encore cette affection se déclarer parfaitement, et même avec une certaine violence, à la suite de l'introduction dans les voies respiratoires, soit de vapeurs âcres et corrosives ; soit de poussières irritantes, quelle que soit leur nature ; soit enfin de liquides médicamenteux qui, au lieu de s'engager dans l'œsophage, ayant fait fausse route, ont pénétré, en tout ou en partie, dans les premières divisions bronchiques.

Symptômes. — Les *symptômes* que l'on observe chez les malades sont généralement ceux qui caractérisent toute irritation vive des voies respiratoires. La respiration, cependant, dans le cas qui nous occupe, en présente un, pour son propre compte, qu'on peut considérer comme étant essentiellement caractéristique. Remarquablement profonde, elle ne s'effectue qu'avec une extrême difficulté, aussi bien pendant l'inspiration que pendant l'expiration, avec cette particularité, toutefois, qu'au moment où cette dernière a lieu, les flancs se creusent et se retroussent si profondément, qu'ils semblent s'enfoncer dans la poitrine. S'il arrive, en outre, que la toux devienne douloureuse et convulsive, le patient rejette presque toujours des débris de fausses membranes au milieu de violents efforts. On remarque alors qu'il tient la gueule largement et convulsivement béante ; que sa langue est sèche et comme aride, et que l'œil est brillant, quoique vague et inquiet dans son expression.

Pronostic. — Le *pronostic* de cette affection, heureusement rare chez le chien, est presque toujours grave.

Traitement. — Les soins hygiéniques sont ici de rigueur. On renfermera le malade dans un endroit exempt d'humidité, absolument à l'abri des courants d'air, et où il sera possible d'entretenir une température douce, à peu près invariable. C'est par là qu'il faudra commencer.

Si la maladie n'est qu'à son début, on se trouvera bien de l'administration des éméto-cathartiques (émétique et sulfate de soude réunis) combinée avec l'application de quelques sangsues le long de la région cervicale préalablement rasée. Souvent ces moyens suffisent pour amener la résolution. On obtient aussi quelquefois d'excellents effets de la pommade mercurielle employée, sous forme de frictions, sur les parties latérales du cou.

Beaucoup de praticiens prescrivent, pendant toute la durée du traitement, tantôt des capsules de goudron très en vogue aujourd'hui, en raison de leur efficacité bien constatée ; tantôt les électuaires ou les pilules au kermès ; tantôt enfin le lait tiède coupé avec des tisanes laudanisées, ou, plus économiquement, préparées avec belladone ou têtes de pavots.

APHTES. — **Définition et siége**. — On désigne sous ce nom de petits ulcères qui se développent quelquefois dans l'intérieur de la bouche, ou sur les lèvres, à la suite d'une éruption varioleuse, sinon de nature pustuleuse. Ces plaies, généralement superficielles, de peu d'étendue et de couleur blanc-jaunâtre, ont pour siège principal la muqueuse buccale qui, généralement, en est seule atteinte. Il est à remarquer qu'elles n'envahissent presque jamais la surface de la langue, malgré ses rapports incessants avec les lèvres, ou autres parties malades, les gencives, par exemple, etc., qui en sont presque toujours toutes infestées.

Les jeunes chiens à la mamelle contractent plus facilement les aphtes que les sujets d'une constitution plus vigoureuse, et qui sont déjà parvenus à l'âge adulte.

Causes et symptômes. — Comme les causes de cette affection sont encore peu connues, et échappent le plus souvent à nos investigations, nous passons outre, à leur égard, pour ne nous occuper que des symptômes qui la caractérisent.

C'est toujours par une vésicule d'une grandeur variant de celle d'un grain de millet à celle d'un pois, que débute l'ulcère aphteux. Remplie d'un peu d'humeur, cette sorte de phlyctène présente une teinte tantôt grisâtre, tantôt jaunâtre. Au bout de 24 ou de 48 heures, elle s'ouvre d'elle-même, laissant à la place qu'elle occupait un petit ulcère uni, dont le fond est ordinairement d'un blanc sale, mais quelquefois aussi d'un rouge foncé, quand elle s'est formée sous l'influence d'une vive inflammation.

Pendant la période d'évolution de l'éruption aphteuse, et pendant toute la durée du mal, ou même jusqu'à la cicatrisation des petits ulcères de la bouche, la muqueuse buccale ne cesse de sécréter d'abondantes mucosités. On voit, de plus, les animaux, gênés par la douleur qu'ils éprouvent en prenant leur nourriture, ne pouvoir mâcher les aliments d'une certaine consistance qu'avec une extrême difficulté. En ce qui concerne particulièrement les jeunes chiens à la mamelle : ils ne peuvent plus téter, ou ne tètent qu'incomplètement ; et, parsuite, ils tombent inévitablement dans un état de maigreur dont il est peu facile de les tirer, ou dont ils se ressentent longtemps.

Pronostic. — Les aphtes, dans leur plus grand état de simplicité, ne constituent qu'une indisposition légère, qui se termine très souvent et presque spontanément par résolution, en 8 ou 14 jours. Ils cèdent d'ailleurs d'une manière rapide à la simple administration de boissons adoucissantes et relâchantes tout à la fois, telles que décoctions mucilagineuses, eau d'orge, eau de veau ou bouillon de tripes de veau, petit lait, etc.

Traitement. — Rien à changer dans les habitudes des malades ; on aura soin surtout, et autant que possible, de ne pas les soumettre à la diète. Eu égard aux aliments dont il conviendra de les nourrir, ils devront être d'une mastication et d'une digestion très faciles.

Parmi les médicaments à prescrire : les uns, tels que les purgatifs légers, les laxatifs en particulier, auront pour but de produire sur l'intestin une dérivation, toujours bien à sa place en pareil cas ; les autres, comme les liniments, collutoires, etc., celui d'exercer une action locale légèrement excitante. Un liniment d'une grande efficacité et souvent employé contre les aphtes, est celui que l'on obtient en mélangeant du miel rosat et de l'acide sulfurique. On s'en sert pour toucher les ulcères à l'aide d'un petit pinceau mou fait de charpie.

Si l'on juge utile de purger, il faudra le faire, chaque fois, peu et souvent.

Mais quand les ulcérations sont très douloureuses, et surtout rebelles et persistantes, on a recours à la pierre infernale, qu'on promène légèrement sur leur surface. On termine la cure par l'emploi successif des émollients, des astringents et des excitants.

ARTHRITE. — On désigne par le nom d'*arthrite* l'inflammation des ligaments et capsules fibreuses des articulations, ainsi que de la membrane synoviale qui les revêt à l'intérieur.

Division. — Il existe deux sortes d'*arthrites* : l'*arthrite aiguë simple*, *traumatique* ou par lésion externe, et l'*arthrite chronique*. L'*arthrite rhumatismale* est considérée, à tort, comme un troisième type de cette affection. Elle présente des différences assez importantes pour mériter d'être isolée des deux premières, et c'est ce que nous avons fait (v. *Rhumatisme*).

Arthrite aiguë. — **Causes**. — Les causes susceptibles de donner naissance à l'arthrite sont de deux ordres : les unes, purement mécaniques, agissent directement sur l'articulation ; les autres ne produisent d'effet que par une action répercussive qui leur est propre. Les premières comprennent, indépendamment des exercices violents, les fortes distensions ligamenteuses ; les luxations ; les coups ; les chutes et les plaies, dont les articulations peuvent avoir à souffrir, etc. Les secondes comptent, en première ligne : l'action locale du froid ; et, après elle, l'influence prolongée de l'humidité pendant le repos ; l'immersion dans l'eau froide après une course ou exercice long et rapide, lorsque le corps est fortement échauffé ; l'action d'un topique qui, appliqué sur un point quelconque de la surface du corps, fait disparaître brusquement, soit une dartre ancienne, par exemple, soit une suppuration abondante, etc., etc.

Symptômes. — *Arthrite aiguë simple*. — L'articulation malade est gonflée, chaude et douloureuse. La simple pression, quelquefois le moindre contact, et surtout les mouvements, même les plus légers, qu'on essaye d'imprimer à l'organe enflammé, suffisent pour arracher des cris au patient. Tout déplacement, de la part de l'animal est, sinon impossible, au moins très difficile. La chaleur générale prend un caractère fébrile ; et, comme conséquence inévitable, l'appétit s'affaiblit peu à peu pour faire place à une soif intense.

Arthrite traumatique. — Quand l'arthrite est produite par une plaie pénétrante, cas assez ordinaire chez le chien, il se forme bientôt une fistule qui laisse écouler, avec plus ou moins d'abondance, une synovie d'abord caillebotée, et, plus tard, si la cicatrisation de la plaie se fait attendre, un liquide séropurulent exhalant une odeur fétide très désagréable. L'arthrite aiguë est toujours accompagnée de boiterie.

Complications possibles. — L'inflammation suraiguë de l'arthrite traumatique donne fréquemment naissance à des ankyloses incurables. Dans les cas de gravité exceptionnelle, elle se complique aussi quelquefois de gangrène. Ces deux terminaisons sont également fatales, et, par pitié pour lui, l'animal doit être sacrifié.

Pronostic. — L'arthrite aiguë simple, c'est-à-dire non compliquée de plaie pénétrante, ne présente généralement aucune gravité. L'arthrite avec ouverture articulaire est presque toujours incurable.

Traitement. — 1° **Arthrite simple**. — Au début de l'inflammation, les topiques émollients, ou les farines résolutives de fenugrec, de fève, de lupin, mêlées à parties égales et employées sous forme de cataplasmes, sont d'un usage journalier. Lorsque l'irritation est devenue moins intense, on leur substitue, avec avantage, soit des compresses qu'on arrose aussi souvent que possible avec des décoctions de tête de pavot; soit des embrocations faites, ou de pommade de peuplier, ou d'huile camphrée, ou d'huile belladonée, ou de baume tranquille. Les premières, les compresses, sont préférables aux secondes, les embrocations.

Quelques sangsues, appliquées à propos sur l'articulation malade, suffisent fréquemment pour en amener la guérison au bout de quelques jours.

Si l'on prévoit que la maladie puisse être de longue durée, on agira sagement en administrant, de loin en loin, des purgatifs légers : le sirop de nerprun, l'huile de ricin, etc.

Le malade, tant que durera le traitement, devra être l'objet des soins hygiéniques les mieux entendus. On le tiendra chaudement dans un local sain, facile à aérer; on renouvellera souvent sa litière; et on le soumettra à un bon régime adoucissant.

2 **Arthrite avec ouverture du sac synovial**. — Lorsque l'articulation est ouverte, tous les efforts du médecin doivent tendre à obtenir la cicatrisation de la plaie, tout en combattant les phénomènes inflammatoires. Pour cela, il fixera et immobilisera l'articulation, en même temps qu'il essayera de rapprocher les bords de l'ouverture, en l'enroulant d'une bande de toile fine. Une fois l'appareil solidement établi, il ne restera plus qu'à l'arroser de temps à autre avec de l'eau froide ordinaire, ou ce qui est préférable, avec de l'eau convenablement additionnée d'un sel astringent quelconque. Dans le cas qui nous occupe, les pansements à l'égyptiac ont souvent donné d'excellents résultats. Ils sont à essayer.

On obtiendra toujours de bons effets des purgatifs laxatifs ainsi que des pilules calmantes, anodines, etc., quand l'état du malade en réclamera l'emploi. Il est peu de malades qui ne retirent pas un bénéfice réel d'un traitement interne combiné avec l'externe, des purgatifs principalement.

Arthrite chronique. — **Causes**. — L'arthrite aiguë simple peut dégénérer en arthrite chronique dans trois cas principaux : lorsqu'elle n'est l'objet d'aucun soin ; lorsqu'elle atteint des animaux vieux ou usés par l'âge ; enfin, lorsqu'elle se développe sur des sujets épuisés par le travail, malingres, et d'une constitution chétive.

Symptômes. — Si, dans l'immense majorité des cas, l'arthrite aiguë simple fait beaucoup souffrir le malade, par contre, l'arthrite chronique n'occasionne, pour ainsi dire, aucune douleur vive et appréciable, surtout au bout de quelques instants de marche. L'animal ne boite pas ou à peine. Les signes caractéristiques de ce genre d'affection consistent presque exclusivement dans la distension des capsules articulaires par la synovie qui s'y est accumulée en abondance, ainsi que dans l'insensibilité presque complète, à la pression des doigts, de l'articulation malade.

Traitement. — A l'extérieur, on emploie avantageusement les frictions avec le liniment ammoniacal. — A l'intérieur, les boissons émollientes légèrement acidulées : les diurétiques salins, et, à leur tête, le nitrate de potasse dissous dans une tisane de racine de guimauve ; l'oxymel scillitique, l'émétique en lavage ; en troisième lieu, les purgatifs laxatifs, qu'on peut administrer plusieurs fois de suite, à des intervalles plus ou moins éloignés, suivant les besoins du traitement, sont autant d'agents médicamenteux sur le succès desquels on est parfaitement en droit de fonder de sérieuses espérances. Malheureusement, le traitement de l'arthrite chronique est toujours long et difficile.

ASCITE. — **Hydropisie abdominale, péritonéale ; hydropisie**. — Tels sont les noms qui servent à désigner l'*ascite*.

Définition. — On appelle *ascite* une accumulation de sérosité dans la cavité abdominale.

Division. — Dans le plus grand nombre des cas, cette collection séreuse n'est que le symptôme de la péritonite, sinon de la phlegmasie de l'un ou de l'autre des nombreux organes contenus dans l'abdomen. Néanmoins, elle se développe aussi quelquefois sans avoir été précédée par aucune de ces affections. De là deux sortes d'ascites : l'*ascite idiopathique*, et l'*ascite symptomatique*. Elle peut, de plus, être *aiguë* ou *chronique*.

Causes. — Suivant que l'ascite se présente avec les caractères du type aigu ou du type chronique, les causes qui l'ont fait naître, offrent entre elles de notables différences, et surtout d'un grand intérêt au double point de vue du pronostic et du traitement.

1° **Ascite idiopathique aiguë**. — Elle naît ordinairement sous l'influence : 1° du froid humide agissant subitement et énergiquement sur la peau; 2° de l'ingestion d'une boisson glacée, lorsque la température du corps est très élevée; 3° de la suppression brusque d'une hémorrhagie.

Cette forme particulière de la maladie est plus fréquente chez les jeunes chiens que chez les vieux.

2° **Ascite symptomatique aiguë**. — Les causes qui déterminent le *type symptomatique* sont très nombreuses. La première de toutes est incontestablement la péritonite aiguë, dont elle n'est qu'un des signes pathognomoniques; après elle, viennent les phlegmasies aiguës du foie, de la rate, des reins, d'un plus ou moins grand nombre des ganglions mésentériques. Toutes ces maladies n'existent pour ainsi dire jamais sans épanchement abdominal. Autant en dirons-nous encore de l'ascite qui coïncide avec l'oblitération de la veine porte.

3° **Ascite chronique**. — L'ascite aiguë, comme toutes les maladies franchement inflammatoires à leur origine, peut, pour une cause quelconque, passer à l'état chronique. Le plus ordinairement cet état ne se manifeste guère que chez des sujets dont l'acabit général, le tempérament, en d'autres termes, est caractérisé par une débilité excessive, ou par un épuisement profond résultant, soit d'une dégénérescence incurable du foie, de la rate, des reins, etc., soit d'une alimentation misérable et insuffisante, soit même d'une gale, ou de toute autre affection chronique de la peau d'une certaine étendue, et dont on aura négligé le traitement.

L'ascite chronique et surtout la symptomatique se développent très communément chez les chiens avancés en âge et atteints déjà de décrépitude.

Symptômes. — 1° **Symptômes propres à l'ascite aiguë**. — Ce n'est que dans des cas assez rares, que l'ascite aiguë éclate d'une manière spontanée. Toujours ou presque toujours, elle est précédée d'une fièvre avant-coureur, que décèle d'ailleurs facilement l'injection de toutes les muqueuses apparentes. Peu de temps après, les parois abdominales manifestent une vive douleur, même lorsqu'on n'exerce qu'une légère pression à leur surface. Plus tard, avec une soif souvent très ardente qui dévore le patient, les urines se font de plus en plus rares.

2° **Symptômes propres à l'ascite chronique.** — Lorsque l'ascite revêt le type chronique, le ventre, contrairement à ce que nous venons de voir, a perdu sa sensibilité, en même temps que, de son côté, la peau de tout le corps est devenue terreuse, sèche et comme râpeuse. La température générale est, en outre, moins élevée que dans l'état normal, et les muqueuses de l'œil et de la bouche sont ordinairement d'une très grande pâleur.

Indépendamment de ces caractères spéciaux, il en existe encore d'autres qui sont communs à l'une et à l'autre des deux ascites.

3° **Symptômes communs aux deux types.** — Du moment que, dans chacun des cas précédents, l'exhalation et l'absorption péritonéales ont cessé d'être équilibrées, les parois de l'abdomen augmentent de volume avec une rapidité tantôt plus, tantôt moins grande, mais toujours subordonnée aux causes de la maladie, sinon à l'état général du malade. Au bout d'un temps dont la longueur est très variable, le ventre, gonflé par le liquide qui le remplit, est tendu, ferme, élastique; et lorsqu'on le percute sur l'un de ses côtés, l'autre main étant appliquée sur le côté opposé, on perçoit parfaitement le choc d'une onde liquide qui se déplace. La peau de la même région, recouverte comme partout ailleurs, de poils sales et hérissés, est, en outre, presque toujours luisante à sa surface, et d'autant plus, qu'elle est plus distendue.

Dans cette difficile situation, comme bien on pense, les malades ne peuvent plus changer de place sans écarter les pattes; ils se traînent plutôt qu'il ne marchent; et, généralement, ils ne respirent qu'avec gêne, haletant à chaque pas qu'ils font.

A la période extrême, le cœur bat avec violence; les membres s'infiltrent; l'embonpoint primitif est remplacé par une maigreur voisine de l'étisie; puis, survient un marasme tel, que les os du dos, le long de la colonne vertébrale, semblent vouloir percer la peau.

Marche et durée. — La marche et la durée de l'ascite aiguë sont rarement moindres d'un à deux mois. Il n'en est pas de même de l'ascite chronique. Cette dernière se prolonge quelquefois pendant plusieurs années, ou ne se guérit jamais.

Pronostic. — Que dire maintenant de l'ascite, au point de vue du pronostic? Faut-il croire, avec quelques auteurs, que les hydropisies abdominales proviennent d'un défaut d'équilibre entre l'exhalation et l'absorption de la sérosité par les séreuses des cavités splanchniques? Peut-être, dans les cas simples d'ascite idiopathique, d'ascite franchement essentielle. Mais, en ce qui concerne les cas d'ascite symptomatique, nous ne partageons pas leur avis, surtout lorsqu'il s'agit de l'ascite chronique. Il est en effet parfaitement établi aujourd'hui que, le plus souvent, quand l'ascite chronique commence à se manifester, il y a déjà longtemps qu'une détérioration grave et profonde de tout l'organisme est venue jeter un trouble irrémédiable dans les grandes fonctions physiologiques. C'est ce dont témoignent d'ailleurs journellement les délabrements résultant de la dégénérescence du foie, de la rate, des reins, etc., toutes affections des plus incurables de leur nature, et qui, pour cela, rendent l'ascite symptomato-chronique aussi incurable qu'elles-mêmes. Ici le défaut d'équilibre, comme cause, ne saurait être invoqué.

D'après ces simples considérations, eu égard au pronostic, si l'ascite aiguë est susceptible de guérison, ce qui arrive ordinairement lorsqu'elle est attaquée à temps, il ne saurait en être de même de l'ascite chronique coïncidant avec une dégénérescence organique quelconque.

Traitement. — Des deux types principaux que nous venons de décrire, il n'y a guère que le type idiopathique qui soit susceptible de guérison; encore faut-il qu'on saisisse la maladie au moment où elle débute, et qu'on l'attaque avec une vigoureuse énergie.

Si l'on est assez heureux pour pouvoir le faire, tous les diurétiques et tous les purgatifs, sans distinction, administrés alternativement, à quelques jours d'intervalle, produisent en général de très bons effets. L'huile de ricin cependant, et le sirop de nerprun, parmi les purgatifs; la scille, parmi les diurétiques; l'oxymel scillitique, le vinaigre scillitique (ce dernier employé en frictions sur le ventre), sont les agents médicamenteux qu'on devra choisir de préférence. Aucun ne saurait leur être comparé, principalement lorsque l'épanchement séreux n'étant encore qu'en voie de formation, il y a quelque espoir d'en obtenir la résolution avec le temps.

L'ascite passée à l'état chronique, et en particulier l'ascite symptomatique, défient à peu près toute espèce de traitement. En ce qui concerne cette dernière, l'ascite symptomatique, il est bon toutefois de faire observer que, s'il peut y avoir, par hasard, chance de guérison, ce n'est que dans le cas seul où l'on aurait découvert la cause qui l'a produite. Le traitement, en devenant alors essentiellement rationnel, peut fort bien avoir pour résultat de faire disparaître l'ascite, en même temps que la maladie qui lui a donné naissance; si tant est que cette dernière puisse être combattue rationnellement. C'est la cause de l'ascite qui doit être traitée la première.

On a conseillé, et l'on pratique tous les jours la ponction de l'abdomen. Mais, il faut bien en faire l'aveu : cette opération n'est que trop souvent un palliatif; une dernière ressource, un traitement infidèle, qui ne réussit presque jamais ; un moyen qu'il faut répéter plusieurs fois; et qui, dans nombre de cas, n'a, pour seul et unique effet, que de retarder quelque peu la mort du malade.

ASPHYXIE. — Nous aurions peut-être passé cet accident sous silence, si le chien n'était pas un animal essentiellement sympathique, auquel tout le monde s'attache, et que l'on aime, avant tout, pour lui-même. De plus, et, pour beaucoup d'amateurs, ce fidèle compagnon de l'homme a réellement une valeur importante : soit en raison de la race à laquelle il appartient ; soit à cause de ses aptitudes particulières ; soit, enfin, en considération des services souvent rémunérateurs qu'il est susceptible de rendre à son maître. A cause de cela, tout ce qui le touche de près nous intéresse toujours à un très haut degré.

On est rarement disposé à se mettre en dépense pour un vulgaire roquet ; par contre, on ne recule jamais devant les frais d'un traitement, quand il s'agit d'un sujet utile et auquel on s'est attaché.

Définition. — On appelle *asphyxie* la suspension des phénomènes respiratoires, suspension entraînant fatalement avec elle celle de l'innervation, de la circulation, etc., au point de faire croire que l'on est en présence d'un cadavre. Il suit de cette définition, que, lorsqu'un animal en proie à l'asphyxie n'est pas encore atteint par la mort au moment où l'on est appelé pour le secourir, il en présente néanmoins toutes les apparences. Cet état particulier n'a donc rien qui doive, tout d'abord, effrayer qui que ce soit.

Division. — Il existe plusieurs variétés d'asphyxie : 1° *l'asphyxie par des gaz irrespirables, délétères ou non; 2° l'asphyxie par submersion; 3° l'asphyxie par strangulation.* — La plus fréquente des trois est incontestablement l'asphyxie par les gaz irrespirables.

Causes.—1° **Gaz irrespirables.**—De tous les gaz asphyxiants que le chien peut respirer avec danger pour la vie, l'acide carbonique, l'oxyde de carbone et le gaz de l'éclairage sont les plus communs. Il est digne de remarque qu'ils n'exercent aucune action désorganisatrice sur les tissus vivants. S'ils font périr, c'est uniquement parce que, ne contenant pas d'oxygène libre, ils sont impropres à l'hématose.

2° **Gaz délétères.** — Parmi ces corps gazeux, ceux à l'influence desquels le chien se trouve quelquefois exposé accidentellement sont : l'acide sulfhydrique (*plomb*) qui se dégage des fosses d'aisances ; le chlore employé dans les fabriques de chlorure de chaux, d'eau de Javelle ; l'acide sulfureux des usines où l'on blanchit le coton, les tissus de coton, de paille, etc. Absorbés en quantité même minime, et pendant un temps relativement court, les gaz dits délétères déterminent ordinairement l'asphyxie sans espoir de salut. Ils empoisonnent en quelque sorte.

3° **Submersion.** — C'est l'asphyxie des noyés. Plongés complètement dans l'eau, les chiens courent le danger d'y périr, pour peu que la submersion se prolonge au delà de cinq à dix minutes environ, la respiration, dans cet état, étant tout à fait impossible. Il y a défaut absolu d'air.

4° **Strangulation.** —La *strangulation* proprement dite résulte de la constriction exercée sur le cou à l'aide d'un lien, de façon à intercepter le passage de l'air. Elle n'est jamais accidentelle. Dans les grandes villes, la police inflige au chien ce genre d'asphyxie comme mesure de sûreté. Pour ce motif, elle ne nous intéresse en aucune façon.

Il n'en est pas de même de la *suffocation*, qui se rapproche de la strangulation par la manière dont elle agit. L'asphyxie par suffocation est déterminée : 1° par l'occlusion directe des voies aériennes ; 2° par la présence, dans l'œsophage, d'un corps étranger assez volumineux pour comprimer la trachée, etc., etc. Il y a ici, comme dans le premier cas, obstacle matériel à la respiration, interception de l'air qui ne peut plus pénétrer dans le poumon.

Symptômes de l'asphyxie. — Nous ne donnons que les phénomènes essentiellement caractéristiques de l'asphyxie. Pour tout dire en deux mots : la respiration est complètement suspendue et ne permet pas de saisir le plus léger mouvement de la part des côtes.

Comme conséquences physiologiques : les fonctions sensoriales et motiles sont abolies ; la circulation est à peu près arrêtée ; et les jugulaires sont gorgées de sang, en même temps que la peau présente partout une teinte violette qu'il est facile de constater en écartant les poils qui la recouvrent.

Très souvent, nous l'avons déjà dit, ces signes extérieurs portent à faire croire qu'on n'a devant soi qu'un corps sans vie ; et, si l'on n'y faisait attention, on pourrait s'y méprendre. Mais, pour peu que l'on examine le sujet avec soin, on ne tarde pas à s'assurer que la mort, chez lui, n'est quelquefois qu'apparente. Dans le cas en effet où il en est réellement ainsi, les membres ont conservé leur souplesse, et la main, appliquée sur la région du cœur, peut percevoir, indépendamment d'un reste de chaleur qui persiste encore, quelques mouvements, faibles sans doute, mais suffisamment appréciables pour déceler un reste de vie, et pour engager à tenter le traitement du malade.

Traitement. — Passé cinq ou six minutes, il n'est guère possible de compter sur l'efficacité d'un traitement quelconque.

Lorsqu'on arrive à temps et avant de rien entreprendre, la première chose à faire, est de s'assurer si le cœur bat encore. Le cas supposé, sans perdre un instant, on transporte l'animal dans un lieu aéré ; on insuffle de l'air dans les poumons ; et l'on se hâte de l'évacuer par une pression légère et graduée de la main, son plat posé sur les parois pectorales.

Cette manœuvre opératoire doit être répétée plusieurs fois de suite ; car il arrive fréquemment que les bons effets s'en font attendre. Ici, la persévérance est obligatoire.

Chez l'homme, on s'est, souvent bien trouvé, dans le traitement de certaines asphyxies, d'une légère saignée, que l'on fait suivre de frictions sèches ou irritantes exercées sur la peau dans le but d'aider la circulation à se relever. Elles peuvent être aussi essayées chez le chien.

Si ces premiers essais n'opéraient pas avec assez de rapidité, on pourrait faire respirer au malade des vapeurs ammoniacales mélangées d'air, et administrer, sous forme de lavement, une décoction de tabac avec addition d'une petite quantité de sel de cuisine.

La titillation du pharynx, pour peu que la sensibilité ne soit pas complètement éteinte, provoque quelquefois des mouvements respiratoires du plus heureux effet. Elle est, elle aussi, à essayer.

ATROPHIE. — **Émaciation**. — **Amaigrissement**. — **Marasme**. — **Consomption**. — **Définition**. — Tels sont les différents noms sous lesquels on désigne journellement la *symptose*, ou l'état des organes qui diminuent de volume, s'amoindrissent et finissent par s'*atrophier* en perdant, peu à peu, une partie notable de leurs éléments constitutifs, et, par suite, de leur vitalité.

On aurait tort cependant de ne pas faire de distinction entre ces diverses dénominations, et de prendre indifféremment l'une ou l'autre pour l'appliquer à tous les cas d'atrophie. Elles sont si loin, en effet, d'avoir une signification identique, que cette dernière, à vrai dire, varie autant que les formes de l'atrophie elle-même. Qui ne sait, par exemple, que, suivant ses causes, et l'acabit, et le tempérament des sujets qui les subissent, toute atrophie peut être *partielle* chez les uns, *générale* chez les autres, *curable* ou *incurable*.

Il est évident pour tout le monde, que les deux sortes d'atrophies, la partielle et la générale, ne sauraient être appelées du même nom; et que, si la première variété, la plus simple de toutes, est et constitue réellement l'atrophie proprement dite, par contre, la seconde est plus que de l'atrophie, qu'elle n'est rien autre chose qu'une véritable *consomption*, et que réellement aussi, c'est le seul nom qu'il convient de lui appliquer.

Causes. — Que l'atrophie n'affecte qu'un organe isolé, ou qu'elle atteigne un ou plusieurs appareils d'organe, elle est toujours le résultat d'un défaut de nutrition. Pourtant, est-ce à dire que ce soit là sa cause principale? Au-dessus du défaut de nutrition, ne trouve-t-on pas, par exemple, la suspension de l'action fonctionnelle, ou l'inactivité des organes, et, plus encore, la diminution de l'influx nerveux?

La diminution de l'influx nerveux, voilà le vrai point de départ de toute atrophie. Malheureusement, il n'est pas toujours donné, dans un grand nombre de cas, de préciser la cause de ce trouble dangereux. Tout ce que, jusqu'ici, les recherches et l'observation nous ont appris de plus acceptable, en s'abstenant toutefois d'entrer dans aucune interprétation à cet égard : c'est, 1° que l'atrophie des membres est souvent l'effet de l'atrophie du cerveau, ou des principaux troncs nerveux, à moins qu'elle ne provienne d'une compression prolongée sur ces mêmes parties; 2° que la diminution de l'influx nerveux peut dépendre d'un obstacle mécanique au cours du sang artériel; d'une altération dans la composition chimique du sang; du défaut d'exercice d'un organe, ou de l'état permanent de gêne dans lequel il fonctionne; enfin, d'une phlegmasie ancienne quelconque dont il est le siège.

Caractères ou symptômes de l'atrophie. — 1° **Atrophie partielle.** — Admettons le cas, par exemple, d'un membre frappé d'atrophie prononcée. Vu dans son ensemble, ce membre, outre la diminution plus ou moins considérable qu'il a subie tant sous le rapport de la masse que sous celui de son volume, montre, en outre, les rayons osseux qui en forment la charpente, secs comme s'ils étaient décharnés, et se dessinant fortement en relief sous les téguments qui les recouvrent. Si on l'examine dans ses détails, ce qui frappe, étonne même, c'est que les muscles, ou plutôt ce qui en reste, est tantôt flasque et sans consistance, tantôt plus ferme que dans l'état normal; et que la peau qui enveloppe le tout, lorsqu'elle n'a pas perdu toute sensibilité, est devenue, pour le moins, d'une extrême flaccidité, ridée, pâle et souvent comme terreuse à la surface.

Que si, chez le malheureux infirme, l'émaciation est plus avancée encore et touche à ses dernières limites, elle ne laisse plus subsister dans le membre affecté que la vie végétative, en le rendant désormais complètement inerte, et incapable de prêter le moindre service au malade.

2° **Atrophie générale.** — Représentons-nous actuellement un animal exténué par la maladie. Son aspect misérable excite la pitié, pour employer une expression vulgaire. Ce n'est plus, à proprement parler, qu'un véritable squelette ambulant. Les muqueuses apparentes sont pâles et décolorées et les yeux chassieux; la respiration ne s'effectue plus qu'avec une extrême lenteur; le pouls est petit et accéléré; et la température des différentes régions du corps, quoique variable encore, est toujours considérablement diminuée et sensiblement au-dessous de la normale. En somme, dans cet état de ruine complète, l'animal, absolument dépourvu de force, est définitivement impropre à aucun des services qu'il rendait auparavant.

Traitement. — L'atrophie partielle qui succède quelquefois aux fractures guérit ordinairement d'elle-même; dans les autres circonstances, elle est incurable, ou très rebelle à toute espèce de traitement. Néanmoins (car il est toujours prudent de ne jamais désespérer d'une manière absolue), on fera bien, soit d'essayer les douches froides locales pendant huit ou quinze jours environ, ou d'exercer des frictions irritantes, même de simples frictions sèches, sur le membre malade; soit d'appliquer et étendre sur sa surface des charges fortifiantes, ou d'y pratiquer des piqûres à la strychnine, sinon, d'administrer cette même substance à l'intérieur; soit d'enlever les tumeurs qui exercent une compression funeste sur les nerfs, ou de faire cesser les phlegmasies des gros troncs nerveux, etc., etc.

Quant à ce qui regarde l'atrophie générale, elle est tellement réfractaire aux agents thérapeutiques, sans en excepter les plus énergiques, qu'il y a presque toujours indication de l'abandonner aux chances du hasard. Il n'y a pas d'autre parti à prendre, d'ailleurs, lorsque l'atrophie n'est que le symptôme d'une maladie fatalement incurable.

Peut-être, au début de l'atrophie, pourrait-on, dans certains cas de maladies non désespérées, obtenir quelques bons effets de l'alimentation au sang de bœuf desséché, combinée avec un traitement externe bien entendu.

AVORTEMENT. — **Définition.** — C'est l'expulsion du fœtus hors de la matrice avant qu'il ait acquis tout son développement, c'est-à-dire avant qu'il soit viable, avant l'époque normale de la mise-bas.

Division. — Causes. — On distingue l'*avortement* en *A. spontané*, et en *A. accidentel* ou *provoqué*.

1° *Avortement spontané.* — On donne le nom d'*avortement spontané* à celui qui a lieu, tantôt lorsque la mère est d'une constitution débile, cachectique, voire même pléthorique; tantôt lorsque le fœtus, frappé de mort dans la matrice depuis un certain temps, ne joue plus, dès cette heure, que le rôle d'un véritable corps étranger.

2° *Avortement accidentel.* — On appelle *avortement accidentel* toute mise-bas prématurée, qu'elle soit : ou occasionnée, chez certaines bêtes, par des fatigues excessives, des chutes d'une grande hauteur, ou par des coups portés sur l'abdomen; ou provoquée, chez d'autres, par l'administration inopportune, à l'intérieur, d'une substance irritante, capable de jeter un trouble profond dans tout l'organisme.

A ne considérer, dans l'avortement, que les seules contractions expulsives exécutées par la matrice pour se décharger des fœtus qu'elle renferme, il n'y a aucune différence à établir entre l'avortement et l'accouchement; ils s'effectuent l'un et l'autre par le même mécanisme.

Symptômes. — Lorsque l'avortement est le résultat non équivoque d'une débilité générale et ancienne, il a presque toujours lieu sans que la mère manifeste la moindre souffrance. Si, au contraire, il survient après des accidents susceptibles de troubler l'organisme tout entier, les chiennes l'annoncent toujours, quelques jours d'avance, par une grande inquiétude. Elles la manifestent généralement en changeant souvent de place, allant, venant, se couchant, se relevant presque aussitôt, faisant entendre des sortes de plaintes, etc.

Un peu plus tard, la vulve, après s'être gonflée, laisse écouler incessamment des matières muqueuses, ou une sorte de sérosité sanguinolente, jusqu'à ce qu'enfin elle livre passage à la poche des eaux. A ce moment, on voit s'échapper un fœtus sinon mort, au moins peu viable et qui généralement ne tarde pas à mourir.

Toutes les suites de l'avortement sont, à peu de chose près, celles de l'accouchement. Quant aux dangers qu'il fait courir aux mères, car il y en a, ils sont d'autant plus à craindre, que l'accident survient à une époque plus avancée de la gestation, et qu'il a été déterminé par des causes extérieures plus violentes.

Traitement. — Les soins que réclame la chienne pendant et après l'avortement, sont les mêmes que ceux qui conviennent à la mise-bas naturelle. A moins que la mère ne soit atteinte de quelque maladie sérieuse, étrangère à l'accouchement prématuré, c'est surtout aux soins hygiéniques qu'il faut avoir recours. L'état de la malade n'en réclame pas d'autres.

BAINS. — **Définition.** — On appelle *bain*, en hygiène, l'immersion ou le séjour plus ou moins prolongé du corps dans l'eau. De tous les animaux domestiques, et de l'avis des hygiénistes les plus autorisés, le porc et le chien sont ceux auxquels les *bains froids*, cela va sans dire, conviennent le mieux.

Règles à suivre. — Il n'est réellement nécessaire de faire prendre des bains froids au chien que pendant la seule saison de l'été. Cette observation se passe de commentaires.

En fait de règles à suivre, nous donnons, comme principales, les deux que voici : il est, sinon nécessaire, au moins très sage et très prudent de ne se jamais dispenser d'attendre, si l'on veut éviter les dangers que les refroidissements brusques manquent rarement de faire courir au baigneur : 1º que l'animal, à la suite d'un exercice de travail et de fatigue, soit complètement reposé, et que la circulation ait retrouvé son cours normal ; 2º et, après le repas, que la digestion soit presque terminée ou très avancée.

La durée des bains est, en moyenne, de dix à quinze minutes, rarement plus.

Une fois sortis de la rivière, les chiens dont les poils sont chargés d'eau et ruisselants, les griffons, en particulier, demandent à être immédiatement l'objet de quelques petits soins de pure attention. Ainsi, et d'abord, après qu'on les aura essuyés à l'aide d'une éponge, on prendra la précaution de leur passer une brosse de chiendent sur tout le corps afin de nettoyer la peau à fond ; puis, on les bouchonnera, frictionnera, etc. ; et, cela fait, on les ramènera à la maison, en les promenant quelques instants, ailleurs, toutefois, que sur les grands chemins, pour qu'ils ne se roulent pas dans la poussière.

Bons effets des bains. — Il n'est personne qui ne connaisse les bienfaits des bains purement hygiéniques. Non seulement ils débarrassent les poils et la peau des matières grasses et terreuses qui les salissent, mais encore, ils rendent leur lustre aux premiers, sa souplesse à la seconde. Ils tonifient, en outre, tout le système musculaire ; excitent et stimulent consécutivement l'appétit ; et, en dernière analyse, font prendre aux animaux plus de souplesse et plus de légèreté dans les allures, tout en leur donnant plus d'ardeur au travail.

Inconvénients des bains en hiver. — On ne doit jamais baigner les chiens pendant les grands froids de l'hiver ; nous l'avons déjà dit. Cette recommandation les concerne d'une manière tout à fait spéciale. Aucun autre animal domestique n'est, en effet, plus frileux ; de même qu'aucun autre ne contracte avec plus de facilité laryngites, bronchites, ou l'une quelconque des nombreuses maladies si variées qui ont leur siège dans la poitrine.

Terminons en ajoutant que, chaque fois qu'on pourra le faire sans inconvénient, il sera de bonne et excellente pratique de mettre la baignade à profit pour dresser les baigneurs à quelques évolutions natatoires d'une exécution facile. L'hygiène du chien n'aura assurément qu'à y gagner beaucoup.

BALANITE. — **Définition.** — Inflammation de la muqueuse qui enveloppe le gland, et tapisse la face interne du fourreau.

Causes. — Assez fréquente chez le chien, la *balanite* est généralement l'apanage de la vieillesse, et l'une de ses nombreuses infirmités. On la rencontre aussi sur la plupart des sujets soit à constitution débile, soit appauvris, les uns, par une longue misère, une hygiène vicieuse, etc., les autres, par des maladies anciennes de la peau, que la négligence et le manque absolu de soins ont rendues incurables. Quand, par hasard, la balanite atteint les jeunes animaux, elle n'existe presque jamais seule ; le plus souvent, elle coïncide avec d'autres maladies, et, en particulier, avec l'urétrite, l'acrobustite, les ulcères de la tête du pénis, etc.

Symptômes. — Les principaux signes de la balanite se manifestent : par la tuméfaction de la verge et la rougeur de la muqueuse ; par un engorgement œdémateux du fourreau accompagné de chaleur et de sensibilité ; enfin, par un écoulement blennorrhagique mucoso-purulent de couleur verdâtre, qui agglutine les poils, pour peu qu'ils en soient imprégnés.

Presque toujours, si l'on néglige le malade, cas qui se présente malheureusement trop souvent, l'inflammation de la muqueuse pénienne se complique ordinairement d'ulcérations simples, ou, tout à la fois, d'ulcérations et de petites végétations polypeuses. On doit y prendre garde.

Traitement. — Le traitement varie avec les causes de la balanite.

Y a-t-il lieu d'attribuer le mal à un épuisement général du sujet : ce sera agir sagement que de s'attacher, avant tout, à réconforter le malade, et à régler l'emploi des agents thérapeutiques sur le régime hygiénique auquel il conviendra de le soumettre. Ordinairement cette manière de procéder est promptement suivie des meilleurs effets ; il n'est même pas rare de voir de simples soins de propreté, coïncidant avec un régime azoté, amener, comme par enchantement, la résolution de la balanite.

La phlegmasie est-elle due, au contraire, à une toute autre cause : il faudra recourir à une médication plus énergique et, ici, tout à fait locale. Au début, on s'adressera aux antiphlogistiques, tels que les bains tièdes, les lotions avec l'eau de son, les sangsues, etc. Plus tard, on leur substituera les décoctions astringentes d'écorces de chêne, de feuilles de ronces ou de noyer, de brou de noix, etc., ou les solutions légères d'alun, de sulfate de zinc. Enfin, si l'écoulement morbide semble vouloir résister à l'énergie du traitement, l'emploi des caustiques est de rigueur. On ne devra pas alors hésiter à faire des injections dans le canal de l'urètre, avec la solution d'azotate d'argent.

Quant aux ulcères et aux polypes qui peuvent être venus compliquer la balanite, comme nous l'avons dit : on combattra les premiers en les cautérisant à la pierre infernale ; et l'on attaquera les seconds avec le bistouri, ou mieux avec les ciseaux courbes ; après quoi, l'on cautérisera, au besoin, la plaie, en se servant du fer rouge.

BLÉPHARITE. — **Définition**. — **Siège**. — **Division**. — On appelle *blépharite* l'inflammation dont les paupières peuvent être le siège. Lorsque cette maladie envahit toute leur épaisseur, leur corps tout entier, elle prend le nom de *blépharite générale* ; quand, au contraire, et ce cas est le plus fréquent, elle n'affecte que la muqueuse de ces organes, ou les follicules muqueux et pileux de leur bord libre, elle constitue la *blépharite partielle*.

Ces deux sortes de blépharites, *générale* ou *partielle*, se distinguent, en outre, en *blépharite aiguë*, et en *blépharite chronique*.

Causes. — Les *causes* qui la produisent ordinairement consistent dans l'action aussi variée que multiple que peuvent exercer sur les paupières les agents extérieurs, les coups, les piqûres d'insectes, etc.

Symptômes. — 1° Inflammation aiguë du corps des paupières. — A l'état aigu, la blépharite détermine la tuméfaction des téguments des paupières, avec accompagnement de rougeur plus ou moins foncée ou violacée, chaleur, douleur et sensibilité. Une lumière trop vive, dans certains cas, peut blesser si péniblement les yeux du malade, qu'on le voit alors les fermer en baissant et détournant la tête avec une sorte d'anxiété ; souvent, aussi, des larmes abondantes se répandent sur le chanfrin. Il est bon, toutefois, de faire observer que ces deux derniers symptômes ne se remarquent guère qu'à l'approche de la résolution de la maladie, lorsque, sous son influence, la rétine est devenue momentanément plus sensible.

2° Inflammation aiguë du bord ciliaire. — Cette inflammation, comme celle que nous venons de décrire, est également caractérisée par la tuméfaction des rebords des paupières, quelquefois même de la conjonctive palpébrale. Limitée ou non, elle donne lieu à la sécrétion d'une matière épaisse et jaunâtre, susceptible de se concréter à l'air, d'agglutiner les cils, et souvent de faire adhérer les paupières l'une à l'autre. Chez certains sujets, cette matière ne fait que s'infiltrer seulement entre les cils. Dans ce cas, pour peu qu'elle y séjourne, elle ne tarde pas à se concréter en s'y attachant avec une très grande ténacité.

Au bout de quelques jours, si la guérison se fait attendre, l'inflammation au lieu de rester localisée, se propage jusqu'aux bulbes pileux eux-mêmes. Lorsque ce fait a lieu, elle ébranle d'abord les cils qui se détachent spontanément et tombent; et, bientôt finit après, par amener la formation d'excoriations plus ou moins larges et profondes, qu'on voit se creuser sur les joues par le contact prolongé d'une humeur âcre et corrosive qu'elle leur fait sécréter et dont elle les inonde. La conséquence inévitable de cette action irritante, autant qu'incessante, est bien connue de tout le monde : elle consiste dans une chaleur et une cuisson tellement vives, qu'elles tourmentent le malade sans trêve ni merci, et lui font éprouver une gêne dont il a beaucoup à souffrir.

Causes et symptômes de l'inflammation chronique. — Lorsque la blépharite aiguë est passée à cet état, elle présente de tous autres symptômes. Ceux de l'inflammation aiguë sont remplacés par une rénitence particulière des tissus malades; par une couleur violacée particulière que reflète la peau; par la dépilation; et, enfin, par la lippitude du bord libre des paupières.

Traitement. — 1° **Blépharite aiguë.** — Nous n'apprenons rien à personne en répétant ici que, chez le chien, l'emploi des topiques est à peu près impraticable. Pour ce motif, on les remplacera très avantageusement par des lotions, fréquemment renouvelées, faites avec de l'eau de pavot ou de ciguë dégourdie, eau à laquelle, quelques jours plus tard, on pourra ajouter de l'extrait de saturne en proportion raisonnée.

Dans le cas, au contraire, où l'inflammation aurait de la tendance à passer à l'*état suraigu*, il y aurait lieu de la combattre en appliquant des sangsues sur les joues, ou en ayant recours aux purgatifs légers.

Dès que l'irritation se calme et diminue d'une manière sensible, les résolutifs, toniques ou excitants, suivant les indications fournies par la blépharite, doivent se substituer, peu à peu, aux émollients et terminer le traitement.

2° **Blépharite chronique.** — Cet état se traite particulièrement par les collyres astringents, ainsi que par les purgatifs laxatifs, que l'on a soin d'administrer, avec persévérance, les derniers particulièrement, à des intervalles plus ou moins rapprochés. Lorsqu'il y a ulcération du bord libre des paupières, on

enduit les surfaces ulcérées d'une mince couche de pommade de
nitrate d'argent, soit au vingt-cinquième, soit au cinquantième.

BLESSURE. — **Définition.** — On donne le nom de *blessure* à toute altération locale produite, sur l'un quelconque des
tissus organiques, par l'action plus ou moins violente des corps
extérieurs.

Généralement, les blessures sont circonscrites, et, par conséquent, de peu d'étendue. Quelquefois, cependant, elles peuvent
intéresser plusieurs organes juxtaposés, ou bien encore se compliquer de plaies superficielles ou profondes. On en voit même
qui ne présentent aucune solution de continuité, au moins en apparence, bien qu'il en existe réellement. C'est ce qui a lieu dans
les déchirures musculaires.

Division. — Considérées au point de vue de leur gravité, on
distingue les blessures : en *blessures légères*, en *blessures graves*,
et en *blessures mortelles*.

Causes. — Deux grandes séries ou divisions se partagent les
causes des blessures : la série des *causes physiques* ou *chimiques*,
et la série des *causes mécaniques*.

On range dans la première division : 1° beaucoup d'agents
physiques vulnérants auxquels il convient d'ajouter le calorique
concentré, soit qu'il émane de métaux, etc., portés au rouge,
soit qu'il provienne de l'eau ou de corps gras (huile ou graisse),
chauffés à la température minimum de 100° centigrades ; 2° plusieurs agents chimiques, les caustiques en particulier.

On fait figurer dans la seconde division, un certain nombre
de puissances mécaniques, dont les plus communes sont : les
coups violents ; les chocs ; les instruments contondants, piquants,
déchirants ; les efforts de traction ; les contractions musculaires, lorsqu'elles sont brusques et instantanées, comme celles
qui sont déterminées, par exemple, par un coup de fouet, comme
cela arrive trop fréquemment chez les animaux, etc.

Dénominations diverses des blessures. — Suivant que l'on
considère les blessures : ou bien sous le rapport des agents qui les
ont occasionnées ; ou bien sous celui des organes qui en sont atteints, elles prennent des noms très différents. On les appelle *brûlures*, lorsqu'elles sont dues à l'action du calorique concentré, et
cautérisations, si ce sont des caustiques chimiques qui les ont produites ; elles reçoivent, au contraire, soit les noms de *contusions*,
coupures, *piqûres*, *déchirures*, quand elles ont été produites

par des corps contondants, coupants, piquants, etc., soit ceux de *distensions*, *entorses*, *luxations*, *fractures*, quand elles résultent de l'action des puissances mécaniques sur les articulations, les os, etc.

Pronostic. — Le pronostic à porter sur les blessures n'offre ordinairement aucune difficulté. Il concorde toujours avec les dangers présumables que, tôt ou tard, elles peuvent faire courir au patient, dangers qui trompent rarement le praticien.

Les blessures légères, superficielles, de peu d'étendue, qui n'intéressent aucun des organes essentiels à la vie, se guérissent très souvent d'elles-mêmes. Ce n'est que par accident qu'elles deviennent assez graves pour inspirer de l'inquiétude.

Il n'en est pas de même des blessures réputées mortelles, soit en raison de leur étendue, soit à cause de l'importance des organes où elles siègent : le pronostic en est presque toujours alarmant. Dans ces cas, en effet, ou bien les blessures graves, de leur nature, ne cèdent que difficilement au traitement qu'on leur fait subir, et laissent souvent après elles des infirmités persistantes ; ou bien, fatalement mortelles, elles sont absolument incurables, défient tout traitement.

Traitement. — Essayer de donner une marche générale à suivre dans le traitement méthodique des blessures serait œuvre non seulement difficile, mais certainement irréalisable. Nous ne tenterons même pas de le faire. Il est évident que, variables comme elles le sont dans leur nature et leur siège, elles ne doivent pas moins différer entre elles au point de vue des soins particuliers qu'elles réclament. Les seuls conseils que nous puissions et devions donner ici consistent, tout simplement, à indiquer, d'une manière sommaire, les premiers soins dont il convient d'entourer le malade, immédiatement après l'accident qui l'a atteint.

Avant de rien entreprendre, on doit se hâter de transporter le blessé dans son chenil, et de le coucher sur une litière épaisse et douce. Là, on détergera avec une éponge l'organe endommagé pour le débarrasser des corps étrangers qui pourraient le salir ; puis, sans plus tarder, on le recouvrira de compresses, que l'on arrosera, aussi fréquemment que possible, d'eau fraîche, pendant 24 ou 36 heures consécutives.

Dès que la réaction inflammatoire sera calmée, ce que l'on reconnaîtra à l'absence de toute rougeur, chaleur, tuméfaction et sensibilité ; on modérera, peu à peu, le traitement hydrothérapique, jusqu'à ce que la blessure, presque complètement guérie, permette d'en espérer la cicatrisation, ou mieux, la guérison, sans qu'il y ait à prévoir quelque complication ultérieure.

Le traitement hydrothérapique pur et simple est celui qui réussit le mieux contre les blessures superficielles et légères ; aucun autre ne mérite mieux que lui d'être recommandé d'une manière toute spéciale. Il n'est pas rare qu'à lui seul, il suffise pour guérir.

Une autre recommandation non moins digne de fixer l'attention des propriétaires d'animaux, c'est d'avoir soin, aussitôt que le malade manifeste le besoin de prendre de la nourriture, de ne lui en donner qu'en se réglant sur ses forces et son état général, mais jamais sur son appétit seul.

Pour ce qui est du traitement spécial applicable aux différentes blessures, prises chacune en particulier, nous ne pouvons que renvoyer le lecteur aux noms sous lesquels nous les avons classées dans ce dictionnaire.

BRONCHITE. — **Définition.** — On nomme ainsi la phlegmasie de la membrane muqueuse des bronches. Cette inflammation est caractérisée, à son début, par une grande sécheresse de l'appareil bronchial, et en dernier lieu, par une sécrétion de mucosités plus ou moins épaisses et abondantes. Elle est encore désignée, dans les auteurs, sous les noms de *rhume* et de *catarrhe pulmonaire*.

Division. — Sous la première de ces dénominations, *rhume*, la bronchite, suivant la forme sous laquelle elle se présente, se divise : 1° en *bronchite aiguë* ; 2° en *bronchite chronique*. D'après son siège ou la cause qui l'a déterminée, elle s'appelle : 1° *bronchite capillaire* ; 2° *bronchite vermineuse*.

1° Bronchite aiguë. — **Causes**. — Les animaux de l'espèce canine sont assez fréquemment atteints de cette maladie. De toutes les causes qui la font naître, la plus ordinaire, on pourrait dire la seule et unique, est le froid humide agissant brusquement sur toute la peau, ou seulement sur certaines parties de cet organe, surtout aux époques du printemps et de l'automne. A cette cause principale s'en joignent quelques autres, toutes accidentelles, telles que : l'ingestion, dans les voies digestives, d'une grande quantité d'un liquide froid, à la suite d'un exercice violent, lorsque la température générale du corps est plus élevée que de coutume ; l'inspiration brusque et continue d'un air froid dans des conditions identiques d'excitation ; l'inspiration d'un air chargé de poussières ou de gaz irritants. La présence d'un corps étranger engagé dans les bronches produit également la bronchite aiguë. Enfin, cette même forme constitue, fréquemment aussi, une des complications de la maladie connue sous le nom de *maladie des chiens*, sa cause essentiellement déterminante dans le cas particulier dont s'agit.

Symptômes. — Au début, les signes de la bronchite légère, ou du rhume proprement dit, se bornent à une toux peu intense, mais néanmoins très fatigante, en ce qu'elle est fréquente et sèche, c'est-à-dire non accompagnée d'expectoration ou jetage. Plus tard, l'inflammation prend un caractère d'irritation sensiblement plus prononcé. La toux, alors totalement changée, est pénible et suffocante, en même temps qu'elle détermine invariablement l'écoulement d'un jetage qui, léger et peu dense d'abord, devient bientôt après épais et consistant.

Lorsque la bronchite est arrivée au plus haut degré d'acuité possible, et surtout lorsqu'elle prend un caractère nerveux, la toux devient vive, quinteuse et s'exaspère avec une facilité extrême sous la moindre impression de froid. A la même période, le jetage prend très souvent une teinte rouillée, s'il n'est pas strié de sang ; le pouls est fréquent et plein ; les pattes du malade sont chaudes et sèches ; et le malade lui-même, fiévreux, abattu, sans appétit, est dévoré d'une soif ardente.

A l'auscultation, on entend très distinctement un râle, ou sibilant, ou muqueux : sibilant, avant l'apparition du jetage ; muqueux, quand les bronches commencent à entrer en sécrétion et à se remplir de mucosités. Au râle muqueux, ne tardent pas de succéder la toux grasse et un jetage non rouillé. C'est le commencement de la guérison.

Durée. — Le simple rhume se termine presque toujours en cinq ou dix jours. Par contre, la bronchite suraiguë est beaucoup plus longue à se guérir. Ordinairement elle ne dure pas moins de quinze jours ; et, dans quelques cas graves, un mois tout entier.

Pronostic. — La terminaison de la bronchite aiguë est rarement funeste ; elle dépend de la plus ou moins grande étendue de l'inflammation. Lorsqu'elle est simple et bornée à quelques rameaux bronchiques, le pronostic en est sans gravité. Mais, quand l'irritation a envahi les principales divisions des bronches dans les deux poumons ; quand surtout les animaux sont, ou très jeunes, ou très vieux ; quand ils sont atteints déjà d'une phlegmasie chronique quelconque, d'une antérite ancienne, d'une dysentérie violente, par exemple, etc., le cas est bien différent; il n'y a pas d'espoir de guérison.

Traitement. — Avec de simples précautions hygiéniques, comme celles : de soustraire les malades à l'action prolongée du froid et de l'humidité; de ne leur faire boire que des tisanes adoucissantes ou anodines et tièdes, préparées avec la tête de pavot, la jusquiame, la belladone, etc.; enfin, de ne leur donner que des aliments d'une digestion facile, très divisés, et sous un petit volume, riches en principes azotés (sang de bœuf desséché); on a facilement raison du rhume ordinaire, dans l'espace de quelques jours.

Au contraire, pour peu que la phlegmasie présente tous les caractères d'une inflammation suraiguë et d'une grande intensité, ou bien encore, pour peu qu'elle se soit propagée dans les deux poumons, le mal étant, par le fait, plus dangereux, il devient indispensable alors, pour le conjurer : soit d'appliquer des sangsues sur les parois de la poitrine ; soit de les recouvrir de cataplasmes très chauds que, dans ce cas, on doit renouveler aussi fréquemment que faire se peut.

Pendant qu'on opère à l'extérieur, on administre à l'intérieur des boissons calmantes, dans lesquelles on fait entrer, pour atténuer la toux, quelques gouttes de laudanum ou de teinture d'aconit; de l'extrait d'opium ou de belladone; et, en dernier lieu, du kermès, s'il y a indication de provoquer, ou simplement d'activer la sécrétion bronchique.

Les sinapismes seraient d'un excellent service au début de la bronchite aiguë. Malheureusement le chien, dont la sensibilité est extrême et qui est peu patient, se résigne difficilement à les garder aussitôt qu'ils commencent à agir. On peut cependant obvier à cet inconvénient par des frictions ammoniacales légères jusqu'à rubéfaction de la peau, et mieux, par de simples applications de sulfure de carbone dont l'action est instantanée.

Le régime diététique est de rigueur depuis l'apparition des symptômes d'acuité, jusqu'au moment où ils commencent à s'amoindrir.

2° Bronchite chronique. — Inflammation chronique des bronches, catarrhe chronique. — Causes. — Cette phlegmasie peut être produite par les mêmes causes que la précédente. Cependant elle débute rarement sous ce type. Le plus ordinairement, elle est consécutive à la bronchite aiguë.

Symptômes et marche. — La toux et l'expectoration sont à peu près les seuls symptômes qui accompagnent la bronchite chronique, avec cette particularité, toutefois, que la toux, plus ou moins fréquente, suivant l'état ou le tempérament des sujets, est toujours petite et quinteuse, surtout chez les vieux chiens ; et de plus, tantôt sèche chez les uns, tantôt humide chez les autres. Lorsqu'elle est sèche, elle s'accompagne fréquemment de dyspnée. Dans ce cas, elle devient la cause d'une gêne considérable pour le malade, qui, ne pouvant alors ni marcher, ni courir avec sa légèreté ordinaire, ne fait plus que se trainer péniblement. Lorsque, au contraire, la toux est humide, supportable jusqu'à un certain point, elle est ordinairement beaucoup moins pénible pour le patient. A chaque effort, en effet, qu'elle provoque, il se détache des mucosités plus ou moins abondantes, qui, s'échappant des naseaux sous forme de jetage, dégorgent l'arbre bronchique, et lui procurent ainsi, momentanément, quelque soulagement.

Mais si, malgré le traitement, la bronchite chronique s'est définitivement invétérée, elle ne laisse aucun espoir de guérison. Les animaux perdent, peu à peu, et l'appétit et leurs forces. Ils sont, en outre, tourmentés par une soif ardente dont ils ont beaucoup à souffrir ; et, finalement, ils tombent dans un état de prostration qui ne se termine que par la mort.

Durée. — Il est impossible de préciser la durée de la bronchite chronique. Elle peut se guérir en quelques mois, comme aussi défier toute espèce de traitement, principalement chez les chiens d'un âge avancé.

Traitement. — Il est à remarquer, en ce qui concerne le traitement de cette affection, que le régime est souvent plus efficace que les agents médicamenteux employés pour la combattre. Dans le cas où l'on opterait en sa faveur, ce que nous conseillons fortement de faire, on tiendra la main à ce qu'il soit, avant tout, presque exclusivement composé : de viandes d'une digestion facile, par conséquent peu cuites ; de soupes au bouillon concentré de tête de mouton ; et surtout de biscuit au sang de bœuf desséché, ou de soupes dans lesquelles on substituera, avec le plus grand avantage, le même biscuit surazoté au pain ordinaire.

Un moyen hygiénique dont il est permis d'attendre également de très bons effets, consiste à soumettre, de temps à autre, les malades à une sorte de massage, sous forme de frictions sèches pratiquées sur toute la surface du corps. Ces sortes de frictions, en effet, entre autres avantages qu'elles possèdent, permettent, surtout, de nettoyer la peau, de l'assouplir, de la rendre plus perméable, et, à cause de cela, de favoriser, chez elle, l'accomplissement régulier de ses fonctions physiologiques, ce qui n'est nullement à dédaigner.

Eu égard au traitement médicamenteux, il devra avoir pour base le kermès, le sirop d'ipéca, le soufre, à titre d'expectorants; et, comme béchiques, les préparations opiacées, tels que les sirops diacode, de codéine, les pilules de cynoglosse, la poudre pectorale, etc. A notre avis, nuls autres agents pharmaceutiques ne sauraient leur être préférés.

3° **Bronchite vermineuse. — Causes**. — Cette variété de bronchite, plus fréquente chez les jeunes chiens que chez les adultes de la même espèce, est déterminée par la présence, dans la trachée ou dans les bronches, de vers particuliers d'une très grande ténuité, qui, aujourd'hui encore, soit dit au point de vue helminthologique, divisent les auteurs, non quant aux caractères, mais quant au nom qu'il convient de leur donner. Selon M. Laulanié, ce ver doit être appelé *strongulus vasorum;* mais M. Mégnin, après l'étude minutieuse qu'il en a faite, incline à croire que c'est le *spiroptera sanguinolenta.*

On ne rencontre ordinairement ces entozoaires, nous venons de le dire, que chez les très jeunes chiens; encore faut-il que ces derniers aient été, tout à la fois, et mal nourris et mal logés, à moins qu'ils ne soient naturellement d'une constitution débile, d'une sorte d'acabit malingre. Ce n'est que par hasard, qu'on les trouve chez des sujets adultes, forts et vigoureux. Sans doute que la rusticité de cet âge est incompatible avec leur évolution. D'autre part, il paraît constant qu'ils ne se développent jamais *spontanément* ni chez les premiers, ni chez les seconds, et que leur présence, chez les sujets qui en sont atteints, ne doit être attribuée qu'à la *cohabitation.*

Symptômes. — Les premiers symptômes de la bronchite vermineuse ne diffèrent pas sensiblement de ceux de la bronchite ordinaire; ce sont presque les mêmes, moins le jetage. La toux est fréquente, répétée et sonore; les poils sont ternes, hérissés, et pour ainsi dire piqués; la peau est sèche, sans souplesse ni élasticité, très rarement haliteuse. Avec le temps, l'appétit s'affaiblit peu à peu, et le malade ne tarde pas à maigrir.

8

Rien, on le voit, dans les signes qui précèdent, n'est de nature à éclairer le diagnostic; et l'erreur, en pareille circonstance, est parfaitement excusable. Mais, fait qui forcément arrive tôt ou tard, lorsque le chien, dans un ébrouement brusque et subit, expulse quelques filaires, et qu'on les aperçoit s'agiter alors dans les mucosités qui tombent à terre, ou rester adhérentes et suspendues autour des orifices extérieurs des fosses nasales, l'incertitude s'évanouit et se dissipe d'elle-même.

Ordinairement, cette apparition n'est que le prélude d'une complication symptomatique des plus significatives. Il n'est pas rare, à partir de ce moment, et quand les strongles se sont multipliés et répandus dans un certain nombre de divisions bronchiques, de constater qu'ils s'y cantonnent pour ainsi dire, et finissent par les obstruer. Dans cet état, la toux devient suffocante; la respiration difficile, anxieuse, est quelquefois si pénible pour les malades, que les animaux, hors d'haleine, se laissent tomber à terre en proie à de violentes angoisses, se roulent et s'agitent convulsivement, comme s'ils allaient succomber à un véritable étouffement.

Durée et pronostic. — La durée et le pronostic de la maladie varient suivant que l'on éprouve plus ou moins de difficulté à tuer les filaires d'abord, à en débarrasser les bronches ensuite. Si les vers résistent aux agents toxiques employés pour les détruire, la bronchite peut persister pendant deux et même trois ou quatre mois. Lorsque ce cas se présente, ce n'est qu'avec beaucoup de peine qu'on parvient à sauver le patient. Si, au contraire, le traitement aboutit; si le succès est complet, la durée de l'affection est considérablement diminuée; elle se prolonge rarement au delà d'un mois ou six semaines.

Traitement. — Tuer les strongles dans la trachée, ou jusqu'au fond des bronches, telle est la première et principale indication à remplir. On y arrive avec plus ou moins de facilité par l'emploi de tous les médicaments qui, en raison de leur volatilité et de leur action insecticide bien constatée, pénètrent jusque dans les bronches, où ils se mettent immédiatement en contact avec les vermisseaux parasites, et en déterminent l'asphyxie. L'éther, les essences de lavande et de térébenthine, l'essence minérale ou de pétrole, l'huile empyreumatique, etc., sont d'héroïques parasiticides. On les emploie sous forme de fumigation. Ordinairement, après deux ou trois inhalations successives et méthodiquement administrées, il ne reste plus qu'à débarrasser les tuyaux bronchiques, en faisant respirer au malade une poudre sternutatoire quelconque, et en donnant les vomitifs. Le tabac et le sirop d'ipécacuanha produisent, à cet égard, les meilleurs effets. Ils impriment, l'un et l'autre, à l'organisme tout entier de vives secousses convulsives, sous l'influence desquelles les strongles, arrachés de leur asile, sont facilement rejetés au dehors.

4° **Bronchite capillaire.** — Nous ne nous arrêterons pas sur cette quatrième variété de la bronchite. Sans doute, elle n'est pas moins intéressante que les précédentes; peut-être même l'est-elle davantage, car elle peut amener facilement la mort par asphyxie; mais elle n'a jamais été, ou au moins très rarement observée chez le chien, et n'a fait, à cause de cela, l'objet, ni d'une étude suivie, ni d'une description particulière.

BRULURE. — **Définition.** — On désigne sous le nom de *brûlure* une altération, ou plutôt une lésion plus ou moins grave, produite, sur les tissus vivants, par l'action instantanée, ou prolongée, soit du simple calorique rayonnant, soit d'un corps fortement chauffé, immédiatement en contact avec eux.

Les auteurs qui ont étudié cette importante question, admettent généralement plusieurs degrés de brûlures. Nous ne les suivrons pas, cependant, dans les divisions nombreuses qu'ils en ont faites; ce serait dépasser le but que vise ce petit traité élémentaire. La brûlure légère, c'est-à-dire celle qui n'intéresse que les parties superficielles de la peau, est la seule qui va nous occuper dans le court chapitre que nous lui consacrons.

Causes. — Les brûlures ordinaires peuvent être déterminées : 1° par l'action directe du feu; 2° par le calorique concentré dans des corps solides portés à une haute température; 3° par l'eau, ou par un liquide gras quelconque, en pleine ébullition.

Symptômes. — Tout le monde connaît assez, et les nombreux accidents, et les souffrances souvent intolérables, et les troubles généraux profonds qui se manifestent à la suite des brûlures dont la peau peut être le siège, pour que nous n'apprenions rien de nouveau au lecteur, en décrivant ici minutieusement tous les symptômes offerts par les malades. Nous nous bornerons donc à l'exposition des seuls caractères essentiellement pathognomoniques.

Trois cas peuvent se présenter : ou bien le calorique n'a produit qu'un simple *érythème;* ou bien il a déterminé un *état érysi-*

pélateux avec *phlyctènes*; ou bien il a *détruit* une partie du corps muqueux de la peau. Ces trois cas forment les trois *degrés* distincts de brûlures, que nous allons décrire aussi succinctement que possible.

1er *degré*. — *Erythème*. — Dans le cas de brûlure au premier degré, la forme érythémateuse est caractérisée par une rougeur diffuse, vive et cuisante, susceptible ordinairement de disparaître sous la pression du doigt. Un léger gonflement accompagne presque constamment cette coloration particulière; souvent aussi la peau se dépouille de ses poils sur toute la surface des régions échaudées.

2° *degré*. — *Etat érysépélateux*. — Au deuxième degré, ou sous la forme érysipélateuse, la brûlure se présente avec la rougeur vive et diffuse et la cuisson que nous venons de signaler. Seulement, elles sont, l'une et l'autre, beaucoup plus vives; et la douleur qu'elles occasionnent beaucoup plus insupportable. On voit, en outre, disséminées, çà et là, des *cloques*, comme on les appelle vulgairement, c'est-à-dire des vésicules, des bulles, et mieux des *phlyctènes*, quelquefois très volumineuses, formées par l'épiderme, soulevé et distendu, que la sérosité sécrétée a détaché du tissu cutané.

3° *degré*. — *Altération de la peau*. — Lorsque la brûlure s'est élevée jusqu'au troisième degré, elle a intéressé une partie de l'épaisseur de la peau. Suivant l'intensité de l'accident, il existe ou il n'existe pas de phlyctènes. S'il s'en est produit, elles sont remplies d'un liquide roussâtre et sanguinolent; si, au contraire, l'action du feu a été telle, que l'épiderme soit resté adhérent aux tissus qu'il recouvre, la phlyctène est remplacée par une eschare jaunâtre, superficielle, à surface légèrement déprimée. Presque toujours, avec la brûlure accompagnée d'eschare, la douleur, d'abord très vive, ne tarde pas à se dissiper pour reparaître une seconde fois vers le troisième ou le quatrième jour, au moment où l'épiderme recoquillé commence à se détacher.

Une plaie superficielle, heureusement de guérison rapide, succède toujours à la chute de cette croûte morbide.

Pronostic. — La brûlure simple, à moins qu'elle n'intéresse une grande étendue de la surface de la peau, ne présente réellement aucun danger. Elle se guérit généralement au bout d'un temps de courte durée. Dans tous les autres cas, la mort peut être à craindre.

Traitement. — Les moyens proposés contre les brûlures sont tellement nombreux, qu'on peut dire, sans exagération, qu'ils n'offrent que l'embarras du choix. Malheureusement cela ne signifie pas qu'ils soient tous également bons.

Parmi ceux qui nous ont paru les plus rationnels, c'est au traitement suivant que nous donnons la préférence, comme étant, à notre avis, tout à la fois, et le plus simple, et le plus pratique.

Lorsqu'on se trouvera en présence d'une brûlure au premier ou au deuxième degré, les applications réfrigérentes et astringentes, de toute nature, pourront être indistinctement employées avec beaucoup d'avantage. De ce nombre sont : les irrigations continues; les bains froids à la température moyenne de + 15 degrés; les compresses à l'eau froide, qu'on aura soin, bien entendu, de renouveler d'une manière incessante, surtout au début.

Si, cependant, on était dans la nécessité de laisser le malade seul pendant quelque temps, on devra parer à cet inconvénient en ayant recours à des cataplasmes épais et mauvais conducteurs du calorique. Ordinairement on les prépare avec de la pomme de terre crue, sinon avec des fruits acerbes réduits à l'état de pulpe fine, ou, à leur défaut, avec du gros son, qu'on recommandera de charger, aussi fortement que possible, d'eau astringente, *ad libitum*, à l'alun, aux sulfates de fer ou de zinc, à l'extrait de saturne, à la dose, les uns et les autres, de quelques grammes seulement, quatre ou cinq pour cent.

Pour peu que la douleur soit vive et lancinante, on essayera de la calmer en enduisant la surface malade d'une couche légère de cérat opiacé ou laudanisé; ou bien de cérat camphré; ou bien encore de cérats préparés avec extraits de ciguë, de belladone, de jusquiame, etc., etc., mélangés ou non. Le baume tranquille, huiles opiacées ou camphrées, est également un topique sur lequel on peut compter à coup sûr.

Les brûlures au troisième degré, prises au début, c'est-à-dire immédiatement après l'accident qui leur a donné naissance, n'exigent pas d'abord d'autre traitement que celui qui précède. Plus tard, lorsque les eschares commencent à se détacher, il y a lieu de le modifier d'une manière à peu près complète. A cet effet, et cela dans le but d'empêcher le pus de fuser au loin, on soulève doucement les croûtes; on les détache avec précaution; puis, une fois qu'elles sont tombées, on traite les plaies, mises à nu, comme on ferait des plaies simples ordinaires auxquelles nous renvoyons le lecteur.

8.

CALCULS. — **Définition**. — On donne le nom de *calculs* aux concrétions accidentelles et inorganiques, de nature très variable, qu'on rencontre particulièrement : dans le canal de Sténon ; la vésicule et les conduits biliaires ; les reins et la vessie ; le tube digestif ; le parenchyme de certains organes, etc.

Caractères des calculs proprement dits. — Étudiés dans ce qu'ils offrent de commun entre eux, les calculs se présentent à nous sous le quadruple rapport du *volume*, de la *forme*, de la *structure* et de la *composition chimique*.

Volume et forme. — A n'examiner que le *volume* des calculs chez le chien, on en trouve de toutes les grosseurs, depuis celle d'un grain de sable, jusqu'à la grosseur d'une noix ordinaire. Au point de vue de la *forme*, les concrétions calculeuses sont le plus souvent arrondies, ou plus ou moins régulièrement ovoïdes. Lorsqu'elles sont réunies au nombre de deux, trois, etc., dans la même cavité et pressées les unes contre les autres, elles sont toujours usées à facettes aux points de contact.

Structure. — Tantôt lisses et polis sur leur surface libre, tantôt rugueux et couverts d'aspérités ordinairement mousses, les calculs diffèrent encore fréquemment, entre eux, quant à leur *structure* intérieure. Chose remarquable, cette structure des concrétions calculeuses est toujours en rapport avec les lois qui ont présidé à leur formation. Quand le développement des calculs s'est fait symétriquement et lentement, par couches concentriques contenues les unes dans les autres, leur cassure, lorsqu'on les brise au marteau, offre une structure manifestement cristalline, et ordinairement très régulièrement radiée ; si, au contraire, l'agrégation moléculaire s'est produite sans ordre aucun, les fragments qui proviennent de leur division n'affectent aucune forme déterminée ; les calculs, dans ce cas, ne constituent, à proprement parler, que des masses confuses, sortes d'agglomérats terreux sans caractère particulier. Quelquefois, au lieu d'un calcul, on ne trouve dans la vessie qu'un magma pulvérulent, terreux et amorphe.

Composition chimique. — Chez le chien, les calculs, ceux de la vessie principalement, sont presque toujours à base de *phosphate ammoniaco-magnésien* ; par contre, les concrétions de la vésicule biliaire ont, dans l'immense majorité des cas, la *cholestérine* pour base. Ces dernières sont facilement et toujours reconnaissables à leur consistance molle, à leur très grande friabilité, et à leur toucher qui est savonneux.

On trouve encore dans la vessie, chez le même animal, quoique très rarement, d'autres calculs donnant à l'analyse une composition essentiellement différente de celles qui précèdent et surtout peu commune. De ce nombre sont les productions urinaires exclusivement formées d'*oxyde cystique*, d'*urate d'ammoniaque*, ou d'*oxalate de chaux* pur. En ce qui concerne l'oxyde cystique ou *cystine* en particulier, fait digne d'être signalé, l'analyse élémentaire a démontré qu'il n'admet que de l'hydrogène, du carbone, de l'azote et de l'oxygène, sans la plus petite trace d'un dépôt terreux quelconque. C'est, en outre, le plus rare de tous les calculs, sans en excepter ceux d'urate d'ammoniaque et d'oxalate de chaux.

Siège des calculs. — Les calculs des animaux de l'espèce canine semblent faire élection de domicile plutôt dans les reins, la vessie, le canal de l'urèthre, la vésicule biliaire, que partout ailleurs.

Causes. — On a rangé dans deux catégories toutes les causes qui président à la formation des productions calculeuses.

A la première, appartiennent les influences connues ou inconnues, qui provoquent la précipitation des matières salines au milieu même des liquides sécrétés : le ralentissement, par exemple, ou l'interruption soit de la production desdits liquides, soit de leur excrétion.

Dans la seconde, se placent naturellement : d'une part, le rétrécissement ou la dilatation partielle des conduits excréteurs ; d'autre part, l'extravasation, et, par suite, la stagnation du liquide sécrété dans les cavités qu'il a creusées ; enfin, mais exceptionnellement, la présence, d'un corps étranger dans la vessie ou dans le canal de l'urèthre, ou dans le canal de Sténon, comme cela se remarque quelquefois encore.

En ce qui concerne plus spécialement l'évolution des calculs biliaires, on croit généralement qu'il y a des raisons pour l'attribuer : tantôt à l'inaction ; tantôt à l'obésité ; tantôt à la vieillesse, etc.

Lorsque la cause déterminante des calculs échappe à toute investigation, on ne peut se rendre compte de leur formation qu'en invoquant un état particulier de l'organisme, générateur des calculs, désigné depuis longtemps sous le nom de *diathése calculeuse, cachexie calculeuse.*

Symptômes des calculs biliaires. — Quel qu'en soit le nombre, lorsqu'ils ne sont qu'accumulés dans la vésicule biliaire, les calculs ne donnent naissance à aucun symptôme facilement saisissable. C'est absolument le contraire, lorsqu'ils se sont arrêtés dans les canaux, soit hépathique, soit cholédoque, et qu'ils les obstruent complètement. Dans ce cas, le malade éprouve de violentes douleurs. De temps à autre, il fait entendre des plaintes ; cherche la solitude ; vomit, et ne tarde pas à perdre l'appétit. Plus tard, lorsque la bile, ne trouvant plus son écoulement dans l'intestin, a rempli et distendu la vésicule du foie, elle est résorbée en partie et passe dans le torrent circulatoire. C'est alors qu'elle détermine un ictère général auquel participent les urines, qui, dès ce moment, reflètent une couleur safranée très prononcée. Souvent la distension de la vésicule acquiert un volume assez grand pour simuler extérieurement un abcès du foie.

Traitement. — Il arrive quelquefois, si les calculs sont de petit volume, que la simple pression du doigt sur la tumeur suffit pour évacuer la bile, et, par suite, pour faire cheminer les concrétions calculeuses jusque dans la cavité de l'intestin. Cette désobstruction peut aussi avoir lieu d'elle-même d'une manière spontanée, sans l'intervention d'aucun procédé mécanique. Mais c'est là un cas très rare, et dont il n'est pas toujours facile de se rendre exactement compte.

Quand les calculs engagés dans le canal cholédoque n'en peuvent sortir que très difficilement, il y a indication d'administrer les purgatifs. Ces agents, par les contractions intestinales qu'ils déterminent, peuvent fort bien provoquer simultanément celles des canaux biliaires eux-mêmes ; ébranler les calculs ; et, finalement, les expulser de leur gîte.

Pour calmer les vives douleurs auxquelles sont souvent en proie les malades, on donne des tisanes sédatives ; et l'on recouvre l'hypochondre de cataplasmes anodins arrosés d'eau-de-vie camphrée, à moins que l'on ne préfère, pour obtenir un résultat plus prompt, appliquer des sangsues sur la même région.

Si tous ces moyens ne réussissent pas, il faut considérer l'animal comme perdu, la ponction de la vésicule, et l'extraction directe des calculs étant une opération des plus dangereuses.

Symptômes des calculs des voies urinaires. — Chez le chien, l'appareil urinaire est, de tous les organes de l'économie animale, celui qui se montre le plus fréquemment affecté de calculs. Il en est ainsi, en particulier, chez la plupart de ceux qui sont nourris au pain de son, substance très riche, comme on le sait, en phosphates terreux éminemment assimilables.

Nous ne dirons que peu de chose des signes offerts par les calculs qui siégent dans les reins. D'abord, le diagnostic en est peu facile ; ensuite, très souvent entraînées par l'urine, ces concrétions tombent dans la vessie d'où elles sont expulsées au dehors par les voies naturelles sous forme de petits graviers, sans même avoir fait soupçonner leur présence dans le point où elles ont pris naissance et séjourné.

Si les calculs rénaux demeurent quelque temps dans le bassinet des reins, le cas est possible, ils peuvent acquérir un très grand volume et faire beaucoup souffrir le malade. En général, les douleurs qu'ils occasionnent alors sont dues, chez les uns, quelquefois à l'irrégularité de leur forme ; chez d'autres, souvent et surtout aux aspérités saillantes dont ils sont hérissés ; plus rarement, à l'atrophie de la substance rénale qu'ils ont déterminée à la longue. C'est là, à peu près, tout ce que l'on sait de plus précis à leur égard.

En ce qui concerne les symptômes des calculs vésicaux : une douleur plus ou moins vive à la région prépubienne, ou simplement à l'extrémité du gland que lèche alors fréquemment le malade, et, de plus, quelques plaintes poussées de loin en loin, sont les premiers signes par lesquels s'accuse la présence d'un corps solide et lourd dans la poche urinaire. Plus tard, la douleur augmente ordinairement d'intensité par l'exercice, comme encore par toute secousse un peu trop violente qui a pour effet de les faire ballotter.

A ces premiers signes pathognomoniques, s'en joignent quelques autres non moins significatifs. De ce nombre sont de fréquents besoins d'uriner, offrant cette particularité digne d'attention, que la miction, souvent pénible et difficile, s'arrête brusquement par la présence d'un calcul qui vient s'appliquer contre l'orifice interne du canal de l'urèthre.

Chez certains sujets, fait peu commun toutefois, l'urine s'écoule *chargée*, comme on dit, trouble, purulente, sanguinolente, et laisse déposer, soit des flocons de nature muqueuse, soit des graviers d'une très grande ténuité, ou bien encore une sorte de boue ocreuse.

Ce sont là, relativement au pronostic, autant de cas tous également d'une grande gravité. Ils déterminent presque toujours de violentes coliques, et mettent, pour ainsi dire, les malades à la torture.

Exploration de la vessie. — Lorsqu'il s'agit de s'assurer de l'état de la vessie, l'exploration de cet organe, par l'anus, est presque la seule manipulation qui permette de découvrir la présence d'un calcul dans la poche urinaire. On y arrive facilement en introduisant dans le rectum le doigt préalablement huilé.

Si, par hasard, des graviers plus ou moins volumineux se sont engagés et arrêtés dans le canal de l'urèthre, ils se réunissent ordinairement en arrière de l'os pénien, où il est également facile de les sentir avec le doigt en le promenant sur la face inférieure du pénis.

Traitement. — Pendant longtemps, dans le but d'obtenir la dissolution des calculs dans la vessie même, on a fait prendre aux calculeux des boissons légèrement acidulées. Ces tentatives, et il ne pouvait qu'en être ainsi, ont généralement avorté. Aujourd'hui tombées dans l'oubli, elles sont complètement abandonnées.

Quand le malade a quelque valeur ; lorsque surtout son propriétaire, pour une raison quelconque, y est fortement attaché, il n'y a que l'opération de la pierre, la *cystotomie*, à essayer comme traitement. Dans ce cas, l'intervention de l'homme de l'art est absolument indispensable. Lui seul est capable de délivrer le patient, et de se charger de sa guérison.

Notons ici, pour la gouverne des propriétaires, qu'il paraît résulter de l'observation, que les chiens sont d'autant moins sujets aux affections calculeuses de la vessie, qu'ils mangent plus de viande, et prennent plus d'exercice. A bon entendeur, etc.

Quelques praticiens ont trouvé, dans le canal de Sténon, des calculs qui s'y étaient ou formés, ou arrêtés. Mais comme cette formation est très rare chez le chien, nous ne nous en occuperons pas. D'ailleurs, leur extraction est affaire de chirurgie, et regarde exclusivement le vétérinaire. Elle est, en outre, d'une très grande facilité.

CANCER. — **Définition.** — Dans le sens général et tout moderne qu'on lui donne aujourd'hui en médecine, le *cancer* est une maladie caractérisée par l'évolution d'un tissu spécial, entièrement composé d'éléments divers et qui n'ont d'analogues, ni dans aucun des tissus normaux, ni dans aucune des autres productions accidentelles. Un autre caractère non moins important de cette affection, c'est que la production cancéreuse, de nature éminemment maligne, possède, en outre, la triste propriété de détruire, par infiltration, les tissus au milieu desquels elle se développe, et, finalement, d'infecter tout l'organisme lui-même.

D'après ces courtes observations, la définition du cancer, et nul ne pourrait y contredire, ne saurait être donnée d'une manière exacte et complète. Elle défie toute formule, théorique ou pratique, même une simple formule qui ne serait qu'approximative. Au surplus, il sera facile de s'en convaincre par l'étude que nous en allons en faire.

Composition du cancer. — Plusieurs éléments, différents dans leur nature, concourent à la formation du tissu cancéreux. Pour limiter l'énumération aux principaux d'entre eux, ce sont : 1° des formations celluleuses; 2° des fibres d'une nature particulière; 3° un liquide gélatiniforme; 4° des granulations moléculaires ou protéiques, généralement mêlées les unes aux autres, et toujours en proportions extrêmement variables.

Il peut arriver cependant, suivant l'espèce à laquelle appartient la tumeur, que l'on y constate l'absence complète, tantôt de l'un, tantôt de l'autre, tantôt de plusieurs de ces principes.

Divisions du cancer. — Les tumeurs cancéreuses forment plusieurs sortes ou variétés. Nous mentionnerons en particulier le *squirrhe*, le *cancer encéphaloïde*, et le *cancer composé*.

1° **Squirrhe**. — Une des variétés les plus ordinaires du cancer, le *squirrhe*, est constitué par une tumeur de consistance lardacée, comme cartilagineuse, criant sous le scalpel, d'un blanc bleuâtre, et contractant avec les parties voisines une adhérence le plus souvent puissante et énergique. Envahissant de sa nature, il a une très grande tendance à se développer et à s'étendre par une sorte de reptation. Parmi les organes qu'il attaque de préférence, les glandes en général, occupent le premier rang ; viennent ensuite l'utérus, les testicules, etc.

2° **Cancer encéphaloïde**. — Cette autre variété de la même affection, constituée par *une matière dite cérébriforme*, affecte la forme de masses de volume variable, offrant ceci de particulier, qu'elles sont susceptibles, toutes, d'acquérir des dimensions considérables. A l'état de crudité, l'*encéphaloïde* présente tous les caractères d'une substance blanche, ou légèrement jaunâtre, ayant beaucoup d'analogie, quant à l'aspect et à la consistance, avec de la matière cérébrale qui se serait comme égarée, et qui se serait renfermée dans une trame cellulo-fibreuse.

De toutes les matières productrices du cancer, c'est la plus commune. Elle jouit, en outre, du triste privilège d'envahir indistinctement presque tous les tissus et organes de l'économie animale, et d'y anéantir les fonctions qui leur sont propres.

3° **Cancer composé**. — Ainsi que l'indique le nom qui sert à le désigner, le *cancer composé* est formé par la réunion, la combinaison, en proportions variables, du squirrhe, du cancer encéphaloïde, et des autres tissus cancéreux sus-indiqués. Nous n'avons pas à nous en occuper dans ce dictionnaire spécial, où il n'est question que des maladies bien connues de l'espèce canine. Cette troisième forme du cancer n'étant signalée nulle part, ni dans aucun traité spécial, nous ne la mentionnons donc ici que pour mémoire.

Siège du cancer. — Chez le chien, c'est-à-dire chez le mâle, le cancer fait le plus souvent élection de domicile dans les testicules; chez la femelle, il n'attaque guère que les mamelles, le vagin ou la matrice.

Causes. — Pour beaucoup de praticiens, les affections cancéreuses se présenteraient souvent avec tous les caractères de l'hérédité, et devraient lui être attribuées. Il est bien certain, cependant, que chez nombre de malades, elles ont leur point de départ dans des causes accidentelles. Mais quelles sont ces véritables causes? La réponse est des plus embarrassantes. Jusqu'à aujourd'hui, malgré les recherches les plus consciencieuses, elles sont demeurées inconnues, sinon très douteuses.

Il y a même plus encore : lorsqu'il est évident que le cancer se développe sous l'influence d'une cause excitante, palpable, évidente, on est souvent, malgré cela, obligé d'admettre une prédisposition ou *diathèse*, un état particulier de l'organisme, dont il serait difficile, dans l'état actuel de la science, de faire connaître l'essence.

Arrivera-t-on un jour à la découvrir? Tout ce que l'on peut répondre, c'est que des travaux très récents sur la matière présentent le sang comme l'agent propagateur du cancer. C'est lui, paraît-il, qui charrie, sous formes de globules, et dépose dans les organes prédisposés au cancer les éléments constitutifs, et en quelque sorte mystérieux, de cette affreuse maladie.

Caractères extérieurs et tangibles du cancer.— Les diverses tumeurs cancéreuses, fermes et dures au début, possèdent, toutes, une tendance prononcée au ramollissement, à l'ulcération et à la destruction des tissus qu'elles ont envahis, en déterminant, à une petite distance du lieu où elles siègent, l'engorgement des ganglions qui communiquent avec elles. Outre cette tendance morbifique des plus caractéristiques, et déjà si grave en elle-même, elles en possèdent encore deux autres non moins redoutables : celle, d'abord, de se reproduire quelquefois au même endroit, après que l'extirpation en a été faite ; celle, ensuite, beaucoup plus grave, de disséminer, à la longue, çà et là dans l'organisme, un principe pathogénique inconnu, sous l'influence duquel se développe cette disposition particulière qu'on appelle du nom de *cachexie* ou *diathèse cancéreuse*, comme nous l'avons déjà fait observer.

Symptômes communs aux tumeurs cancéreuses. — Dans le principe, ces tumeurs sont dures et circonscrites. Elles peuvent alors se localiser en un point unique, et se maintenir stationnaires pendant plusieurs années consécutives. D'autres fois, les productions cancéreuses se développent et se ramollissent promptement. On les voit, dans ce cas, non seulement s'étendre sur les muscles qui les avoisinent, mais encore leur adhérer fortement, jusqu'à faire corps avec eux d'une matière intime. A partir de ce moment, de grosses veines bleuâtres se détachent de différents points de leur circonférence ; les ganglions les plus proches se tuméfient et deviennent sensibles, douloureux même ; la peau distendue est luisante et décolorée ; les points culminants de la tumeur se ramollissent, s'ulcèrent, et, définitivement, se couvrent de fongosités livides, qui sécrètent une suppuration sanguinolente, ichoreuse, âcre et fétide.

L'état général des animaux n'est pas moins profondément atteint que les organes frappés directement de cancer. Leurs muqueuses apparentes sont pâles et comme décolorées ; euxmêmes, ils maigrissent rapidement ; deviennent complètement anémiques ; perdent leurs forces et s'affaiblissent assez pour ne rien conserver de leur énergie primitive.

Symptômes du cancer des testicules. — Le squirrhe affecte quelquefois les testicules ; le cancer proprement dit, rarement. Les causes en sont peu connues.

A la manière de toutes les productions de nature cancéreuse, le squirrhe testiculaire débute sans qu'on s'en aperçoive, et ne progresse qu'avec lenteur. Plus tard, on le voit augmenter tout à coup de volume, s'étendre, se ramollir, puis s'ulcérer, à moins que, par l'énucléation préventive, on ne s'oppose à sa reptation envahissante.

Symptômes du cancer des mamelles. — Plus que toute autre femelle domestique, la chienne paraît prédisposée à contracter ce genre de maladie. On n'en connaît pas au juste la cause.

Chez la chienne, les tumeurs de la mamelle offrent, comme caractère particulier, d'être fibreuses ou fibro-cancéreuses.

L'affection n'attaque pas toujours la glande tout entière ; souvent elle ne commence que sur un seul point, sous forme d'une granulation plus ou moins volumineuse, dure, insensible et roulant sous la peau. Si le mal fait des progrès, de nouvelles granulations s'ajoutent à la première ; se multiplient ; se soudent entre elles, et font prendre à la mamelle un volume tellement considérable, qu'on la voit quelquefois descendre jusqu'à terre, et traîner sur le sol.

Parvenue à cet état, la tumeur ne tarde pas à se ramollir. Elle s'ulcère alors sur différents points de sa surface, et sécrète, en abondance, le liquide ichoreux dont nous avons parlé plus haut. Les points de l'organe malade qui traînent par terre sont ordinairement ceux qui s'ouvrent les premiers.

La plaie qui succède à cette ulcération présente un aspect caractéristique : ses bords, renversés en dehors, sont durs et inégaux ; à son centre, s'élèvent des bourgeons charnus, molasses, d'un rouge foncé, que le moindre contact fait saigner ; enfin, la suppuration qui s'en écoule est tellement abondante, qu'elle imprègne au loin la litière et la salit.

Aucun animal, quelque vigoureuse que soit sa constitution, ne résiste à ce délabrement. Le malade dépérit à vue d'œil ; tombe dans le marasme ; et se trouve bientôt réduit à l'état de squelette vivant.

Nous pourrions compléter l'étude du cancer chez la chienne en disant quelques mots de celui du vagin et de l'utérus ; mais, comme ils sont, l'un et l'autre, beaucoup plus rares que le cancer de la mamelle, nous croyons devoir les laisser de côté sans nul inconvénient.

Durée. — Pronostic. — La durée du cancer peut se prolonger pendant une ou deux années, selon la rusticité des malades ; mais, du moment que le mal est passé à l'état d'ulcère rongeant, il entraîne la mort au bout de deux ou trois mois.

Quant au pronostic, et en ce qui concerne particulièrement le cancer de la mamelle, il est moins grave chez le chien que chez les animaux des autres espèces.

Traitement. — On peut essayer, au début et à l'extérieur, l'application journalière de cataplasmes aux feuilles de ciguë, de jusquiame ou de belladone ; à l'intérieur, l'administration de pilules à base d'extrait de ciguë, auquel on associe l'iodure de potassium, ou l'arsenic, etc. Cependant, nous le ferons observer sans plus attendre : d'après l'expérience pratique, il n'y a guère lieu de compter sur l'efficacité de ce traitement. Son action, généralement, se borne à de simples effets palliatifs.

L'extirpation de la tumeur, qu'il s'agisse du chien ou de la chienne, est le seul remède possible et efficace. Si le cancer ne s'étend pas au delà du testicule, chez le mâle ; chez la femelle, s'il est circonscrit dans la mamelle, rien n'est plus facile que d'enlever toutes les parties malades, et d'obtenir ainsi une plaie simple, qui guérit d'elle-même. Quand c'est le cas contraire qui se présente, l'opération offre de plus grandes difficultés, et, de ce chef, la guérison est moins probable.

Un fait rassurant qui mérite d'être signalé à l'égard du cancer propre à l'espèce canine, c'est qu'il ne se reproduit jamais plus, si l'énucléation en a été complète.

Quelle que soit, maintenant, la nature du cancer à traiter : toutes les fois que la suppuration exhale une mauvaise odeur, le pansement, souvent renouvelé, au phénol, à l'acide phénique, à la poudre de charbon additionnée de poudre de quinquina, etc., etc., ou de tout autre antiseptique, est non seulement de rigueur, mais le seul, à peu près, qu'il convienne d'essayer.

L'extirpation du cancer vaginal n'offre pas plus de difficulté que celle des mamelles. C'est tout le contraire, quand la tumeur a son siège à l'utérus. Le vétérinaire seul est apte à en tenter la guérison.

CATARACTE. — **Définition**. — La *cataracte* est une affection qui consiste dans l'opacité, soit du cristallin, soit de sa capsule, soit du liquide contenu dans l'espace qui les sépare, et que l'on désigne sous le nom d'humeur de Morgagni.

De là, quatre variétés principales de la cataracte : 1° la *cataracte cristalline* ou *lenticulaire* ; 2° la *cataracte capsulaire* ou *membraneuse* ; 3° la *cataracte interstitielle* ; 4° la *cataracte capsulo-lenticulaire*, dans laquelle le cristallin et la membrane étant atteints simultanément, l'opacité est double. Il existe encore d'autres variétés ; mais, en raison du peu d'intérêt qu'elles présentent, nous ne les mentionnerons même pas.

Causes. — L'étiologie de cette maladie est assez obscure. On fait entrer, néanmoins, en ligne de compte, parmi les conditions qui peuvent y donner lieu : l'hérédité ; la vieillesse, dans nombre de cas ; l'impression prolongée d'une vive lumière ; l'inflammation des parties internes de l'œil ; et, en général, toute lésion ou contusion de l'organe de la vue.

Quelquefois la cataracte survient sans cause appréciable.

Symptômes. — Le développement de la cataracte ne procède ordinairement qu'avec une certaine lenteur et d'une manière graduelle. C'est par le centre de la pupille que l'opacité commence le plus communément. Au début, à la place de la coloration noire qu'offrec et endroit de l'œil, on remarque une tache, tantôt grise ou bleue, tantôt blanche, plus ou moins épaisse ; l'iris, en outre, apparaît très dilaté. A partir du moment où la cataracte est définitivement formée, l'animal, frappé de cécité, ne distingue plus rien ; ou s'il voit encore, c'est d'une manière si confuse, qu'il ne marche plus qu'avec hésitation, en tâtonnant, si l'on peut s'exprimer ainsi.

Pronostic. — On peut affirmer, sans trop se compromettre, que la cataracte est difficilement curable, dans le cas surtout où l'âge et la vieillesse en sont la cause. Elle se montre beaucoup moins rebelle lorsqu'elle est récente, et, en particulier, si elle s'est manifestée pendant, ou à la suite d'une inflammation franche.

Traitement. — Le traitement varie avec l'origine du mal. Il est *médical* ou *chirurgical*.

1° **Traitement médical**. — Ce traitement n'offre des chances de succès, qu'autant que la cataracte est attaquée à son début, ou bien encore, lorsqu'elle est de nature traumatique. En dehors de ces cas, on ne peut en tenter l'application qu'à titre d'essai pur et simple.

Grand nombre de topiques ont été conseillés et employés contre la cataracte ; grand nombre aussi ont échoué. Ceux qui paraissent avoir le mieux réussi sont les pommades et collyres avec les oxydes de mercure ou de zinc, et les topiques au nitrate d'argent. On peut les essayer.

On peut également avoir recours aux purgatifs et au séton à la nuque, en ayant soin de combiner leur action avec celle des topiques. Nous sommes même convaincu que c'est la marche à suivre, la seule sur laquelle il soit à peu près permis de fonder des espérances.

2° **Traitement chirurgical**. — Nous ne dirons rien du traitement chirurgical pour trois raisons : d'abord, parce que, si attaché que l'on soit au chien qu'on possède, nous ne pensons pas qu'on s'astreigne jamais, l'opération faite, à lui prodiguer

tous les soins si minutieux que nous aimons à donner à nos
semblables en pareille circonstance ; ensuite, parce qu'il est
extrêmement rare d'obtenir une guérison complète, si tant est
qu'on réussisse ; enfin, parce qu'un vieux chien est un animal sans
valeur, et, à tout jamais, hors de service, c'est-à-dire inutile.

Les procédés ou méthodes chirurgicales recommandées par
les chirurgiens oculistes sont au nombre de trois. Nous nous bornons à les citer ; ce sont : 1° l'*abaissement*, 2° le *broiement*, 3° l'*extraction* du cristallin.

CATARRHE AURICULAIRE. — **Définition**. — C'est le
nom qui a été donné à l'inflammation aiguë ou chronique de la
membrane muqueuse de l'oreille externe du chien. Elle affecte
le plus ordinairement le type chronique, et occupe le fond de la
conque. Les animaux adultes, à oreilles pendantes, recouvertes
de poils longs et touffus, en sont particulièrement atteints.

Causes. — Si, dans quelques cas, il est assez difficile de remonter à l'origine réelle du catarrhe auriculaire ; on peut affirmer,
sans craindre de se tromper, que, très souvent, il a son point de
départ dans l'inflammation primitivement franche de la muqueuse du conduit auditif externe, qu'on a négligé de traiter. Ce
mal est susceptible d'attaquer tous les chiens ; mais on le voit se
manifester de préférence chez les animaux dont on ne nettoie
jamais les oreilles ; chez ceux qui sont atteints d'exanthèmes dartreux ; chez les obèses que l'on condamne à un repos trop absolu ;
enfin, chez tout sujet, quels que soient son âge et sa constitution, dont la conque a été plus ou moins irritée à l'intérieur par
des corps étrangers qui en ont blessé la muqueuse.

Symptômes. — 1° **Catarrhe aigu**. — Dès le début de la maladie, les démangeaisons qu'elle détermine obligent le chien à
secouer vivement et violemment la tête, qu'il incline en même
temps du côté de l'oreille dont il souffre. S'il arrive que cette
manœuvre ne procure pas de soulagement au malade, et ne par-
vienne pas à engourdir la douleur, l'animal se sert alors de ses
pattes de derrière pour l'obtenir, et gratte avec ses ongles toute
la région auriculaire, en faisant entendre de légers cris plaintifs.

A cette période, cherche-t-on à explorer l'intérieur de la conque
en la développant même avec précaution, les animaux se livrent
à toutes sortes de mouvements pour se soustraire à la douleur
que leur fait éprouver la simple pression des doigts ; ils cherchent
même souvent à mordre la main de l'explorateur. On constate

alors que la muqueuse du conduit auditif est sensible, chaude, d'un rouge vif, et légèrement humide à sa surface. Malgré ce léger suintement les poils environnants ne sont pas encore agglutinés.

Ce sont là les symptômes principaux du cas le plus simple, de l'inflammation franche.

2° Catarrhe chronique. — Plus tard, lorsque le mal est déjà quelque peu ancien, le canal auriculaire laisse écouler une sérosité jaunâtre et gluante. Plus tard encore, la muqueuse s'ulcère en s'épaississant considérablement, et se recouvre de nombreuses granulations entre lesquelles on découvre quelquefois le cartilage conchinien mis à nu. C'est dans cet état particulier que cette membrane sécrète une matière ichoreuse très fétide, qui s'attache aux poils et, alors, les agglutine.

Pronostic. — Le catarrhe auriculaire est très tenace, principalement lorsqu'il est ancien. Il a, en outre, une grande tendance à revenir après guérison, pour peu qu'on ne surveille pas l'animal.

Traitement. — Tout d'abord, et avant traitement, on procède au nettoyage de l'oreille malade. Pour ce faire, on se sert d'eau tiède légèrement savonneuse qu'on injecte au moins trois ou quatre fois pendant le premier jour. Le lendemain, on remplace ces injections par des décoctions de racine de guimauve et de têtes de pavot mélangées. Au bout de quelques jours, aussitôt que les phénomènes inflammatoires commencent à céder, on lotionne l'intérieur de l'oreille avec des solutions faibles d'acide chlorhydrique ou de sel de cuisine; ou bien encore, avec du vin rouge additionné de sulfate de zinc; puis, l'injection terminée et la muqueuse parfaitement séchée, on badigeonne toutes les parties malades, ulcérées ou non, de jaune d'œuf battu avec quantité suffisante de sulfate de cuivre ou de sulfate de zinc. On pratique facilement la dernière de ces opérations en se servant d'un petit pinceau très souple et très doux, ou simplement d'un pinceau de charpie.

On pourrait aussi toucher les plaies ulcéreuses, une fois par jour, et de la même manière, avec la glycérine iodée.

Il est digne de remarque que les purgatifs (huile de ricin, sirop de nerprun) administrés comme auxiliaires du traitement externe, deux fois par semaine dans les premiers temps, produisent les meilleurs résultats. On fera bien de s'en servir.

Pour terminer, nous recommandons d'une manière toute particulière de tenir toujours l'oreille dans le plus grand état de pro-

preté en réitérant les pansements le matin, à midi, et le soir.
L'adaptation d'un filet-béguin qui permet de relever et renverser
la partie flottante des oreilles sur le sommet de la tête se recommande d'elle-même. Il en est de même d'une nourriture saine et
abondante, et des promenades au grand air.

CHANCRE DE L'OREILLE. — On appelle *chancre de l'o-
reille* une plaie ulcéreuse, ou mieux un ulcère qui se développe
sur le pourtour de l'oreille du chien. Dans quelques cas plus rares,
cette maladie envahit l'intérieur de la conque. Alors, au lieu
d'un ulcère unique, ce sont des ulcères multiples qui s'y trouvent réunis.

Le chancre du bord de l'oreille semble être l'apanage exclusif
des chiens à oreilles longues et tombantes, et, en particulier, des
chiens courants ou d'arrêt, des caniches, etc.

Causes. — Aujourd'hui encore, une certaine incertitude règne
sur les véritables causes de cette maladie. On ne saurait néanmoins mettre en doute : que les morsures que les chiens se font
aux oreilles dans leurs luttes journalières; que les contusions, les
lésions mécaniques, les éraflures de la peau produites par
l'animal lui-même, lorsqu'il se gratte avec ses pattes; que les
éruptions cutanées, quand elles se propagent aux oreilles et les
envahissent, soit à l'extérieur, soit à l'intérieur; enfin, qu'une disposition constitutionnelle particulière, ne soient les principales
causes déterminantes de cette affection.

Symptômes. — A son début, le chancre de l'oreille fait presque toujours son apparition sur le bord de la conque, très près
de la pointe, sinon à la pointe même. A peine s'y est-il fixé,
qu'il inflige au patient des démangeaisons assez vives pour le
mettre dans la nécessité de secouer continuellement les oreilles,
ou de les gratter avec une sorte d'impatience fébrile, la tête fortement inclinée du côté malade. Bientôt après, et surtout à cause
de ces manœuvres, le bord de la conque se gonfle; il devient de
plus en plus chaud et sensible; et les poils dont il est recouvert
semblent s'écarter les uns des autres, en se tenant raides et
hérissés.

Plus tard, si le mal continue à progresser, le point douloureux
s'indure; se gerce par l'effet des secousses que le chien imprime
à ses oreilles; saigne, et finit par se convertir en un véritable
chancre à bords calleux. A partir de ce moment, la plaie, de
nature envahissante, attaque peu à peu le cartilage conchinien

avec la peau qui l'enveloppe ; les ronge en quelque sorte, et y taille, à la longue, à la manière d'un emporte-pièce, un angle rentrant, étroit, profond de trois ou quatre centimètres, qui, en se dirigeant vers la base de la conque, lui donne une apparence bilobée.

On voit se former quelquefois deux ou trois ulcères semblables sur le bord d'une seule oreille.

Pronostic. — La guérison de ces plaies ulcéreuses, si elle ne se montre pas toujours rebelle, est au moins assez difficile à obtenir.

Traitement. — La première condition à remplir pour avoir promptement raison du chancre de l'oreille, c'est de condamner la partie flottante de cet organe à une immobilité complète et absolue. Pour cela, on relève et l'on renverse le bord chancreux sur le sommet de la tête ; on en fait autant au bord de l'oreille opposée ; et on les enveloppe, tous les deux, à l'aide d'un béguin en filet, qu'on fixe solidement derrière l'occiput, à la naissance du cou.

Pour ce qui est des agents médicamenteux qui, jusqu'ici, ont obtenu le plus de succès, nous devons citer tout spécialement : les caustiques chimiques, tels que le nitrate d'argent et les acides chlorhydrique et azotique ; le cautère actuel, chauffé au rouge vif ; certaines pommades préparées avec les mercuriaux, la pommade mercurielle double, par exemple, additionnée d'oxyde rouge de mercure à parties égales ; les emplâtres astringents qu'on applique directement sur l'ulcère ; la glycérine iodée, etc.

Quel que soit, d'ailleurs, le topique auquel on s'adresse de préférence, on ne négligera jamais de combiner son action spéciale avec celle des purgatifs laxatifs, qu'on administrera, tous les trois ou quatre jours, pendant quelque temps.

Nous ne saurions trop recommander aux propriétaires cette méthode thérapeutique. Son efficacité est rarement en défaut.

Lorsque ces divers moyens ont échoué, il ne reste plus qu'une opération à tenter : l'extirpation du chancre, et, au besoin, l'amputation de toute la partie de la conque qui est malade. Malheureusement l'amputation, dans le cas dont s'agit, quelle qu'en soit l'efficacité, n'est plus qu'une affreuse mutilation.

CHENIL. — **Définition.** — Le *chenil* est le toit particulier, le bâtiment, le logis spécial destiné à servir d'habitation aux meutes de chiens qu'on élève pour la chasse. Tout autre local ne saurait convenir à une semblable réunion d'animaux.

Ordinairement on ne se met pas en frais de construction pour un chien isolé, surtout quand ce chien est un de ceux dont le caprice seul fait les commensaux de la maison de leurs maîtres. Suivant les aménagements plus ou moins utilisables que présentent les propriétés, il habite l'écurie, le hangar, la grange, la cuisine, voire même la chambre de sa maîtresse. Cette dernière faveur, pourtant, ne lui est guère accordée qu'autant qu'il appartient, par exemple, à cette race de salon, petite, fine et distinguée, connue sous le nom de King-Charles, qu'on trouve presque partout aujourd'hui.

Notre intention, en consacrant quelques lignes au chenil, n'est assurément pas d'en donner une description minutieuse et complète. Elle n'a pas d'autre but que celui d'appeler l'attention sur la distribution rationnelle, et essentiellement hygiénique qu'on doit y rencontrer.

Le but vers lequel on doit tendre dans la construction bien comprise d'un chenil doit être double : d'abord, d'assurer aux meutes qui doivent l'habiter presque constamment, santé, vigueur, bon aspect, etc., par une administration raisonnée des soins de propreté, de pansage, d'une bonne nourriture ; ensuite, de leur procurer, d'une manière permanente, repos et tranquillité, par la séparation des âges, des sexes, et des malades.

Un chenil aménagé pour répondre à ces différents besoins de premier ordre doit rigoureusement être divisé en trois compartiments principaux d'inégale grandeur avec une destination particulière affectée à chacun d'eux. Le plus grand servira à loger les chiens mâles ; le moyen, les lices ; le plus petit des trois, les animaux malades qui doivent subir un traitement suivi, et recevoir des soins spéciaux.

Dans chaque compartiment, et le long des murs, on disposera des loges, cases, cabanes ou cages, en nombre proportionné à l'importance de la meute. Elles seront généralement assez vastes, pour que deux ou trois chiens puissent s'y coucher et dormir à leur aise ; et leurs dimensions telles, que chacune d'elles mesure approximativement 1 mètre de profondeur, sur $1^m,50$ de largeur, et 60 centimètres de hauteur.

L'aire de la chambre commune qui contiendra les loges devra être formée de briques posées de champ et solidement cimentées. Ordinairement on donne à sa surface une légère inclinaison dans le but de favoriser l'écoulement, soit des urines, soit des eaux provenant du lavage général de la chambre, ou simplement du lavage d'une ou de plusieurs des cases qu'on y a établies.

La nature de l'enduit dont les murs du chenil sont revêtus exerce une influence considérable sur sa salubrité. Le choix n'en est pas indifférent; on a tout à gagner à ce qu'il soit peint à l'huile. Avec une bonne couche de peinture, en effet, on peut toujours procéder avec la plus grande facilité au nettoyage des lieux; et s'opposer ensuite à ce que la vermine si prolifique, et, par conséquent, si envahissante, trouve place à se loger.

Rien de particulier à signaler au sujet du compartiment des mâles. Quant à celui des lices, indépendamment de ce qu'il n'y a aucun inconvénient à ce qu'il soit moins vaste que la chambre des mâles, il doit, en outre, être pourvu d'un certain nombre de caisses distinctes, où chacune des mères puisse mettre bas, et élever sa portée en toute liberté et sécurité.

Eu égard aux portes et autres ouvertures, il est d'usage de les tourner du côté de l'est. C'est le seul moyen réellement efficace, à l'époque des grandes chaleurs de l'été, de préserver les chiens des assauts incessants des insectes, des mouches principalement, qui, sans cette précaution, les harcelleraient sans trêve ni merci.

Un préau planté d'arbres, régulièrement entouré d'une clôture en planches ou échalas, sablé et creusé d'un ou de deux petits bassins étanches, peu profonds et pleins d'eau; enfin, une cuisine, un grenier pour mettre la litière en réserve, compléteront les aménagements du chenil d'un grand propriétaire chasseur.

Nous ne dirons rien de l'infirmerie. Ce à quoi on aura soin de tenir surtout la main dans sa construction, c'est qu'elle soit assez grande, pour qu'on puisse y installer commodément trois ou quatre malades; et assez bien isolée, pour que les bruits extérieurs n'y pénètrent jamais.

Le chenil du petit propriétaire, lorsqu'il en possède, ne ressemble généralement en rien à celui que nous venons de décrire. Établi dans des proportions infiniment plus restreintes, il n'est, le plus ordinairement, qu'une annexe à la basse-cour, dont il est presque toujours séparé par un mur, et quelquefois par une simple balustrade en bois, de 2 mètres environ de hauteur.

Si maintenant, quittant les vrais amateurs, qui ont à cœur de bien loger leurs meutes, et ne reculent pas devant les dépenses, nous passons à la masse incalculable de gens, qui ne se préoccupent que très médiocrement des chiens qu'ils possèdent, en ce qui concerne leur installation; nous voyons que ces animaux, dans l'immense majorité des cas, n'ont pas d'autre abri qu'un hangar, une remise, un bûcher, une écurie, ou une petite cabane en bois fixe ou mobile, tout au plus assez grande pour abriter deux ou trois chiens pendant la nuit. Il est vrai que souvent cela leur suffit.

On ne prend guère de plus grandes précautions, même à l'égard du chien de garde. Presque partout, on le laisse vaguer dans les cours des habitations ou des fermes, dès la tombée de la nuit, jusqu'au matin. Il n'en est plus ainsi pourtant, lorsqu'il est d'une nature hargneuse ou aboyeur. Pendant le jour, on le tient attaché à l'aide d'une chaîne en fer à côté d'une petite niche portative en bois, soit même d'un simple tonneau défoncé d'un bout, où il se réfugie et se blottit pour s'abriter contre la pluie ou les ardeurs du soleil.

Que l'habitation du chien soit plus ou moins luxueuse ou modeste, elle doit toujours être l'objet d'une surveillance active de la part du maître. On ne saurait la visiter, et surtout la faire laver trop souvent à grande eau. Sans ces précautions, il faut s'attendre, tous les jours, à voir la vermine y faire élection de domicile, y pulluler à loisir, et s'y propager avec une rapidité aussi désespérante qu'elle est effrayante.

CHIEN. — Origine du chien. — Les naturalistes sont loin d'être d'accord sur la véritable origine du chien. A l'exception de Buffon qui en fait un genre primitif (*le chien de berger*), presque tous les autres lui donnent pour ancêtres, soit le *loup* ou le *chacal*, soit l'*hyène* ou le *renard*.

Quoique méconnaissables, aujourd'hui, si l'on peut s'exprimer ainsi, dans la personne du chien, ces derniers animaux (renard ou hyène, loup ou chacal) se seraient, paraît-il, complètement transformés et perfectionnés sous l'action puissante des siècles, action aidée, en cela, par l'énergique volonté de l'homme et ses soins profondément intelligents. Il y a plus, et comme si cette hypothèse, déjà si voisine du paradoxe, n'était pas suffisamment audacieuse, quelques savants (Pallas et Desmoulins) n'ont pas hésité à considérer notre animal domestique comme constituant le produit de plusieurs espèces qui se seraient utilement croisées dans l'état de nature.

Malheureusement pour cette théorie, les preuves sur lesquelles elle s'échafaude sont précisément du nombre de celles qui, péchant par la base, ont surtout besoin d'être prouvées elles-mêmes.

Nous n'avons pas, assurément, la prétention de trancher d'autorité cette importante question, actuellement encore très controversée et enveloppée de beaucoup d'obscurité ; nous n'avons nullement qualité pour le faire. Cependant, nous nous permettrons de faire observer que, jusqu'ici, dans l'étude qui a été faite du chien, on n'a peut-être pas tenu un compte assez sérieux, avant de se prononcer, de ses caractères zoologiques et principalement de ses aptitudes physiologiques, qui n'ont rien de comparable, à quelque point de vue qu'on se place, avec ce que l'on rencontre chez ses prétendus ancêtres, les animaux féroces que nous venons de citer.

Soit, à ce sujet, une simple comparaison. Mettant à part les formes caractéristiques du chien ; est-il un animal plus éminemment sociable de sa nature ? En est-il un plus apte que lui à s'apprivoiser ; plus excellemment doué que lui pour subir, pour ainsi dire à son insu, la domestication avec toutes ses exigences ? A notre avis, il serait difficile de le contester.

En ce qui concerne, au contraire, les sujets pris dans les espèces loup, chacal et hyène : en est-il dont la férocité soit plus indomptable ? En est-il que les soins les mieux entendus, appliqués et dirigés avec la plus habile persévérance, aient rencontrés plus rebelles à toute amélioration, même la plus légère, même la plus insignifiante ? Des exceptions, à cet égard, s'il en existe, ne seraient, en tout état de cause, que des exceptions ; et, nous ajoutons, des exceptions sans valeur.

Pour la solution de la question d'ordre majeur dont s'agit, ce sont là des faits importants qu'on ne saurait trop mettre en lumière, même de nos jours ; et que les partisans du transformisme ne sauraient, non plus, méditer avec trop d'attention.

D'autre part, qui ne sait qu'il existe sur différents points du globe des chiens sauvages ; que ces animaux présentent avec celui que nous possédons les rapports les plus exacts de conformation tant extérieure qu'intérieure ; et que, comme lui, ils sont remarquablement faciles à domestiquer ?... Et, si le fait est incontestable, comme il l'est réellement : pourquoi ces races sauvages se trouvent-elles disséminées un peu partout ? Qui les a introduites là où elles se trouvent ? D'où viennent-elles ? D'où sortent-elles ? Personne ne le dit. En pareille matière, le silence n'est pas une solution ; et jusqu'à ce que la lumière se fasse, si tant est qu'elle se lève un jour, il nous paraît rigoureusement vrai de croire et d'affirmer que, si le genre *Felis*, en histoire naturelle, comprend les espèces *Felis*, *Vulpes*, *Lupus*, etc., reconnues pourêtre les produits de la seule nature ; il doit en être absolument de même de l'espèce *Canis* actuelle.

Le chien, par hasard, n'aurait-il donc pas d'origine plus certaine que l'homme lui-même ; s'il faut admettre, avec certains philosophes, plus libres-penseurs que philosophes, qu'il n'est qu'un *singe* perfectionné, quoique l'*anthropopithèque* fossile soit encore à découvrir ?

Si nous ne nous abusons pas, ces quelques considérations, si simples en apparence, nous semblent porter avec elles tout un enseignement, et avoir assez de valeur pour exclure toute idée de parenté directe entre le chien de nos jours et le loup, l'hyène et le chacal.

Le chien forme bien évidemment une *espèce particulière, parfaitement déterminée*, qui ne dérive d'aucune autre, plus ou moins voisine de la sienne ; à moins, toutefois, que le mot *espèce*, dénué de sens précis, ne se prête à tous les caprices d'une imagination fantaisiste.

Or, tel n'est pas le cas, en ce qui concerne l'idée que l'on doit se faire de l'*espèce*, d'après les données que nous fournissent la science et la doctrine sur laquelle elle s'appuie.

Tous les zoologistes, et les plus éminents, ont donné depuis longtemps déjà une définition de l'*espèce* que rien, jusqu'à aujourd'hui, n'est venu infirmer, et pour cause. Elle est, en effet, basée, tout à la fois, et sur les faits de l'observation journalière, et sur ceux de la pratique expérimentale ; et, à ce titre, elle défie toutes les subtilités de l'argutie la plus habile.

L'*espèce*, selon les auteurs les plus compétents, *comprend l'ensemble des animaux semblables, descendants* **d'une paire primitive**, *qui se reproduisent invariablement avec les mêmes caractères en raison de leur essence même, et se succèdent à l'infini d'une manière stable.*

Que faut-il de plus que cette définition, pour établir l'inanité du raisonnement, à perte de vue, auquel se livrent les théoriciens facétieux qui professent la croyance bizarre que, dans l'origine des temps et des choses, il n'existait, en ce qui concerne les animaux, qu'un type unique, d'où sont sorties toutes les espèces actuellement connues ?

Si encore ils faisaient connaître le type privilégié, point de départ de toutes les merveilles de l'évolution organique qui s'est produite après lui, et dont il portait en lui tous les germes ; s'ils en donnaient une description quelconque. Malheureusement ils sont muets sur ce chapitre, tout aussi bien que sur celui, par exemple, de la formation des Annelés, des Mollusques, des Rayonnés, des Zoophytes, des Microbes, qui constituent autant de types indépendants les uns des autres.

Mais si les animaux sont incapables de se transformer et de créer, eux-mêmes et seuls, des *espèces*; doit-on en dire autant des végétaux, d'une organisation plus simple que celle des animaux, et plus aptes, en apparence, à se prêter à toutes les influences du transformisme? Y trouve-t-on des exemples, plus ou moins authentiques, d'une évolution créatrice quelconque? Ici encore, rien, absolument rien de semblable; et c'est en vain qu'on essayerait de prouver, par exemple, que du type unique *Solanum tuberosum* (pomme de terre) dérivent toutes les espèces comprises dans le genre *Solanum*.

Ajoutons, à l'appui de la théorie que nous défendons, que les espèces, à l'état sauvage, ne se croisent jamais; que ce fait est constant; et que si, entre les mains de l'homme, elles peuvent produire par le croisement, elles ne donnent jamais que des sujets inféconds, ou à fécondité toujours très limitée.

En somme, et pour terminer, si, dans les temps préhistoriques, le transformisme a réellement existé, et si les croisements des espèces ont été féconds : qu'on dise alors à quelle époque ils ont cessé de l'être et pourquoi; qu'on dise pourquoi, aujourd'hui, on ne voit pas, sur un point quelconque du globe, des types en voie de transformation; pourquoi on ne trouve pas de fossiles remontant à la période du transformisme.

Si, d'autre part, les peuples pasteurs antédiluviens ont joué un certain rôle dans le transformisme animal, pourquoi serions-nous donc, par hasard, moins avancés qu'eux en matière de zootechnie? Ce sont là, il nous semble, des questions d'un trop haut intérêt, pour qu'on évite d'y répondre.

Cela posé nous abordons d'emblée, sans transition, l'étude du chien, en tant qu'animal.

CARACTÈRES ZOOLOGIQUES DU CHIEN. — Le chien (en latin *canis*) appartient à l'embranchement des vertébrés, classe des mammifères, ordre des carnivores, première famille des digitigrades, et constitue le genre *chien*.

Système dentaire. — **Définition**. — On donne le nom de *système dentaire* à l'ensemble des dents qui, par leur nature, leur nombre, et leur disposition, dans les mâchoires, caractérisent les animaux quant à l'*espèce* à laquelle ils appartiennent. Chez le chien, le système dentaire comprend trois sortes de dents : les *incicives ;* les *canines ;* et les *molaires.*

Incisives. — Les incisives forment la voûte des deux grandes arcades dentaires, distinguées en *supérieure* et *inférieure,* et, à elles seules, les deux petites *arcades incisives.* Elles sont au nombre de *six* dans chacune d'elles, offrant toutes, sans exception, un bord trilobé et tranchant, et une table inclinée en dedans, avec un petit enfoncement creusé au bas de ce même plan.

Canines. — Ces dents limitent, à droite et à gauche, l'une et l'autre arcade incisive. On en compte *quatre,* deux à chaque mâchoire. Les deux de la mâchoire supérieure sont plus fortes que les deux inférieures. Chaque canine porte, sur son côté interne, un petit enfoncement semblable et tout à fait identique à celui des incisives. Leur nom est dérivé du mot *canis,* qui signifie chien.

Dans le langage vulgaire, les canines s'appellent *crocs* ou *lanières.*

Molaires. — L'arcade dentaire supérieure est garnie de *douze* molaires; l'inférieure de *quatorze.* Les unes et les autres font suite aux canines et se divisent en *fausses molaires, carnassières et tuberculeuses.* Ce sont ces dents qui broient les aliments comme le ferait une meule.

Les *fausses molaires,* au nombre de *trois* de chaque côté, pour la mâchoire supérieure, de *quatre,* pour l'inférieure, sont unilobées, petites, aiguës et tranchantes. Les premières en tête, elles ont leur place entre les crocs et les carnassières.

Les *carnassières,* qui viennent immédiatement après les *fausses molaires,* sont à couronne bilobée. Chaque mâchoire en porte *deux,* une de chaque côté.

Les *dents tuberculeuses, quatre* en haut, *quatre* en bas, au total *huit,* terminent l'arcade dentaire du côté du fond de la bouche. Elles sont tri ou quadrilobées.

Mâchoires. — Les mâchoires, considérées au point de vue de la conformation et de la coaptation des surfaces articulaires et des liens qui les unissent entre elles, s'articulent de telle façon que la mâchoire inférieure, étant seule mobile, ne peut exécuter aucun mouvement de latéralité en dehors des mouvements qui l'écartent ou la rapprochent de la mâchoire supérieure. Cette dernière est immobile, avons-nous dit.

Langue. — La *langue,* longue, douce et rosée, est douée d'une grande mobilité. Elle peut même sortir en partie, tomber, pour ainsi dire, et pendre hors de la bouche.

Pattes. — Les *pattes* sont pourvues de doigts en nombre inégal. On en compte *cinq* aux pattes de devant, dont *un* rudimentaire, appendu à la face interne, à la hauteur du carpe et ne
touchant jamais le sol; il n'en existe que *quatre* seulement aux
pattes de derrière.

Chacun des doigts est armé d'un ongle droit, mousse, non
rétractile, et propre tout au plus à fouir la terre.

La plante des pieds est garnie de tubercules élastiques, à surface rugueuse. C'est sur eux que porte tout le poids du corps.

DIVERS AUTRES CARACTÈRES DU CHIEN. — Les animaux
du genre *Canis* ont les narines entourées d'un muffle assez large,
frais et humide dans l'état de santé, et orné de petites moustaches. Les oreilles, grandes, pointues, ordinairement pendantes,
quelquefois seulement droites et dressées, sont mobiles et dirigées en avant. Le pelage affecte des couleurs très variables,
depuis le blanc le plus pur, jusqu'au noir le plus foncé. Il est généralement très fourni, très tassé et composé de poils soyeux et
laineux, tantôt ras, tantôt longs. Longs, ils sont frisés ou on-
dulés. Le chien turc est dépourvu de poils.

L'odorat du chien est extrêmement fin, subtil et délicat. Son
œil, à pupille en forme de disque, est très expressif et doué d'une
vue perçante. Tout le monde connaît sa voix; elle consiste en un
aboiement ou un hurlement qui se modifie suivant les sentiments
qu'éprouve l'animal. On désigne sous le nom de *jappement* le
cri ordinaire du chien.

Les femelles, quant aux formes générales, ne diffèrent en rien
du mâle. Comme attributs spéciaux, elles sont pourvues de six à
dix mamelles, dont quatre pectorales.

Les chiennes entrent en *rut*, ou *chaleur*, plusieurs fois dans
l'année; mais le plus ordinairement deux fois seulement, au
printemps et à l'automne. La gestation dure de deux à trois
mois. Les petits, au nombre de trois à six, naissent les yeux
fermés, mais non aveugles, comme on a l'habitude de l'écrire.

Les chiens boivent en lapant; transpirent avec beaucoup de
difficulté; respirent la gueule ouverte avec la langue pendante
et ruisselante de salive, surtout lorsqu'ils viennent de fournir une
course rapide et prolongée. Les mâles urinent très fréquemment,
une patte de derrière levée. La femelle s'accroupit, en quelque
sorte, pour remplir la même fonction. Les animaux de l'espèce
canine aiment à se flairer, lorsqu'ils se rencontrent dans les rues.

Les chiens sont des animaux essentiellement diurnes et organisés pour la chasse. Tout, chez eux, en témoigne hautement : la finesse de leur ouïe et de leur odorat ; la puissance de leur vue et la structure des principales régions de leur corps dont les proportions, d'ailleurs, annoncent tout à la fois la force et l'agilité. Leurs membres sont généralement élevés ; leur tête est effilée, leur cou court et épais ; leur poitrine ample ; et, en ce qui concerne particulièrement leurs épaules, leurs cuisses et leurs jambes, les premières sont épaisses, charnues et puissamment musclées, les dernières tendineuses avec des muscles qui se dessinent fortement sous la peau.

QUALITÉS DU CHIEN DOMESTIQUE. — De tous les animaux que l'homme est parvenu à domestiquer, le chien est incontestablement celui qui lui rend les services, sinon les plus importants, au moins les plus nombreux et les plus variés. Nul assurément ne possède de plus rares qualités : intelligence, soumission, douceur, patience, sobriété, il les a au plus haut degré.

D'un caractère souple et docile, il obéit immédiatement sans la moindre hésitation. Son attachement à son maître ne recule devant aucune difficulté ; souvent même il s'élève jusqu'au dévouement ; jusqu'à lui faire braver les plus grands dangers pour le protéger, le défendre et l'arracher quelquefois à la mort qui le menace.

Dans le travail comme dans le repos, dans la joie comme dans la peine, il est le plus fidèle de ses compagnons ; un compagnon qui ne se lasse et ne se fatigue jamais.

Le chien domestique développe, dans tout ce qu'il fait, une remarquable intelligence. Il n'entend pas seulement, il distingue la parole de celui qui l'a élevé, il la comprend ; et, lorsqu'il ne voit pas encore son maître, il le sent ; il devine sa présence. Quand il reçoit un ordre, s'il lui arrive d'être incertain de ce qu'on lui demande, immédiatement, comme en proie à une inquiétude visible, il cherche d'abord avec avidité à lire, dans le regard de la personne qui lui parle, sa pensée qu'il n'a pas comprise et qui lui échappe ; et, aussitôt qu'il l'a devinée, avant qu'un second ordre lui soit donné, il est déjà prêt à l'exécuter. Dès ce moment, les gambades auxquelles il se livre ; les frémissements qui s'emparent de tout son être ; les cris doux et presque plaintifs qu'il fait entendre, tout, en lui, témoigne du besoin impérieux qu'il éprouve de se rendre utile ou agréable.

Soumission. — La *soumission* du chien est depuis longtemps proverbiale. On commande, *illico* il obéit. Si, par hasard, il reçoit un ordre qui, de prime abord, paraît le contrarier, il peut se le faire répéter deux ou trois fois, se montrer hésitant et même peu décidé, mais il finit toujours par obéir.

Les *corrections*, qu'elles soient méritées ou non, n'éveillent jamais, chez lui, ni le sentiment de la rébellion, ni même celui de l'impatience. Bien au contraire, on le voit les subir avec toutes les marques de la plus humble soumission, tantôt se traînant, rampant à terre, la queue engagée et serrée entre ses pattes; tantôt se couchant sur le dos en implorant son pardon d'un regard suppliant; ou bien encore en faisant entendre quelques cris plaintifs, qu'il semble souvent avoir hâte d'étouffer, comme s'il avait peur de déplaire.

La *punition* à peine reçue, il est déjà debout; il a tout oublié, et on le voit alors, ou bien se réfugier entre les jambes de son maître, ou bien n'attendre de lui qu'un signe, un simple sourire, pour lécher avec empressement la main qui le frappait il y a à peine un moment.

Sobriété. — Que dire de sa *sobriété*, qui ne soit connu de tout le monde? Voleur, il est vrai, chez le voisin, presque toujours maraudeur redoutable et dangereux pour les cuisines du quartier qu'il habite, il ne touche jamais à rien chez son maître. Que de fois même ne l'a-t-on pas vu, quelque pressé qu'il fût par la faim, veiller sur les victuailles ou provisions du garde-manger, et en écarter, en les poursuivant avec colère, chiens et chats étrangers, luttant au besoin avec eux! Il n'est pas rare, non plus, de le surprendre tournant le dos, par exemple, à un poulet, un gigot, etc., dont le fumet caresse tout à la fois son odorat et son appétit, comme s'il craignait de succomber à la tentation.

Aptitudes du chien. — On ne connaît guère de petits travaux, compatibles avec sa constitution et ses instincts, auxquels il soit impropre, et pour lesquels on ne puisse le façonner. Tout lui va, tout lui convient, et il développe une égale vigilance à la garde de la maison, tout aussi bien qu'à celle des troupeaux de bœufs, de moutons, etc., qu'on lui confie. Il accompagne son maître partout où il va, dans ses voyages et dans ses promenades dont il égaye souvent la monotonie par ses allées et ses venues, ses gambades, ses caresses, aboyant à tort et à travers, à tout ce qu'il rencontre devant lui. Le cas échéant, nous l'avons déjà dit, il le protège et défend contre ses ennemis, ou l'avertit d'un danger imminent.

Son maître va-t-il aux champs, il le suit en portant sa nour-

riture ; chasse-t-il, il chasse avec lui et pour lui ; se livre-t-il à
tout autre labeur, fatigue, etc., il les partage et ne s'arrête que
lorsqu'il le voit s'arrêter lui-même. Dans la maison, il se couche
à ses pieds. Toujours et partout, il est son plus fidèle compagnon, son ami le plus dévoué.

MŒURS DU CHIEN. — Les mœurs du chien domestique sont
de son côté douces et concordent parfaitement avec son caractère.
Naturellement plein de gaieté et d'enjouement, il ne demande
que des caresses aux personnes de la famille à laquelle il s'est
voué. Plein aussi de reconnaissance, il leur rend les siennes au
centuple et de mille manières différentes. Il prend avec une
extrême facilité, et conserve toutes les habitudes de la maison.
Lorsqu'il joue avec les enfants (et il aime à jouer avec eux),
comme s'il avait conscience de leur faiblesse ainsi que des ménagements qu'ils méritent, il ne leur témoigne que des égards
avec un remarquable empressement à se soumettre à toutes
leurs espiègleries.

Les bienfaits font sur lui une impression si profonde, qu'il en
conserve un souvenir qui ne s'efface jamais.

Les mauvais traitements lui sont au contraire très pénibles. Ils
ne provoquent jamais, ou presque jamais, il est vrai de le dire, sa
rancune envers ses maîtres ; mais il n'en est plus de même en
ce qui concerne les étrangers qu'il ne connaît pas. La vengeance
est souvent chez lui un besoin impérieux ; et toutes les fois
qu'il peut la satisfaire, il ne manque guère l'occasion qui s'offre
à lui.

La rencontre des animaux de son espèce lui est agréable. Son
premier soin, dès qu'il en trouve un sur son chemin, est de flairer
son derrière pour reconnaître son sexe, dit-on (?) ; cela fait, il se
livre, avec lui, à toutes sortes d'ébats qui annoncent la satisfaction
qu'il éprouve. Il est bon, toutefois, de faire remarquer que les
choses ne se passent pas toujours d'une manière aussi gracieuse ;
et que, dans mainte circonstance, après s'être abordés en se mon-
trant les crocs et grognant, on finit par se déchirer à belles dents.

Lorsqu'il accompagne son maître sur la voie publique, il lui
arrive fréquemment d'aboyer après tout ce qui s'offre à lui sur
son passage, ou attire seulement ses regards. Pourquoi ?... il
serait difficile de le dire.

Son ennemi personnel, quelque part qu'il le trouve, provoque
d'abord, de sa part, un grondement sourd et menaçant ; et, bientôt
après, une véritable explosion de fureur. Il agit souvent de la

même manière en présence de l'ennemi de la personne à laquelle il s'est attaché; comme encore, lorsque, occupé à ronger un os, il voit un autre chien s'approcher de lui avec la mine de vouloir le lui disputer.

S'est-il égaré, ou bien a-t-il perdu son maître au milieu d'une foule compacte, comme cela lui arrive assez fréquemment, il le cherche aussitôt çà et là, avec inquiétude, tantôt le nez au vent, aspirant les senteurs qu'il lui apporte, tantôt la tête baissée, quêtant, et flairant, à droite et à gauche, tous les passants qu'il croit reconnaître.

A son retour à la maison, après une promenade, par exemple, au milieu des chemins et des rues, ou une absence plus ou moins prolongée, s'il trouve la porte fermée, il s'assied sur son derrière, attendant que quelqu'un entre ou sorte, afin de mettre cette occasion à profit. Dans le cas contraire, au bout de quelque temps d'attente, il gratte avec sa patte et se plaint d'une voix comme pleureuse, sa manière à lui de demander que l'on ouvre.

Habitude bizarre : il ne court jamais à travers les rues sans s'arrêter partout où se sont arrêtés avant lui et ont uriné d'autres chiens, pour y lâcher aussi quelques gouttes d'urine. Le cas échéant, il répétera vingt fois de suite le même acte.

CHORÉE. — TIC. — DANSE DE SAINT-GUY. — Définition. — La *chorée* est une maladie nerveuse qui se manifeste par des mouvements désordonnés, continuels et involontaires du système musculaire, offrant cela de particulier, qu'ils affectent tantôt un seul membre, tantôt les deux membres d'un même côté, tantôt, enfin, les deux membres abdominaux, voire encore les quatre membres à la fois.

Causes. — La chorée, rarement primitive chez les animaux de l'espèce canine, est presque toujours consécutive à la maladie dite des chiens. Tous, sans distinction, les sujets faibles et nerveux, en première ligne, peuvent en être atteints.

Symptômes. — La danse de Saint-Guy se manifeste invariablement par les mêmes symptômes dans quelque position que l'animal se trouve : qu'il marche, se déplace, ou bien qu'il soit couché ou en repos.

Est-il en repos, assis sur le derrière, par exemple; on voit les muscles d'un membre antérieur, ou postérieur, ou même de toute une partie latérale du corps, se contracter brusquement, et imprimer à la machine organique un ébranlement général.

Est-il dans le décubitus ; les phénomènes sont identiquement les mêmes. Pas de répit pour le malade.

Pendant la marche, surtout si l'animal court avec une certaine vitesse, les contractions, quoiqu'un peu moins fréquentes et un peu moins fortes, ne sont nullement suspendues. Il arrive même quelquefois, à la suite d'une contraction plus violente et plus inopinée que les autres, que le chien tombe par terre, et roule sur le sol.

Le sommeil lui-même ne procure pas toujours du soulagement au patient. Si, par hasard, il suspend les secousses chez l'un, il les laisse persister chez un autre, sans qu'on sache pourquoi.

La description qui précède ne vise que les spasmes des membres, parce qu'ils sont les plus communs ; mais ces contractions cloniques peuvent atteindre toutes les parties du corps : les oreilles, les paupières, les lèvres, le nez, etc. En tout état de cause, elles sont plus ou moins prononcées selon le degré du mal, selon l'état de l'atmosphère, et selon d'autres causes encore inconnues.

Pronostic. — La chorée générale offre peu de chances de guérison ; elle finit tôt ou tard par amener la mort. Il n'en est pas de même lorsqu'elle est localisée : on peut en tenter le traitement avec quelque espoir de succès.

Traitement. — Lorsque la danse de Saint-Guy a été déterminée par la *maladie des chiens* et persiste après sa guérison, il y a lieu d'en essayer la traitement, à la condition, bien entendu, qu'il coïncidera avec l'apparition des premiers symptômes. On attachera une grande importance à l'exercice en plein air. Dans maintes circonstances, la pratique a démontré son efficacité, lorsque, modéré, il est combiné avec des douches froides, ou des bains d'eau froide par immersion brusque et instantanée. Si l'on se trouve bien de l'hydrothérapie, on favorisera son action en la faisant suivre d'une promenade d'une heure à une heure et demie au maximum.

Comme traitement médical, on pourra prescrire : soit des pilules d'opium, de belladone, de ciguë, de valériane, etc.; soit des potions arsenicales, en commençant par un milligramme par jour, pour finir par un centigramme et demi ; soit des pilules d'arséniate de strychnine, dosées comme il vient d'être dit ; soit des frictions avec liniment irritant camphré pratiquées le long de la colonne vertébrale ; soit enfin des potions au chlorate ou au bromure de potassium.

On guérit quelquefois; néanmoins, il n'est que prudent de ne compter que médiocrement sur un heureux résultat.

COLIQUE. — **Définition**. — Ce mot, pour le vulgaire, n'est pas seulement le synonyme du mot *douleur*, des douleurs pongitives qui ont leur siège dans le côlon, ou de toute autre portion du tube intestinal; il l'est encore de toutes celles auxquelles donne lieu l'inflammation des divers viscères contenus dans la cavité abdominale.

De leur côté, les médecins, pendant très longtemps, ne tenant compte que de l'étymologie du mot *colique*, ne lui ont pas attribué d'autres sens que celui d'affection ou de douleur de l'intestin côlon. Mais il n'en est plus ainsi depuis longues années déjà. Aujourd'hui, dans la nosologie moderne, on lui adjoint toujours un qualificatif qui le spécialise, tel que ceux de néphrétique, d'hépatique, de stercorale ; en sorte que, actuellement, le mot colique n'est plus employé que pour désigner le symptôme douleur vive et exacerbante dont les reins, le foie, etc., en cas de maladie, peuvent être le siège.

Causes. — Du moment que ce mot est devenu une expression générique par laquelle on désigne les douleurs des organes du ventre, quelle que soit la diversité des causes qui les engendre, nous ne chercherons pas, nous n'essayerons même pas de les énumérer, ne fût-ce que les principales.

Tout ce que nous pouvons et devons en dire ici, en ce qui concerne le chien, c'est que, dans l'immense majorité des cas, les coliques, le symptôme colique, est provoqué : tantôt et surtout par une inflammation quelconque ayant son siège dans l'intestin ; tantôt par la présence, dans le tube intestinal, soit de vers parasitaires, soit de pelotes stercorales; tantôt par un iléus ou nœud de l'intestin, une invagination intestinale, une névralgie ou constriction spasmodique de l'intestin ; tantôt enfin par un empoisonnement.

Symptômes. — Au moment où les coliques s'annoncent, le malade commence à être inquiet, agité ; il change de place et regarde son ventre à chaque instant. — Bientôt après, il éprouve des douleurs de plus en plus exacerbantes, en courant, d'un air égaré, dans tous les sens avec une précipitation inconsciente; tourne sur lui-même ; se roule par terre ; se relève presque immédiatement ; fait entendre des plaintes ; ne reconnaît plus personne, etc.

Quelquefois ces symptômes paraissent se calmer pendant

quelques instants, pour reparaître ensuite d'une manière intermittente.

Dans d'autres cas plus rares, l'animal ne manifeste que de la stupeur, sans inquiétude appréciable. Morose en quelque sorte, il ne demande plus à manger; il se montre à peine sensible aux caresses de son maître; recherche les endroits retirés et obscurs de la maison; s'y couche, et ne se relève, de temps à autre, que pour aller quelques pas plus loin se coucher de nouveau.

Cette physionomie du malade annonce sans doute des douleurs intérieures qui le font beaucoup souffrir; mais elle ne présente encore rien de bien significatif : c'est dire, en d'autres termes, qu'on ne peut être fixé sur sa valeur réelle qu'autant qu'on se livre à une exploration minutieuse des différents appareils organiques contenus dans l'adbomen. Mais, comme il n'y a que le médecin qui puisse le faire, il n'y a que lui qui soit apte à porter un diagnostic précis, et à prescrire un traitement rationnel.

Traitement. — Supposons le cas où le propriétaire, habitant la campagne, se trouve, par le fait, éloigné de tout secours; en attendant l'arrivée de l'homme de l'art, et afin d'essayer de soulager son malade, car il faut toujours essayer quelque chose, il pourra lui administrer, plusieurs fois de suite, des lavements tièdes et anodins de tête de pavot; lui frictionner le dos, les reins et le ventre en se servant d'une brosse quelque peu rude; enfin lui faire prendre, à l'intérieur, une huile grasse de table quelconque battue avec un jaune d'œuf, pour provoquer des évacuations alvines; et si l'animal reste tranquille sur sa litière, appliquer sur son ventre des cataplasmes légèrement sinapisés.

A moins de guérison inespérée et immédiate, l'intervention du médecin, nous l'avons déjà dit, est absolument nécessaire, indispensable. S'il y a imminence de danger, il faudra l'appeler sans aucun retard, et lui abandonner le malade.

CONDITION. — **Définition**. — Mot fort en usage principalement dans le langage hippique pour exprimer l'état particulier du cheval coureur entraîné à point, et rendu apte à lutter de vitesse sur le *turf*, ou champ de course.

Appliqué au chien, le mot *condition* sert à caractériser, chez lui, une grande vigueur, une grande haleine, la capacité, pour tout dire en un seul mot, qui lui est nécessaire afin de répondre à tous les exercices, quels qu'ils soient, que l'on se propose de lui demander. L'état de condition, toutefois, s'entend plutôt du chien de chasse, que de tout autre animal de l'espèce canine.

Si l'on tient à ce que le chien de chasse puisse développer une grande vitesse et la soutenir pendant longtemps, il importe donc, avant tout, qu'il soit mis en condition ; en d'autres termes, qu'il soit soumis préalablement à un entraînement judicieux.

L'entraînement, pour constituer la condition chez le chien chasseur, consiste à aménager son hygiène au point de vue : 1° du pansage, qui devra être parfaitement réglé ; 2° des exercices préparatoires, qu'on aura soin de bien graduer ; 3° du régime alimentaire qu'il est de nécessité absolue de composer de telle sorte qu'il diminue l'embonpoint de l'animal mou, et qu'il fasse prendre du corps et de la vigueur à celui qui est maigre ou peu musclé, et à cause de cela, peu dispos.

On aura atteint le but désiré, lorsque le sujet, amené à un état moyen d'embonpoint, se montrera définitivement vif, alerte, souple, doué de grande haleine, et infatigable, pour ainsi dire, à la course.

CONGESTION PULMONAIRE. — **Définition**. — On appelle du nom de *congestion pulmonaire* (le tissu du poumon étant parfaitement sain d'ailleurs) l'afflux, en quantité anormale, du sang dans les capillaires de cet organe, par l'effet de l'exagération des forces physiques à l'impulsion desquelles il obéit.

Causes. — Il est à remarquer que les congestions pulmonaires, très fréquentes pendant la période de la jeunesse voisine de l'âge adulte, et dans le commencement de cette dernière période, en raison du travail d'évolution qui se produit alors dans tout l'organisme, le sont beaucoup moins à toute autre époque de la vie. Cette raison, néanmoins, malgré son importance, n'est pas la seule que l'on puisse invoquer.

A la prédisposition physiologique dont s'agit, viennent s'ajouter fréquemment mille autres causes accidentelles, dont les principales, pour ne pas les énumérer toutes, sont incontestablement : les courses rapides et prolongées, en temps de chasse ; l'immersion dans l'eau froide d'une rivière, mare, etc., après un exercice violent ; la suspension brusque de l'exhalation cutanée ; et enfin l'action lente et incessante sur la peau, des chenils froids et humides, lorsque les chiens, de retour chez leurs maîtres, vont s'y reposer de leurs fatigues.

Symptômes. — Les malades, couchés sur leur litière, sont sans force, abattus, et ne manifestent, tout d'abord, qu'une oppression légère. Il peut arriver aussi qu'ils se couchent et se relèvent fréquemment, comme s'ils éprouvaient quelque inquiétude. Bientôt après, la respiration devient courte et haletante avec soulèvement des côtes; la toux est sèche; la gueule reste ouverte, et la muqueuse buccale s'y montre rouge et aride.

Un peu plus tard, ces premiers symptômes prennent un caractère beaucoup plus grave : le patient se tient presque constamment assis sur son derrière, le cou allongé et la tête relevée, le nez au vent, afin de respirer plus à son aise. A l'auscultation, on constate une diminution du bruit respiratoire au niveau de la partie congestionnée du poumon. La pression exercée sur les parois thoraciques, entre les côtes, est quelquefois douloureuse; enfin l'appétit tombe graduellement d'un jour à l'autre, jusqu'a ce qu'il devienne nul ou presque nul.

Pronostic. — Aucun danger n'est à prévoir lorsque la congestion n'a envahi qu'un poumon, et qu'une petite partie, seulement, de cet organe est atteinte. Il en est tout autrement, si les deux poumons sont gorgés de sang dans une très grande partie de leur étendue, comme encore, si l'on a assez tardé à soigner le malade pour permettre au travail inflammatoire de se substituer à la simple congestion; la vie de l'animal peut courir de grands dangers.

Durée. — Elle est de huit, quinze ou vingt jours ordinairement; à moins qu'il ne survienne quelque complication.

Traitement. — Les premiers soins à donner à l'animal malade consisteront à le saigner deux ou trois fois de suite, suivant l'indication, et peu à la fois. C'est par là qu'il faut commencer le traitement. On installera ensuite le patient dans une pièce dont la température sera douce; et on le couchera sur une bonne litière.

Après quelques moments de repos, on pratiquera sur les parois extérieures de la poitrine de légères frictions soit au liniment ammoniacal, soit au sulfure de carbone; à moins que, eu égard à la tranquillité du malade, on ne donne la préférence aux sinapismes Rigollot. Quel que soit le traitement adopté, on aura soin, afin de favoriser l'action du médicament en la rendant plus directe, de couper préalablement les poils sur la partie de la peau que l'on se propose de rubéfier.

A l'intérieur, on administrera des boissons modérément excilantes, telles que les injections de camomille ou de café, rendues stimulantes par l'addition de quelques gouttes d'alcool, etc.

Tout le monde sait que les purgatifs laxatifs, à petites doses, convenablement employés, se montrent ordinairement d'un puissant secours contre cette sorte d'affection. On devra y avoir recours un certain nombre de fois, pendant la durée du traitement. C'est à la personne qui soigne le malade à se guider, pour se tenir toujours dans de justes limites, sur l'état même du malade, et sur la marche que prend la congestion.

Dès que la convalescence est établie, et que l'appétit commence à se manifester, on donnera à l'animal une nourriture de facile digestion. Les aliments riches en principes azotés sous un petit volume ; le sang de bœuf granulé, délayé dans du bouillon de tête de mouton ; les soupes au biscuit de sang de bœuf, à doses fractionnées, plusieurs fois par jour, en ménageant, cependant, les forces digestives de l'animal, sont ceux qui conviennent le mieux.

CONJONCTIVITE. — **Division**. — On donne le nom de *conjonctivite* à l'inflammation de la muqueuse qui tapisse la face interne des paupières, ou bien de celle qui recouvre le globe de l'œil, ou encore de la membrane qui revêt l'un et l'autre. Dans le premier cas, on a affaire à une *blépharite* ; dans le second, à une *ophtalmie* ; et, dans le troisième, à une *ophtalmo-blépharite*.

Division. — La conjonctivite est *aiguë* ou *chronique*. Chacun de ces deux types a généralement son origine dans des causes purement accidentelles.

Indépendamment de ces deux conjonctivites, qui sont communes à tous les animaux domestiques sans distinction d'espèces, il en existe encore deux autres qu'on ne rencontre que chez le chien. L'une, la première, l'apanage du jeune âge, coïncide avec *la maladie*, c'est la *conjonctivite des jeunes chiens* ; la seconde l'apanage des adultes, la *conjonctivite palpébro-oculaire des adultes*, a son point de départ invariablement dans une affection cutanée ancienne.

Causes et symptômes. — 1° **Conjonctivite aiguë**. — Les causes de la conjonctivite aiguë sont nombreuses et variées. Nous ne signalerons que les plus ordinaires. Ce sont : d'une part, les contusions sur le globe de l'œil, par les coups de fouet ou de baguette appliqués sur le même organe ; d'autre part, les coups de griffe des chats ; les morsures faites par les chiens pendant leurs rixes; la présence, entre les paupières et la surface de l'œil, de grains de sable, ou simplement de poussière.

Quand ce dernier accident a lieu, il n'est pas rare de trouver de légères excoriations sur un ou plusieurs points de la conjonctive, ou de petites plaies linéaires.

Symptômes. — Les paupières sont tuméfiées, chaudes et sensibles. La conjonctive, de couleur rouge vif, est plus ou moins fortement injectée. Les yeux sont larmoyants, et surtout impressionnables à la lumière, même diffuse, au point que le malade les tient constamment et instinctivement fermés. Chez quelques sujets, suivant l'intensité de l'inflammation conjonctivale, on voit des taches blanches, opaques, de véritables *leucomes*, voiler la cornée lucide.

A la suite des morsures ou des coups de griffe, rien n'est plus ordinaire que de constater de petites surfaces suppurantes ou éraillures de la conjonctivite commençante.

2° **Conjonctivite chronique.** — Très souvent le retard apporté dans le traitement de l'inflammation aiguë est l'unique cause de la conjonctivite chronique. Elle peut aussi, dans des cas moins nombreux, résulter d'une mauvaise constitution; d'un état anémique; d'une alimentation défectueuse ou insuffisante; de l'humidité des habitations. Néanmoins, c'est toujours, ou à peu près toujours, la conjonctivite aiguë qui est le point de départ de la conjonctivite chronique.

Symptômes. — Parmi les symptômes les plus significatifs sur lesquels il importe d'appeler l'attention, nous placerons, en première ligne : la pâleur de la muqueuse oculaire ; l'état chassieux des yeux, et la faiblesse de la vue. Plus tard, les paupières laissent échapper un mucus purulent de couleur jaunâtre qui, en se concrétant sur leurs bords, détermine la chute de la plupart des cils. Il n'est pas rare, non plus, surtout si la maladie est déjà ancienne, de constater une dépilation qui s'étend jusque sur la surface palpébrale externe.

3° **Conjonctivite des jeunes chiens**, ou **conjonctivite symptomatique de la maladie.** — Concomitante de la phlegmasie des jeunes animaux de l'espèce canine, connue sous le nom de *maladie des chiens*, cette conjonctivite, d'une nature toute spéciale, est l'apanage exclusif, avons-nous dit, des jeunes sujets de six à huit mois, les seuls qui la contractent. Elle ne se montre jamais, chez eux, que comme une complication de la maladie de leur enfance. Aucune autre cause, en dehors de celle-là, n'a été constatée jusqu'aujourd'hui.

Symptômes. — Nous passons outre, cela va de soi et sans aucune explication, aux caractères symptomatiques qui sont communs à toutes les conjonctivites. Nous n'avons à nous occuper ici que des signes essentiellement pathognomoniques de la conjonctivite des chiens dans la période d'enfance.

Dès le début, elle s'annonce par une certaine opacité qui se répand sur la cornée lucide. Cette tache ne reste pas longtemps stationnaire. Peu à peu, elle prend toutes les apparences d'un ulcère, s'étend même jusqu'à l'iris, et, chez quelques sujets, se recouvre de véritables végétations fongueuses.

De prime abord, ces excroissances hideuses ne laissent pas que d'inspirer de grandes inquiétudes. Elles sont cependant, malgré les apparences, sans aucune espèce de gravité. Il est digne de remarque, en effet, que l'ulcère dont il s'agit, comme s'il suivait pas à pas, la maladie des chiens, à partir du moment où elle marche vers la guérison, s'amende spontanément de jour en jour, et finit par disparaître sans laisser de trace, en même temps que la cause qui lui a donné naissance.

4° **Conjonctivite palpébro-oculaire des adultes.** — Si la maladie des jeunes chiens, et le fait est constant, ne les attaque jamais sans se compliquer de conjonctivite, on peut également affirmer que, chez les adultes, les maladies anciennes et invétérées de la peau, gales, dartres, etc., les affections catarrhales de toute nature, s'accompagnent presque toujours d'une autre variété de conjonctivite qu'on pourrait, pour ce motif, appeler du nom de *conjonctivite cachectique* ou *catarrhale des adultes*. La cause n'en est douteuse pour personne.

Symptômes. — Les symptômes généraux de la conjonctivite des adultes ressemblent beaucoup à ceux de la conjonctivite des jeunes chiens. Le caractère particulier qu'elle présente et qui établit entre elles une différence notable, c'est que la cornée lucide, sauf quelques cas très rares, conserve presque toujours sa limpidité et sa transparence normales. Ici, les ulcères ne se manifestent jamais. Par contre, la maladie est tenace et rebelle, comme du reste les affections constitutionnelles d'où elle dérive.

Marche. — Durée. — Pronostic. — 1° **Conjonctivite aiguë.** — La durée moyenne de la conjonctivite aiguë est de dix à quinze jours; à moins que l'inflammation de la muqueuse oculaire ne soit d'une grande intensité. Convenablement traitée, elle se termine par résolution. Dans le cas contraire, elle passe facilement à l'état chronique.

En égard au pronostic, il doit varier, et varie effectivement avec les causes et le degré d'irritation de la conjonctive elle-même. En général, il n'offre aucune gravité.

2° **Conjonctivite chronique**. — La marche en est lente et la durée toujours longue ; quelquefois même elle paraît absolument incurable. S'il arrive qu'elle résiste à toute espèce de traitement, elle se termine presque toujours par l'albugo.

3° **Conjonctivite symptomatique de la maladie du jeune âge**. — Essentiellement subordonnée à la *maladie des jeunes chiens*, la conjonctivite symptomatique n'a pas d'autres marche et durée que cette affection. *La maladie* traîne-t-elle en longueur, la conjonctivite fait comme elle, elle se traîne aussi ; *la maladie*, au contraire, marche-t-elle vers la guérison, elle l'imite encore, s'éteint peu à peu, et finit par guérir sans laisser de traces après elle, ainsi que nous avons déjà eu l'occasion de le faire remarquer.

Nous ne dirons rien du pronostic, sinon qu'il ne fait qu'un avec celui de la maladie du jeune âge.

4° **Conjonctivite palpébro-oculaire des adultes**. — Marche, durée, pronostic, tout ici ressemble à ce que nous venons de dire de la troisième variété de la conjonctivite. Nous n'avons rien à y changer et rien à y ajouter. Nous passons outre.

Traitement. 1° Conjonctivite aiguë. — On commencera par placer le malade dans un endroit sain, à température douce et surtout obscur. Il importe qu'il ne soit point incommodé par la lumière, fût-elle seulement diffuse. Cette première précaution prise, on lotionnera, de temps à autre, les yeux avec des décoctions mucilagineuses tièdes et rendues anodines par têtes de pavot.

Si, par hasard, la vivacité de l'inflammation l'exigeait, on appliquera des sangsues sur les joues, ou bien à la région parotidienne.

D'autre part, on pourra bénéficier des bons effets qu'on retire ordinairement des cautérisations, soit au nitrate d'argent, soit au sulfate de cuivre.

Recommandation importante : quel que soit le genre de traitement que l'on jugera à propos d'adopter, on fera bien de ne jamais négliger les purgatifs. De légères purgations, plusieurs fois répétées pendant la cure de la conjonctivite, en hâtent, ordinairement, ou pour mieux dire, presque toujours la guérison.

Lorsque la conjonctivite aiguë est due à la présence de corps étrangers qui se sont introduits dans l'œil, l'extraction doit en être faite sans retard, à l'aide d'un stylet mousse ou de pinces fines. Mais, si l'on a affaire à des poussières ténues, on ne peut les chasser que par le moyen d'injections anodines tièdes, ou simplement dégourdies, que l'on seringue sous les paupières.

2° **Conjonctivite chronique**. — Les astringents sont, en général, ceux qui réussissent le mieux contre la conjonctivite chronique. Parmi ces agents, on peut citer d'une manière toute particulière, et recommander les collyres au sulfate de zinc ; les pommades de Lyon, du Régent, de Desault ; la pommade mercurielle additionnée de glycérine ; les collyres secs, simples ou composés, préparés avec l'alun calciné, le calomel et le tanin mélangés ; enfin l'eau phéniquée au centième.

Nous avons signalé plus haut les bons effets que l'on est en droit d'attendre de l'administration, souvent répétée, des purgatifs laxatifs ; c'est ici surtout qu'il convient d'insister sur leur emploi, si l'on tient à venir efficacement en aide aux agents du traitement externe.

En ce qui concerne le régime alimentaire à faire suivre au malade, il doit être essentiellement fortifiant et réconfortant. A ce point de vue, le sang de bœuf desséché et le biscuit au sang de bœuf constituent, l'un et l'autre, des aliments de premier ordre. On fera bien encore de lui donner de la viande fraîche de cheval dans les proportions, en moyenne, de 500 grammes par jour.

3° **Conjonctivite symptomatique des jeunes chiens**. — Cette affection est occasionnée, ainsi que nous l'avons dit, par la maladie du jeune âge ; elle lui est, de plus, entièrement subordonnée, et quant à sa marche, et quant à sa durée. Dans de semblables conditions, le traitement doit, surtout et avant tout, viser la phlegmasie générale : c'est celle-ci qu'il importe d'attaquer la première.

On ne négligera pas, sans doute, la conjonctivite, cela va de soi ; mais on n'en fera pas l'objet d'une cure particulière, ce serait peine et temps à peu près perdus. Les soins dont elle sera alors l'objet comprendront plutôt l'application des agents hygiéniques, que l'emploi des médicaments proprement dits, pour les raisons que l'on sait déjà, et sur lesquels il est inutile de revenir.

Nous croyons cependant donner un bon conseil à suivre, en

recommandant de bassiner les yeux avec de l'eau phéniquée.

4° Conjonctivite palpébro-oculaire des adultes. — Le traitement, ou, pour être plus exact, la méthode de traitement qui lui convient, se rapproche sensiblement de celle de la conjonctivite symptomatique ; non pas que la conjonctivite des adultes ait de l'analogie avec elle, mais parce que, semblable en cela à cette dernière, elle est concomitante d'une affection générale.

On commencera donc par traiter la maladie qui l'a fait naître. Ensuite on s'efforcera d'aider la nature dans son mouvement réactionnaire, selon les indications du moment, soit par des moyens thérapeutiques, soit même par de simples moyens hygiéniques, en se conformant rigoureusement à toutes les précautions que nous avons données plus haut.

Toutefois, et afin de prémunir le lecteur contre les déceptions, nous nous faisons un devoir de lui apprendre, ici, que toutes les conjonctivites, quelles qu'elles soient, sont : 1° d'autant plus facilement curables, qu'elles sont plus récentes, moins intenses et qu'elles affectent des sujets d'une constitution plus saine, d'un âge moins avancé, exempts enfin de maladies chroniques ou constitutionnelles ; 2° d'autant plus difficiles, au contraire, à guérir, que les malades seront d'un acabit plus misérable.

Une précaution particulière à prendre contre le chien lui-même dans le traitement de toute conjonctivite, indistinctement. Personne n'ignore que cet animal manifeste souvent de la tendance à se frotter l'œil dont il souffre, tantôt avec ses pattes, tantôt en passant et appuyant sa tête contre les objets durs et résistants qui sont à sa portée. Il sera prudent d'obvier à cet inconvénient par l'un ou l'autre des deux procédés simples que voici : ou bien on limitera les mouvements des pattes antérieures par un lien qu'on fera passer de l'une à l'autre pour les unir ; ou bien on attachera l'animal, lui-même, court, à droite et à gauche, au moyen de deux cordes ou de deux chaînes légères.

CONSTIPATION. — **Définition**. — On peut définir la *constipation* un état dans lequel le chien éprouve une très grande difficulté à se livrer à l'acte de la défécation, par suite de la concentration, de la solidification, et du durcissement des matières fécales dans le gros intestin.

Cette indisposition se remarque très fréquemment chez les animaux de l'espèce canine.

Causes. — D'après bon nombre de vétérinaires, on doit considérer la constipation comme le *terminus* des inflammations intestinales; des diarrhées dysentériques; des purgations ou superpurgations déterminées par les purgatifs drastiques; enfin, comme la conséquence d'un traitement tonique prolongé.

A s'en rapporter au dire de quelques autres praticiens, il faudrait encore l'attribuer au défaut d'exercice; témoins les chiens d'appartements. La vérité est que ces derniers sont atteints de constipation plus souvent que les chiens qui vaguent dans les rues, ou que ceux qui travaillent régulièrement tous les jours. Mais il est plus facile d'inventer une cause que de la prouver.

De toutes les causes connues, celle qui paraît être la plus commune, la plus ordinaire, c'est incontestablement la voracité instinctive avec laquelle les chiens se livrent à la consommation des os que nous laissons après le repas, ou que nous leur jetons avec un peu trop d'insouciance. Deux mots d'explication suffiront pour le faire comprendre.

Finement broyés et divisés, ces os parcourent l'intestin en se pelotonnant; ils pompent, pour ainsi dire, à la manière d'une éponge, les mucosités destinées à lubrifier sa surface libre, et parviennent bientôt à la dessécher complètement. Ainsi privés de leur moyen de glissement, les os ne tardent pas à s'arrêter d'abord, à s'accumuler ensuite dans le gros intestin, et, finalement, à y rester et séjourner jusqu'à ce que, par l'effet de cette force qu'on désigne sous le nom de *vis a tergo*, ils en sortent non sans provoquer des efforts violents et douloureux.

Symptômes. — Au début, l'animal ne laisse entrevoir aucun malaise. Il reste en cet état pendant quelques jours. Ceux-ci expirés, il commence à éprouver le besoin de s'accroupir. On le voit alors faire des efforts pour fienter, et souvent ne point parvenir à se satisfaire. Si cette situation se prolonge encore, d'autres signes se manifestent : non seulement le malade perd son appétit et la gaieté naturels, mais encore il s'empuantit sensiblement, en même temps que son haleine exhale une mauvaise odeur toute particulière.

A partir de ce moment, quand on essaye de palper les parois de l'abdomen, on peut s'assurer, avec la plus grande facilité, que le ventre est ballonné, et qu'il existe, en avant des pubis, des tumeurs dures, bosselées, indolentes, ordinairement susceptibles de se déplacer sous l'influence de l'action de la main. Comme dernier moyen d'exploration, si l'on introduit son doigt dans le rectum, on sent très bien, à une petite distance de l'anus, des excréments d'une sécheresse et d'une dureté remarquables.

Durée. — La constipation du chien, souvent tenace, peut se prolonger jusqu'à une quinzaine de jours environ.

Pronostic. — Le pronostic est ordinairement sans gravité. Cependant, si, par négligence, on ne débarrassait pas à temps l'intestin du malade, il pourrait arriver qu'il succombât soit à une paralysie du train de derrière, soit à une violente entérite, et cela uniquement par défaut de soins.

Traitement. — Plusieurs agents thérapeutiques doués, les uns et les autres, d'une grande efficacité, sont employés journellement pour combattre la constipation du chien. Ce sont : les lavements huileux ou mucilagineux; les purgatifs salins ou l'huile de ricin, etc.; et, lorsqu'ils se montrent impuissants, qu'on veuille bien nous passer le mot, le *curage du rectum*.

Si l'on a recours aux lavements, il faut avoir soin d'en administrer plusieurs dans la journée, et même de les rendre légèrement purgatifs en y ajoutant un peu d'huile d'olive, ou toute autre huile grasse de table. Il sera également bon d'exercer de temps à autre un léger massage sur les parois de l'abdomen, afin de favoriser le déplacement des masses concrétées. On usera de ce moyen, pour peu qu'on s'aperçoive que les contractions de l'intestin, seules, sont impuissantes à les mettre en mouvement.

L'huile de ricin, si l'on juge à propos de s'en servir, de même que les purgatifs salins, s'administre aux doses ordinaires; nous n'avons rien de particulier à prescrire à son égard.

Lorsque aucun des traitements qui précèdent n'a réussi, il y a lieu de tenter le curage de l'intestin. On y arrive avec assez de facilité en se servant, soit de son doigt que l'on introduit dans le rectum, soit du manche d'une cuiller légèrement recourbé. Une fois la masse entamée, il suffit souvent d'un ou de deux lavements froids, administrés coup sur coup, pour provoquer l'expulsion de ce qui reste.

Toutes les fois que la constipation a été produite par l'ingestion d'une grande quantité d'os, et, principalement, quand on a des raisons pour craindre le retour prochain de l'indisposition, on devra nourrir l'animal, pendant un certain temps, de soupe au lait étendu d'eau, ou encore de soupes aux pommes de terre, ou enfin de viandes crues. Les os, si on lui en donne, devront être toujours en petite quantité, tendres, spongieux, c'est-à-dire d'une mastication et d'un broiement aussi faciles que possible.

CONTUSION. — **Définition**. — Lésion physique, sans déchirure de la peau, déterminée sur une partie quelconque du corps, soit par un choc violent, soit par la pression plus ou moins prolongée d'un corps obtus et pesant.

Un des signes les plus caractéristiques de la contusion consiste dans ce fait tout particulier que, malgré le froissement, la meurtrissure, les dilacération et déchiqueture profondes, si l'on peut s'exprimer ainsi, des tissus sous-cutanés, il n'existe dans le tégument externe aucune solution de continuité appréciable.

Causes. — On les divise en *externes*, et en *internes*.

Causes externes. — Les plus ordinaires sont : les chocs, les heurts contre des corps durs, résistants, à surfaces polies; les coups portés à l'aide d'un bâton dépourvu, par exemple, de toute aspérité et de toute rugosité; les chutes violentes sur un sol uni, non rocailleux, etc., sans qu'il en résulte pour la peau le moindre dommage apparent.

Causes internes. — On ne signale guère, comme cause interne, que le *choc par contre-coup*, choc dont l'effet immédiat est la contusion connue, à cause de cela, sous la dénomination de *contusion par contre-coup*. Ce choc intérieur, consécutif au choc extérieur, porte son action sur les organes intérieurs qui, en se pressant vivement et brusquement les uns contre les autres, se meurtrissent mutuellement et se contondent, comme s'ils avaient été frappés directement. Il n'est pas rare de voir succéder à ces sortes d'accidents les maladies les plus graves et les plus dangereuses.

Désordres organiques produits par les corps contondants. — Nous nous bornerons à signaler les principaux cas; ils sont au nombre de trois.

1° Dans les cas simples, si la pression exercée par le corps contondant a été, tout à la fois, et faible, et de courte durée, le tissu cellulaire sous-cutané n'est altéré que très superficiellement. La peau n'est tachée que d'une ecchymose noirâtre peu prononcée et de peu d'étendue.

2° Quand l'action des corps contondants s'est fait sentir avec plus d'énergie; quand, par conséquent, elle a déterminé la rupture de quelques vaisseaux sanguins, une dépression de la peau, peu après l'accident, à l'endroit même où existe cette rupture, en est d'abord l'indice, jusqu'à ce que l'apparition d'une tache noire plus ou moins foncée en devienne le signe le plus confirmatif.

3° Lorsque, en troisième lieu, l'action vulnérante a été beaucoup plus intense encore : ce ne sont plus alors de simples meurtrissures que l'on constate, mais des désordres organiques profonds. Le tissu cellulaire est souvent pour ainsi dire broyé; des muscles sont déchirés, dilacérés même; des os fracturés, etc. Dans ces cas particuliers, la peau porte toujours une empreinte généralement prononcée, qui persiste quelque temps après l'accident, et l'ecchymose qui l'accompagne, toujours prompte à se produire, est en outre étendue et d'une couleur noire foncée. Les lésions de cette gravité ne se remarquent, toutefois, que là où les parties sous-jacentes à la peau reposent directement sur des os, ou sur des pièces cartilagineuses d'un certain volume.

Si les contusions peuvent exister sans déchirure de la peau, il peut arriver aussi qu'elles se compliquent de solutions de continuité extérieures. Elles ne constituent plus alors de *simples contusions*; elles deviennent de véritables plaies, et prennent, en raison de leur nature, le nom de *plaies contuses*.

Effets des contusions. — On les divise en *effets primitifs*, et en *effets consécutifs*.

Effets primitifs. — Très variés dans leur expression, les effets primitifs sont, en général, caractérisés par une douleur locale plus ou moins intense, et, suivant la gravité du mal, par une simple gêne immédiate, ou une impossibilité absolue de mouvement, compliquée d'un épanchement de sang dans les parties contuses. Lorsque la contusion a intéressé les tissus profonds, c'est une infiltration et un gonflement qui se développent et qu'accompagnent, tantôt un engourdissement pur et simple, tantôt une douleur sourde, ou une douleur vive et pénétrante.

Il arrive quelquefois que, sous l'influence d'une contusion très violente ou d'une forte commotion, les solides que recouvre la peau se trouvent en quelque sorte broyés et à demi mortifiés. Lorsque ce cas se présente, la région atteinte est frappée d'une immobilité absolue et d'un engourdissement quelquefois si profond, que ce dernier s'oppose, momentanément, à ce que la douleur se produise et se manifeste, au point de rendre le blessé inconscient de son état.

Quant aux ecchymoses qui résultent des contusions diverses que nous venons de passer en revue, elles varient constamment de couleur et d'étendue, et toujours suivant la gravité de ces mêmes contusions.

Effets consécutifs. — La contusion une fois produite, le sang afflue avec abondance dans la partie lésée, en y déterminant engorgement et tuméfaction. Au bout de très peu de temps, la tumeur fait des progrès rapides, et l'on ne tarde pas à constater, conjointement avec l'augmentation de volume, une sensibilité excessive, et une élévation de température souvent appréciable par la main, même la moins exercée.

Vingt-quatre heures après l'accident, la période de réaction commence; si la meurtrissure est simple, légère, l'inflammation s'empare de la tumeur et parcourt ses phases différentes d'une manière régulière, en donnant, ou non, naissance à des abcès.

Mais si les meurtrissures sont accompagnées de broiements comminutifs; si, en outre, elles se développent sur une vaste étendue, le plus ordinairement, le sang épanché forme dépôt, empêche l'inflammation de s'établir, et, à moins que l'on n'y apporte un prompt remède, favorise l'envahissement de la gangrène, que, la plupart du temps, aucune opération ne peut arrêter dans sa marche.

Pronostic. — Le pronostic n'offre aucune gravité quand les contusions sont simples et légères. Elles guérissent presque d'elles-mêmes dans l'espace d'une quinzaine de jours.

Les chances de guérison sont beaucoup moins certaines chez celles qui ont donné lieu, ne fût-ce même qu'à une quasi-dilacé-ration des tissus mous. Quoiqu'elles soient encore assez curables, elles demandent néanmoins plus de temps, trois semaines, un mois pour disparaître complétement.

Quant aux contusions compliquées de broiement des parties molles ou dures, elles doivent toujours être considérées comme présentant une sérieuse gravité.

Traitement. — L'intégrité de la peau ne doit point servir seule de guide et de mesure dans le traitement des contusions. Il arrive assez fréquemment, en effet, qu'il n'existe extérieurement aucune lésion grave, quoique les organes que semble avoir protégés le tissu cutané soient non seulement profondément, mais encore très dangereusement atteints. On se trouvera toujours bien de ne pas l'oublier, et d'explorer soigneusement la région malade.

Contusions légères. — Contrairement aux idées qui, aujourd'hui encore, ont cours dans le vulgaire, c'est faire preuve de sagesse que de proscrire, au début du traitement, des contusions légères, les liqueurs spiritueuses, l'eau-de-vie camphrée, la teinture d'arnica, les solutions de boule de Nancy, etc., toutes préparations dont le moindre inconvénient est de provoquer, à la surface de la peau, une irritation toujours inutile, sinon nuisible. Les compresses trempées dans de l'eau froide qu'on renouvelle à mesure qu'elles s'échauffent ; l'eau végéto-minérale ou eau blanche; l'eau vinaigrée ou salée-vinaigrée, etc., sont incontestablement les meilleurs topiques qu'on puisse employer : ces agents jouissent, sans exception, de propriétés curatives auxquelles nulles autres ne sauraient être comparées. Le froid qu'ils produisent, entretenu avec persévérance pendant vingt-quatre ou quarante-huit heures, suivant la gravité des accidents, suffit ordinairement, à lui seul, pour empêcher l'inflammation de s'établir dans les tissus malades, ou, au moins, pour en modérer les effets fâcheux, pour les prévenir le plus souvent. Il est démontré aujourd'hui que le travail réparateur de la force vitale suffit, à lui seul, pour faire disparaître, dans les organes contus, les désordres de peu d'importance.

Contusions profondes. — Si l'on a affaire à une contusion profonde, à une contusion, par exemple, qui a porté sur les membre, ou sur les parois extérieures des cavités splanchniques, les sangsues, les ventouses scarifiées, la saignée générale, une compression méthodiquement graduée, sont spécialement indiquées.

Mais, si le retard apporté au traitement du blessé a permis à l'inflammation d'entrer en mouvement et de commencer son travail, l'emploi des réfrigérants et des résolutifs n'ayant plus de raison d'être, il faut les remplacer par les topiques émollients, tels que les cataplasmes simples, ou les compresses à l'eau de pavot, légèrement arrosés, les uns et les autres, de laudanum de Sydenham.

Lorsque, malgré le traitement adopté, des abcès sont en voie de formation, tous les soins doivent se borner à en diriger la marche, et à les conduire à maturité, en se conformant, en tout point, aux règles que nous avons données dans le chapitre qui leur est consacré.

Contusions violentes compliquées de fractures comminutives. — Eu égard aux contusions violentes avec broiements et mortification des parties lésées à ce point, que, dans l'immense majorité des cas, la grangrène est inévitable, elles offrent peu de chances de guérison. L'amputation est souvent la seule et unique ressource qu'il soit possible de leur appliquer. A notre avis, mieux vaut sacrifier le patient, que lui infliger cet inutile supplice.

11

CYSTITE. — **Définition**. — C'est par le nom de *cystite* qu'on désigne l'inflammation de la muqueuse vésicale. Elle est encore connue sous celui de *catarrhe vésical*. Quoique plus fréquente chez le mâle que chez la femelle de l'espèce canine, la cystite est, après tout, assez rare, aussi bien chez le premier que chez le second de ces animaux.

Division. — On divise la cystite, d'après sa marche, 1° en *aiguë*, 2° en *chronique*.

Causes et symptômes. — 1° **Cystite aiguë**. — Tous les refroidissements, en général, peuvent la déterminer. Il en est de même de la présence, dans la vessie, d'une pierre murale, ou d'un magma terreux très abondant. A ces premières causes dont l'action est toute mécanique, il convient d'ajouter : l'accumulation de l'urine par suite de rétention ; et, plus rarement, l'irritation exercée par la cantharidine sur l'appareil urinaire, après l'application d'un topique vésicant sur un point quelconque voisin de cet appareil, principalement sur la région lombaire, dans les cas de paralysie du train postérieur.

Symptômes. — On reconnaît la cystite, chez le chien, à la difficulté qu'il éprouve à marcher, et surtout à la raideur de toute la partie postérieure de son corps. Le ventre est, de plus, douloureux au toucher vers la région correspondant à la vessie ou région prépubienne. C'est ainsi que débute ordinairement l'évolution des symptômes.

Quelquefois le malade accuse de vives douleurs internes. Il offre alors la plupart des signes caractéristiques et généraux des coliques, quelle que soit d'ailleurs l'origine de ces dernières (voir *Coliques*). Lorsque les douleurs sont occasionnées par des calculs vésicaux, l'exploration rectale en fait foi facilement ; on sent très bien un calcul à surfaces rudes, s'il en existe.

Dans ce cas particulier, et comme signes extérieurs significatifs, les calculeux ont le regard inquiet ; une fièvre plus ou moins intense et le pouls accéléré ; la respiration agitée ; la bouche et le nez chauds et secs ; la miction surtout est difficile et douloureuse. Ils manifestent aussi fréquemment le besoin d'uriner ; mais, malgré leurs efforts, ils ne parviennent ordinairement à évacuer que quelques gouttes d'une urine tantôt trouble, tantôt sanguinolente, tantôt mêlée de mucosités plus ou moins purulentes.

2° **Cystite chronique.** — La cystite chronique est presque toujours consécutive à la cystite aiguë. C'est ce qui arrive lorsque cette dernière a été mal soignée.

Ses symptômes sont : une douleur permanente à la région prépubienne ; des troubles dans l'excrétion de l'urine ; de la langueur dans la nutrition.

Marche. Durée. Pronostic. — Traitée en temps opportun, la cystite aiguë, qui n'offre aucune gravité lorsqu'elle résulte d'un simple refroidissement, se termine régulièrement par résolution dans l'espace de quinze à vingt jours.

La cystite chronique, au contraire, est rarement curable. Il est peu facile d'en préciser la marche et la durée.

Traitement de la cystite aiguë. — Étant donné le cas de cystite aiguë, on doit commencer le traitement par une saignée générale, ou par l'application de sangsues sur la région pubienne ; puis, pour l'intérieur, on prescrit des potions émollientes, mucilagineuses, auxquelles on associe avec beaucoup d'avantage le camphre à petites doses, et les extraits de jusquiame et de belladone.

Ces moyens réussissent ordinairement dans toutes les cystites simples.

Lorsque les douleurs sont vives et déterminent des coliques, il faut alors avoir recours aux fomentations émollientes sur toute l'étendue des parois abdominales ; aux bains tièdes ; aux cataplasmes mucilagineux et anodins souvent renouvelés ; aux lavements de même nature, tous agents parfaitement indiqués et se recommandant d'eux-mêmes.

Nous avons vu que la cystite se complique quelquefois de rétention d'urine. Il est une précaution d'ordre à prendre tout d'abord, c'est d'en chercher la cause. On évacue ensuite l'urine à l'aide de la sonde ; et l'on se guide, à l'égard du traitement, sur le diagnostic porté.

Quant à la cystite calculeuse, il n'y a que l'opération de la cystotomie qui puisse en tirer raison.

Traitement de la cystite chronique. — Les premiers soins à appliquer à la cystite chronique, ou catarrhe vésical, ne diffèrent point sensiblement de ceux que nous venons de passer en revue. Mais pour terminer le traitement, il y a lieu de substituer à la médication émolliente et calmante les agents légèrement excitants et les diurétiques. On fait alors particulièrement usage des balsamiques, auxquels on associe des substances résineuses et des huiles essentielles.

DARTRE. — **Définition** — On a confondu sous cette dénomination générique un si grand nombre d'irritations différentes, qu'il est difficile d'en donner une définition suffisamment exacte, pour qu'elle puisse les embrasser toutes et leur être applicable sans distinction. Dailleurs, depuis que l'étude des maladies de la peau a permis d'établir, pour elles, comme pour les autres maladies, une classification méthodique et rationnelle, celle d'Alibert, par exemple, le terme générique de **dartre** est presque universellement rejeté.

Nous donnerons néanmoins la définition ancienne de la dartre, non que nous y attachions quelque importance; mais uniquement en raison de l'usage que l'on fait encore aujourd'hui de ce mot en vétérinaire. La *dartre*, pour tous les praticiens, consiste dans une perversion de la sécrétion de l'épiderme. Ce caractère unique (il sera facile, plus loin, de s'en convaincre) est parfaitement applicable aux quelques irritations cutanées que nous groupons dans la division qui suit.

Division des dartres. — Les vétérinaires, pour la plupart, distinguent les dartres : 1° en *D. furfuracées;* 2° en *D. squameuses;* 3° en *D. croûteuses;* 4° en *D. rongeantes;* 5° en *D. rouges.*

Causes. — Une prédisposition particulière, inconnue dans sa nature, héréditaire ou acquise, telle est, paraît-il, la principale origine des dartres, du moins chez les animaux de l'espèce canine; vient ensuite la contagion. Beaucoup d'entre elles se communiquent, en effet quelquefois, par l'action d'un *contagium* particulier. Mais ces deux origines ne sont pas les seules.

A ces causes que personne ne conteste, vient s'ajouter ensuite, particulièrement, tout ce qui peut irriter la peau, soit directement, soit d'une manière indirecte. Personne n'ignore, à cet égard, la facilité avec laquelle elles se développent à l'époque des grandes chaleurs de l'été, lorsque leur influence, déjà si morbifique par elle-même, est aidée encore par la malpropreté ainsi que par les poussières irritantes que, dans cette saison, l'air soulève si facilement et dépose à la surface de la peau, et dont l'effet immédiat, en y adhérant, est de s'opposer à toute transpiration régulière. Personne n'ignore, non plus, que l'usage prolongé d'aliments irritants, gâtés, aqueux, grossiers, indigestes, comme le sont toujours ceux que les chiens trouvent dans les tas d'ordures, sont aussi parfaitement aptes à les produire; et enfin qu'il en est absolument de même des scrofules, des gales anciennes, etc. Pas n'est besoin d'être médecin pour le comprendre.

Symptômes. — 1° *Dartre furfuracée*. — Cette dartre est caractérisée par de légères exfoliations épidermiques, sortes d'écailles adhérentes à la peau, ayant une grande ressemblance avec des pellicules de son. La partie du tissu cutané qu'elles recouvrent est plus épaisse qu'ailleurs. Le malade, tourmenté par un prurit insupportable, se gratte avec ses pattes et fait tomber une partie de ses poils, en même temps que les furfures, mettant ainsi à nu des surfaces plus ou moins étendues d'un rouge ordinairement très vif. Il s'exhale, en outre, du tissu cutané une odeur désagréable, presque fétide.

La dartre furfuracée se rencontre communément sur le dos du chien, autour des yeux et à l'encolure. Elle paraît être contagieuse.

2° *Dartre squameuse*. — Des écailles sont aussi le signe caractéristique de cette espèce de dartre. Elles sont plus larges que les furfures, et se détachent plus facilement qu'elles. La peau, rouge dans un ou plusieurs points de sa surface, est le siège d'une chaleur brûlante. Il s'y forme presque toujours de petites pustules qui causent au malade un prurit insupportable. Dans son impatience, le chien les gratte alors avec une sorte de fureur, et les déchire avec ses ongles. En dernier lieu, la peau devient plus épaisse, les poils tombent et l'épiderme se fendille, pour se détacher bientôt sous forme d'écailles larges, humides et transparentes.

La dartre squameuse passe pour être contagieuse.

Le nez, les lèvres, les oreilles, la face interne des cuisses, sont les régions où on l'observe le plus ordinairement.

3° *Dartre croûteuse ou crustacée*. — Cette dartre particulière est caractérisée par des croûtes jaunes, grises ou verdâtres, de formes variées, succédant à de petites pustules, et qui séjournent, pendant un temps plus ou moins long, à la surface de la peau, dont elles déterminent quelquefois l'ulcération chez certains sujets.

Le chien est fréquemment atteint de dartres croûteuses.

4° *Dartre rouge*. — La dartre rouge se manifeste par le développement, à la surface de l'épiderme, de fines élevures qui forment des taches rouges de grandeur variable, et toujours irrégulières. Le corps peut quelquefois être complétement envahi. Le prurit violent qu'éprouve, dans ce cas, le malade, l'oblige à se gratter d'une manière incessante.

Cette dartre est remarquable par sa grande et excessive ténacité. Elle peut ne durer que quelques mois, si elle est circonscrite; des années entières, lorsqu'elle est générale.

Les régions qui en sont le plus souvent atteintes sont : le ventre, le plat des cuisses, et les pattes.

3° *Dartre rongeante.* — On désigne sous ce nom une inflammation circonscrite de l'enveloppe cutanée. Une tuméfaction dure et inégale ; la rougeur de la peau là où elle est malade ; un prurit insupportable et douloureux, tels sont les premiers symptômes de cette phlegmasie. Bientôt après apparaît une pustule qui ne tarde pas à s'ulcérer, et de laquelle s'écoule une sérosité âcre et corrosive.

A partir du moment où la sécrétion est établie, on voit le pus se concréter et former des croûtes que le malade fait tomber en se grattant jusqu'au sang. Mises ainsi à découvert, les plaies qui en résultent détruisent peu à peu le tissu de la peau jusqu'au derme, en s'entourant d'un bord épais et induré.

La dartre rongeante est contagieuse pour la plupart des praticiens. Elle attaque quelquefois les testicules, et, de là, se propage à la croupe.

Caractères communs aux dartres. — Les dartres, quelle qu'en soit la nature, offrent généralement un caractère particulier de ressemblance, c'est celui de tendre à se propager dans toutes les directions à la surface de la peau, voire même de quitter cette dernière pour envahir l'une ou l'autre des muqueuses superficielles et apparentes.

Traitement. — 1° *Dartre furfuracée.* — Les soins de propreté ; les lotions ; les bains de son ou savonneux ; toutes les pratiques d'une hygiène bien appropriée, conviennent très bien au début de la maladie. Dans le cas où la guérison se ferait attendre, c'est le soufre, sous toutes les formes, à l'intérieur et à l'extérieur, auquel il faudrait avoir recours. Plus tard, on peut employer l'eau phagédénique ; la solution de sublimé corrosif ; les frictions légères de sulfure de carbone ; les badigeonnages avec la glycérine iodée ; les vésicants appliqués sur la dartre même, etc., etc.

L'action des purgatifs à petites doses alternant avec celle du traitement externe, produit, en général, les meilleurs effets.

Si, en raison de sa violence, il y a lieu de combattre le prurit, les décoctions de morelle, de jusquiame, de têtes de pavots ; le lait, la glycérine, etc., en viendront facilement à bout.

2° *Dartre squameuse.* — Plus tenace que la précédente, la dartre squameuse exige un traitement plus énergique. Indépendamment des topiques nombreux que nous venons de passer en revue, il sera bon : tantôt de lotionner les parties malades avec les liqueurs astringentes, minérales ou végétales ; tantôt de les exciter légèrement, soit en les frictionnant avec le sulfure de carbone, soit en les touchant avec le nitrate d'argent, la teinture d'iode pure, le sublimé corrosif, afin de les cautériser superficiellement, et de changer ainsi la nature de l'inflammation. Dans les cas où le mal se montre rebelle et tout à fait tenace, on peut essayer de modifier l'état constitutionnel du sujet, en lui administrant, à l'intérieur, de la liqueur de Fowler, ou toute autre préparation arsenicale.

On aura soin, en outre, et aussi longtemps que le demandera la maladie, de prescrire les purgatifs laxatifs, à petites doses, tous les trois ou quatre jours.

3° *Dartre croûteuse ou crustacée*. — Le traitement de cette affection ne diffère en rien de celui de la dartre squameuse ; nous n'avons rien à signaler ici de particulier.

4° *Dartre rouge*. — Comme la plupart des affections cutanées saisies dès leur début, la dartre rouge du chien résiste rarement aux bains d'eau tiède, de son ou de carbonate de soude. Il importe avant tout, en effet, que la peau soit nettoyée à fond. On peut également compter sur un succès à peu près certain avec les frictions légères au sulfure de carbone ; les lotions faites avec l'eau glycérinée ; les applications de glycérine iodée qu'on étend à l'aide d'un pinceau sur les parties malades. Pendant toute la durée du traitement, on purge légèrement l'animal deux ou trois fois par semaine.

5° *Dartre rongeante*. — Beaucoup plus difficile à guérir que les précédentes, la dartre rongeante ne cède guère qu'à un traitement d'une certaine énergie. Les cautérisations au nitrate d'argent, ou au nitrate acide de mercure, voire même au fer rouge, y jouent un grand rôle. On retire aussi d'excellents effets de l'huile de cade vraie, et surtout des badigeonnages faits avec la teinture d'iode ou la teinture de cantharides, ces deux dernières préparations pharmaceutiques étant essentiellement irritantes et surtout substitutives. Il y a lieu souvent, en effet, dans ce traitement tout spécial, de changer la nature de l'irritation cutanée. C'est le moyen le plus sûr d'en obtenir la guérison.

Il va de soi qu'on ne négligera ni les purgatifs administrés à petites doses et souvent, ni les bains sulfureux ou autres. Lorsque les testicules sont fortement menacés par la dartre rongeante, la castration est le remède, le seul, auquel on puisse avoir recours.

Régime commun aux chiens dartreux. — Le régime

qu'il convient de faire suivre aux chiens dartreux doit être avant tout alibile et doux. Les dartres, tout le monde le sait, lorsqu'elles ont envahi la plus grande partie de la surface cutanée, épuisent vite et profondément l'organisme. On prévient ordinairement, ou on limite l'étendue de leurs ravages en nourrissant les malades avec des bouillons de mouton ; avec des tripes, ou des têtes de moutons préalablement cuites ; avec du pain préparé au sang desséché, avec du sang desséché et granulé, etc. Des pommes de terre cuites, associées à tous ces produits azotés, constituent aussi une cuisine qu'on ne saurait trop recommander.

DIARRHÉE. — **Définition**. — *Diarrhée*, tel est le nom qu'on donne à une indisposition qui résulte, tantôt de l'inflammation aiguë et passagère de l'intestin côlon, tantôt de son inflammation chronique.

Connue encore sous les noms de *cours de ventre*, de *dévoiement*, la diarrhée n'est, le plus souvent, que le symptôme d'affections diverses, quelquefois même d'une simple exagération de la sensibilité de la muqueuse intestinale, affections qui n'ont de commun, entre elles, que la fréquence et la liquidité des déjections alvines, par lesquelles elles se manifestent ordinairement.

Division. — On distingue, chez le chien, plusieurs espèces de diarrhées : 1° la *diarrhée idiopathique* ; 2° la *diarrhée chronique* ; 3° la *diarrhée symptomatique* ; 4° la *diarrhée critique*.

La diarrhée est très fréquente chez les animaux de l'espèce canine, principalement l'idiopathique et la chronique, les seules dont nous nous occuperons.

Causes et symptômes. — 1° *Diarrhée idiopathique ou aiguë*. — Elles sont nombreuses et variées, et susceptibles, pour cette dernière raison, d'être classées méthodiquement en plusieurs catégories ainsi que nous allons le faire.

1° **Action de l'air et de l'eau**. — L'impression subite du froid ; les variations brusques de température, pendant toute la durée de la mauvaise saison, lorsque, aux vents secs et froids du nord et de l'est, succède un vent d'ouest froid et humide ; les immersions brusques dans une rivière ou une mare immédiatement après, ou pendant une course rapide ; l'influence prolongée d'une habitation froide et humide, sont les causes les plus fréquentes de la diarrhée. Quand la diarrhée se présente avec le caractère épizootique, c'est évidemment à l'air atmosphérique qu'il faut l'attribuer.

2° **Régime**. — Nombre de chiens soumis à un régime alimentaire défectueux sont atteints de diarrhée. On peut citer en particulier les animaux auxquels on donne des aliments trop gras; une nourriture animale trop longtemps continuée; des aliments indigestes pris en trop grande quantité, la graisse de suif, par exemple, le pain moisi gâté, le lait aigre, etc. Mais, de tous les individus de leur espèce, ce sont les jeunes chiens qui ont le plus à souffrir de ce régime, surtout lorsqu'on les y soumet plusieurs jours de suite.

3° **Abus des purgatifs**. — La diarrhée se manifeste également, et même avec une certaine intensité, à la suite de l'emploi abusif des purgatifs drastiques et des empoisonnements.

4° **Influences physiologiques**. — Certains états physiologiques donnent presque constamment lieu à la diarrhée chez le chien. On peut en accuser, en particulier, la suppression trop brusque d'un exanthème; l'étisie; la présence des vers dans l'intestin; comme encore quelques maladies, graves de leur nature, telles que la *maladie des chiens* proprement dite, la fièvre typhoïde, etc.

Symptômes. — La fréquence et la liquidité des déjections alvines sont les caractères pathognomoniques de la diarrhée aiguë. Se montre-t-elle légère, bénigne, les évacuations ne dépassent pas les nombres de cinq ou six par jour; est-elle, au contraire, vive et intense, les selles peuvent se répéter jusqu'à seize fois et plus. Il arrive même, quoique le cas soit assez rare, qu'elles s'échappent involontairement.

D'une manière générale, chez la plupart des malades, avant que le flux de ventre ne fasse explosion, le patient perd l'appétit; est tourmenté par des nausées; éprouve des coliques, des tortillements de ventre avec accompagnement de borborygmes, etc. Son nez et sa langue sont, en outre, chauds, secs et arides.

Les déjections ne tardent pas à succéder à ces symptômes précurseurs. En général, elles sont de couleur très variable, et toujours d'une odeur plus fétide que dans l'état normal.

Si les diarrhées sont peu abondantes ou de courte durée, elles n'occasionnent que peu de trouble dans l'organisme; souvent même elles neutralisent une maladie beaucoup plus grave qui était sur le point de se déclarer. Mais, par contre, plus les évacuations sont fréquentes et copieuses, plus leur retentissement sur l'économie animale tout entière fait courir de dangers au malade. On remarque, alors, que les matières alvines, devenues

11.

séreuses et sanguinolentes, sont en même temps très irritantes.

Lorsqu'il en est ainsi, il n'est pas rare de voir le rectum s'enflammer et s'ulcérer superficiellement, au point que le patient, inévitablement affecté de ténesme et d'épreintes, croit avoir toujours quelque chose à évacuer, et cherche, par de continuels efforts, à s'en débarrasser, sans arriver à d'autre résultat qu'à une fatigue épuisante.

Quand la diarrhée persiste avec ce cortège de caractères, l'animal maigrit rapidement; perd ses forces; se traîne plutôt qu'il ne marche; est dévoré d'une soif inextinguible ; et, définitivement, tombe dans le marasme le plus complet.

Causes et symptômes. — 2° *Diarrhée chronique*. — Les chiens dont la constitution a subi de profondes atteintes de la part de la misère, des excès de fatigues, de maladies de peau invétérées ; etc., les chiens malingres, en un mot, sont presque toujours atteints de diarrhée chronique. C'est, pour eux, à peu près un état normal. Chez eux, les déjections diffèrent sensiblement de celles dont nous venons de parler. Elles sont d'abord peu fréquentes et peu abondantes ; en outre, elles ne déterminent, pour ainsi dire, ni efforts expulsifs, ni coliques. Malgré cela, les évacuations de cette nature n'en sont pas moins une cause incessante d'épuisement qui, à la longue, se termine inévitablement par la mort de l'animal.

Marche. — Durée. — Pronostic. — Ordinairement, la diarrhée légère se guérit facilement en deux ou trois jours, par résolution. Quant à la diarrhée intense, elle ne cède guère qu'au bout d'un temps plus long, en quinze, vingt ou trente jours, si elle guérit. Le pronostic, en général, en est toujours grave. Le fait est que, si les malades sont âgés, usés par le travail ou par des maladies anciennes, ou s'ils sont encore dans la période de la croissance, c'est-à-dire très jeunes, à peine formés, il leur est difficile de résister au mal qui les ruine.

Les diarrhées chroniques sont presque toujours rebelles et tenaces. On en obtient rarement la guérison.

Traitement. — 1° *Diarrhée idiopathique aiguë*. — Aucun traitement n'est plus simple que celui de la diarrhée ordinaire, et cela dans la très grande majorité des cas, lorsqu'elle n'est le symptôme, ni d'une affection intérieure grave, ni de l'épuisement, ni de la *maladie des chiens*. De simples lavements mucilagineux à l'eau de son ou de graine de lin ; des lavements légèrement laudanisés ; des tisanes de camomille ou d'absinthe, etc. ; un régime adoucissant composé principalement de soupes préparées avec biscuit au sang de bœuf, ou même avec sang de bœuf desséché et granulé, à dose modérée, suffisent pour faire disparaître l'indisposition diarrhéique en très peu de temps.

Bien différent est le traitement de la maladie, lorsqu'elle éclate avec violence.

D'abord, et avant de rien entreprendre, on devra commencer par renfermer le malade dans un local exempt d'humidité, à température douce ; puis, ces précautions prises, on aura, sans retard, recours à une double médication, *intus et extra*, qu'on devra diriger scrupuleusement de la manière suivante :

À l'extérieur, l'état de l'animal ayant été préalablement étudié avec attention et bien connu, on pratiquera indifféremment sur les parois du ventre, ou des frictions de liniment ammoniacal, ou des frictions ou des embrocations à l'huile camphrée. Cependant, nous ferons observer que, si rien ne commandait une action énergique, on pourrait se contenter de cataplasmes anodins, qu'on renouvellerait souvent, en ayant soin, dans l'un et l'autre cas, d'administrer alternativement des lavements laudanisés et des lavements astringents, de l'extrait de saturne, etc.

En ce qui concerne les médicaments pour l'usage interne : ce sont les tisanes ou les injections de camomille, associées aux décoctions de feuilles de ronces ; les pilules de tanin, de ratanhia ; les pilules opiacées ; le bismuth, etc., auxquels il conviendrait surtout d'avoir recours. Ils sont tous doués d'une efficacité sur laquelle il est parfaitement permis de compter. Dans les cas graves, une diète sévère est de rigueur.

Eu égard aux jeunes chiens, dont la constitution diffère essentiellement de celle des adultes et des chiens âgés, ils devront être soumis à un traitement beaucoup moins énergique. Pour eux, on se bornera à la magnésie calcinée ; au bismuth en pilules ou en breuvages ; aux tisanes de têtes de pavots additionnées de deux ou trois gouttes de laudanum ; à l'ipécacuanha en poudre. On pourra insister particulièrement sur ce dernier.

Le régime des convalescents demande toujours à être dirigé avec une grande prudence. Il ne devra se composer que d'aliments mous, tels que bouillons, soupes au biscuit de sang de bœuf, jaunes d'œufs ou œufs entiers battus avec du lait tiède, etc. Si l'on donne un peu de viande, elle devra être cuite et de facile digestion.

2° *Diarrhée chronique.* — La diarrhée chronique ne réclame, en général, pour sa part, que des soins hygiéniques persévérants.

Cela ne veut pas dire, toutefois, que l'administration de quelques agents médicamenteux soit parfaitement inutile. On fera prendre, au contraire, avec beaucoup d'avantage : à l'intérieur, du vin de gentiane ou du vin de quinquina afin de réveiller et stimuler l'estomac et l'intestin, ou tout autre élixir astringent tonique, etc., etc.; à l'extérieur, des lavements astringents, préparés avec des substances végétales, et mieux encore avec des sels minéraux, l'extrait de saturne, en particulier.

Il va de soi que le régime diététique du malade sera l'objet d'une scrupuleuse attention. On devra s'évertuer à tonifier l'animal par tous les moyens possibles, en adoptant la viande comme base de ce régime À cet effet, ou commencera par donner des soupes au biscuit animalisé par le sang de bœuf; du bouillon dans lequel on délayera du sang de bœuf desséché et granulé; et, aussitôt que la santé se relèvera d'une manière sensible, on fera manger de la viande au convalescent, peu d'abord, en plus grande quantité, plus tard, suivant les progrès de la guérison.

Nous ne disons rien ici du traitement de la diarrhée déterminée par les vers ou par la *maladie des chiens*. Il a sa place naturelle dans les chapitres que nous avons consacrés à l'une et à l'autre de ces affections particulières.

DRESSAGE. — **Définition**. — L'opération du *dressage* est la plus importante de toutes celles auxquelles on peut soumettre les chiens qu'on se propose d'utiliser au travail. Elle comprend l'ensemble des moyens propres, non pas seulement à assouplir et à former leur caractère, mais bien encore et principalement à préparer et habituer leur corps aux différents travaux qu'on va bientôt leur imposer, à tous : à ceux-ci, d'après leur conformation particulière; à ceux-là, en raison de leurs aptitudes à tel ou tel service spécial.

L'espèce canine se compose d'un assez grand nombre de races bien déterminées, dont chacune, prise séparément, est douée de dispositions qui souvent, n'appartenant qu'à elle seule, constituent, à son profit, une véritable caractéristique. Il est digne de remarque, à cet égard, que ces dispositions spéciales, lorsqu'elles sont partagées, mais à un degré inférieur, par d'autres races, d'une valeur douteuse, n'y existent souvent, pour ainsi dire, qu'à l'état d'ébauche, et à peu près inutilisables, à moins que, par le dressage, elles ne reçoivent le perfectionnement qui leur manque.

Chez les premières de ces races, comme chez les secondes, chez les secondes particulièrement, ce sont ces qualités caractéristiques qui doivent, avant tout, préoccuper l'éleveur. Son intérêt le plus impérieux, en effet, est qu'il travaille promptement à les cultiver avec une minutieuse attention, aussitôt que son jeune élève, parvenu à l'âge adulte, et en possession de la plénitude de ses moyens d'action, se trouve tout à fait en état de répondre, à bref délai, aux exigences variées d'un entraînement méthodique.

Age propre au dressage. — Quelque pressé que l'on soit d'utiliser le chien et d'en obtenir des services, on ne devra jamais commencer son instruction, ni son éducation techniques, avant qu'il ait deux ans révolus. Pour lui, comme pour tout autre animal, avec un dressage intempestif, il serait difficile, sinon d'empêcher son usure prématurée, au moins de ne pas compromettre les qualités qu'il possède.

Division du dressage. — Le dressage, envisagé sous le double rapport des aptitudes communes à toutes les races, et du genre de service que quelques-unes paraissent destinées spécialement à remplir, peut être divisé : en *dressage pour le travail* et en *dressage pour services spéciaux*.

Dressage du chien pour le travail. — Les animaux de l'espèce canine constitués pour le travail, proprement dit, sont le plus ordinairement employés à *traîner* de petites voitures chargées, ou à *tourner* la roue des couteliers, cloutiers, etc.

Chien d'attelage ou de tirage. — De toutes les races de chiens, la Mâtine est incontestablement celle qui mérite, à beaucoup près, la préférence, lorsqu'il s'agit d'un travail aussi fatigant que celui de l'attelage ; et dans l'accomplissement duquel la force musculaire joue le rôle principal, il faut même dire le plus grand rôle. Doué d'une rusticité à toute épreuve, le Mâtin est franc et plein d'ardeur à la besogne ; et, s'il n'est pas le plus intelligent des animaux de son espèce, il possède du moins, en compensation, deux qualités précieuses : une grande docilité, et une grande sobriété.

Comme première règle à observer dans ce genre de dressage : on ne devra jamais atteler d'emblée le chien de travail à un chariot chargé, avant de l'avoir soumis, au préalable, à un exercice préparatoire. Il en est du mâtin, comme de tout autre animal domestique utilisable au tirage des voitures ; malgré sa remarquable aptitude, il a besoin qu'on lui fasse connaître, tout d'abord, l'outillage qui lui est destiné, ses harnais, et sa voiture, et qu'on le familiarise avec eux.

Afin de procéder avec méthode : le premier jour, et pendant quelques jours de suite, trois ou quatre, par exemple, on se contente de le *garnir*, pour employer l'expression consacrée par l'usage ; et on le promène, ainsi affublé, afin de l'accoutumer au frottement des différentes pièces de son harnachement. Rien autre chose à faire.

Une fois ces premières leçons données, il peut, sans inconvénient, être attelé seul, ou, ce qui est préférable, avec un chien parfaitement dressé, à un billot en bois d'un certain poids que l'on fixe au collier à l'aide de deux lanières ou cordes légères. Lorsqu'il est ainsi harnaché ; sans désemparer, on le conduit, pour le lui faire traîner, sur une route aussi unie et battue que possible. S'il arrive alors que l'on soit obligé de le maintenir, surtout de l'empêcher de se livrer à toutes sortes de mouvements et d'écarts désordonnés, dont, plus tard, il ne se déferait qu'avec beaucoup de difficulté, on attache, par précaution, une laisse au sommet du collier à un anneau à ce destiné, et on guide l'attelage à la main, en le stimulant par des caresses,

Avec un sujet docile et intelligent, l'habitude de tirer régulièrement ne se fait pas attendre longtemps.

Aussitôt que l'on peut constater qu'elle est suffisamment acquise, on complète l'instruction de son élève en le mettant à une *voiture vide*, et l'exerçant comme il vient d'être dit. Ce dernier exercice du dressage méthodique, tout en l'accoutumant, comme le précédent, au frottement des harnais, est surtout destiné à le familiariser avec les secousses occasionnées par le balancement des brancards, avec le bruit des roues, les cahots, et la parole du commandement.

Pour peu que l'exercice dure un certain temps, il est bon et même nécessaire d'arrêter l'animal, et de le faire respirer. Un repos de dix à quinze minutes suffit ordinairement. Immédiatement après, on reprend la marche pour la suspendre encore plusieurs fois de suite, selon les besoins. On procède de la même manière, aussi longtemps que cela est nécessaire, jusqu'à ce qu'il soit évident, pour le dresseur, que le chien comprend bien ce qu'on lui demande comme travail, et qu'il se rend parfaitement compte lui-même des ordres auxquels il doit obéir.

Ces résultats obtenus, l'animal n'a plus rien à apprendre ; son éducation est terminée. Désormais, on peut lui faire traîner toutes sortes de fardeaux ; pourvu toutefois qu'on ait la précaution de commencer par des charges légères ; et de ne les augmenter que

d'une manière graduelle, en s'arrêtant toujours en deçà des
moyens d'action de l'animal, sans les dépasser jamais, sous
aucun prétexte.

Voitures. — Les voitures auxquelles on attelle les chiens sont
de deux sortes : les plus simples n'ont que deux roues ; les autres
roulent sur quatre. Elles peuvent, en outre, être pourvues, ou
non, de ressorts. Dans les voitures à deux roues, véhicules auxquels on n'adapte jamais de ressorts, la caisse s'appuie directement sur l'essieu, et s'y fixe à l'aide de solides boulons à écrous.
Dans les voitures à quatres roues, au contraire, toutes ordinairement munies de ressorts au nombre de quatre, la même caisse
s'appuie sur leur sommet légèrement recourbé, et se trouve ainsi
suspendue.

Avec une *voiture à deux roues*, le chien porte double charge :
le poids, d'abord, de la marchandise à traîner ; ensuite, le poids
des brancards augmenté de celui de la caisse. Il y a là un grave
inconvénient qui saute aux yeux de lui-même. Il est de toute
évidence que la partie des forces que le chien dépense pour
faire équilibre au véhicule qui pèse sur les reins est entièrement perdue pour la traction du fardeau dont la voiture est
chargée.

Cet inconvénient est un des plus sérieux de tous ceux qui sont
attachés aux chariots non suspendus ; il n'est cependant pas le seul
qui existe : il en est encore un second beaucoup plus grave, et dont
souffre particulièrement le chien pendant tout le temps qu'il reste
attelé. A partir du moment où il ébranle sa voiture, jusqu'à celui où
il s'arrête, il reçoit et subit, incessamment, outre le contre-coup de
tous les cahots du véhicule, celui des mouvements oscillatoires de
droite et de gauche de la caisse, balancements qui ne tardent pas
à le fatiguer et l'épuiser infiniment plus que ne le ferait un surcroît de travail. On n'y fait peut-être pas assez attention.

Toutes ces choses méritent d'être signalées ; car personne
n'ignore que le chien est un animal ardent, qui, souvent, loin de
se ménager, marche plutôt, pour ne pas déplaire à son maître,
jusqu'à tomber d'épuisement, à bout de forces, mais non de
bonne volonté.

Aucun reproche de ce genre ne saurait être infligé aux *voitures
à quatre roues ;* elles ne présentent que des avantages. Pas n'est
besoin de dire, en effet, que le chien qui les traîne, dispose librement de tous ses moyens d'action pour transporter son fardeau,
sans avoir à se raidir sans cesse contre cahots et secousses. Nous

ne signalons pas d'autre avantage, celui-là nous paraissant avoir une valeur absolument indiscutable.

Sans doute, le frottement de quatre roues sur le sol est plus intense que celui de deux, et nécessite quelques efforts de tirage supplémentaires. Mais ce cas ne se présente guère que dans les montées. Sur les routes horizontales, le tirage est très peu augmenté, et il est, pour ainsi dire, nul dans les descentes. Tout le travail du chien, sur les chemins en pente, se borne à se diriger lui-même, sans être jamais incommodé, ni par le choc des brancards, ni par les oscillations de la caisse.

Il n'est pas rare de voir de petits marchands, des colporteurs, de petits entrepreneurs de déménagement, etc., se servir du chien, à titre d'auxiliaire, pour les aider à rouler leur *voiture à bras*. C'est le mâtin de forte taille qui est surtout propre à ce genre de service. De tous les individus de son espèce, c'est lui, incontestablement, qui offre le plus de solidité et de résistance au travail, etc. A ce titre, nul ne saurait lui être comparé.

On le place ordinairement sous la voiture, où on l'attache à l'essieu. Le dressage de ce sujet, pour peu qu'il ait déjà contracté l'habitude du tirage, ne demande aucun exercice préalable. Fixé, comme il vient d'être dit, derrière son maître, ou attelé lui-même aux brancards, il le suit instinctivement, en déployant presque toujours tout ce qu'il a de force et de bonne volonté. On est journellement à même de le constater *de visu*.

Chien employé à tourner la roue des couteliers et des cloutiers. — Chez les couteliers, on enferme le chien de travail dans une roue, en forme de cage, qu'il fait tourner, et dont le mouvement se transmet à la meule destinée à repasser ou polir les instruments fabriqués dans l'atelier. La même roue, chez les cloutiers, petits fabricants, sert à faire fonctionner le petit soufflet de leur forge.

On peut avoir une idée exacte de la manière de travailler du chien dans les ateliers de clouterie ou de coutellerie, en se représentant les cages tournantes, cylindriques, en fil de fer, destinées à renfermer, soit des écureuils, soit des souris, que nous élevons dans nos appartements pour notre amusement et notre distraction, et à la grande satisfaction des enfants.

Le dressage du chien, dans les ateliers de coutellerie ou de clouterie, comprend les *deux exercices* suivants :

Le *premier* est un *exercice* qui ne constitue pas, à proprement parler, un travail véritable. Il se borne à tenir renfermé le jeune animal, de temps à autre, et peu de temps chaque fois, dans la cage-roue à l'*état de repos*, en mettant à profit les heures pendant lesquelles les ouvriers prennent leurs repas. Il n'est que rationnel de lui faire faire connaissance avec elle.

Quelques jours plus tard, on passe au *second exercice* qui consiste à mettre doucement la roue en *mouvement*. Alors, et pendant qu'elle tourne, on se place autant que possible en face de l'animal à une petite distance ; et, de là, on l'excite du geste et de la voix à marcher dans un sens qui est toujours le même, sans lui permettre jamais de changer de direction. Si l'on possède, ou si l'on peut se procurer un chien bien aguerri, on n'a rien de mieux à faire que de s'en rapporter à sa longue pratique ; de se reposer sur son habileté ; et de le charger seul du dressage de son camarade. Il suffit, pour cela, de les renfermer tous les deux dans le même tambour, les jours de repassage. Au bout de très peu de temps, l'élève, devenu aussi adroit que son maître, n'a plus besoin d'être guidé. Il est désormais assez bien préparé pour compléter lui-même son instruction.

Nous ferons ici une observation qui a son importance. Quoique, une fois mise en mouvement, la roue dont l'axe s'appuie ordinairement sur des galets très mobiles tourne sur eux presque sans frottement ; elle impose néanmoins à l'animal, dans le but de le maintenir en équilibre, quelques efforts et certains mouvements de balancement qui peuvent finir par le fatiguer. C'est faire comprendre, en d'autres termes, qu'un seul chien ne suffit pas dans un atelier. Si l'on tient à le ménager, il est à peu près indispensable d'en posséder deux ou trois, selon les besoins des travaux industriels, afin de former des relais qui se succèdent et remplacent régulièrement à des heures déterminées.

Dressage du chien préposé à la garde des troupeaux. — Les troupeaux dont on confie la garde au chien, ou que cet animal est chargé de diriger dans leur marche, sont les troupeaux de bœufs, et les troupeaux de moutons ; et le chien qu'on utilise particulièrement à ce genre de travail appartient à la race dite race du *chien de berger*, dont le *chien de Brie* est le plus estimé.

Instruit par les leçons de son maître, le chien de berger ne tarde pas à se faire à sa voix, et à se montrer d'une remarquable docilité. Dès qu'il est convenablement dressé, il est toujours prêt à obéir, et rien n'est plus curieux que de le voir, au moindre geste, tantôt contenir le troupeau qui se débande ; tantôt le rassembler, quand il se divise et s'écarte ; et le ramener près de son conducteur. C'est en remplissant ces deux principaux offices, en déployant une vigilance des plus utiles au berger, qu'il le soulage admirablement dans ceux de ses soins qui lui causent le plus de fatigues.

Quelque rares que soient les qualités du chien de berger, il n'est pas seul cependant à les posséder. Il est démontré, depuis longtemps, que tous les chiens, de toutes les races indistinctement, s'ils étaient dressés aux manœuvres du chien de berger, se montreraient tout aussi aptes que lui à veiller à la garde des troupeaux. Malgré cela, il n'est qu'exact de dire : que, de tous les chiens en faveur auprès des bergers, le *chien de Brie* est le gardeur de troupeau par excellence.

Dressage du chien de Brie. — Jusqu'à l'âge de six mois, cet animal exige, avant toute autre chose, une nourriture abondante, confortable, ayant toutes les qualités d'alibilité capables de le préparer aux rudes travaux de son service à venir. A l'âge d'un an, au contraire, il n'y a aucun inconvénient, paraît-il, à ne lui donner que du pain.

Aussitôt que le chien de Brie est parvenu à son entier développement, et qu'il a acquis une rusticité suffisante, il se trouve d'emblée dans les meilleures conditions de dressage ; et il y a lieu de s'occuper, sans retard, de son instruction.

De tous les moyens connus à mettre en pratique pour y arriver, nous n'en exposerons qu'un seul, parce que nul autre n'est ni plus prompt, ni plus efficace ; parce que nul autre, encore, n'est plus simple, et d'une exécution plus facile.

Toutes les fois qu'ils peuvent le faire, les bergers ont l'habitude d'associer leur jeune élève à un vieux chien, vieux routier, rompu depuis longtemps aux difficultés du métier. Cette pratique excellente n'est jamais en défaut

On voit immédiatement ce qui doit se passer. Le vétéran se lance-t-il en avant sur les derrières ou les flancs du troupeau, le jeune, à son exemple, se précipite sur ses pas et le suit ; chasse-t-il, mord-il une bête vagabonde, le jeune fait comme lui, il chasse et mord celle qu'il trouve à sa portée ; enfin, revient-il à son point de départ, son élève l'imite encore, il l'accompagne, et tous deux, rangés auprès de leur maître, marchent ensemble à ses côtés.

Lorsque les bergers ne peuvent disposer d'un sujet instructeur, cela se voit journellement et partout, ils se chargent eux-mêmes du dressage du novice. D'ailleurs, le travail qui, dans ce cas, leur incombe, ne présente aucune difficulté sérieuse. Le chien de Brie, doué, comme il est, d'une rare intelligence instinctive, se façonne presque immédiatement de lui-même aux différentes manœuvres que comporte son rôle de garde et de surveillant.

En quelques mots, voici comment procède ordinairement le berger. Soient un, deux, etc., moutons qui viennent à s'éloigner de la bande dont ils font partie : le berger envoie et lance son élève à leurs trousses ; puis, aussitôt que les bêtes sont rentrées dans les rangs, il le rappelle auprès de lui. Son premier soin, alors, est de lui prodiguer ses caresses, et, au besoin, de lui jeter un morceau de pain, simples prévenances qui, données à titre de récompense et de satisfaction, lui font facilement comprendre qu'il a bien fait, en même temps qu'elles l'encouragent à faire mieux encore.

Le chien, au contraire, ne répond-il qu'imparfaitement à l'ordre qu'il a reçu ; ou bien, ce qui est plus grave, se jette-t-il avec une sorte de colère brutale sur le troupeau qu'il met en désordre, mordant et blessant à tort et à travers ; la répression ne devant pas se faire attendre, le berger se met en devoir de le corriger immédiatement. Il a appris, par la pratique, que la punition qui succède à la faute sans le moindre retard, est toujours comprise du coupable ; et qu'un chien, châtié prudemment et à propos, non seulement conserve le souvenir de sa punition, mais encore se garde bien de retomber une seconde fois dans la même faute, à moins que ce ne soit par inadvertance, ou par vice de caractère.

Quatre ou cinq jours de leçons semblables suffisent pour former un animal d'une bonne nature et de race choisie ; son instruction est alors à peu près terminée. Il n'a désormais que peu de chose à acquérir.

Dans les grandes comme dans les petites fautes, la règle est absolue : quel que soit le caractère des sujets, on ne manquera jamais de proportionner les corrections aux délits, et surtout de ne pas dépasser les bornes de la modération. On ne saurait trop le répéter : les violences, les brutalités, les emportements, loin de provoquer le repentir, chez le chien que l'on bat ou fouette avec colère, ne font que l'abrutir ; lorsqu'ils ne le rendent pas méchant, récalcitrant, boudeur, vicieux, en un mot.

On conseille, à l'égard du chien de berger qui annonce, de

bonne heure, de devenir trop ardent, sournois et rageur, de lui émousser les crocs avec la lime, dès l'âge de six mois. La mesure nous paraît bonne. Les fonctions de cet animal, de ce serviteur spécial, ne sont pas, en effet, de larder de coups de dents les bêtes à laine pour les faire rentrer dans les rangs du troupeau; mais de les faire obéir par ses aboiements. Avec des instincts dépravés, il ne pourrait rendre que de mauvais services, et se montrer souvent plus nuisible qu'utile.

Dans les pays accidentés, boisés, creusés de gorges et ravins plus ou moins profonds et déserts; dans toutes les contrées fréquentées par les loups; partout où ces animaux sont à craindre, un chien de Brie, seul, quelque fort et courageux qu'il soit, est insuffisant et incapable de faire face à tous les besoins du service. Il n'est pas un berger qui ne le sache. Aussi, partout, ont-ils la bonne et excellente précaution de lui adjoindre un bon chien mâtin, de forte race, hardi, toujours prêt à la lutte, toujours prêt, d'instinct, à attaquer le loup et à le terrasser. Le mâtin est incontestablement le meilleur défenseur dont on puisse faire le choix; mais comme tous les chiens, lui aussi, malgré ses remarquables aptitudes, il a besoin d'être dressé.

Dressage du mâtin louvetier. — Le dressage du mâtin *louvetier*, s'il est permis de le qualifier ainsi, diffère essentiellement de celui du chien de Brie. Si le chien de Brie est né berger, le mâtin est chien d'attaque et de combat. A ce titre, ce qu'il importe donc, avant tout, de faire de ce nouvel auxiliaire, c'est de le former à la guerre d'extermination, et même de la lui faire aimer. Rien, d'ailleurs, de plus simple à obtenir que cet effet. Il suffit qu'on amène devant lui un animal sauvage quelconque, un loup, s'il se peut, pris au piège et blessé; qu'on le lance sur le fauve, en l'excitant avec énergie, jusqu'à ce qu'il l'ait étranglé; ensuite, s'il est sorti vainqueur de la lutte, qu'on le caresse de la main et de la voix; enfin, qu'on le récompense en raison de la vaillance dont il aura fait preuve, du courage qu'il aura déployé et cela suffira; on pourra compter sur un succès complet. Une fois son instruction terminée, le vaillant animal pourra être mis en service; il est assurément en état de soutenir les assauts les plus périlleux.

Cependant, comme il est certain aussi qu'il aura plus d'une fois des dangers à courir, et que, pour cette raison, il doit être pourvu au moins d'une arme défensive, on a partout l'habitude de lui garnir le cou d'un collier de fort cuir, de fer ou de laiton, tra-

versé de plusieurs rangées de pointes aiguës, solides et hérissées.
Avec cet appareil protecteur, il n'a rien à craindre des attaques
les plus violentes du loup, les morsures de cet animal n'étant redoutables, ce que tout le monde sait, qu'autant que, dans l'ardeur
de la lutte, il peut parvenir à la gorge de son ennemi, et à la
saisir entre ses mâchoires pour la lui briser.

Tous les chiens mâtins ne sont pas également propres à faire de
bons louvetiers ; l'expérience, à cet égard, n'est plus à faire. On
peut s'en rapporter à elle. Il est reconnu aujourd'hui que les
aptitudes belliqueuses du véritable louvetier sont, avant toute
autre qualité, l'apanage des individus, paraît-il, au poil fourni et
épais ; aux narines et aux yeux noirs ; aux lèvres d'un rouge
sombre et obscur ; à la tête forte, au front large, au cou gros et
court ; aux grandes jambes, aux doigts écartés, aux ongles courts
et durs.

N'oublions pas, ici, de faire remarquer : que s'il importe de développer une sorte de férocité sauvage chez le mâtin de combat,
on devra bien se garder d'en faire un animal carnassier et avide
de sang. Au berger, ensuite, le soin de faire aimer son troupeau
à son chien.

Quel que soit le chien dont il dispose, le berger, pour attacher
au troupeau son compagnon de travail, ne doit avoir recours à
aucun artifice ; il doit se borner simplement à ne lui donner sa
ration de pain, que lorsqu'il est de garde aux champs, ou en
vedette dans le voisinage de la bergerie.

Indépendamment du mâtin, le berger utilise encore le *chien
dit toucheur*, c'est-à-dire celui qui accompagne au pâturage, pendant l'aller et le retour, les troupeaux des vaches laitières. Eu
égard à l'instruction qu'il convient de lui donner, nous n'avons
rien à ajouter aux considérations dans lesquelles nous venons
d'entrer sur le chien préposé à la garde des bêtes à laine. Les
rôles étant à peu près identiques de part et d'autre, les règles de
dressage ne sauraient différer sensiblement.

Dressage du chien de garde. — On donne ce nom au chien
qui est plus particulièrement préposé à la garde des habitations,
et d'où, à moins de circonstances exceptionnelles, il ne sort
presque jamais. Les sujets de cette catégorie appartiennent, pour
l'ordinaire, à la race des mâtins ; on les choisit parmi les plus
vigoureux, les plus grands et les plus hardis.

Comme la vigilance constitue la première des qualités que
doivent posséder les chiens de garde, et qu'il importe, en outre,

qu'elle ne soit jamais en défaut, les propriétaires s'attacheront, avec soin, à leur faire contracter de bonne heure cette qualité ; nous voulons dire l'habitude complexe de surveiller toutes les parties des bâtiments, des cours et des jardins ; de distinguer les amis de la maison, et les gens que le travail y amène ; de ne laisser jamais entrer les étrangers sans aboyer ; de s'opposer courageusement à leurs entreprises, surtout pendant la nuit ; d'obéir aux personnes composant la maison, sans distinction aucune ; de n'accepter que leurs seules caresses, et de ne répondre qu'à elles seules ; enfin, de ne recevoir aucune nourriture d'une main étrangère, si ce n'est de celle de son maître, ou de celui qui est chargé de le remplacer.

Il peut arriver que le mâtin, poussé par la sauvagerie instinctive et naturelle à sa race, malgré l'habileté de son instructeur, conserve de la tendance à se livrer à toutes sortes de méfaits, même à des actes de méchanceté envers les personnes. La règle, dans ce cas, est de le réprimer, en lui infligeant des corrections sévères. Il serait même préférable, afin de parer à tout accident ultérieur, de s'en défaire, coûte que coûte, et de le remplacer par un animal beaucoup plus doux.

Ce n'est guère qu'à l'âge de quinze mois environ, lorsqu'il est arrivé à son complet développement, et qu'il a reçu et compris déjà les leçons du dressage, qu'il convient de mettre le mâtin de garde en service.

Suivant les habitudes des maisons où on l'utilise, tantôt notre animal est laissé en liberté, nuit et jour, vaguant çà et là, selon son bon plaisir ; tantôt, au contraire, retenu par une chaîne à côté de sa loge pendant la journée entière, il n'est jamais détaché que pendant la nuit, à partir du moment où elle commence, jusqu'au lendemain à l'heure de la reprise des travaux.

En général, ce ne sont que les chiens ou méchants, ou simplement hargneux, qui ont besoin d'être attachés de la sorte. Le meilleur moyen de les tenir en respect est de les fixer au mur, à proximité de leur cabane, à l'aide d'une forte chaîne, à laquelle on donne assez de longueur, afin que, quoique prisonniers, ils puissent se livrer à des mouvements d'une certaine étendue, et ne se trouvent jamais condamnés à une immobilité absolue. Ce dernier et fâcheux inconvénient serait inévitable, si la chaîne était trop courte ; il serait surtout préjudiciable à leur santé.

L'attache du chien de garde doit se prolonger jusqu'au moment où les occupations, ainsi que les allées et les venues qu'elles nécessitent, soient entièrement terminées. Néanmoins, il est absolument indispensable de le détacher deux ou trois fois, dans le courant de la journée, à l'heure des repas principalement, pendant vingt à trente minutes, afin de lui permettre de faire ses nécessités.

On aura encore soin de mettre à sa portée, dans une auge en pierre assez lourde pour qu'il ne puisse pas la renverser, une certaine quantité d'eau fraîche. En été, surtout à l'époque des grandes chaleurs, on fera bien de la renouveler aussi fréquemment que possible, si l'on veut en prévenir l'altération.

Si la cabane où se repose le chien de garde est mobile, il sera utile, indispensable même, dans le but de le protéger contre les ardeurs du soleil, et, en même temps, le mettre à l'abri, autant que possible, des piqûres des insectes, de rouler sa guérite dans un endroit ombragé. Dans la saison de l'hiver, la précaution contraire se recommande d'elle-même.

Dressage du chien de basse-cour. — On désigne sous le nom de *chien de basse-cour*, non pas précisément le chien de garde, mais bien celui qui, dans les fermes et les habitations champêtres, est destiné à rendre, jour et nuit, toutes sortes de services, tant à l'intérieur qu'à l'extérieur.

A l'intérieur, on met à contribution sa vigilance contre les bêtes nuisibles, en même temps qu'on la fait servir à protéger contre les malfaiteurs, ses aboiements réitérés aidant, bâtiments, poulaillers, cours et jardins, etc. A l'extérieur, le rôle du même animal est : tantôt d'accompagner ses maîtres aux champs, de diriger les attelages de charrue, pendant le trajet d'aller et retour, et surtout pendant le labour, comme aussi de se coucher, afin d'en éloigner les animaux maraudeurs, auprès des provisions de bouche que le laboureur emporte souvent avec lui, lorsqu'il travaille au loin ; tantôt de venir en aide aux ouvriers de ferme, en transportant quelques menus outils que, après l'arrivée de la caravane au lieu du travail, il dépose par terre, pour, ensuite, les apporter à qui en a besoin, ou les rapporter et remettre en place, lorsqu'ils deviennent momentanément inutiles.

Pour quiconque sait tirer bon parti de l'intelligence du chien et de son exquise serviabilité, cet animal, quelquefois encore, dans les différents cas dont nous venons de parler, peut très bien, lorsqu'il ne s'agit que de petits services simples et faciles, remplacer momentanément un jeune garçon de peine qui fait défaut, et donner le temps de se le procurer.

De tous les chiens, le Mâtin est celui qui se montre le plus apte à remplir les rôles multiples dans l'accomplissement desquels il y a nécessité d'allier la force à l'intelligence.

On ne saurait formuler, comme d'ailleurs on n'en formule nulle part, de règles spéciales en ce qui concerne le dressage du chien de basse-cour. On lui demande tant de choses différentes ! Tout ce que l'on peut dire à son égard : c'est que son instruction et son éducation seront d'autant plus complètes, qu'elles auront été confiées à un maître plus soigneux, plus patient et plus habile.

Quant à l'origine des qualités qui forment spécialement l'apanage du chien de basse-cour : les unes sont innées chez lui ; les autres lui sont inculquées par le dressage. Parmi les premières se placent, en première ligne, la force, l'intelligence et l'activité ; et, parmi les secondes, l'obéissance, la patience et la douceur. Le chien de basse-cour ne doit gronder et menacer qu'en temps opportun. Il importe de le surveiller de près à cet égard.

Dressage du chien de chasse. — Le but, le premier que l'on doit s'efforcer d'atteindre dans l'instruction et l'éducation applicables au chien de chasse : c'est d'obtenir de lui la docilité la plus entière ; l'abnégation absolue de toute volonté ; la neutralisation de ses appétits naturels et violents ; et de l'amener à ne connaître que les désirs du chasseur, et à se montrer toujours prêt à obéir à sa voix, à ses gestes, ainsi qu'à ses moindres mouvements. En possession de telles qualités, le chien de chasse est un animal parfait.

Malgré notre vif désir de compléter, dans ce dictionnaire, notre chapitre consacré au dressage des chiens d'aptitudes diverses, par celui du chien de chasse, nous n'essaierons même pas d'en esquisser les principaux points. Deux raisons principales nous en font un véritable devoir. D'abord, le dressage du chien chasseur est un art tout particulier dont les règles, qui d'ailleurs n'ont rien d'absolu, varient avec les goûts cynégétiques de chaque veneur ; en second lieu, personne n'ignore qu'il existe, sur la matière, nombre de traités de grande valeur que les amateurs ont intérêt à se procurer. Nous n'éprouvons aucun embarras à en faire l'aveu ; nous ne pourrions ni mieux faire qu'eux, ni mieux dire.

D'ailleurs, un chapitre de dictionnaire ne peut offrir au lecteur que des renseignements sommaires, forcément tronqués ; et ce ne sont pas de simples aperçus sur l'art difficile et minutieux de dresser le chien de chasse qui pourraient éclairer et guider suffisamment l'amateur, même le moins exigeant.

DYSENTERIE. — **Définition.** — La *dysenterie* consiste dans une inflammation spécifique de la muqueuse du côlon et du rectum. Elle est caractérisée, le plus souvent, par des déjections alvines contenant des matières muqueuses, sanguinolentes, et quelquefois du sang pur.

Division. — Comme la diarrhée elle-même, la dysenterie se présente sous les formes ou *aiguë*, ou *chronique*.

Causes. — 1° *Dysenterie aiguë.* — Toutes les causes de la diarrhée idiopathique sont susceptibles de donner naissance à la dysenterie. Il convient, toutefois, de faire remarquer que, parmi ces causes, la plus grave est incontestablement la suppression de la perspiration cutanée, à la suite d'un exercice violent ou d'une course longue et rapide, soit en automne, soit en été, que cette suppression, d'ailleurs, coïncide avec un changement brusque de température, ou qu'elle résulte seulement de l'ingestion d'une eau très froide, et surtout malsaine.

On attribue encore, et non sans raison, cette phlegmasie à la présence d'un miasme particulier, peut-être d'un microbe, répandus accidentellement, l'un et l'autre, dans l'air atmosphérique, qu'ils vicient alors profondément. Dans ce cas, la dysenterie présente les caractères d'une véritable épizootie.

Symptômes. — Nous n'avons rien à signaler, en ce qui concerne les symptômes généraux de la dysenterie, que nous n'ayons déjà fait connaître en traitant de la diarrhée grave. Mais, comme signes significatifs, nous devons ajouter : qu'à la période d'exacerbation, les déjections sont mousseuses, sanguinolentes, extrêmement fétides, contenant presque toujours des lambeaux des tuniques intestinales; et que ces déjections et lambeaux sont constamment expulsés avec des efforts pénibles et douloureux.

Durée. — **Pronostic.** — Lorsqu'on l'attaque vivement dès son début, la dysenterie cède facilement au bout de deux ou trois jours de soins prodigués avec intelligence, et se termine par résolution. Si, au contraire, elle prend un mauvais caractère en subissant des alternatives de rechutes et de mieux passagers, elle peut se prolonger pendant quinze ou vingt jours, et même davantage.

2° *Dysenterie chronique.* — La dysenterie passe ordinairement à l'état chronique chez les sujets qu'on a mal soignés, ou qui sont d'une constitution débile et malingre, naturelle ou acquise. Elle est rare chez les chiens, et ne tarde pas à en faire des squelettes.

Traitement. — 1° *Dysenterie aiguë.* — L'abstinence complète des aliments est la première condition à remplir dans le traitement de la dysenterie aiguë. Quant aux soins particuliers à donner au malade, ils sont les mêmes que ceux que réclame la diarrhée aiguë idiopathique : cataplasmes anodins sur le ventre; tisanes et lavements émollients laudanisés, etc.

Plus tard, et aussitôt qu'on peut constater un amendement notable dans les symptômes : anodins et émollients sont mis de côté; on leur substitue des astringents, des toniques reconstituants, *intus et extra*, et, en plus, un régime diététique reconstituant dirigé avec prudence, afin de prévenir les rechutes, etc. (V. *Diarrhée*).

2° *Dysenterie chronique*. — Il repose sur les mêmes bases que celui de la diarrhée chronique, auquel nous renvoyons.

Lorsque la dysenterie chronique, malgré tout ce que l'on a pu faire pour la combattre, persiste quand même, elle ne tarde pas à ruiner la constitution du malade et à le faire mourir d'épuisement.

ECTHYMA. — **Définition**. — *Ecthyma*, tel est le nom qui a été donné à une phlegmasie des follicules sébacés, sorte de *dartre crustacée*, caractérisée par des pustules à sommet proéminent, et terminé par un point purulent. Le liquide qui en découle forme, par suite de sa dessiccation, une croûte brunâtre laissant, à sa chute, une tache d'un rouge livide. Ces pustules pourraient être confondues avec de petits furoncles; mais elles en diffèrent essentiellement par l'absence de bourbillon.

L'ecthyma attaque communément les jeunes chiens, lorsqu'ils sont mal nourris, ou les vieux animaux débiles dont la constitution s'est usée dans la misère. Souvent, aussi, elle coïncide avec la *maladie* dite *des chiens*.

Les lieux d'élection des pustules sont : le plat des cuisses, le dessous du ventre, et, *suivant les sexes*, les mamelles ou le fourreau.

Traitement. — Habitation saine; litière et température douces; régime doux; tisanes émollientes, purgatifs (pour plus de détails, voir *Dartre croûteuse*).

ECZÉMA. — **Définition**. — Genre particulier d'affection de la peau, sorte de dartre, que l'on reconnaît à ce qu'elle donne naissance à une éruption de vésicules très petites et nombreuses, disséminées sur des surfaces larges et irrégulières, et remarquable en ce que la plupart se déchirent, laissant à nu des excoriations d'où s'écoule une matière séro-purulente. Quelquefois, au lieu de plaies, il se forme des squames ou furfures.

Cette phlegmasie, décrite encore sous les noms de *dartre vive*, ou de *dartre squameuse humide*, est assez fréquente chez le chien. Elle se développe principalement à la surface des parois inférieures de la poitrine et du ventre, et même jusque sur le plat des cuisses.

Nous croyons devoir nous dispenser d'entrer dans de plus grands détails sur l'eczéma, en raison de la grande analogie qui existe entre lui et la dartre squameuse proprement dite, à laquelle nous renvoyons.

EFFORT. — **Définition. Causes**. — L'*effort* consiste en un tiraillement violent des ligaments articulaires, ou des tissus mous qui leur sont adjoints, tiraillement déterminé, tantôt par des mouvements d'une étendue exagérée; tantôt par des faux pas; et tantôt, simultanément, par des chutes sur le sol.

Symptômes. — On reconnaît l'effort, ou *entorse*, au gonflement de l'articulation malade; à la chaleur et à la sensibilité dont elle est le siège; à la boiterie qu'elle détermine, lorsque l'effort est léger; à l'impossibilité de l'appui, dans le cas contraire; à l'obligation où se trouve constamment le patient de marcher la patte douloureuse en l'air.

Quelquefois l'enflure présente des ecchymoses disséminées, voire même un épanchement de sang sous-cutané.

Traitement — L'hydrothérapie est toute-puissante pour conjurer efficacement et rapidement, non seulement les effets immédiats des efforts simples et récents, mais encore ceux des entorses qui s'accompagnent de déchirure des ligaments articulaires.

Le traitement hydrothérapique consiste, après avoir entouré la région malade de compresses suffisamment épaisses, à les arroser le plus fréquemment possible avec de l'eau très froide, à laquelle on peut ajouter de l'extrait de saturne, afin de la rendre plus répercussive et plus astringente.

L'imbibition, si l'on veut qu'elle aboutisse, doit être continuée pendant plusieurs heures, la nuit même, quand cela est nécessaire; on ne doit jamais attendre, en outre, que les compresses s'échauffent pour les mouiller de nouveau.

Les cataplasmes laudanisés ne sont nécessaires qu'autant qu'il survient de la tuméfaction avec chaleur et douleur intenses. Ici, l'action de l'eau froide n'est pas à essayer; elle serait sans efficacité, l'irritation inflammatoire étant désormais établie et comme consolidée.

Régime. — Rien autre chose à faire que de coucher le malade dans un endroit où il puisse reposer tranquillement. — Demi-diète.

ÉLEVAGE. — **Définition**. — On comprend sous ce nom l'ensemble des opérations qui concourent à la *production* et à l'*éducation* des animaux domestiques, et du chien en particulier.

Division. — On peut diviser l'*élevage*, de la naissance du chien à sa mort, en *trois périodes* parfaitement distinctes.

La *première* commence à la fécondation et se continue jusqu'à l'âge adulte;

La *deuxième* embrasse toutes les phases de la vie active de l'animal, depuis le temps où arrive, pour lui, l'âge adulte, jusqu'à celui où il entre dans la période de la vieillesse;

La *troisième* s'étend de la vieillesse, prise à son début comme de raison, pour se prolonger jusqu'à la mort, qui en est la fin.

Inutile de faire observer que, dans cet important chapitre de l'*élevage* du chien, nous bornons notre rôle à indiquer les seuls soins hygiéniques et moyens éducateurs rationnels qu'il réclame pendant toute la durée de sa vie. Le mot *élevage*, dans son acception la plus générale, outre les opérations relatives à la *production* et à l'*entretien* des animaux, devrait comprendre encore celles qui ont pour but leur *amélioration* ou *perfectionnement;* mais nous avons cru devoir, dans l'intérêt des éleveurs, séparer le *perfectionnement* du chien de son *élevage* proprement dit, et lui consacrer un article spécial sous le titre *Amélioration* (voir *Amélioration*).

Première période. — Avec la première période coïncident, d'abord, l'*accouplement* ou *fécondation*, en un mot, la *génération;* ensuite, la *gestation;* enfin la *mise bas,* ou *naissance du petit sujet,* que suit l'*allaitement.*

GÉNÉRATION. — **Définition**. — La *génération* consiste en une série d'actes par lesquels chaque espèce se perpétue et se conserve avec les caractères et les qualités qui la distinguent. — Les deux premiers de ces actes sont : l'*accouplement* et la *fécondation.*

Grand nombre de personnes ne se donnent un chien que pour en avoir un. En cela, elles n'obéissent souvent qu'à une fantaisie, à une sorte de caprice ; peut-être encore ne font-elles qu'imiter leur voisin, ou se conformer aux habitudes locales.

Tous les soins vulgaires et journaliers que réclame l'animal

auquel elles se sont attachées et dont elles font un véritable
joujou, elles les lui prodiguent. Rien, absolument rien, ne lui
manque. Mais, que surviennent les époques du *rut* pour la
chienne qu'elles possèdent ; comme elles ne l'aiment pas pour
elle-même, mais pour elles seules personnellement, elles montrent la plus grande indifférence sur le choix des reproducteurs,
et acceptent sans répugnance le premier individu mâle venu,
pourvu qu'il soit à peu près de taille convenable. Quelquefois
même elles font pis encore, elles n'hésitent pas à laisser vaguer
dans les rues la chienne objet de leur prédilection, lui donnant
ainsi toute latitude de se charger du choix du générateur qui
doit la satisfaire.

On ne saurait trop s'élever contre cette déplorable insouciance,
cause fatale de la dégénérescence dans laquelle sont tombées, de
nos jours et à peu près partout, sinon toutes les différentes races
de l'espèce canine, au moins la plupart d'entre elles. Aussi, et il
n'est que trop vrai de le dire, si, pendant longtemps, on a pu
compter facilement les races du chien et établir rigoureusement
leurs caractères différentiels, aujourd'hui la chose est devenue
souvent extrêmement difficile, tant le nombre des variétés est
considérable, tant elles se multiplient encore actuellement sans
discernement, sans aucune surveillance.

Les amateurs du chien, véritablement dignes de ce nom, tous
ceux, en d'autres termes, qui s'y attachent par goût, et savent
en apprécier les remarquables qualités, procèdent, à son égard,
d'une tout autre manière. Les accouplements, pour eux, sont
l'objet d'une entière et vraie sollicitude ; et ils leur appliquent,
dans toute leur rigueur, les règles d'une sélection absolument
étudiée et raisonnée. On ne saurait trop leur applaudir.

DU RUT. — L'accouplement du chien et de la femelle n'a lieu
qu'autant que cette dernière le demande, et entre en *rut*.

Rut de la chienne. — Le *rut*, ou, comme on l'appelle, *les chaleurs*, se manifeste chez la chienne domestiquée ordinairement
deux fois par an. Rien de plus facile d'ailleurs à constater que
son évolution : à partir du moment où elle sent s'éveiller, en
elle, les premiers avertissements de l'instinct de la reproduction,
la chienne est prise comme d'une sorte d'inquiétude ; impatiente,
elle est sans cesse agitée, devient capricieuse, va et vient sans
but apparent ; elle se couche, se relève fréquemment, etc. ; et,
en somme, reste dans cet état jusqu'à ce que, dominée par un
besoin impérieux, irrésistible de s'échapper de la maison qu'elle

habite, elle finisse par la quitter afin de se précipiter dans les rues à la recherche du mâle, objet de tous ses désirs.

Pendant toute la durée de cette excitation, la chienne en chaleur exhale une odeur particulière, sorte d'effluves qui imprègnent l'air autour d'elle, et que celui-ci paraît transporter à une très grande distance. La vérité est, à cet égard, que le chien les perçoit de fort loin ; et qu'une fois qu'il les a seulement flairés, à l'exemple de sa femelle, il éprouve aussi, de son côté, un besoin des plus violents de se rendre vers le lieu d'où ils viennent ; et qu'alors rien non plus n'est capable ni de l'arrêter, ni de le retenir.

Lorsque, par hasard, les chaleurs dégénèrent en fureurs utérines, il n'est pas rare de voir les chiennes perdre l'appétit ; refuser obstinément toute espèce d'aliments ; et souvent aussi se traîner sur leur derrière, comme si elles cherchaient à se procurer quelque soulagement contre les démangeaisons dont la vulve est inévitablement le siège.

Dans l'état normal du rut, la vulve est modérément tuméfiée et saillante en même temps que d'une sensibilité très prononcée ; elle est, de plus, lubréfiée par un mucus visqueux et filant. Mais, dès qu'il y a exacerbation dans les chaleurs, le mucus s'écoule avec plus d'abondance, en prenant une teinte légèrement sanguinolente.

L'instinct génésique, chez la chienne domestiquée, s'éveille, normalement, deux fois l'an, avons-nous déjà dit plus haut. Est-ce là une raison suffisante pour que l'éleveur doive la faire couvrir aussi souvent qu'elle le demande ? Nous répondons non ; à moins que, par un intérêt majeur, il ne soit obligé à agir autrement. Tout éleveur sensé se trouvera toujours bien de ne la laisser couvrir qu'une seule fois par an ; il a tout intérêt à la ménager. A l'appui de ce conseil que nous considérons comme très sérieux, nous n'avons qu'une simple observation à faire : c'est que la chienne libre qui vit à l'état sauvage n'éprouve le besoin du rapprochement des sexes et ne conçoit qu'une seule fois par année, et que l'on n'a aucune raison plausible de ne pas tenir compte de ce fait. Pourquoi en effet en serait-il autrement à l'égard de la chienne domestique ?

Rut du chien. — Le rut, chez le chien (car le chien mâle entre aussi en rut), ne se développe guère d'une manière spontanée ; ce sont les chaleurs seules de sa femelle, les émanations qu'elle laisse dégager de toutes les parties de son corps et que transporte le vent, qui, en provoquant chez lui, *de olfactu*, un éréthisme général, lui font désirer et rechercher l'accouplement. Néanmoins, cet éréthisme, quoique né d'un effluve pur et simple, n'en est pas moins pour cela ardent et impérieux. On en est journellement témoin dans les rues des villes et des villages. Quels que soient les moyens mis alors en usage pour l'éloigner de sa femelle, aucun d'eux ne l'arrête; il les brave tous. Il y a plus; il n'est pas rare de le voir revenir cent fois à l'assaut, et s'exposer même aux plus grands dangers pour atteindre son but et assouvir ses désirs.

Sous le rapport de l'impériosité de l'accouplement, les impatiences du rut du chien ne diffèrent en rien de ceux de sa femelle. Lui et elle se montrent aussi ardents l'un que l'autre, et désirent aussi vivement l'union des sexes.

Quelques mots sur le choix des reproducteurs. — Quoique la question du choix des reproducteurs fasse, dans un autre chapitre, le sujet d'un long paragraphe, nous ne pensons pas qu'il soit hors de propos de donner, ici encore, aux propriétaires, pour peu qu'ils attachent d'importance à la conservation des qualités qui caractérisent les animaux, chien ou chienne, qu'ils possèdent, le sage conseil, non seulement de surveiller l'accouplement avec la plus scrupuleuse attention, mais encore, et surtout, de ne jamais l'abandonner au hasard.

ACCOUPLEMENT. — Cela dit; un reproducteur aussi heureusement doué que possible étant trouvé, il ne reste plus qu'à mettre les deux sujets en rapport l'un avec l'autre. Dans ce but, et afin que rien ne puisse venir les surprendre et les inquiéter, on les renferme dans un endroit retiré, et on les y abandonne à eux-mêmes, jusqu'à ce que la femelle, fécondée, refuse avec une certaine énergie de nouvelles approches de la part du mâle.

L'accouplement du chien, tout le monde en est journellement témoin, considéré au point de vue de la *durée*, diffère essentiellement de celui des autres animaux, qu'ils soient domestiqués ou sauvages.

Chez toutes les espèces animales, la canine exceptée, cet acte, au bout de quelques instants très courts, est un fait accompli; tout est terminé immédiatement après l'éjaculation de la liqueur spermatique, et les sexes se séparent aussitôt. L'accouplement du chien se prolonge au contraire, pendant un temps relativement long, quinze ou vingt minutes environ.

A ceux qui en chercheraient et voudraient connaître la raison, nous dirons qu'elle se trouve tout entière dans la conformation particulière que présente l'appareil génital du mâle. Signalons, à cet égard, comme première anomalie peu explicable : que le chien est dépourvu de vésicules séminales ; et, comme seconde anomalie, disposition non moins bizarre, que son pénis porte, à la base, deux sortes de pelotes érectiles, dont le rôle est des plus remarquables, ainsi que nous allons essayer de le faire comprendre.

A peine la verge est-elle engagée dans le vagin de la femelle, que ces deux pelottes organiques se gonflent, se distendent en forme de boules, et acquièrent promptement un volume tel, que l'appareil pénien ne peut plus, dans ce nouvel état, sortir spontanément par la vulve devenue trop étroite pour le laisser passer. Ainsi s'explique la longue durée du coït chez les animaux de l'espèce canine.

Les poches séminales n'existant pas chez le chien, ce phénomène exceptionnel se conçoit facilement ; il est indispensable que l'union des sexes persiste pendant quelque temps. La vérité est que, s'il en était autrement, la fécondation ou ne se produirait pas, ou serait incomplète. Au contraire, avec sa persistance, le coït met les testicules à même de sécréter une quantité de sperme suffisante pour agir sur tous les ovules de la femelle, ces corpuscules ne pouvant se détacher de l'ovaire, et se rendre dans la *matrice*, que les uns après les autres, et sous la seule influence de l'éréthisme vénérien.

Régime des reproducteurs à l'époque du rut. — Quel doit être le régime des reproducteurs à l'époque du rut ? Est-il nécessaire d'apporter quelque changement à celui de tous les jours ?

Qu'il s'agisse du chien ou de tout autre animal domestique, aucune mesure particulière ne s'impose à cet égard ; l'alimentation ne devra être ni augmentée, ni diminuée ; elle restera ce qu'elle est habituellement. Une seule chose importe, c'est qu'elle soit, comme toujours, suffisante, substantielle et confortative.

Ici, et avant d'aller plus loin, se présente une autre difficulté à résoudre, bien autrement sérieuse, et qui mérite qu'on s'y arrête. Y a-t-il quelque inconvénient à empêcher l'accouplement soit du mâle, soit de la femelle, lorsqu'ils sont, l'un ou l'autre, en chaleur ? Non et oui, oui et non : Non, d'une manière générale ; mais Oui, assurément, si nous devons accepter, comme pleinement justifiée, l'opinion d'un certain nombre de vétérinaires qui sont convaincus que la privation du coït est susceptible de faire naître spontanément la rage chez les chiens condamnés à une séquestration rigoureuse pendant la durée du rut. Nous ne croyons guère, quant à nous, à cette cause particulière de la rage; à notre avis, ce n'est qu'une hypothèse purement chimérique, ou au moins assez médiocrement étayée. Jusqu'aujourd'hui, elle ne paraît pas péremptoirement établie. On y croit, sans doute, depuis fort longtemps, nous n'y contredisons pas; cependant, nous n'éprouvons aucun embarras à nous ranger du côté de ceux qui prétendent que, si cette croyance a cours encore à l'heure actuelle, c'est peut-être uniquement parce qu'elle est ancienne. D'ailleurs, que n'a-t-on pas écrit sur les causes de la rage? et puis, qui pourrait soutenir que les chiens enragés des rues n'ont contracté la rage que par les morsures des chiens devenus enragés par séquestration?

GESTATION. — **Plénitude.** — On définit la *gestation* le temps pendant lequel les femelles des mammifères, après avoir été fécondées, portent leur fœtus renfermé dans la matrice, jusqu'au jour de la mise bas ou parturition.

La conception a souvent lieu dès le premier accouplement; quelquefois cependant elle en exige deux, trois et même quatre,

Signes extérieurs de la fécondation. — La chienne qui a conçu refuse les approches du mâle. C'est à peu près le signe unique qui fait connaître le nouvel état dans lequel elle vient d'entrer. En dehors de lui, et dans les premiers jours de l'accouplement, il est difficile de se prononcer, et de dire si elle est pleine ou non. Plus tard, au bout d'un mois, cinq semaines, au plus, il n'en est plus de même, le développement que prend le ventre d'abord, les mamelles ensuite, ne laisse aucun doute à cet égard.

A partir du moment où les mamelles commencent à faire relief; les flancs se remplissent; le ventre se distend de plus en plus, jusqu'à devenir pendant et traîner presque par terre; et la chienne, désormais extrêmement lourde et embarrassée, ne marche plus que péniblement, tant ses mouvements sont devenus difficiles et lents.

Soins à donner à la lice nouée. — Pendant les quinze derniers jours qui précèdent la mise bas, la lice doit être l'objet de soins tout particuliers. La suspension de tout travail, de toutes courses longues et soutenues, de tout exercice quelconque susceptible de causer de la fatigue, est de rigueur absolue. Ce qui lui convient alors, c'est le repos, le séjour à la maison, la retraite dans sa niche. Il convient également de lui procurer un lieu sain, à l'abri des intempéries de l'air ; de renouveler souvent sa litière ; et, surtout, de lui donner une nourriture variée autant que possible, abondante et substantielle toujours.

Maîtres et enfants, personne ne doit jouer avec elle.

La durée moyenne de la gestation, chez la chienne, est de neuf semaines.

PARTURITION. — *MISE BAS.* — (**Définition**). — Dans l'acception la plus étendue du mot, la *parturition* est l'expulsion hors de la matrice, par les seuls efforts de la nature, du fœtus arrivé à terme, puis de ses enveloppes ou dépendances.

Signes précurseurs. — La mise bas s'annonce toujours par quelques signes précurseurs non équivoques, et qui n'échappent jamais aux personnes pratiques : les mamelles, sensiblement distendues, se remplissent de lait ; les parties naturelles sont fortement gonflées, injectées pour ainsi dire et lubréfiées par un liquide visqueux de nature muqueuse ; et cette sécrétion, toute de circonstance, se continue jusqu'à l'heure du part. Le moment de la délivrance arrivé, la chienne recherche avec un besoin marqué sa niche ordinaire, et, à son défaut, un endroit retiré quelconque où, couchée sur la litière, elle attend avec patience son heure et son moment.

ACCOUCHEMENT. — Cet acte important s'accomplit ordinairement de lui-même, sans difficulté aucune, sans qu'il soit nécessaire d'intervenir pour assister la mère. Après les petits, c'est le tour des enveloppes fœtales d'être expulsées. Elles sont chassées par les contractions utérines de la même manière que les fœtus, et peu de temps après eux.

Quoique la chienne se passe volontiers de tout secours étranger pour se décharger de son fardeau, il peut arriver cependant que, soit en raison de sa faiblesse, soit à cause d'un obstacle quelconque souvent difficile à prévoir, la parturition ne puisse s'effectuer spontanément. Dans ce cas, l'intervention de l'homme de l'art devient, sinon indispensable, au moins utile. Nous ferons observer, à ce sujet, que la négligence à appeler le vétérinaire peut être fatale à la mère, et la faire succomber à la violence des douleurs que détermine toujours une parturition laborieuse.

Le nombre des petits, dans les portées ordinaires, varie de trois à six ; exceptionnellement, il peut s'élever jusqu'à douze. Quant au temps qui s'écoule entre la naissance de chacun d'eux, il est généralement d'un quart d'heure.

Tous les jeunes naissent, non pas aveugles, comme l'avancent certains auteurs, mais les yeux fermés. Ils restent en cet état pendant les douze premiers jours de leur vie extra-utérine.

ALLAITEMENT. — (**Définition**). — *L'allaitement* est l'action de la femelle qui nourrit son petit avec son lait.

Soins à donner à la mère qui allaite. — Personne n'ignore que le premier souci de l'accouchée pour ses petits est de les lécher avec sa langue, afin de les débarrasser des mucosités dont leur corps est enduit à la sortie de la matrice.

Cette opération terminée, la petite nichée se met aussitôt en devoir de chercher en tâtonnant les mamelles de la mère. Elle s'y attache avec avidité, et les tette jusqu'à ce qu'elle soit complètement repue. Rassasiée, elle se laisse glisser sur la litière et s'endort, chaque petit ayant la tête près du trayon qu'il vient de sucer.

Un repos aussi complet que possible est nécessaire à la chienne mère pendant les premiers jours de l'allaitement; en d'autres termes, les visites trop fréquentes, de même que toute autre cause de dérangement, doivent être soigneusement écartées.

Pendant cette importante période, c'est-à-dire pendant toute la durée de l'allaitement, la nourriture sera l'objet d'une surveillance toute particulière. Non seulement elle devra être abondante et proportionnée au nombre de jeunes qu'élèvera la nourrice, mais elle sera, en outre et surtout, saine et substantielle.

Une question à laquelle il importe de répondre se pose ici d'elle-même : quelle est la quantité de petits que l'on peut, sans inconvénient, laisser à la mère? — Une chienne, fortement constituée, peut en élever cinq; mais, si la race est distinguée, et pour peu que l'on tienne à obtenir des sujets d'une belle venue, il ne faut pas lui en laisser plus de trois ou quatre.

L'allaitement dure, en moyenne, six semaines. Cependant, et nous croyons utile d'en faire ici la remarque pour ceux qui l'ignoreraient, il n'est pas rare de voir le jeune chien, trois semaines ou un mois après sa naissance, commencer à boire tout seul du lait ; manger même la soupe qu'on lui présente dans une écuelle. A ce signe correspond ordinairement l'échéance du sevrage.

ENFANCE DU CHIEN. — **Premiers soins.** — Dès que le jeune animal cesse de téter sa mère, il accepte, sans répugnance, une autre nourriture que le lait, et s'accommode volontiers d'aliments solides, à la condition qu'ils n'exigent de lui aucun effort de trituration, et qu'ils soient, en outre, d'une facile digestion. Son instinct ne le trompe pas à cet égard ; il n'a besoin que de les flairer pour en apprécier immédiatement les qualités, et savoir s'il doit les accepter ou les refuser.

A partir de cette nouvelle phase de la vie, comme on peut l'observer d'ailleurs chez tous les animaux dont la jeunesse et la vieillesse se touchent pour ainsi dire, tant sont peu nombreuses les années qui les séparent, le jeune se développe avec une très grande rapidité. C'est, en outre, l'époque où le besoin de manger est incessant chez lui ; où son appétit est, sans exagération, d'une activité dévorante. L'un ne va pas sans l'autre.

La raison de cette faim qui demande sans cesse et toujours et que rien n'assouvit, n'est pas difficile à concevoir ; rien de moins énigmatique. Son explication se trouve tout entière : et dans l'énergie avec laquelle fonctionne l'organisme chez tout animal dans l'âge de la croissance ; et dans les mouvements, chaque jour mille fois répétés, auxquels se livre instinctivement le petit chien pour développer ses forces naissantes ; et, enfin, dans tous les jeux enfantins auxquels il consacre exclusivement le temps qu'il ne donne pas au sommeil, soit qu'il joue avec ses jeunes frères, lorsqu'on lui en a laissé, soit qu'il se mêle aux espiègleries des enfants de la maison, au milieu desquels il vit.

Repas du jeune chien. — Le sevrage absolu une fois commencé, il serait imprudent de rationner immédiatement de jeunes animaux qui, la veille encore, tétaient leur mère. Procéder avec méthode est la première règle à observer. A cet effet, et tout d'abord, les repas seront, sinon fréquents, au moins assez nombreux pour répondre aux exigences naturelles de l'appétit des jeunes. Un peu plus tard, devenus déjà moins indispensables quant au nombre, ils s'espaceront d'autant plus, que les petits sujets prendront, tout à la fois, et plus de force, et plus de taille. Enfin, à partir du jour où la faim de ces derniers commencera à se montrer moins impérieuse et à se régulariser, trois repas seulement suffiront, le premier le matin, le second à midi, et le dernier le soir.

Que le chien soit jeune ou vieux, peu importe ; on se gardera bien d'oublier qu'il est essentiellement carnivore, et que pour ce motif, à moins d'impossibilité absolue, la viande doit faire la base de sa nourriture. Sans doute, par la domestication que l'homme lui a fait subir, il est devenu remarquablement omnivore ; ce n'est pas, néanmoins, une raison pour croire qu'on pourrait ne le nourrir impunément que de légumes ou d'autres substances végétales plus ou moins apprétées. Un semblable régime, par trop exclusif, ne tarderait pas à imprimer à sa santé des atteintes aussi profondes que dangereuses.

Soins hygiéniques divers. — Mais ce n'est pas seulement la nourriture, chez les jeunes, qu'il importe de surveiller avec une attention et une prévoyance soutenues ; il y a lieu aussi de ne pas négliger l'exercice qui convient à leur âge, et sans lequel leur croissance ne pourrait faire son évolution que d'une manière lente et irrégulière. On préviendra ce dangereux inconvénient, en ne leur épargnant ni l'air, ni l'espace, ni les amusements, ni le mouvement. Ils ont besoin de toutes ces choses ; elles leur sont indispensables ; et, si l'on a à cœur qu'ils se développent avec profit, on ne laissera pas passer un jour sans les leur procurer toutes.

En ce qui concerne l'habitation qui doit leur être destinée : assez vaste, et percée d'ouvertures convenablement distribuées pour que l'air puisse s'y renouveler facilement au besoin, elle devra, en outre, être toujours d'une grande propreté, exempte d'humidité, et garnie d'une litière douce, fraîche et très souvent renouvelée.

C'est un fait assez remarquable, que tous les animaux domestiques sont généralement tourmentés, dans leur enfance, par une foule d'êtres parasitaires d'espèces différentes, plus ou moins incommodes, dont les uns se tiennent et se cantonnent à la surface de la peau, pendant que les autres font élection de domicile dans l'intérieur du canal intestinal.

Pour ne parler, ici, que des premiers, et des puces en particulier, les jeunes chiens en sont très souvent infestés. En petit nombre, les puces ne font que leur causer de la gêne ; mais, aussitôt qu'elles commencent à grouiller dans l'épaisseur de leurs poils, elles peuvent parfaitement exercer, à la longue, une influence fâcheuse sur leur santé. Pour obvier à ce danger, digne assurément de toute la sollicitude d'un éleveur sérieux, il n'y a qu'une très simple précaution à prendre, c'est de faire tous les jours la toilette des jeunes. Personne n'ignore, en effet, que c'est principalement sur les individus mal soignés, ou dont on ne s'occupe que par hasard, de loin en loin, que la vermine se plaît et pullule.

Période d'aptitude au travail, ou âge adulte du chien. — L'enfance du chien, qui commence à l'époque de son sevrage, se continue et poursuit jusqu'à celle où, devenu enfin apte au travail, il est définitivement propre à rendre les services variés auxquels se prêtent si admirablement et son organisation, et ses instincts particuliers.

Pendant toute la première phase de son existence, le jeune chien n'a fait que croître, acquérir de la taille, du volume et des forces. La vie animale seule, on le voit, a fonctionné chez lui ; elle n'a travaillé que pour lui seul, laissant sommeiller ses facultés spéciales, dont rien, après tout, dans son enfance, n'avait réclamé la mise en action.

Inconscient, alors, de tout ce qui l'entourait de près ou de loin ; ne s'attachant, ou à peu près, à rien, ni aux personnes, ni aux choses ; indifférent, insouciant, en un mot, comme il vient d'être dit, il s'est borné, pendant deux ans, à se nourrir et à recevoir les soins qu'on lui a donnés, se livrant à tous ses jeux et ébats enfantins, et finissant toujours par demander au sommeil, le jour comme la nuit, le repos dont il avait besoin, et quand ce besoin se faisait sentir.

A partir de l'âge de deux ans, une ère nouvelle, essentiellement différente de la première, s'ouvre désormais devant lui. Son corps est parvenu à son complet développement ; son intelligence commence à s'épanouir ; et, comme conséquence de cette double métamorphose, ses instincts, en voie d'évolution, n'attendent que le moment de se manifester d'une manière efficace.

Tout, maintenant, annonce qu'il est en possession de la plénitude de sa force et de sa vigueur ; qu'il a atteint l'âge adulte ; et qu'il est entré dans la période du travail. Tout aussi, faits et gestes, fait voir qu'il en a conscience. Dès ce moment, il paraît tellement désireux de se rendre utile à celui qui l'a élevé, qu'il se montre souvent impatient de recevoir ses ordres, pour leur obéir aussitôt, ou d'avoir quelque travail à exécuter, afin de s'y livrer à l'instant même. Tant il est vrai, qu'il paraît avoir à cœur de faire voir ce dont il est capable.

Ces heureuses dispositions du chien adulte, surtout lorsqu'elles se dessinent spontanément avec autant de vivacité, ne doivent pas passer inaperçues devant les yeux de son maître. Elles l'avertissent et le préviennent de ce qu'il aura bientôt à faire. Elles indiquent hautement que le moment est arrivé aussi, pour lui, de s'occuper, sans retard, de son instruction et de son éducation, et de les faire marcher de front l'une et l'autre. Elles lui apprennent qu'il lui incombe, désormais, de lui inculquer les premières leçons du travail auquel il doit être prochainement appelé ; de le lui faire aimer, désirer même s'il est possible ; enfin, de le dresser et façonner de telle sorte, qu'il devienne, en peu de temps, un serviteur, tout à la fois, infatigable au travail, et d'une docilité à toute épreuve.

Dresser de bonne heure le chien au travail, voilà donc le premier devoir à remplir. S'il arrivait, néanmoins, qu'à l'exemple des personnes négligentes, on attendît trop tard pour l'appliquer ; si, d'autre part, le jeune animal avait déjà eu le temps de contracter de mauvaises habitudes, et de goûter à la paresse et à la fainéantise, on s'exposerait au danger de s'en repentir tôt ou tard ; ou, tout au moins, au désagrément d'appeler à son secours les moyens de coercition, alors que les moyens que l'on se verrait forcé d'employer pour le corriger, pourraient, dans nombre de cas, ne l'être qu'en pure perte, ou ne produire que des effets incomplets.

L'exercice, quoi qu'il en soit, on ne saurait trop le répéter, ne mérite ce nom et n'a d'efficacité qu'à une seule et unique condition : qu'il soit judicieusement compris et appliqué, c'est-à-dire qu'il commence de bonne heure, et qu'il tienne constamment, mais prudemment, le jeune élève en haleine.

Avant d'entrer en matière sur ce sujet, disons ici deux mots de l'importante question de savoir, au moins approximativement, quel rapport doit exister entre les moyens physiologiques des chiens des différentes races, et les divers exercices auxquels il importe de les assujettir. Quoiqu'il soit difficile de le soumettre à des règles fixes et précises, ce que l'on peut affirmer cependant : c'est qu'un exercice insuffisant fait perdre aux organes ou aux instincts la faculté d'entrer régulièrement en action ; c'est qu'un exercice modéré entretient, au contraire, les mêmes organes et instincts dans la plénitude de leur puissance, et rend leurs opérations plus faciles et plus complètes ; c'est, en troisième lieu, qu'un exercice violent les émousse ou les altère avec rapidité.

Soins à donner à l'adulte. — Exercice. — Au point de vue théorique de la physiologie, les bons effets de l'exercice, nous avons hâte d'en faire ici la remarque, ne se bornent pas, comme on est tenté de le croire, aux seuls organes et instincts qui ont été spécialement entraînés et mis en mouvement. Ils ont encore une influence prononcée, tout à la fois : et sur la circulation et l'innervation générales, qu'ils activent en les maintenant dans leur rythme normal ; et, conséquence toute naturelle, sur l'organisme tout entier, qui en retire inévitablement les plus grands avantages.

Cela posé, admettons maintenant que rien n'ait été négligé dans les soins qu'on a prodigués à la jeune bête, et, de plus, que soins et éducation aient été menés à bonne fin; tout n'est pas fini pour le chien. Ce serait s'exposer à de graves mécomptes que de s'imaginer qu'il ne reste plus, désormais, qu'à attendre l'occasion de se servir de lui pour le faire travailler; et qu'il est parfaitement indifférent, soit de continuer à l'exercer, soit de l'abandonner à lui-même sans lui demander momentanément aucun service.

Cette erreur, personne ne la commettra, sans doute, et pour cause. Ne constatons-nous pas, en effet, chez nous-mêmes, tous les jours, que nous désapprenons vite le travail, dès le moment où nous perdons l'habitude de nous y livrer avec régularité; et, de plus, que nous ne nous y remettons presque jamais avec notre première ardeur? N'est-il pas aussi d'une évidence non moins palpable, que si l'adresse et l'habileté dans le travail manuel ou intellectuel, intellectuel ou manuel, sont des qualités qui ne s'acquièrent qu'au prix d'un exercice soutenu et parfaitement réglé, mais principalement soutenu; il n'y a que lui, et lui seul, pour les conserver dans toute leur intégrité?

Or, ce qui est vrai pour l'homme, l'est également pour le chien. Et, s'il nous en fallait donner la preuve, le chien de chasse, pris même parmi les meilleurs, serait là pour nous la fournir. Ses instincts naturels, son organisation et son tempérament particuliers en font assurément un serviteur de premier ordre, rien de mieux établi. Eh! bien, malgré cela, que font les chasseurs s'ils veulent qu'il ne perde absolument rien de ses précieuses qualités entre la clôture d'une saison de chasse, et l'ouverture de la suivante? Leur plus grand soin n'est-il pas de l'exercer, à peu près continuellement, à obéir au commandement, en lui faisant rapporter, de bonne grâce, un objet quelconque qu'on jette loin devant lui, et qu'on l'oblige à aller chercher; de l'habituer à porter, pendant un certain temps, une pièce de volaille entre ses dents; et, lorsqu'on la lui demande à la déposer à terre, sans hésitation, et surtout sans la lacérer, etc. C'est tout cela que, d'une chasse à une autre, ne manquent jamais de faire les chasseurs de profession. Inutile d'ajouter qu'ils s'en trouvent fort bien et s'en applaudissent. Si, physiologiquement parlant, la mise en action des organes par l'exercice leur constitue souplesse et agilité, en même

temps qu'elle favorise la régularité de leur jeu, et leur développement : c'est la bonne nourriture seule qui leur communique la
force physique, et l'hygiène qui les maintient en santé et dispos.
Il suffirait, pour s'en convaincre, si on pouvait l'ignorer, d'observer le chien qui vient de travailler et que le travail a affamé ;
nul autre animal ne réclame plus impérieusement les matériaux
alimentaires, qui, en calmant sa faim, doivent réparer ses pertes,
et le sustenter.

Ressemblant, en cela, à l'homme lui-même, son maître, le
chien qui travaille, subit, comme lui, les lois inexorables de l'u-
sure organique. A une grande activité mise au service de ses
occupations journalières, à une grande dépense de force musculaire, correspond inévitablement une détérioration plus ou
moins rapide et profonde de son énergie et de sa rusticité ; et,
quelque robuste et solide que soit son tempérament, il ne résiste
pas longtemps aux effets destructeurs d'un fonctionnement qui
ne chôme jamais. A cet égard, on ne saurait trop approuver les
personnes qui ne font jamais travailler notre animal, ne fût-ce
qu'un moment, sans être immédiatement prêtes à subvenir à
tous leurs besoins les plus pressants. Pour l'éclaircissement de
ce fait, soit, ici, une simple comparaison.

Une machine artificielle est-elle assez détériorée pour qu'elle
ne puisse plus suffire à un travail régulier ; un ouvrier intervient
bientôt, qui remplace les pièces usées par d'autres qui sont
neuves. Chez les êtres organisés, ce sont les aliments qui remplissent le rôle de l'ouvrier rhabilleur, ou renoueur, dont ils
n'ont que faire, celui-ci n'ayant rien de commun avec eux. Ce
sont eux seuls qui forment leur sang, l'agent réparateur de
l'usure ; et c'est le sang qui fournit à la nutrition, afin qu'elle les
utilise, tous les éléments propres à la reconstitution des tissus des
différents organes.

Ce sont là autant de vérités banales, vieilles comme le monde,
et que, sans commentaire aucun, chacun de nous comprend par
intuition.

Le régime alimentaire du chien adulte qui travaille, car c'est à
cette conclusion que nous voulions arriver, doit donc être rigoureusement substantiel et réconfortant. C'est à cette condition, qu'il
pourra répondre tous les jours, et dans la mesure la plus large,
à toutes les causes d'épuisement, et en prévenir les effets.

S'il est incontestable que la puissance nutritive des aliments est
toute une garantie de vigueur, en même temps que de résistance à

l'usure, et si personne n'y contredit ; cependant, il n'est pas moins exact de dire que ni elle, ni l'exercice ne sauraient ni tout faire dans l'organisme, ni subvenir à toutes les exigences. Il est absolument nécessaire que les soins hygiéniques leur viennent en aide dans leur action réparatrice. Qui, en effet, ne sait aujourd'hui qu'en leur adjoignant, à titre d'auxiliaires, une habitation saine et convenablement aérée, des heures de repos suffisamment prolongées, de bons traitements, au besoin des flatteries et des caresses, etc., on facilite singulièrement leur tâche ? *Mens sana in corpore sano*, dit un vieil adage latin. S'il est vrai appliqué à l'homme pour lequel il a été fait, il l'est aussi pour le chien, son serviteur en toutes choses, et souvent le compagnon de ses travaux.

Age incompatible avec le travail. — Vieillesse du chien. — Cette période, pour le chien, commence, en moyenne, à sept ou huit ans. Sa durée n'a rien de bien déterminé. *Les vingtainaires*, en tout cas, dans l'espèce canine, ne sont pas communs.

Désireux, comme nous le sommes, de ne pas laisser sciemment de lacune dans notre travail, quelque succint qu'il soit, nous dirons quelques mots de *la vieillesse*, ne fût-ce que pour acquit de conscience, et à titre de mémoire.

Phase ultime de la vie de notre sympathique animal, la vieillesse est celle aussi, il faut bien le dire, pendant laquelle on ne s'occupe plus guère de lui ; à moins qu'on ne s'y attache encore quelque peu en raison des services qu'on en a tirés, ou des moments de distraction qu'il a procurés, tant par ses gentillesses, que par les aménités de son caractère. On le garde, alors, sinon par pure affection, au moins pour obéir à un sentiment de reconnaissance. Ainsi fait-on, ordinairement, à l'égard d'un vieux domestique, qui s'est toujours montré docile, fidèle et dévoué.

Signes de vieillesse. — Règle générale (et c'est ainsi d'ailleurs que cela se passe tous les jours chez la grande majorité des êtres organisés forts et robustes), le chien, lorsqu'il est doué d'une constitution solide, parcourt, un à un, tous les degrés de l'affaiblissement physique et instinctif. Sa vieillesse, dans le cas contraire, est toujours précoce et rapide.

De toutes les transformations caractéristiques de la dégradation sénile, les modifications subies par les poils sont celles qui, d'une manière constante, se manifestent les premières. Avec les années, les poils blanchissent, d'abord et principalement, autour des yeux, sur la face, le long des lèvres en même temps qu'au

menton; plus tard, ils se raréfient, peu à peu, sur toute la surface du corps; plus tard encore, ils cessent d'atteindre leur longueur normale, en perdant leur brillant; et, finalement, profondément encracés, ils restent opiniâtrément sales et même
poussiéreux.

A partir de ce moment, qu'ils soient bien ou mal soignés, les
chiens ont atteint l'âge des infirmités; et, s'ils ne souffrent pas de
la plupart d'entre elles, ils contractent au moins généralement
des affections cutanées dont ils guérissent difficilement, ou qui, en
raison de leur ténacité particulière, sont très sujettes à récidive.

En ce qui regarde l'*état général* du chien devenu vieux, il n'est pas
plus épargné que le système cutané; rien ne s'y passe plus d'après
un ordre régulier. Pendant que, chez l'un, cet état se caractérise par
une maigreur extrême, une véritable décrépitude; chez un autre,
il se fait remarquer par un embompoint tellement exagéré, qu'on
peut et doit considérer cet engraissement insolite comme une
infirmité réelle. De plus, et quoi qu'il en soit de chacun d'eux,
maigre ou gras, le premier, tout aussi bien que le second, ils
ont perdu, l'un et l'autre, à tout jamais leur vivacité, voire même
la plupart de leurs instincts naturels. Désormais, leur marche,
comme s'il leur en coûtait de se déplacer, devient de plus en plus
lente et pénible; et leur caractère, plus ou moins profondément
modifié en mal, les rend tristes et grognous.

Malgré ce qu'ont de profondément désagréable les chiens gro-
gnons et maussades, on pourrait cependant presque dire d'eux,
que de tous les vieux chiens, ce sont réellement encore les mieux
partagés. En dehors de cette catégorie, la plupart des autres,
affectés d'infirmités les plus diverses, de douleurs rhumatismales,
en particulier, qui les font beaucoup souffrir, n'éprouvent plus
d'autre besoin, en toute saison, que celui de rechercher la solitude; et, pendant celle de l'hiver, en raison de leur extrême
sensibilité à l'impression du froid, non seulement de se tenir
constamment couchés devant le feu, mais encore d'y rester avec
une certaine obstination, quoique l'on fasse pour les en éloigner.
Perclus et impotents, tout est fini pour eux.

On ne saurait nier que les vieillards de cette sorte soient
incontestablement extrêmement malheureux. Il en est, toutefois,
de plus malheureux encore, si cela est possible : les chiens qui
portent des plaies sur leurs corps. Et, comme si ce n'était pas
assez pour eux, qu'elles dégénèrent presque infailliblement en
ulcères sanieux, d'une incurabilité à peu près absolue; elles

exhalent, presque toujours, une odeur *sui generis* des plus désagréables, tellement forte même quelquefois, chez certains individus, que leurs maîtres, quel que soit l'attachement qu'ils leur portent, se trouvent dans la nécessité absolue de s'en séparer en les faisant abattre.

Il va sans dire que, pendant les dernières années de la vieillesse, l'usure complète des dents du chien ne lui permet plus de se nourrir de viande crue, encore moins de broyer les os les moins compacts même, ses aliments de prédilection ; et qu'il ne tarde pas à dépérir en prenant une constitution comme rachitique, ou plutôt en tombant dans un état maladif absolument incurable, qui ne finit qu'avec lui-même.

C'est ordinairement vers l'âge de douze à quatorze ou quinze ans, que le chien meurt de vieillesse.

EMPOISONNEMENT. — On donne le nom *d'empoisonnement* à l'ensemble des phénomènes et des accidents produits par des substances vénéneuses appliquées sur une partie quelconque du corps.

L'action des poisons est très différente selon : 1° l'état de santé ou de maladie des sujets ; 2° leur âge et leur force ; 3° les diverses manières d'être de l'estomac et de l'intestin, lorsqu'ils sont ingérés dans ces organes.

Origine et division. — Les substances vénéneuses se rencontrent dans les trois règnes de la nature.

Envisagées au point de vue de leur *action sur l'économie animale*, elles forment quatre classes distinctes. qui sont : 1° la classe des *poisons irritants* ; 2° la classe des *poisons narcotiques* ; 3° la classe des *poisons narcotico-acres* ; 4° la classe des *poisons septiques*. Mais, si l'on ne tient compte que de leur *provenance*, ces mêmes substances ne constituent que trois classes seulement ; 1° celle des *poisons minéraux* ; 2° celle des *poisons végétaux*, 3° et enfin la classe des *poisons animaux*, auxquelles nous ajouterons la *morsure de la vipère*.

De tous les animaux domestiques, les chiens sont ceux qu'on trouve le plus fréquemment empoisonnés. Ils le doivent tantôt à la malveillance ou à la vengeance d'un voisin, par exemple, ou de tout autre personne ; tantôt aussi ils s'empoisonnent eux-mêmes d'une manière accidentelle, lorsqu'ils vaguent en liberté dans les rues, ou qu'ils cherchent et fouillent dans les tas d'ordures qu'on y dépose.

C'est en considération de ces deux origines différentes de l'empoisonnement, que nous avons cru devoir consacrer quelques détails sommaires à cette question, qui, d'ailleurs, ne manque pas d'intérêt au point de vue de la pathologie pure.

Principaux phénomènes et symptômes de l'empoisonnement. — 1° *Poisons minéraux.* — Parmi les nombreux poisons minéraux, l'*arsenic*, le *vert-de-gris*, le *sublimé corrosif*, sont surtout ceux dont on se sert habituellement pour empoisonner les chiens. Ils sont aussi les seuls qui nous occuperont dans ce paragraphe.

Les effets produits par ces toxiques, particulièrement énergiques, se dénotent presque immédiatement après leur ingestion; au bout d'un temps, toutefois, qui varie suivant la nature de l'agent vénéneux, le degré de sa solubilité dans les liquides intestinaux, et la dose qui en a été prise.

L'arsenic et le vert-de-gris opèrent, relativement avec une certaine lenteur; le sublimé corrosif, au contraire, se montre beaucoup plus prompt dans ses manifestations.

Dans tous les cas, les symptômes communs à ces trois empoisonnements sont les suivants : au début, l'animal éprouve des douleurs d'entrailles plus ou moins vives, de véritables coliques; très peu de temps après, il est dévoré par une soif ardente et cherche avec inquiétude un endroit frais où il puisse reposer; il fait, enfin, de fréquents efforts pour vomir.

Plus tard, à mesure que les symptômes font des progrès : les matières vomies, ainsi que les déjections se teintent de stries sanguinolentes; le pouls devient petit et accéléré; les extrémités, les oreilles, etc. se refroidissent; des convulsions surviennent; et la mort paraît imminente, sinon certaine.

Lorsque l'empoisonnement est dû au *sublimé corrosif*, à ces symptômes s'en ajoutent quelques autres : la muqueuse buccale se tuméfie, s'ulcère; et ne tarde pas à exhaler une odeur fétide caractéristique.

Si au contraire, il a été déterminé par l'*arsenic* ou le *vert-de-gris*, la tuméfaction de la gueule n'existe pas. On remarque, en outre, que les symptômes généraux se dessinent avec une intensité et une violence beaucoup moins prononcée.

Quelle que soit, d'ailleurs, la nature de l'empoisonnement, le plus ordinairement on constate que les déjections, fréquentes et douloureuses, sont chargées de matières analogues à celle des vomissements; et que le ventre, toujours douloureux à la pression, se ballonne chez certains malades, ou semble rentrer et toucher la colonne vertébrale chez beaucoup d'autres.

2° *Poisons végétaux*. — Un grand nombre de poisons d'origine végétale peuvent produire la mort; néanmoins l'*opium*, la *noix vomique râpée*, *l'extrait de noix vomique* ou le *sulfate de strychnine* exceptés, tous les autres ne sont que très rarement employés, pour ne pas dire jamais. Nous nous bornerons donc, pour ce motif, à la description des symptômes d'empoisonnement auxquels donnent lieu l'opium et la noix vomique, ou leurs produits.

Les animaux, sous l'influence des *opiacés*, tombent dans un état de somnolence et d'engourdissement extrêment variable, c'est-à-dire tantôt plus, tantôt moins profond; ce n'est que rarement qu'on observe chez eux des mouvements convulsifs, ou des douleurs légères. Quant aux autres symptômes qu'ils peuvent présenter; ils consistent dans des déjections, rares chez les uns, fréquentes et copieuses chez les autres; et, en dernière analyse, dans une paralysie générale qui précède la mort de peu de temps.

Avec la *noix vomique* et ses produits chimiques et pharmaceutiques, ce sont de violentes convulsions tétaniques qu'on voit se manifester, et presque toujours sous forme d'explosion. Dans cet état particulier, la respiration est laborieuse, pénible et difficile; et les muqueuses apparentes, celles de l'œil et de la langue, en particulier, s'injectent d'une quantité de sang tellement grande, que, en moins de quelques minutes, elles prennent une teinte rouge-violacée des plus foncées.

Le plus léger bruit, pendant toute la période d'excitation, provoque invariablement de brusques secousses qui font tressaillir le malade d'une manière automatique. Le patient échappe rarement à la mort.

Nous passons sous silence l'acide cyanhydrique et le cyanure de potassium. Tout le monde sait qu'ils exercent sur l'organisme des effets foudroyants. Rien non plus des poisons animaux.

Morsure de la vipère. — A peine introduit dans la petite plaie faite par la dent de la vipère, le venin du reptile occasione d'abord du gonflement et de la rougeur dans la partie mordue; et ensuite une douleur et une cuisson plus ou moins vives. A ces premiers symptômes, s'en ajoutent bientôt d'autres non moins caractéristiques, pour peu que la quantité de virus inoculé ait été abondante: ce sont, en particulier, des frissons généraux, de l'abattement, la petitesse et l'irrégularité du pouls, des convulsions. Hâtons-nous, toutefois, de le dire : malgré ce qu'a d'effrayant, tout d'abord, ce cortège de symptômes, les morsures de la vipère sont rarement mortelles. Il en est ordinairement ainsi dans le cas, surtout, où l'on a eu soin d'employer, à temps, les remèdes convenables que portent toujours sur eux les chasseurs.

Traitement. — Le traitement de l'empoisonnement comprend deux indications : 1° arrêter l'absorption du poison ; 2° neutraliser ses effets.

1° On arrête l'absorption des poisons, en administrant au chien un vomitif, dont on aide l'action par l'ingestion, dans l'estomac, d'une grande quantité d'eau tiède.

2° Pour neutraliser les effets des substances vénéneuses de nature minérale, ceux, en premier lieu, du sublimé corrosif et du vert-de-gris, on administre du blanc d'œuf battu dans l'eau, ou simplement du lait, en ayant bien soin de les faire prendre, l'un ou l'autre, avant le vomitif, qui devra les suivre immédiatement. Il y a alors combinaison chimique et formation d'un corps insoluble.

Pour combattre l'arsenic ou acide arsénieux, on donne l'hydrate de peroxyde de fer récemment précipité, et minutieusement délayé dans l'eau. Il se forme ici de l'arsenite de fer insoluble.

Quand il s'agit, au contraire, de paralyser l'action des poisons végétaux, de l'opium et de ses composés, en particulier, les seuls produits dont nous ayons parlé dans notre chapitre, on a recours au café noir. Sa décoction donnée plusieurs fois de suite, à haute dose, exerce généralement une action efficace sur le système nerveux, qu'elle stimule énergiquement. Ce traitement ne donne lieu à aucune action chimique.

Bien que nous ayons exposé les phénomènes auxquels donne naissance l'ingestion de la noix vomique, de son extrait ou du sulfate de strychnine, nous passerons outre en ce qui touche le traitement qu'elle réclame. On n'arrive presque jamais assez tôt pour l'entreprendre avec quelques chances de succès. En tout cas, il n'y a que les vomitifs que l'on puisse essayer.

Que dire aussi des venins ; et des moyens à employer contre la morsure de la vipère ? rien non plus.

Les chasseurs savent tous, en effet, qu'on doit débrider les plaies faites par ce reptile ; les faire saigner abondamment ; et les laver ensuite avec de l'ammoniaque liquide (alcali volatil), ou, à son défaut, avec une solution concentrée de sesquicarbonate d'ammoniaque (sel volatil de corne de cerf). Tous encore, ils savent parfaitement qu'on recommande expressément d'appliquer un lien au-dessus de la morsure, lorsqu'elle a son siège sur un membre; de le serrer pour s'opposer à la diffusion du venin; enfin, de faire boire au malade des infusions stimulantes, bien chaudes, de thé ou de tilleul, auxquelles on ajoute quelques gouttes d'ammoniaque.

ENTÉRITE. — **Définition**. — On désigne sous le nom d'*entérite* l'inflammation de la muqueuse de l'intestin, et principalement de l'intestin grêle ou *iléon*.

Tous les animaux de l'espèce canine, depuis leur enfance jusqu'à l'extrême vieillesse, les jeunes ou les vieux, le fait est constant, sont particulièrement sujets à cette maladie. On en a beaucoup cherché le pourquoi.

Parmi les praticiens qui s'en sont occupés : les uns font dériver cette prédisposition des seuls intestins, qui, selon eux, seraient naturellement très irritables, d'une excessive susceptibilité; les autres, au contraire, l'attribuent plus vraisemblablement à l'habitude qu'ont les chiens de fouiller dans les tas d'ordures des rues, et de se nourrir des mille substances altérérées et irritantes qui s'y trouvent. Les chiens mal soignés, errants et vagabonds sont généralement dans ce cas. De ces deux opinions, quelle est la meilleure?.... *Adhuc sub judice lis est*, est, à notre avis, la seule réponse que l'on puisse faire, aujourd'hui encore, à cette question.

Division. — L'entérite peut être *aiguë* ou *chronique*.

Causes. — Laissant de côté la prédisposition maladive dont il vient d'être question, les causes les plus ordinaires de l'entérite sont aussi variées que nombreuses. A la tête de toutes, se place la *maladie* dite *des chiens*, qui donne presque toujours lieu à une inflammation intestinale d'une nature toute spéciale, caractérisée par un flux de ventre continuel. Viennent ensuite pour les adultes et les vieillards : la consommation des détritus irritants que nous avons signalés plus haut; l'ingestion de substances indigestes ou d'aliments avariés, de pain moisi, d'eaux contenant des matières organiques en décomposition; les habitations froides et humides; le délabrement de la santé par suite de mauvais soins ou même de manque absolu de soins; les coups violents portés contre le ventre; la présence, dans l'instestin, de corps étrangers hérissés d'aspérités, de cailloux, par exemple, de morceaux de bois ou de verre; enfin l'abus des purgatifs; les substances vénéneuses.

Symptômes. — Entérite aiguë. — A son début, l'entérite aiguë s'annonce par une sorte d'inquiétude qui oblige le malade à aller, venir, se déplacer encore avant de se coucher définitivement sur sa litière. L'appétit se perd peu à peu; la soif, par contre, devient de plus en plus ardente; et la respiretion se montre pénible et laborieuse. Le malade recherche l'eau froide avec avidité.

Presque toujours, l'estomac participe à l'irritation de l'intestin. Les matières de vomissement qu'il rejette alors, mêlées de mucosités bilieuses jaunes-verdâtre, en témoignent clairement.

Un peu plus tard, le ventre d'une sensibilité prononcée, est douloureux au toucher; le pouls est vite et petit; les oreilles et les pattes sont froides; le nez est chaud et sec; et les yeux rouges. Enfin, suivant la constitution des sujets, c'est la diarrhée chez ceux-ci, la constipation chez ceux-là, qui viennent, à leur tour, compléter la longue série des symptômes.

Avec les progrès de la maladie, quand elle résiste à tout traitement, le flanc se retrousse; le malade maigrit rapidement; tombe dans le marasme; et ne tarde pas à mourir.

Marche. — Durée. — Pronostic. — L'entérite simple n'offre aucune gravité. Elle parcourt régulièrement ses phases dans l'espace de dix à quinze jours, après quoi, elle se termine par résolution.

Tout autre est sa terminaison, lorsqu'elle est la conséquence de l'action, sur la muqueuse intestinale, de matières irritantes, ou bien de lésions, d'éraillures déterminées par des corps étrangers à surface rugueuse vulnérante, ou encore de coups violents portés sur l'abdomen, etc. Dans ces différents cas, l'entérite peut être fatalement mortelle.

Nous en dirons autant de l'entérite occasionnée par les mauvais soins prolongés, et l'épuisement qui en dérive. La mort, toutefois, met plus de temps à venir.

Traitement. — On commence par supprimer toute nourriture et interdire l'eau froide. Une saignée est aussi parfaitement indiquée au début de la maladie, si l'animal est d'un tempérament sanguin.

A l'extérieur, l'inflammation étant légère, on se contente de cataplasmes émollients et chauds qu'on applique sur le ventre, aussi longtemps que cela est nécessaire. Mais si l'inflammation est intense, aux lieu et place des topiques adoucissants, on pratique, sur la même région, des frictions d'ammoniaque liquide, de sulfure de carbone, de baume d'opodeldoch, etc. Dans le cas de diarrhée, les lavements laudanisés et les tisanes légèrement astringentes sont les meilleurs médicaments à employer. Contre la constipation, ce sont les purgatifs laxatifs, par exemple l'huile de ricin, qu'il convient d'administrer.

A l'intérieur, surtout lorsque le malade éprouve de vives douleurs, accompagnées ou non de coliques, on prescrit du bouillon de mouton; des tisanes laudanisées ; des décoctions de morelle, de jusquiame, de tête de pavot. On peut également donner des pilules d'extrait de jusquiame, ou du calomel, ce dernier, plusieurs heures de suite, en l'associant à un jaune d'œuf.

Régime. — Pendant les premiers jours de la convalescence, les malades manifestent un très grand appétit. Il sera prudent, tout d'abord, de leur mesurer leur ration de manière à les amener graduellement à leur régime normal.

Entérite chronique. — Symptômes. — Une diarrhée persistante, et, par suite, amaigrissement et faiblesse des malades, tels sont, en résumé, les principaux symptômes de l'entérite chronique. Point de coliques, ni de vomissements. On constate quelquefois de la constipation chez certains sujets.

Traitement. — On vient de voir que les malades affectés d'entérite chronique sont tantôt tourmentés par une diarrhée continuelle, tantôt constipés.

S'agit-il de combattre la diarrhée : les tisanes de feuilles de noyer, de ronces, de chêne ; les décoctions de brou de noix ; les électuaires ou pilules d'extrait de gentiane, sont d'un emploi efficace. Il en est de même du vin de quinquina. On prescrit aussi avec avantage les lavements astringents, en ayant soin de les administrer plus ou moins fréquemment, suivant les cas et l'état du malade.

Pour faire cesser la constipation, c'est aux laxatifs, au tartroborate de potasse, au sirop de nerprun, aux lavements mucilagineux légèrement purgatifs, ainsi qu'au régime rafraîchissant et délayant, qu'on a recours.

Régime. — La nourriture doit être peu abondante, mais d'excellente qualité. Soupes au pain de sang de bœuf; promenades; soins hygiéniques.

Voir les mots : *maladie des chiens*, et *empoisonnement* pour compléter l'énumération des moyens curatifs.

ÉPILEPSIE. — HAUT MAL. — MAL CADUC. — Défi-

nition. — Maladie nerveuse qui se manifeste par des accès à symptômes variables, il est vrai, suivant les sujets qui en sont atteints ; mais, chez lesquels, la perte absolue de la connais-sance est le signe le plus caractéristique.

L'épilepsie se montre plus fréquemment chez le chien que chez les autres animaux domestiques.

Causes. — Il n'est pas toujours facile de remonter aux causes du *mal caduc*. Dans nombre de cas, on n'en découvre aucune qui soit franchement admissible. Cependant, on ne saurait con-tester à la peur et à toute émotion violente quelconque ; aux convulsions dont les animaux sont affectés dans leur enfance ; aux chutes ou aux coups sur la tête ; aux lésions naturelles ou accidentelles du cerveau, d'être le point de départ de cette affection.

D'autre part, l'hérédité, paraît-il, la *maladie* dite *des chiens*, ainsi que la présence des vers dans l'estomac et les intestins, en sont également des causes non équivoques. Tous les praticiens les plus autorisés sont parfaitement d'accord sur ce dernier point.

On constate encore quelquefois, chez certains sujets, tous les symptômes de l'épilepsie, tantôt à la suite d'un refroidissement brusque, ou du passage d'une rivière, dans laquelle les chiens se sont précipités, lorsqu'ils étaient sous l'influence d'une vive excitation ; et tantôt après une course violente semblable à celles, par exemple, auxquelles se livrent généralement les jeunes, quand ils poursuivent sur les grandes routes les petits oiseaux des champs, et qu'ils aboient après eux avec une sorte de fré-nésie, et de toute la force de leurs poumons.

Symptômes. — L'épilepsie se manifeste d'une manière inva-riable, chez le chien, par sa chute brusque sur le sol, après un mouvement de tournoiement sur lui-même généralement de très courte durée, en même temps que par une véritable raideur tétanique de tout son corps avec renversement de la tête en arrière, et fixité du regard, les yeux restant largement ouverts. Bientôt après, les pattes s'agitent comme si elles marchaient ; la mâchoire inférieure exécute des mouvements de mastication comme si la gueule contenait un corps étranger ; les joues et les lèvres se contractent en prenant part à ce mouvement ; et une salive écumeuse s'échappe de la commissure des lèvres. Pendant toute la durée de la crise, le malade fait entendre de petits cris aigus, des plaintes, ou de légers aboiements ; souvent même il y a émission involontaire d'urine et de matières fécales, symptôme qui indique suffisamment, chez le malade, la perte complète de connaissance et de sensibilité. Après le réveil, stupeur ou abrutissement d'une durée très variable.

Les crises sont toujours très courtes ; elles ne dépassent guère une demi-minute à une minute. Quant aux attaques, elles sont constamment brusques, et se succèdent à des intervalles irréguliers.

Pronostic. — Dans l'immense majorité des cas, l'épilepsie est un mal incurable. Il est d'observation, en effet, que si elle ne provoque pas des paralysies locales, elle peut dégénérer en d'autres affections convulsives, particulièrement en danse de Saint-Guy.

Lorsque le mal caduc n'est que symptomatique, dans le cas d'entérite vermineuse, par exemple, de fièvre muqueuse, de *maladie* des jeunes chiens, ou de lésions résultant de coups portés sur la tête, on peut toujours tenter d'en obtenir la guérison. Le succès est possible. (Voir *vers intestinaux*.)

Traitement. — Tout a été essayé contre l'épilepsie idiopathique ; ce qui signifie que, aujourd'hui encore, on est à la recherche d'un traitement efficace. Le plus ordinairement, les soins à prodiguer aux malades ne peuvent et ne doivent avoir pour but que de prévenir les attaques, soit en évitant tout ce qui pourrait les déterminer, soit en combattant les causes connues, lorsque le mal caduc est accidentel.

EXERCICE. — Tous les animaux organisés pour pouvoir se déplacer d'eux-mêmes, qu'ils obéissent à une volonté réfléchie, ou qu'ils ne se laissent guider que par leurs seuls instincts, éprouvent un besoin impérieux de mouvement, ou d'*exercice* pour préciser d'avantage. C'est une loi de la nature.

S'il était possible d'en douter, il suffirait, pour voir s'évanouir d'elle-même toute hésitation à cet égard, d'observer seulement ce qui se passe journellement sous nos yeux. En ce qui concerne par exemple, nos enfants d'abord, avant de parler des animaux : est-il au monde des êtres plus remuants que les enfants? plus pétulants qu'eux? En ce qui regarde, maintenant, les jeunes animaux domestiques, sans en excepter ceux qui habitent les champs et les forêts : à quelles mille et mille gambades, et des plus variées, ne se livrent-ils pas chaque fois, qu'en pleine possession de leur liberté, rien ne vient les déranger dans leurs jeux?

Il est de toute évidence que, tous, ils ont l'instinct des bienfaits du mouvement ; comme si, tous, conscients de ce qu'ils font, ils sentaient que le mouvement leur est aussi nécessaire que la nourriture, l'air et la lumière. C'est que, lui aussi, le mouvement, est en effet un des principes de la vie.

Rien d'ailleurs de plus facile à mettre en lumière.

Définition. — L'*exercice*, celui du moins que nous devons envisager dans ce chapitre, peut-être défini : la mise en action des organes de l'appareil locomoteur, comprenant les phénomènes divers auxquels elle donne lieu par les mouvements généraux qu'elle détermine dans les fonctions intimes des organes.

Phénomènes produits par l'exercice. — Envisagé et étudié dans les limites restreintes de ce sens particulier, l'exercice provoque des phénomènes de deux ordres parfaitement distincts, appelés : les uns *phénomènes locaux*, les autres, *phénomènes généraux*.

Effets locaux. — Le plus apparent de ces effets, pour ne signaler que les principaux, consiste uniquement dans l'*accélération du mouvement respiratoire*; celui qui vient ensuite, comme second effet local, est le phénomène important de la *combustion du carbone contenu dans le sang*.

Nous ne dirons rien du premier effet; quant à la *combustion du carbone*, nous nous bornerons à faire remarquer : que, contrairement à ce qui a lieu pour le premier, ce second résultat, quoique parfaitement accusé par l'élévation de la température des muscles, n'est que le signe sensible d'un acte intime et caché dont ils sont le siège; et qui, aujourd'hui encore, relativement à son essence, est, pour nous un impénétrable mystère. Malgré cela, et malgré le voile épais qui le couvre, tout le monde sait que c'est à l'*exercice* qu'il doit surtout son activité; comme personne n'ignore que l'acroissement du volume et l'accroissement de la force, dans les appareils organiques, en sont les produits heureux.

Effets généraux. — Il n'existe aucune analogie entre les effets généraux et les locaux : beaucoup plus frappants et plus immédiatement faciles à constater que ces derniers, il sont pour ainsi dire tangibles. Pendant tout le temps que dure l'exercice, la circulation générale acquiert un surcroît d'activité qui, partant du cœur, se propage bientôt à l'appareil respiratoire, dont les mouvements surexcités, se précipitent d'une manière presque fébrile. De son côté, la peau, injectée par le sang qui y afflue en abondance, s'échauffe et se couvre de sueur; en même temps que, des voies aériennes, se dégage une exhalation vaporeuse non moins abondante.

Tout cependant ne se borne pas à ces phénomènes déjà si intéressants en eux-mêmes; on constate encore, par les changements profonds qu'il fait subir, plus tard, à l'organisme tout entier, que l'exercice porte aussi son influence jusque sur la fonction de la nutrition; qu'il fait naître le sentiment d'une faim plus ou moins impérieuse; et, comme conséquence, qu'il met l'animal dans la nécessité de lui fournir abondamment les substances alibiles, susceptibles de l'apaiser et de réparer les pertes dont il souffre lui-même.

Mais, s'il est vrai que l'exercice s'impose, comme un besoin impérieux, à tout animal capable de se mettre en mouvement par le seul effet de sa volonté; il importe, par-dessus tout, que ce mouvement, pour s'harmoniser avec les lois de la vie, ne sorte jamais des limites d'un travail modéré; l'exercice, même léger, étant déjà un véritable travail.

Degrés divers de l'exercice. — L'exercice peut être : 1° *modéré*; 2° *excessif* ou *violent*; 3° *insuffisant*.

1° *Modéré*, le mouvement, ou, à proprement parler, l'exercice normal maintient les organes dans toute la puissance de leurs facultés. Il imprime à leur activité et à leur énergie un certain équilibre qui, tout en rendant leur travail et plus régulier, et plus facile, contribue efficacement à la solidité de la constitution ainsi qu'à la prospérité de la santé.

2° *Excessif* ou *violent*, au contraire, l'exercice n'est plus qu'un agent fatal de destruction; et devient tôt ou tard une cause d'altération et d'usure profondes pour les tissus organiques. Tantôt, alors, c'est la digestion qu'il entrave ou qu'il trouble; tantôt c'est la force musculaire qu'il épuise ou qu'il brise; et, trop souvent, suivant les prédispositions des individus, ou les circonstances parculières qui viennent tout compliquer, il provoque l'évolution de maladies d'une guérison parfois peu facile, principalement les affections adynamiques, ou les altérations du sang, qui tiennent le premier rang, entre toutes, par les dangers qu'elles font courir aux malades.

3° Le *défaut absolu d'exercice* n'est pas moins dangereux que l'excès; et, s'il n'est pas exact de dire qu'il soit une cause de ruine immédiate pour les forces physiques; il n'est pas exempt, néanmoins, de graves et quelquefois même des plus graves inconvénients. Combien de maladies ne pourrait-on pas citer, qui n'ont pas d'autre origine : un embonpoint excessif par exemple, l'asthme, l'hydropisie, chez les vieux animaux ; et, chez le jeune chien, la gale, le cancer, voire même l'épilepsie, d'après certains auteurs?

Ce sont là des considérations d'une haute valeur, dont il serait imprudent de ne pas tenir tout le compte qu'elles méritent.

Les animaux, avons-nous dit, aiment, en général, sans distinction d'espèce et de race, l'exercice et le mouvement; et, parmi ceux que l'homme a soumis à la domestication, avons-nous ajouté, il n'en est, peut-être, pas un seul auquel il soit plus nécessaire qu'au chien. Le chien, en effet, est un animal essentiellement chasseur destiné, par nature, à poursuivre sa proie à course forcée. A ce titre, nous l'avons déjà dit, dans la vie sauvage, s'il veut se procurer la nourriture dont il a besoin pour assouvir sa faim, il n'a pas d'autre moyen d'y arriver, que de chasser sans cesse, et, à cause de cela, de se livrer tous les jours, sans trêve ni merci, à des courses effrénées.

C'est là un fait significatif, qui, bien compris, doit suffire pour montrer combien il est urgent, en hygiène sagement appliquée, de procurer aux chiens, avant qu'ils n'atteignent l'âge adulte, tous les moyens possibles de développer leurs forces par l'exercice, en les proportionnant, comme il est de rigueur, à leur âge, aux services qu'ils sont appelés à rendre pendant leur vie active, à leurs aptitudes particulières, etc.

Ces considérationt générales établies, essayons maintenant de donner une idée des exercices purement hygiéniques, auxquels il convient de soumettre, d'une manière régulière, le jeune chien d'abord, le chien de travail ensuite.

Exercice du jeune chien. — « Rien, dit Delabère-Blaine, ne démontre mieux le besoin de l'exercice pour ces petits animaux que la disposition naturelle pour jouer qui leur a été donnée pour conserver leur santé ». — Dans les villes, on tient généralement les tout jeunes chiens renfermés dans les appartements ; et, lorsqu'on leur permet de sortir, au cours de la journée, ce n'est guère que pour satisfaire leurs besoins à quelques mètres de la maison, sauf les cas, où leurs maîtres et maîtresses les emmènent avec eux à une promenade qui, le plus ordinairement, est de courte durée.

Ce ne sont pas assurément de semblables déplacements qui méritent d'être qualifiés d'exercices hygiéniques.

Si l'on veut que la promenade ordinaire devienne un moyen propre à favoriser l'évolution des forces du jeune chien ; à donner à ses membres naturellement mous, flexibles, et empâtés, de la consistance, une certaine sécheresse ; et, finalement, plus de solidité : il est indispensable qu'elle se renouvelle assez fréquemment et d'une manière régulière ; qu'elle ne dure pas moins d'une heure chaque fois ; et que le chien, pendant qu'il se promène, soit exercé à toutes sortes de jeux faciles. C'est ainsi qu'on peut lui apprendre à courir après une pierre qu'on a jetée à une petite distance sur la route ; à la rapporter ; à quêter autour de ses maîtres ; à sauter, gambader avec les enfants ; à obéir à la parole, etc.

Lorsque le temps est mauvais, et, à cause de cela, lorsqu'il y a impossibilité de sortir le jeune animal, ce sera une excellente mesure que de l'amuser en lui donnant une boule qu'il fera rouler sur le parquet ; en lui jetant, de temps à autre, un corps solide quelconque, qu'il rapportera vingt fois de suite ; en lui faisant exécuter mille mouvements différents, comme de sauter par dessus un bâton, ou à travers un cerceau ; de se tenir debout sur ses pattes de derrière, de donner la patte, etc. ; et enfin, en l'obligeant à prendre, surtout et de bonne heure, l'habitude de l'obéissance immédiate, d'une docilité à toute épreuve, etc.

Dans les cas où il se permettrait, par hasard, à la maison, quelque acte incongru, la propreté étant aussi une des bonnes qualités qu'il importe de lui faire acquérir dès le bas âge, il faudrait lui faire sentir sa faute par une légère correction.

Exercice du chien destiné au travail. — Aussitôt que le chien de travail est sorti de l'enfance, et avant qu'il soit en état d'être utilisé, son maître ne doit plus s'attacher qu'à deux choses, dans les nouveaux soins qu'il lui prodiguera désormais : d'abord, à faire acquérir à ses forces, par l'alimentation et un exercice gradué, le summum de leur énergie ; ensuite, à façonner son caractère en combattant ses défauts, s'il en présente ; et cultivant avec soin, au contraire, toutes ses bonnes qualités.

Il importe de ne pas l'oublier : l'âge adulte, à son début, est l'époque de la vie du chien, où, exempt de mauvaises habitudes, il est le plus apte à se plier à la volonté de son maître, et à se prêter, sans effort, à toutes les manœuvres auxquelles il jugera convenable de le soumettre.

Les exercices applicables à cet âge sont, à peu de chose près, les mêmes que ceux de la jeunesse. Ils en différeront, cependant, en ce que, tous ils revêtiront les caractèces d'un travail léger ; contrairement aux exercices de l'enfance, qui ne dépassent jamais les bornes d'un simple jeu, ou d'une distraction ordinaire.

On commencera l'entraînement du jeune adulte par des promenades d'une durée relativement courte, et on les continuera pendant quelque temps. Plus tard, on les remplacera progressivement par des courses de plus en plus longues, jusqu'à ce que, enfin, on arrive aux voyages de longue haleine. Ces derniers pourront se prolonger un, deux, ou un plus grand nombre de jours (avec la nuit pour le repos), en tenant rigoureusement compte de la saison, de l'état des chemins, de l'âge, et de la rusticité acquise du sujet.

Habituellement, le chien qui accompagne son maître en faisant route avec lui, se livre à toutes sortes de sauts et gambades plus effrénés les uns que les autres. Souvent on le voit, courir jusqu'à perdre haleine ; se porter en avant, en arrière, à droite, à gauche, à travers champs ; et ne s'arrêter qu'autant qu'il se sent épuisé par la fatigue. C'est là une très mauvaise habitude qu'il importe, non seulement de prévoir, mais surtout d'attaquer avec la plus grande énergie. On y arrivera facilement, en le retenant auprès de soi par une occupation quelconque, pourvu qu'elle l'empêche de vaguer à loisir.

Le plus ordinairement, on n'a que l'embarras du choix dans les moyens à employer pour arriver à ce but. Veut-on, par exemple, se faire obéir et obliger un animal peu docile à marcher à distance raisonnable, sans qu'il s'éloigne : on essaye d'abord de se faire comprendre en lui adressant un commandement fortement accentué ; et, si l'ordre ne suffit pas, on lui administre une légère correction. Mais ce qui est préférable, à tous égards, c'est de l'obliger à porter, à différentes reprises, et chaque fois pendant un certain temps, un objet, paquet, plutôt un peu volumineux que lourd. Ce genre d'exercice, d'ailleurs, n'est pas à proprement parler, une punition pour le chien ; car il s'y prête toujours, de quelle race qu'il soit, de la meilleure grâce, et avec une grande complaisance. On peut encore, à défaut d'autre moyen d'occupation, l'amuser en lui jetant le bâton qu'on tient à la main, et lui demander de le rapporter.

S'il arrive cependant, que malgré cela, le jeune animal fasse le récalcitrant, ou montre seulement de l'hésitation à exécuter les ordres qui lui auront été donnés ; il ne faudra jamais hésiter à lui faire sentir vivement sa faute. A cet effet, on lui infligera une punition, selon les cas, légère ou sévère ; après quoi, on lui commandera de nouveau ce qu'il avait refusé de faire. Toutefois, il est prudent, afin d'éviter des mécomptes, de n'avoir jamais recours à l'emploi de la violence, de la brutalité principalement, ou de tout ce qui pourrait y ressembler.

Avec la remarquable intelligence qui lui est propre, le chien en défaut acceptera, résigné et repentant, tout espèce de punition, pourvu qu'elle soit juste. Au contraire, il désobéira avec obstination, il se dérobera par la suite, conservera de la rancune, ou pourra même devenir méchant, pour peu qu'on le maltraite et qu'il le comprenne.

Natation. — La *natation* est un excellent exercice auquel on ne doit pas manquer de dresser tous les chiens, sans exception, ceux, principalement, qui, en raison de leur taille et de leur force réunies, sont capables de rendre des services de sauvetage, le cas échéant. A l'action musculaire énergique qu'elle détermine, elle ajoute tous les avantages du bain ordinaire, ceux, entre autres, d'entretenir la propreté de la peau, la souplesse et l'intégrité de ses fonctions physiologiques. La natation, à ces points de vue divers, constitue donc un des meilleurs agents hygiéniques que l'on ait à sa disposition.

Par les efforts combinés qu'elle exige de la part des quatre membres thoraciques et abdominaux, et de la presque totalité des muscles du tronc, elle est évidemment favorable, plus que quoi que ce soit, au développement, en volume, de ces grands appareils organiques, et à leur faire prendre, tout à la fois, et souplesse, et vigueur.

Mais ce n'est pas à cela seulement que se bornent les bons effets de l'exercice de la natation : au cours de l'été, quand les animaux sont accablés par la surexcitation que produisent les chaleurs excessives de cette saison, il leur permet encore, sous l'influence de l'action sédative de l'eau froide, de recouvrer instantanément leurs forces ; et de se délasser presque instantanément, avec la plus grande facilité.

Les bienfaits que l'on est en droit d'attendre de la natation sont, sans doute, nombreux, souvent même d'un très grand secours ; et les négliger serait faute impardonnable : cet exercice, néanmoins, ne doit jamais sortir des limites d'une modération raisonnable et sagement calculée, sous peine de devenir quelquefois plus nuisible qu'utile.

Nous venons de dire, en ce qui concerne les chiens de forte taille, que dressés convenablement à la pratique de la natation, ils peuvent, au besoin, porter, aux personnes qui se noient, des secours que, souvent, on ne saurait demander sans imprudence à l'homme lui-même, fût-il le plus habile des nageurs. Pour ce motif, nous recommandons la natation d'une manière tout à fait spéciale à l'attention de tout propriétaire un peu soucieux de ses intérêts, et qui désire faire de l'animal qu'il possède, un auxiliaire utile et dévoué dans toutes les circonstances périlleuses de la vie. *On a souvent besoin d'un plus petit que soi.*

Rien de plus simple et de plus facile que d'amener un chien fort, courageux et avantagé par la taille, à devenir un habile sauveteur. Une seule chose est à faire : c'est, après l'avoir préalablement dressé à rapporter sur terre, de l'habituer à rapporter, à la nage, un objet quelconque, qu'on jette à l'eau, un paquet de hardes, par exemple, disposé de telle façon qu'il puisse être saisi sans difficulté avec les dents. Si l'on veut, ensuite, compléter son instruction, et l'accoutumer à toutes les difficultés du sauvetage, un autre moyen non moins sûr de réussir, c'est de lui faire rapporter : tantôt un objet qui, tombant au fond de l'eau par son propre poids, l'oblige à plonger pour le saisir; tantôt un corps plus volumineux, mais plus léger, qui flottera à sa surface, et qu'il poussera devant lui.

Punitions. — Malgré sa docilité instinctive, le chien se montre quelquefois désobéissant; il peut même être aboyeur, méchant par nature. Ces défauts méritent d'être corrigés de bonne heure, et ils doivent l'être sans retard. A cet égard, point de faiblesse; on ne doit jamais attendre qu'ils aient le temps de prendre de la consistance, de s'enraciner.

Si nous admettons, en principe, que le chien traité avec douceur, loué, caressé lorsqu'il a bien fait, est sensible aux bontés qu'on a pour lui; qu'il s'attache à son maître; qu'il travaille alors avec plus d'ardeur et de vivacité; en un mot, que, dans toutes les circonstances, il redouble d'efforts pour lui témoigner sa reconnaissance, nous n'aurons pas de peine à nous rendre compte des effets fâcheux que doit produire une punition imméritée, ou appliquée avec inintelligence, ou dépassant surtout l'importance de la faute commise. Plus que tout autre animal, le chien garde le souvenir des brutalités qu'on a exercées contre lui, et des mauvais traitements infligés dans un moment de colère. En général, les brutalités le rendent méfiant, indocile, récalcitrant, stupide même; sans compter qu'ils ont encore pour inconvénient non moins grave, de troubler ses digestions, et, comme conséquence fatale, d'amener chez lui, avec le temps, une maigreur générale, la ternissure et le hérissement des poils, la sécheresse et l'adhérence de la peau, signes précurseurs non équivoques d'un prochain dépérissement.

Repos. — Après l'exercice, le repos; celà va de soi. Le chien en a besoin autant que l'homme lui-même. Par le repos, ses muscles fatigués se détendent et se délassent; la douleur de ses membres s'éteint peu à peu et se dissipe; les mouvements du cœur, en devenant plus lents, retrouvent leur rythme normal; la respiration est plus aisée; la circulation générale plus régulière, etc.; en somme, le double travail de la réparation et de la nutrition reprend son équilibre momentanément suspendu.

Faisons observer ici, que pour faire profiter intégralement l'animal, épuisé par la fatigue, de tous les avantages d'un repos complet, il est indispensable de le lui faire prendre dans un lieu chaud, en hiver, modérément aéré, en été; et toujours à l'abri des courants d'air froid, et éloigné de tout bruit capable de l'éveiller en sursaut.

Hors les cas de fatigues excessives, il sera toujours bon de ne jamais faire rentrer le chien dans son chenil avant de lui donner un repas réconfortant.

FRACTURE. — **Définition.** — Solution de continuité d'un ou de plusieurs os résultant le plus souvent d'une violence extérieure.

Division. — Nous ne ferons pas ici l'énumération de toutes les divisions qui ont été adoptées par les chirurgiens pour désigner les différentes sortes de fractures; elle sortirait du cadre restreint que nous nous sommes imposé dans ce traité abrégé des maladies du chien. Trois seulement, à notre avis, méritent d'être signalées : *les fractures simples, les fractures compliquées, et les fractures comminutives.*

Une fracture est *simple*, lorsqu'elle n'est accompagnée d'aucune autre lésion; *compliquée*, lorsque, à la fracture du tissu osseux, s'ajoute une lésion quelconque des parties environnantes; elle est *comminutive*, lorsque l'os, ou les os, broyés pour ainsi dire, sont réduits en fragments menus ou esquilles, et que les parties molles sont écrasées.

Causes. — Les coups de bâton; les chutes sur le sol d'une certaine hauteur; le choc d'une pierre lancée avec violence; les roues d'une voiture en mouvement, etc., etc., sont les causes les plus ordinaires des fractures que l'on est à même d'observer journellement chez les animaux de l'espèce canine.

Ce sont les os des membres qui, chez eux, sont plus particulièrement exposés à cet accident.

Symptômes. — Les symptômes locaux qui accompagnent une fracture sont : la déformation de la partie lésée et son raccourcissement; la difficulté ou l'impossibilité, de la part du malade, d'exécuter le plus petit mouvement; un craquement ou crépitation plus ou moins perceptible dans le point fracturé; enfin, une douleur plus ou moins étendue qu'il s'accroit par la pression; et un empâtement plus ou moins prononcé, etc., etc.

Pronostic. — En général, les os du chien se réunissent et se soudent assez facilement dans l'espace de quinze à vingt ou vingt-cinq jours, surtout, quand les fractures ne présentent aucun caractère de gravité. Par contre, les fractures compliquées sont toujours dangereuses, et d'autant plus rebelles au traitement, que les lésions concomitantes sont elles-mêmes plus graves et plus étendues.

Traitement. — On commence par réduire la fracture, opération, la première de toutes, qui consiste à remettre les abouts osseux dans leur direction et rapports normaux. Cela fait, et avant que le gonflement n'ait envahi la région lésée, on applique un bandage inamovible. Les bandages ainsi désignés se composent ordinairement d'éclisses entourées d'étoupes et de bandes de toile, que l'on trempe dans une solution de dextrine, ou qu'on enduit, tout simplement, à sa surface, de cette même solution.

Lorsque la fracture est compliquée d'une plaie superficielle ou profonde, ou de tout autre lésion des tissus mous environnants, le bandage inamovible ne saurait être appliqué sans danger. Il convient, alors, de le remplacer par un bandage ordinaire simple, sans apprêt, que l'on puisse lever et remettre facilement en place tous les jours, autant de fois que le cas l'exigera. C'est la surveillance que réclame l'état de la plaie qui doit guider à cet égard.

L'intervention d'un vétérinaire est toujours indispensable dans le traitement des fractures, même les plus simples. On s'exposerait à de graves inconvénients en se privant de ses soins.

GALE. — **Définition.** — On définit la *gale* une maladie contagieuse caractérisée par l'éruption, à la surface du corps, de petites vésicules transparentes et prurigineuses, renfermant un fluide séreux, qui se développe par la présence, soit sous l'épiderme, soit dans les follicules pileux, de deux acariens : le *sarcoptes scabiei*, et le *demodex folliculorum*.

Division. — Il existe donc, pour le chien, deux sortes de gales : la *gale sarcoptique*, et la *gale folliculaire*.

Cette distinction ne date que d'un petit nombre d'années. Pendant très longtemps, en effet, on a appelé, et, aujourd'hui encore dans la pratique, on appelle souvent du nom de gale, une foule de maladies de la peau du chien qui n'en ont que l'apparence. Mais, depuis les travaux les plus récents des micrographes, (et ils sont nombreux), qui se sont livrés à l'étude de la gale proprement dite, cette confusion tend de plus en plus à disparaître de la nosologie vétérinaire.

Gale sarcoptique. — **Causes.** — La gale sarcoptique du chien est déterminée par un insecte microscopique, variété du *sarcoptes scabiei*, pourvu de six pattes, et porteur d'appendices filiformes répandus à la surface de son corps. Il présente la plus grande ressemblance avec le sarcopte de la gale de l'homme, aussi bien sous le rapport de la taille, que sous celui des autres caractères distinctifs de cet acarien particulier.

Aujourd'hui, il paraît à peu près démontré que le chien ne contracte jamais spontanément l'espèce de gale qui nous occupe. D'après l'observation et les données les moins contestées, elle ne serait, chez cet animal, que l'effet de la contagion ; et ne se manifesterait qu'à la suite de son contact, soit avec l'homme, soit avec des animaux galeux au milieu desquels il aurait cohabité.

La malpropreté ; les mauvais soins ; la mauvaise nourriture ; la débilité occasionnée par l'hygiène déplorable à laquelle les chiens sont trop souvent abandonnés par leurs maîtres ; une mauvaise constitution ; la vieillesse ; l'épuisement résultant d'une maladie ancienne négligée, etc., sont autant de circonstances qui, dans certains cas, favorisent le développement de la gale, et, dans d'autres, s'opposent à sa guérison.

Chose digne de remarque, la gale sarcoptique si fréquente chez l'homme, est, au contraire, extrêmement rare chez le chien ; et, ce qu'il n'est pas moins important de mettre en lumière, c'est que, ce ne sont ni les croûtes qui se détachent de la peau, ni la sérosité contenue dans les vésicules qui communiquent la maladie ; l'acare seul en est l'inoculateur.

Symptômes. — Toutes les parties du corps peuvent devenir le siège de la gale. Néanmoins, elle se répand, tout d'abord et de préférence, sur la tête, sur le front, autour des yeux et de la gueule, sur le bord des oreilles, autant de régions qui, une fois atteintes, se dépouillent, peu à peu, de leurs poils, et se dénudent plus ou moins complètement. Dans d'autres cas, elle apparait aux bras, aux cuisses, autour des articulations, d'où elle peut rayonner, plus tard, dans toutes les directions.

L'acare ne fait jamais élection de domicile à la surface de la peau; c'est sous l'épiderme qu'il se réfugie. On le trouve toujours au fond d'un sillon qu'il s'est creusé pour s'y cacher.

La contagion opérée, et au bout d'une période d'incubation qui varie de cinq à dix ou quinze jours environ, le malade commence à ressentir un prurit très incommode qui le porte à se gratter de temps à autre. Bientôt après, on voit apparaître de petites vésicules offrant, comme caractère distinctif, d'être rouges à la base et transparentes à leur sommet. Elles sont, en outre, disséminées çà et là, sans ordre, à la surface de la peau, sous forme d'eczéma ou de tâches de couleur rouge.

Plus tard, le liquide qu'elles contiennent se concrète en petites croûtes légères, peu adhérentes, et dont la chute entraîne presque toujours celle des poils qui s'y trouvent implantés. Mais, bien avant que n'arrive cette desquamation, le malade se gratte ordinairement, se mordille avec une rapidité, une ténacité et une sorte de frénésie telles, qu'il n'est pas rare de le voir s'excorier profondément la peau, et se faire de véritables plaies. Formées dans ces conditions particulières, ces dernières laissent suinter un liquide ichoreux remarquable par l'odeur désagréable, presque infecte, qu'il répand.

Pronostic. — La gale est plutôt une maladie gênante, répugnante, si l'on veut, qu'une affection dangereuse. Cependant, lorsqu'elle traîne en longueur, elle se termine souvent par l'hydropisie; quand elle ne fait pas tomber les animaux soit dans un état cachectique, soit dans un marasme tels, qu'au bout de deux ou trois mois environ, l'un ou l'autre les conduit fatalement à la mort.

Heureusement que tous les cas de gale n'atteignent pas à ce degré de gravité. Chez un grand nombre d'individus, et c'est à peu près tout, la peau se borne, à acquérir une épaisseur anormale; à former des rides et des plis d'un aspect repoussant; à exhaler une odeur forte et pénétrante; et à offrir plus ou moins de résistance au traitement.

Attaquée à son début, le sujet étant d'ailleurs dans de bonnes conditions de santé, la gale est facilement curable. C'est le contraire chez les sujets vieux, ou appauvris par les maladies ou la misère. Il en guérissent difficilement.

Traitement. — Le traitement, sauf certains cas particuliers, est ordinairement externe. Il consiste principalement dans l'emploi des topiques à base de soufre pur, ou de quelques-uns de ses composés solubles, tels que les sulfures alcalins ou terreux.

Un traitement qui réussit toujours sur l'homme, et qui est généralement suivi d'une prompte guérison, est celui des hôpitaux de Paris. On fait au malade une friction générale d'une demi-heure avec le savon noir; on le plonge ensuite une heure dans un bain tiède; et, pendant qu'on l'y maintient, on continue les frictions sous l'eau. A la sortie du bain, on termine l'opération en séchant convenablement la peau du sujet afin de pouvoir y faire adhérer une couche de pommade d'Helmérick, qu'on étend sur toute la surface du corps par une dernière friction d'une demi-heure environ.

Si l'on a pris la précaution de se conformer très exactement à cette triple opération, la maladie disparaît sans retour.

Ce traitement méthodique appliqué au chien, a besoin cependant être modifié, non, hâtons-nous de le dire, en ce qui en constitue le fond, mais seulement sous le rapport de la forme. Ainsi, au lieu de soumettre le malade à une seule curation, comme il vient d'être dit pour l'homme, il sera toujours bon de lui en faire subire une seconde, et même une troisième, au besoin. La raison en est, qu'on n'est jamais sûr, à cause des poils qui recouvrent la peau de l'animal, d'avoir détruit tous les sillons sous-épidermiques, et d'avoir atteint et tué tous les acares.

Il est à peu près inutile de recommander aux personnes auxquelles sont confiés les malades, de les tondre aussi ras que possible avant d'opérer les frictions prescrites plus haut. Tout le monde comprend, en effet, que, si on négligeait cette précaution importante, aucun bain quelconque, aucune friction, ne laissât-elle rien à désirer, aucun topique, aucun agent médicamenteux, en un mot, n'aurait chance de succès.

Si l'on jugeait à propos de ne pas adopter le traitement méthodique que nous venons de décrire, on pourrait lui substituer les bains de barèges artificiels, la peau, bien entendu, ayant été préalablement nettoyée à fond. Ils sont doués d'une incontestable efficacité. Le bain arsénical de Tessier, et, mieux, le bain zinco-arsénical sont absolument dans le même cas.

Il est prudent, si l'on tient à prévenir le retour de la gale, de désinfecter les chenils avec les plus grands soins. C'est là une bonne et excellente précaution. A cet effet : après en avoir retiré la litière à laquelle on met le feu, on y brûle du soufre, toutes les ouvertures fermées. L'emploi de l'eau bouillante jetée à flots sur les murs, à la condition qu'on se mettra en devoir de les frotter immédiatement au moyen d'une brosse dure, peut également donner de très bons résultats.

Gale invétérée. — Les détails symptomatiques dans lesquels nous sommes entré au sujet de la gale récente, s'appliquent, de tous points, avec l'exagération en plus, à la gale invétérée. Nous passons outre, à l'égard de la description que nous en pourrions faire, pour ne nous occuper que de son traitement.

Traitement de la gale invétérée. — Nettoyer la peau du malade, le corps plongé dans un bain savonneux, telle est la première prescription à remplir. Ce travail fait, on frictionne la peau, partout où besoin est, avec la pommade soufrée cantharidée; et, afin de hâter la guérison, qui ordinairement est lente à venir, surtout lorsque la peau offre une grande épaisseur, on administre du bromure de potassium à la dose de 1 gramme par jour; et l'on purge de temps en temps à l'huile de ricin. Le bromure potassique paraît doué d'une grande efficacité.

Gale folliculaire. — La *gale folliculaire* est plus fréquente et plus grave que la gale sarcoptique; elle est, de plus, éminemment contagieuse.

Causes. — Un acarien particulier, le *demodex folliculorum*, est la seule et unique cause de cette redoutable maladie. Il se présente sous la forme d'un insecte d'apparence vermineuse, long, pour le mâle, de 25 centièmes de millimètre, et de 27 centièmes pour la femelle. Son thorax, de consistance rigide, porte quatre paires de pattes, et son abdomen, finement strié en travers, est aplati et allongé.

On connaît plusieurs variétés de demodex, dont les unes, vivent sur l'homme, et les autres, sur le mouton, le chat et le chien.

Le demodex du chien fait élection de domicile dans les follicules pileux, ainsi que dans les follicules sébacés. Il s'y cantonne et y pullule à son aise. Fait remarquable : que les insectes soient peu ou très nombreux dans chacune de ces petites cavités, la position qu'ils y affectent est toujours la même; leur tête en regarde le fond, et leur abdomen est tourné vers son ouverture.

Lorsqu'un follicule ne contient que deux ou trois demodex, il

14.

ne change pas de forme. Une quinzaine de ces insectes, au contraire, le dilatent au point de le rendre saillant, comme le serait un bouton ordinaire. Ce bouton particulier porte le nom de *comédon*. Il est n'occasionne encore aucun prurit pénible.

Mais, si le follicule est peuplé de plusieurs douzaines d'insectes, trois ou quatre par exemple, il devient le siège d'une vive irritation ; et donne naissance à une véritable pustule. C'est alors que commence la dissémination des parasites sur les différentes régions du corps. L'émigration a lieu de deux manières différentes : tantôt les acariens sortent spontanément de leurs cellules en rayonnant dans toutes les directions ; tantôt, au contraire, ils sont aidés dans leur transhumance par le chien lui-même qui les entraîne hors de leur retraite, lorsqu'il se gratte avec ses ongles. En tout cas, la propagation de la gale folliculaire est toujours beaucoup plus lente que celle de la gale sarcoptique.

Nous croyons utile de faire remarquer ici, que le démodex du chien, si facilement transmissible d'un chien à un autre, ne fait courir à l'homme aucun danger de contagion.

Symptômes. — Observée tout à fait à son début, la gale folliculaire apparaît d'abord aux sourcils, aux paupières, quelquefois, plus tard, aux poignets, ou aux jarrets. La peau dénudée de poils, en ces endroits, est farineuse et conserve néanmoins toute sa souplesse, quoiqu'elle soit déjà le siège d'une légère démangeaison.

Avec le temps, la dépilation fait des progrès, outre que, çà et là, se montrent des boutons rouges à leur sommet ; que la peau devient plus épaisse et se creuse de rides plus ou moins profondes ; que l'épiderme qui la recouvre est sec et rugueux au toucher ; que l'inflammation, caractérisée par une rougeur plus vive, s'accentue d'une manière de plus en plus sensible ; et que l'émigration des démodex se propage un peu partout.

A partir de ce moment, la démangeaison est générale, vive et cuisante ; les boutons se multiplient rapidement ; et l'on ne tarde pas à voir suinter à leur sommet, lorsqu'on les comprime, une sorte de pus blanchâtre mélangé de beaucoup de démodex qu'il est très facile de découvrir à l'aide du microscope.

Suivant que les boutons sont plus ou moins anciens, en raison même de l'aspect sous lequel se présente la dépilation qui les entoure, ils affectent presque toujours, par leur groupement, la forme des plaques caractéristiques de l'herpès tonsurant.

Jusqu'ici la gale folliculaire est sans effet sur l'état général du malade. Malgré les souffrances qu'il éprouve, sa santé reste bonne.

Il n'en est plus de même, aussitôt que la maladie a atteint son plus haut degré de développement. L'affaiblissement marche avec rapidité; et comme le demodex s'est cantonné en dernier lieu spécialement sur les pattes, celles-ci acquièrent un volume considérable, deviennent grosses, tuméfiées; tandis que tout le reste du corps s'amaigrit un peu tous les jours, et arrive insensiblement jusqu'aux dernières limites du marasme.

Marche. — Durée. — Pronostic. — Ordinairement la gale folliculaire ne progresse qu'avec lenteur, et peut, à cause de cela, se prolonger jusqu'à trois ou quatre mois. Au bout de ce temps, la mort est à peu près inévitable; surtout si l'on a été assez négligent pour abandonner la maladie à elle-même; ou encore si on ne l'a pas attaquée avec assez d'énergie.

Traitement. — On a proposé contre la gale folliculaire une foule de topiques. Les plus usités sont : les solutions de sublimé corrosif appliquées avec ménagement sur la peau préalablement et convenablement nettoyée; la glycérine iodée, telle que celle dont on fait un fréquent usage dans les infirmeries de l'École d'Alfort; les huiles de cade et empyreumatique; le goudron, etc., avec la recommandation spéciale de les répandre sur la peau, à la sortie d'un bain de Barèges, partout où existent les boutons psoriques. Ce sont là, évidemment, des médicaments puissants et énergiques dont on ne saurait contester l'efficacité. Néanmoins, nous donnons la préférence au traitement des hôpitaux de Paris, en conseillant, toutefois, de remplacer la pommade d'Helmérick, qui nous paraît être trop anodine dans le cas qui nous occupe, soit par la glycérine iodée, soit par la teinture d'iode, soit par la solution de sublimé corrosif. Il va de soi, que les follicules auront été préalablement débarrassés de leur contenu, aussi complètement que possible, et les demodex mis ainsi à nu par cette opération absolument indispensable.

GASTRITE. — GASTRO-ENTÉRITE. — Définition. — On appelle *gastrite* l'inflammation de la muqueuse de l'estomac, et on donne le nom de *gastro-entérite* à celle des membranes muqueuses de l'estomac et de l'intestin grêle. On les observe assez fréquemment, l'une et l'autre, chez le chien. Elles sont beaucoup plus rares chez les herbivores que chez l'animal qui nous occupe, par la raison toute simple que leur hygiène, probablement, est l'objet d'une surveillance plus active et plus constante, et que leur régime est infiniment plus régulier.

Nous réunissons dans le même chapitre la gastrite et la gastro-entérite, les deux affections étant souvent concomitantes sur un même sujet.

Causes. — Très variées sont les causes qui déterminent ces maladies. Les unes sont de nature *physiologico-pathologique*; les autres *mécaniques*. Il en existe aussi de *chimiques*.

1° *Causes physiologico-pathologiques*. — On peut ranger au nombre de ces causes : les répercussions d'exanthèmes cutanés ; les variations, ou plutôt les refroidissements brusques de l'atmosphère ; les indigestions qui se répètent à de courts intervalles ; l'épuisement général occasionné par les mauvais soins, etc.

2° *Causes mécaniques*. — Parmi les causes mécaniques, se placent, en première ligne, l'ingestion et le séjour prolongé, dans l'estomac vide, de corps durs, solides et indigestes, tels que : des cailloux ; des morceaux de bois ; des rognures de cuir et de corne ; des fragments de fer et des vieux clous ; des tessons de verre, etc. Les coups violents portés le long de l'hypochondre droit sont très souvent aussi des causes d'inflammation grave pour la muqueuse intestinale.

3° *Causes chimiques*. — Les débris de viande pourrie et, de plus, chargés d'ordures trouvés sur les tas d'immondices des rues ; les aliments avariés, couverts de moisissures, ou simplement trop salés ; l'abus des purgatifs ; les substances chimiques vénéneuses, constituent les principaux agents chimiques, susceptibles de provoquer l'inflammation de l'intestin par leur présence dans cet organe.

Division. — La gastrite et la gastro-entérite peuvent se présenter sous le *type aigu*, ou sous le *type chronique*. L'état chronique succède le plus communément à l'état aigu, par suite de la négligence des propriétaires. Il peut être aussi le résultat de l'appauvrissement de l'organisme.

Symptômes. — 1° **Gastrite aiguë**. — Avec l'inflammation franche de l'estomac, coïncident les symptômes caractéristiques suivants : les animaux manifestent une sorte d'inquiétude ; ils changent souvent de place ; tournent en rond sur eux-mêmes ; grattent leur litière d'une manière pour ainsi dire inconsciente ; et finissent par se coucher avec toutes sortes de précautions, comme pour adoucir les effets, sur la région malade, du contact du sol. L'appétit est nul ou presque nul. Le patient, dévoré par une soif ardente, recherche l'eau, l'eau froide principalement. La langue présente, à sa surface, une teinte tantôt rouge, tantôt jaunâtre. Les oreilles et les extrémités sont froides, le nez est chaud et sec. La pression du ventre, par la main, le long de l'hypochondre droit et en arrière du sternum est douloureuse. Le pouls est accéléré. Enfin, suivant la constitution des sujets, ou les causes de la gastrite, les malades vomissent; sinon, ils sont pris de diarrhée.

2° Gastro-entérite aiguë. — Dans le cas de gastro-entérite aiguë, indépendamment des symptômes qui précèdent, on constate : que les vomissements sont plus rares que dans la gastrite simple; que la pression des parois abdominales jusqu'à la région prépubienne est sensible et douloureuse; que le flanc est quelquefois retroussé; et qu'une constipation plus ou moins opiniâtre remplace presque toujours la diarrhée caractéristique de la gastrite aiguë.

Nous passons sous silence les symptômes déterminés par les agents toxiques; on les trouvera au mot *empoisonnement*, auquel nous renvoyons le lecteur.

Durée. — Pronostic. — Simples et exemptes de lésions, traitées, en outre, méthodiquement dès leur début, la gastrite, ainsi que la gastro-entérite, guérissent ordinairement en huit, dix ou quinze jours, au plus. Elles sont, au contraire, rebelles à la guérison, lorsqu'elles ont déjà épuisé l'animal, avant qu'on ait pensé à le soigner.

Le pronostic de l'une ou l'autre de ces affections n'est grave, qu'autant qu'elles ont été négligées. Dans ce cas, en effet, les malades, en proie à une fièvre continuelle, maigrissent en peu de temps; et finissent par succomber.

Traitement. — Au début même du mal, et avant qu'il n'ait produit des ravages dans l'organisme, on saignera à la jugulaire, ou, ce qui est de beaucoup préférable, on appliquera des sangsues sur les parois du ventre en arrière du sternum. Une diète sévère est, en outre, obligatoire.

Si l'on constate de la douleur à la pression des parois abdominales, il sera bon d'appliquer des cataplasmes anodins sur le ventre, les poils ayant été préalablement rasés. Dans nombre de cas, les révulsifs, les frictions excitantes rendent d'excellents services.

A l'intérieur, les liquides mucilagineux, les opiacés, l'extrait de jusquiame, etc., se recommandent d'eux-mêmes. On les administrera, d'heure en heure, si faire se peut. Lorsqu'il y aura soit de la diarrhée, soit de la constipation, on devra les combattre l'une et l'autre : la diarrhée, par des lavements émollients, légèrement laudanisés, et la constipation, par des lavements légèrement purgatifs. La diète lactée convient très bien au rétablissement des malades.

Gastrite et gastro-entérite chroniques. — Causes. — La gastrite et la gastro-entérite aiguës passent souvent à l'état chronique, lorsqu'elles ont été incomplètement ou insuffisamment soignées. Quelquefois, cependant, elles se déclarent d'une manière spontanée en marchant lentement, d'une façon insidieuse, et pour ainsi dire latente. C'est, alors, presque toujours affaire de régime.

Symptômes. — Ordinairement les malades n'éprouvent, du côté des intestins, de la gêne ou une douleur généralement sourde, qu'autant qu'ils viennent de prendre des aliments. La langue, en outre, est habituellement saine ; il y a quelquefois des vomissements ; et presque toujours une diarrhée remarquable par sa persistance et sa ténacité.

On observe assez souvent aussi de l'intermittence dans les symptômes de l'inflammation chronique de l'estomac et de l'intestin, et de ces deux organes réunis.

Pronostic. — Si on néglige les malades, ils maigrissent insensiblement et succombent presque toujours.

Traitement. — C'est surtout au régime qu'il importe de s'adresser pour obtenir la guérison des gastrite et gastro-entérite chroniques. A cet effet : on donne une nourriture peu abondante, mais très alibile ; du sang de bœuf granulé ; du biscuit au sang de bœuf, sous forme de soupe ; du bouillon de tripes ; du lait ; un peu de viande cuite ou crue.

Une fois par jour, pendant la première quinzaine de la convalescence, on fera bien d'administrer : du vin de quinquina, ou de gentiane ; de l'élixir tonique au quinquina, à la dose d'un petit verre, deux fois par jour, le matin et le soir, etc. Ces médicaments sont tous d'une grande efficacité, lorsqu'il s'agit de réveiller l'appétit.

Notons, pour terminer, que les inflammations de l'estomac et de l'intestin laissent souvent des traces indélébiles de leur passage ; et qu'elles sont, pour cette raison, sujettes à de fréquentes récidives. Aussi n'est-ce que graduellement, et avec infiniment de tâtonnements, qu'on peut et doit ramener les convalescents au régime ordinaire.

HÉMATURIE. — PISSEMEMT DE SANG. — Définition. — Les auteurs définissent l'*hématurie*; tout pissement quelconque de sang pur, ou de sang mêlé à l'urine, quelle qu'en soit l'origine; que ce sang provienne de l'exhalation et de la sécrétion soit des reins ou de la vessie, soit de l'urèthre, ou du vagin chez la femelle.

Cette maladie, rare chez les animaux de l'espèce canine, quoiqu'on y constate quelquefois, n'est le plus ordinairement qu'un symptôme de plusieurs affections des voies urinaires, particulièrement de la néphrite; de la cystite; des calculs; de l'uréthrite.

Division. — Le pissement de sang peut être *actif* ou *passif*; *essentiel* ou *symptomatique.*

Causes. — 1° *Symptomatique,* l'hématurie a pour causes principales toutes les violences extérieures qui ont atteint le ventre ou la région des lombes. Les coups de pied donnés par l'homme ou le cheval; les coups de bâton; les contusions déterminées par les roues de voiture; les chutes sur les reins, etc., sont de ce nombre. Dans ces cas spéciaux, on trouve toujours, au ventre et sur la croupe, un ou plusieurs points tuméfiés et douloureux avec ecchymoses ou plaies; de même qu'on constate quelquefois aussi une paralysie plus ou moins complète du train postérieur.

Des efforts excessifs dans l'acte de l'accouplement; l'ingestion de substances âcres; la présence de concrétions pierreuses, tantôt hérissées d'aspérités et enchatonnées dans le bassinet des reins, tantôt roulant en liberté dans la vessie qu'elles irritent et blessent, sont également susceptibles de déterminer l'hématurie symptomatique. Enfin, cette affection peut encore être due : à un fongus; à une altération plus ou moins profonde du sang, comme cela se remarque souvent dans les maladies typhiques, la jaunisse, la diarrhée sanguinolente; aux fatigues des chasses à courre, répétées et soutenues pendant plusieurs heures consécutives.

2° *Essentielle,* l'hématurie est beaucoup plus rare chez le chien que l'hématurie symptomatique. Elle paraît devoir être attribuée au tempérament sanguin des sujets.

On observe quelquefois un écoulement léger de sang par les organes génitaux soit du mâle, soit de la femelle, sans que son excrétion ait son point de départ dans les organes internes de l'appareil urinaire. C'est ce qui a lieu, chez le chien, lorsque le pénis est blessé à son extrémité libre; chez la chienne, lorsque le vagin, ou les lèvres de la vulve sont le siège de polypes ou de fongosités. Il n'existe pas alors d'hématurie à proprement parler.

Symptômes. — Si l'exhalation sanguine se fait dans les reins mêmes, les malades accusent une douleur obtuse à la région des lombes; si, au contraire, elle se produit à la surface de la muqueuse vésicale, c'est la région prépubienne qui se montre sensible au toucher. On constate, de plus, un malaise général, en même temps que de fréquentes envies d'uriner, offrant cela de particulier que le malade ne parvient pas toujours à les satisfaire.

Quelquefois le sang de la miction est pur; mais dans l'immense majorité des cas, il est mélangé avec l'urine dont la couleur normale se trouve, de ce fait, remplacée par une teinte rouge plus ou moins prononcée. Il n'est pas rare alors de voir l'urine laisser déposer de petits caillots fibrineux.

Avec l'hématurie caractérisée par ces symptômes d'une incontestable gravité, coïncident presque toujours, chez les malades, le cortège complet des symptômes de la fièvre: pouls petit et dur; bouche et langue sèches; chaleur au nez; soif ardente; perte de l'appétit; poils ternes.

Pronostic. — **Le pronostic** varie avec les causes du pissement de sang.

En général, le pronostic n'offre rien d'inquiétant lorsque l'affection résulte de l'ingestion d'une substance âcre non corrosive. Une fois, en effet, que cette dernière a été éliminée, les soins que l'on donne à une irritation ordinaire et accidentelle, suffisent presque toujours pour arrêter l'exhalation du sang dans les organes urinaires.

Mais, lorsqu'il y a lésion des reins et de la vessie, le pronostic est toujours grave. Il l'est également, lorsque l'hématurie dérive d'une altération profonde du fluide sanguin; de l'ictère ou jaunisse, etc.

Traitement. — Si l'hématurie n'est réellement que symptomatique, on n'a rien autre chose à faire que d'attaquer les maladies qui l'ont déterminée. Mais, comme ce n'est pas ici le lieu où il convient d'en donner le traitement; nous renvoyons naturellement le lecteur aux chapitres spéciaux consacrés à la *cystite*, aux *calculs*, à la *néphrite*, à l'*uréthrite*, etc., dont le pissement de sang est un des caractères essentiellement pathognomoniques.

En ce qui regarde, au contraire, le traitement de l'hématurie occasionnée par une altération du sang, ou par les violences extérieures, voici en quoi il doit consister:

1° S'il y a maladie du fluide sanguin, on a recours à l'administration soit du quinquina, ou de la gentiane, sous forme de vin, de tisanes, ou d'élixirs toniques, etc., soit à celle des boissons au perchlorure de fer, des limonades à l'acide sulfurique, des décoctions d'écorce de chêne, etc., additionnées de camphre, soit, enfin, à l'emploi de toute espèce de décoction amère, à laquelle on pourra ajouter quelques gouttes de créosote, etc. Il y a des chances de guérison.

Cependant, dans les cas de débilité profonde de l'organisme, le traitement médical est rarement suffisant pour remonter le malade. Il n'y a guère, alors que les soins hygiéniques sur lesquels on puisse réellement à peu près compter. Fournir au patient un air pur et frais ; une habitation saine ; une litière propre, sèche et abondante ; une nourriture choisie, de digestion facile, à base de sang de bœuf granulé ; lui servir, à son défaut, des soupes au pain surazoté de sang de bœuf ; enfin, le faire promener au grand air, et lui procurer ainsi un exercice léger, telle doit être la principale préoccupation du propriétaire. En dehors des soins hygiéniques, rien ou presque rien n'est à essayer.

2° Lorsque l'hématurie provient de violences extérieures, on doit la traiter indirectement à l'aide de lotions d'eau froide sur les parties lésées, en ayant soin de les répéter aussi souvent que possible. On fera bien aussi d'administrer, de temps en temps, des potions rafraîchissantes, mucilagineuses et émollientes ; de la crème de tartre soluble, dans le but d'entretenir la liberté du ventre ; des lavements émollients ; et, en outre, chez la femelle, des injections dans le vagin.

HÉMORRHAGIE. — Définition. — On donne le nom d'*hémorrhagie* à tout écoulement interne ou externe d'une quantité notable de sang, soit par voie d'exhalation, soit par rupture des canaux dans lesquels il circule.

Division. — Les hémorrhagies se divisent en deux grandes classes : 1° les *hémorrhagies spontanées* ; 2° les *hémorrhagies traumatiques*. Elles sont, de plus, *externes* quand le sang coule à l'extérieur, *internes*, quand il reste dans les cavités où il s'épanche.

Nous ne traiterons, dans ce chapitre, que des hémorrhagies traumatiques, c'est-à-dire de celles-là seulement qui résultent de lésions produites par les agents physiques sur un point quelconque de l'appareil vasculaire périphérique. Ces sortes d'hémorrhagies, lorsqu'elles présentent une certaine gravité, sont les seules pour lesquelles l'homme de l'art soit absolument indispensable.

Dans les lésions traumatiques des vaisseaux, ce sont : tantôt les veines ; tantôt les artères ; tantôt les unes et les autres, tout à la fois, qui sont atteintes. De là : les *hémorrhagies* dites *veineuses*, les *hémorrhagies* appelées *artérielles*, et les *hémorrhagies mixtes*.

1° **Symptômes**. — **Hémorrhagies veineuses**. — Le sang, de couleur ordinairement violette, s'écoule sans jet apparent, sous forme de nappe, inondant et recouvrant toute la surface de la plaie. Il s'arrête souvent de lui-même, quand les veines intéressées sont peu nombreuses et d'un faible calibre.

2° **Hémorrhagies artérielles**. — Si le vaisseau rupturé est une artère, le sang qui s'échappe de la plaie ne coule jamais en nappe ; il jaillit invariablement avec force, en donnant un jet saccadé de couleur rouge vif. On le voit rarement s'arrêter spontanément, à moins que les artériolles blessées, ne soient du nombre de celles qui, sous le nom de capillaires, terminent l'arbre artériel dans la trame des tissus organiques ; et ne s'obstruent facilement d'elles-mêmes.

3° Dans les **hémorrhagies mixtes**, on trouve réunis les symptômes caractéristiques des deux cas précédents.

Traitement. — Les hémorrhagies capillaires s'arrêtent souvent seules, avons-nous dit. Si cependant le sang continue à couler, il est indispensable d'avoir recours, pour déterminer l'occlusion des vaisseaux, à l'un ou à l'autre des moyens suivants : 1° aux compresses imbibées d'eau froide ; 2° au tamponnage à l'aide de boulettes de charpie, ou de fragments d'amadou ; 3° aux compresses chargées d'une solution soit d'alun, soit de sulfate, soit de perchlorure de fer, en ayant soin de les maintenir en place par un bandage compressif.

Le traitement des hémorrhagies artérielles exige des moyens beaucoup plus puissants. Lorsqu'on n'est pas à même de recourir au fer rouge pour les arrêter, on cautérise la plaie en se servant de plumasseaux trempés dans de l'eau de Rabel, ou, à son défaut, dans le vitriol légèrement affaibli que l'on peut se procurer partout. Le plus souvent, on arrive au même résultat par la compression ou la torsion de l'artère, ou, ce qui est préférable, par la ligature.

Il y a presque toujours urgence, lorsqu'il s'agit d'arrêter

une hémorrhagie artérielle, d'appeler le vétérinaire. Les dangers que courent les blessés en font une loi impérieuse pour les propriétaires.

HÉPATITE. — **Définition**. — On donne le nom d'*hépatite* à l'inflammation du parenchyme du foie.

Sans être fréquente chez le chien, cette affection est, cependant, plus commune chez lui que chez le cheval ou le bœuf.

Causes. — Rarement spontanée, excepté quand elle règne épizootiquement, ce qui se remarque quelquefois, quoique assez rarement, l'hépatite est presque toujours amenée par des accidents purement mécaniques. Les coups violents sur la région de l'hypochondre droit ; les coups de pied de cheval ou d'homme ; les coups de bâton ; les pierres lancées contre la même région ; les contusions des parois abdominales par les roues des voitures, telles sont les causes journalières qui peuvent donner naissance à la maladie qui nous occupe. L'hépatite peut en être fatalement la conséquence, qu'il y ait déchirure ou non de l'organe sécréteur de la bile.

Les refroidissements subits de la peau, à la suite d'un exercice violent ; l'immersion brusque dans l'eau froide, surtout dans l'eau glacée d'une rivière ; la répercussion d'une maladie cutanée ancienne et très étendue, sont également des causes qui l'occasionnent chez quelques sujets.

Pour ce qui est des influences sous lesquelles se développe l'*hépatite épizootique*, elles sont tout à fait inconnues.

Division. — L'hépatite se montre indifféremment sous les formes *aiguë* ou *chronique* ; néanmoins, le type aigu est celui qui attaque le plus ordinairement les animaux de l'espèce canine.

Symptômes. — 1° **Hépatite aiguë**. — Les malades tombent, tout d'abord, dans une grande tristesse et un grand abattement. Presque toujours couchés alors et instinctivement sur le côté gauche, ils éprouvent de la difficulté à respirer ; toussent d'une toux pénible ; et manifestent une douleur plus ou moins vive à la pression des doigts, le long de l'hypochondre droit.

A ces premiers symptômes, ne tardent pas à s'en joindre d'autres beaucoup plus significatifs. Outre la perte de l'appétit, on constate, tout à la fois, et l'aridité du bout du nez, et la sécheresse de la bouche, et celle surtout de la langue qui apparaît, alors, tantôt recouverte d'une mucosité gluante et sale, tantôt plus ou moins colorée en jaune par la matière jaune de la bile elle-même. La teinte safranée de la langue mérite d'être remarquée, car elle est caractéristique. Loin d'être, en effet, particulière à la muqueuse buccale, cette coloration anormale se remarque encore sur toutes les muqueuses apparentes, sur les conjonctives principalement, ainsi que sur la peau du ventre, lorsque celle-ci est blanche de sa nature.

Plus tard, l'hépatite continuant sa marche profondément perturbatrice, les urines deviennent rares, jaunes, huileuses, troubles, et pour ainsi dire sédimenteuses, en même temps qu'à l'acte de la défécation jusqu'alors normal, succède une constipation ordinairement d'une opiniâtreté persistante.

Quelquefois les malades sont atteints de vomissements bilieux.

Marche. — Durée. — Pronostic. — L'hépatite franchement inflammatoire, quand elle est convenablement soignée, se termine ordinairement par résolution dans l'espace de dix à quinze jours.

Mais dans les cas de déchirure, ou seulement de contusion profonde du foie, la guérison peut se faire longtemps attendre, si tant est qu'on puisse l'obtenir. La mort, quoi que l'on fasse, est presque toujours à craindre, la phlegmasie pouvant s'élever à l'état suraigu, et faire naître, comme conséquence éminemment funeste, soit la gangrène des parties blessées, soit des abcès profonds, tous accidents, les uns aussi bien que les autres, contre lesquels l'art est à peu près impuissant.

Traitement. — Les boissons émollientes, au début, sont parfaitement indiquées. Même chose à dire des saignées générales ou locales, et des cataplasmes émollients embrassant tout l'hypochondre droit. Lorsqu'il y a lieu d'agir avec plus d'énergie; si, par exemple, on veut obtenir une révulsion à la peau, on peut se servir d'une manière avantageuse du liniment ammoniacal, ou, à son défaut, du sulfure de carbone, que l'on étend avec un pinceau.

A l'intérieur, on administre, suivant l'état du malade, *ad libitum*, des tisanes de pariétaire; des boissons au bicarbonate de soude; des laxatifs légers, le sulfate de soude et l'huile de ricin en particulier, la rhubarbe, le calomel à la vapeur, etc. On donne ce dernier produit en pilules, pendant deux ou trois jours, par décigrammes, sans dépasser le gramme. Il convient, en outre, d'en cesser l'emploi aussitôt que la purgation se manifeste.

Contre la gangrène ou les abcès du foie, rien ou à peu près rien à faire. Le malade doit être sacrifié.

2° Hépatite chronique. — Nous ne ferons qu'effleurer l'hépatite chronique, ce type, d'ailleurs, n'ayant guère été observé, jusqu'à aujourd'hui, chez le chien, que dans le cas de gale invétérée.

Parmi les *symptômes* particuliers dont elle s'accompagne, les plus caractéristiques sont : l'existence permanente d'une tumeur sur le côté droit de l'abdomen, le long de l'hypochondre ; le dépérissement profond du malade ; le hérissement des poils ; la perte des forces et de la gaieté, etc., etc.

Eu égard au *traitement* qu'elle réclame, il doit être hygiénique avant tout. La diète lactée, par exemple ; les aliments de facile digestion ; les rations journalières, au-dessous de l'ordinaire, sont tous, tant les uns que les autres, parfaitement indiqués.

On peut, cependant, essayer de l'action du calomel ou du kermès sous forme de pilules ; donner l'émétique dissous dans une tisane de carotte ; et ne point négliger les boissons légèrement diurétiques, et les purgatifs laxatifs, employés d'une manière méthodique et intelligente. Mais il ne faut, pourtant, pas trop compter sur eux.

HERNIE. — **Définition**. — On définit, sous la dénomination de *hernie*, la sortie d'une portion de l'intestin ou de l'épiploon par une ouverture soit naturelle, soit accidentelle des parois abdominales.

Le chien, qu'il soit mâle ou femelle, est sujet à ces sortes d'accidents.

Division. — Les hernies, d'après les régions du corps où elles se produisent, sont divisées en : *hernies ombilicales* ou *exomphales* ; *h. inguinales* ; *h. crurales*, auxquelles il convient d'ajouter les *hernies* provenant d'*éventrations*.

De ces différentes hernies, celle dite ombilicale, et les hernies par éventrations, sont sans conteste les accidents qui, en raison de la gravité des conséquences dont elles peuvent être suivies, méritent de fixer à peu près exclusivement l'attention des amateurs et des propriétaires. Pour ce motif, nous ne croyons pas devoir en décrire d'autres.

Hernie ombilicale. — **Siège et causes**. — C'est à la région du nombril que cette hernie a son siège. Elle est, par conséquent, toujours située à la face inférieure, et au milieu même de l'abdomen. Elle est, de plus, facile à constater.

La principale cause de la hernie ombilicale réside dans la dilatation anormale, après la naissance du jeune animal, de l'ouverture dite anneau ombilical. C'est ordinairement dans les premiers temps qui suivent la mise-bas, que l'accident se manifeste. Comme il est facile de le voir, il est le plus souvent congénial.

Symptômes. — On reconnaît la hernie ombilicale à l'existence, dans la région de l'ombilic, d'une tumeur ronde, molle et élastique. A la simple pression du doigt, elle disparaît facilement; mais à peine s'est-elle effacée, qu'on la voit boursoufler et se reformer aussitôt. En outre, lorsqu'on refoule avec le bout du doigt l'organe hernié jusque dans le ventre, on sent parfaitement une ouverture d'un centimètre environ de diamètre. Cette ouverture, il est utile d'en faire la remarque, s'agrandit ordinairement lorsque, par négligence, on laisse, avec le temps, la tumeur augmenter de volume.

En fait de symptômes généraux, il n'en existe pas d'appréciables; la santé générale n'est nullement atteinte. D'autre part, la hernie est insensible, et ne fait point souffrir l'animal.

Pronostic. — Au début, la hernie ombilicale est sans gravité aucune. Il en est de même tant que l'animal est jeune, et encore trop faible pour pouvoir travailler. Mais la situation devient bien différente, à partir du jour où il prend de l'âge; et, surtout, lorsqu'arrive celui où il devra être utilisé à la chasse. L'anneau, alors, continuant à se dilater, la tumeur à augmenter de volume; et la peau qui la recouvre à s'amincir, il peut arriver que la hernie, dans ces conditions nouvelles particulièrement défavorables, outre ce qu'elle a de disgracieux, soit exposée, pendant le travail des animaux, à toutes sortes de lésions ou déchirures plus ou moins graves, et toujours à redouter.

Traitement. — Quand l'exomphale est peu développée, il suffit souvent, pour la faire disparaître, de cautériser la surface du sac herniaire, en la badigeonnant soit avec un mélange d'acide sulfurique, d'huile et d'essence de térébenthine; soit avec de l'acide nitrique, à la dose de 5 à 10 grammes, appliqué en frictions ou mieux en couches légères; soit, enfin, en la recouvrant de pommade de bichromate de potasse.

Dans l'emploi que l'on pourra faire de l'un ou de l'autre de ces caustiques également doués d'une grande activité, on n'oubliera pas de prendre les deux précautions suivantes : 1° éviter, d'abord, l'application d'une quantité exagérée de l'agent thérapeutique ; 2° l'étendre, en second lieu, à un centimètre, au moins, au delà et autour des limites du sac herniaire, les poils ayant été préalablement rasés avec soin.

Voilà pour le premier cas, le cas le plus simple. Si, au contraire, la tumeur est d'un volume assez considérable, il faut avoir recours aux sutures simples, enchevillées, ou entre-croisées. Mais, ici, l'intervention du vétérinaire étant indispensable, nous nous abstenons d'entrer dans aucun détail à cet égard.

Que l'on cautérise le sac herniaire, ou qu'on en limite la capacité au moyen de sutures, les personnes chargées de surveiller les malades feront acte de prudence en cherchant et employant tous les moyens de les empêcher de porter les dents sur la région de l'ombilic, jusqu'à entière guérison.

Hernie ventrale. — **Éventration**. — Les hernies ventrales sont dues à des déchirures plus ou moins étendues des parois abdominales, que ces déchirures, peu importe, aient été produites par des accidents de chasse, ou bien qu'elles résultent de violences extérieures; de chutes sur des corps aigus ou tranchants; d'actes de malveillance, etc. etc.

Les éventrations, sauf quelques rares cas d'une extrême simplicité, sont généralement très dangereuses, pour ne pas dire incurables.

Traitement. — Il y a lieu de tenter la guérison du malade, toutes les fois que la hernie dont il est atteint offre, *de visu*, quelque chance favorable. S'il en est autrement, c'est lui rendre service, lui épargner d'inutiles souffrances, que de le sacrifier sans hésitation. La pitié bien comprise en fait un devoir impérieux.

Toutes les éventrations, même les plus insignifiantes en apparence, réclament les secours du vétérinaire.

Comme il y a nécessité de pratiquer des sutures toujours assez compliquées, il n'y a que lui qu'on puisse charger de les faire ; et nous passons outre.

HERPÈS. — **Définition**. — La maladie cutanée désignée sous le nom d'*herpès* consiste dans une éruption de vésicules petites, agglomérées, recouvrant des surfaces circonscrites, plus ou moins enflammées, disséminées, éparses çà et là, ou plus ou moins rapprochées les unes des autres.

Cette affection présente plusieurs variétés qui, tout d'abord, paraissent avoir beaucoup d'analogie entre elles, surtout quand on n'examine que la lésion vésiculeuse en elle-même; mais dont on constate bientôt la différence, du moment que l'on en étudie la nature.

Division. — En ce qui concerne le chien, les vétérinaires ne distinguent guère que deux herpès principaux : l'*herpès phlycténoïde*, et l'*herpès tonsurant*. Ce sont les seuls, en effet, qui, jusqu'à ce jour, aient été bien étudiés sur les animaux de l'espèce canine.

1° Causes. — **Herpès phlycténoïde**. — Ce genre d'herpès se manifeste ordinairement à la suite de l'impression produite par un froid humide, ou le contact prolongé de certaines substances irritantes. Il apparaît encore comme phénomène critique d'une affection catarrhale ; quelquefois, il est le résultat inévitable d'une hygiène défectueuse, surtout de la malpropreté.

Symptômes. — Au début, la surface de la peau se montre enflammée, çà et là, affectant la forme de plaques plus ou moins irrégulières, plus ou moins nombreuses, et se recouvrant de vésicules ou phlytènes d'une parfaite transparence. Deux ou trois jours plus tard, les vésicules prennent un aspect lactescent ; après quoi, on les voit s'affaisser, et finir par laisser, à la place qu'elles occupaient, des croûtes qui, après leur chute, mettent quelquefois à nu des ulcérations superficielles.

Durée. — **Pronostic**. — Presque toujours bénigne, l'éruption herpétique phlycténoïde ne dure pas plus de huit à dix jours. Le pronostic, en conséquence, ne saurait avoir, et ne présente effectivement aucune gravité.

Traitement. — Il suffit très souvent, pour combattre cette maladie avec efficacité, et la faire disparaître en quelques jours, d'avoir recours aux seuls moyens de propreté. Si, par hasard, ils ne réussissaient pas, il y aurait lieu, alors, de la traiter par des bains de son, et des lotions narcotiques ou émollientes ; par des applications de glycérine légèrement iodée ; par des boissons délayantes ou acidules ; enfin, par les purgatifs laxatifs.

2° Herpès tonsurant. — Cette variété de l'herpès reconnaît la contagion comme cause principale. Le fait est, que le microscope permet de découvrir, dans les produits pathologiques recueillis sur les parties malades, un champignon extrêmement petit, invisible à l'œil nu, le *tricophyton*, qui se transmet d'un animal à un autre avec la plus grande facilité.

Symptômes. — Rien de plus simple que de diagnostiquer l'herpès tonsurant. On le reconnaît à l'existence de plaques multiples ou non, toujours arrondies, nues, de grandeur variable, et remarquables par leur tendance à s'accroître d'une manière régulièrement excentrique.

Les surfaces dénudées, ou tonsures, sont sèches, grisâtres, grenues et squameuses. Si on les examine à la loupe, on peut s'assurer qu'elles ne sont pas produites par la chute des poils, mais par leur brisure à une très petite distance de la peau.

Durée. — Pronostic. — La durée de l'herpès tonsurant est toujours longue. Cette affection offre, en outre, un autre inconvénient, c'est d'opposer au traitement une résistance opiniâtre.

Traitement. — De tous les moyens à employer, les meilleurs sont : les applications de glycérine iodée, ou d'huile de cade vraie ; les embrocations de pommades au tannin, ou de pommades sulfureuses au soufre pur, ou aux sulfures alcalins ; les lotions concentrées de sulfates de cuivre ; enfin, et surtout les solutions faibles de sublimé corrosif.

Pour plus de détails consulter le chapitre de ce dictionnaire consacré au traitement des *dartres*.

HYDROTHORAX. — Hydropisie de poitrine. — Définition. — Cette affection, l'*hydropisie de poitrine*, consiste dans une accumulation plus ou moins considérable de sérosité (vulgairement eau), dans l'un ou l'autre des deux côtés de la poitrine, ou dans les deux sacs pleuraux à la fois.

On observe assez fréquemment l'hydrothorax chez les chiens, mais principalement chez ceux qui, en raison des services de toute nature qu'on leur demande, sont plus exposés que les autres à des refroidissements subits.

Causes. — Les causes qui donnent naissance à cette affection sont nombreuses et variées. En première ligne, figurent les refroidissements brusques et subits de la surface cutanée, sous quelque influence qu'ils se produisent ; viennent ensuite, les inflammations soit des plèvres, soit des poumons, toutes les fois que l'une ou l'autre de ces deux maladies n'a pas été convenablement traitée, ou a été négligée dès le début. Le plus ordinairement, ce sont ces mêmes inflammations, lorsqu'elles sont passées à l'état chronique, qui engendront l'épanchement pleural ; à moins qu'il ne soit la conséquence de l'épuisement dans lequel s'affaissent si fréquemment les chiens âgés, quand ils sont atteints de maladies anciennes passées, par l'effet du temps, à l'état constitutionnel.

Symptômes. — Les malades, outre la tristesse et l'abattement dans lesquels ils tombent infailliblement, ont perdu entièrement leur vigueur naturelle. Tous, sans exception, ils ont la respiration difficile, offrant ce caractère particulier, que, si l'inspiration est longue, l'expiration, au contraire, est très courte, avec soulèvement et torsion des côtes très prononcés. Ils tiennent, en outre, presque constamment la gueule ouverte, afin de rendre moins pénible l'entrée et la sortie de l'air, comme presque toujours aussi, avec le mouvement de l'expiration, coïncide une sorte d'insufflation des joues de dedans en dehors.

A l'auscultation, le murmure respiratoire n'est plus perceptible qu'au sommet seulement du poumon, la partie inférieure se trouvant soulevée et comprimée par l'épanchement pleural. Lorsque l'hydropisie est double, le même bruit pulmonaire est complètement éteint dans les régions inférieures de la poitrine, à droite et à gauche.

Toutes les fois que le mal est ancien, et à peu près incurable, les animaux maigrissent au point de n'avoir que la peau sur les os. Dans cet état particulièrement grave, il n'est pas rare de voir des œdèmes se développer sous le ventre, et même, quoique plus exceptionnellement, dans les parties déclives des membres antérieurs.

Marche. — Durée. — La marche de l'hydrothorax procède tantôt avec rapidité, tantôt avec lenteur. Le plus ordinairement, c'est d'une manière lente et progressive que s'effectue, chez les patients, la sécrétion séreuse.

Cette maladie ne guérit jamais d'elle-même; aussi doit-on la tenir comme grave, quelle qu'en soit la cause, surtout lorsqu'elle se présente avec le caractère chronique. Il est juste, cependant, de dire qu'il y a bien des chances de guérison en faveur de tout épanchement pleural, indistinctement, qui s'est développé pendant le cours d'une phlegmasie franche des plèvres, principalement quand cette dernière, traitée avec énergie, a disparu sans laisser de lésion compromettante dans la cavité pectorale.

Traitement. — S'agit-il d'une hydropisie de poitrine concomitante d'une pleurésie franchement aiguë, on se trouvera bien de l'emploi, à l'extérieur, des révulsifs les plus énergiques, des vésicants et de la teinture de Cantharides en particulier. Leur action a invariablement pour effet de combattre simultanément, par voie de résorption, et la pleurésie, point de départ de l'épanchement, et l'épanchement thoracique.

A l'intérieur, on aura recours aux diurétiques et aux purgatifs, avec la précaution, toutefois, de les faire alterner d'une manière méthodique, tout en faisant coïncider, pendant leur administration, celle des tisanes pectorales ordinaires.

Les soins hygiéniques ne seront pas négligés. Les malades affectés d'hydrothorax réclament impérieusement une litière douce, souvent renouvelée, et une nourriture substantielle, toujours sagement rationnée, sans parcimonie.

Lorsque l'hydrothorax se présente avec le caractère de la chronicité, la guérison en est ordinairement très difficile. Sans doute, on peut essayer les révulsifs, les diurétiques et les purgatifs, on doit même le faire ; mais, ce qu'il faut qu'on sache bien, c'est que, s'ils procurent quelquefois du soulagement, il est ordinairement rare qu'ils réussissent complètement. Autant à dire de la thoracentèse, opération, comme on sait, qui consiste à évacuer la sérosité de la cavité pectorale par la ponction de ses parois à l'aide d'un trocart fin. Quelles que soient les précautions dont s'entoure l'opérateur, elles échouent presque toujours.

HYGIÈNE. — **Définition**. — Dans le langage ordinaire de la médecine, le mot *hygiène* désigne l'art de prolonger la vie des individus en conservant leur santé. En ce qui concerne particulièrement les animaux, il exprime encore, et peut être principalement, la science qui traite des moyens de modifier, en bien, leur constitution originelle : et de développer leurs aptitudes naturelles, surtout au grand avantage de nos besoins particuliers. Telles sont, en effet, les hautes visées de l'hygiène.

A ce double but, déjà si important par lui-même, s'en ajoute encore un troisième. L'hygiène des animaux vise aussi, parmi les *sujets* dits de *l'hygiène*, les espèces et les races, deux autres points de vue tout spéciaux : c'est ainsi que : tantôt elle se borne à conserver chez elles, telle quelle, l'intégrité des formes qui les caractérisent ; et tantôt se propose de perfectionner physiquement et physiologiquement les races et espèces elles-mêmes, et, au besoin, de créer de nouvelles races, de toutes pièces, pour ainsi dire.

Pour justifier la raison d'être de ces dernières visées, nous croyons devoir faire observer dès maintenant que, soumis, comme ils le sont, à un véritable esclavage, les animaux domestiques, ne jouissant ni de leur liberté d'action, ni du grand air, ni du choix des aliments parmi ceux que leur a destinés la nature, sont susceptibles de se détériorer tous les jours ; et, conséquemment, ne peuvent être ni conservés, ni améliorés que par des soins absolument artificiels, c'est-à-dire par une hygiène arbitraire, et toute de calcul.

Toutefois, après ces quelques considérations très générales, à n'envisager, et cela d'une manière sommaire, que la seule conservation de la santé des animaux par les soins hygiéniques seuls, personne ne met en doute les services qu'une hygiène bien entendue, bien comprise, et bien appliquée, est capable de leur rendre. Tout le monde sait, de plus, que ces services sont aussi nombreux que considérables ; et qu'un travail modéré, par exemple une bonne nourriture, un repos réparateur, ont, en général, invariablement pour effet, au vu et au su de tous, d'entretenir, chez les êtres animés, rusticité et vigueur ; s'ils ne contribuent pas, très souvent, à faire naître et développer ces qualités. D'autre part, qui ignore l'heureuse influence de ces agents, combinée à celle qui résulte des soins de propreté, d'une habitation saine, d'un exercice convenable, etc. ; qui ne sait qu'ils n'interviennent également, avec la plus grande efficacité, dans plus d'une circonstance, pour rétablir les fonctions organiques dans leur équilibre normal, lorsqu'elles ont été quelque peu troublées, et que, par suite, elles ont engendré quelque maladie ? Pas n'est besoin de fournir la preuve de ces faits essentiellement pratiques ; pas plus que de chercher à démontrer qu'on n'obtient, fréquemment, la réussite d'un certain nombre d'opérations chirurgicales, qu'à la faveur des seuls moyens hygiéniques.

Ces réflexions sur la science si vaste de l'hygiène sont bien courtes sans doute ; cependant c'est tout ce que nous permettent d'en dire les limites restreintes de ce dictionnaire.

Pour les détails, le lecteur pourra consulter les mots *aliment*, *alimentation*, *amélioration*, *élevage*, *exercice*, *dressage*, *pansage*, *tondage*, de ce dictionnaire.

ICTÈRE. — ICTÉRICIE. — JAUNISSE. — Définition. — On connaît, sous le nom d'*ictère* ou de *jaunisse*, une maladie caractérisée par une coloration jaune des muqueuses apparentes, et de la peau, chez les chiens à pelage blanc. Elle est produite par le passage, dans le sang, des matières colorantes de la bile. Bien que tous les animaux domestiques puissent en être atteints, on l'observe plus fréquemment chez le chien que chez les animaux des autres espèces.

Division. — On distingue deux sortes d'ictères : 1° l'*ictère essentiel* ou *idiopathique*, 2° et l'*ictère symptomatique*.

Causes. 1° Ictère essentiel. — D'une part, les refroidissements brusques; les chutes, d'une certaine hauteur, dans l'eau d'une rivière, comme cela arrive quand on y lance un chien avec violence en manière de jeu; quelquefois, en été, chose bizarre, les fortes chaleurs : d'autre part, les douleurs physiques et lancinantes; dans quelques circonstances, les spasmes nerveux, ou une colère furieuse susceptible de jeter subitement un trouble profond dans les fonctions du foie, telles sont les principales causes de l'ictère essentiel ou idiopathique.

2° **Ictère symptomatique.** — Plusieurs maladies de nature différente sont éminemment aptes à donner naissance à l'ictère symptomatique. Au premier rang, se placent toutes les maladies de l'organe secréteur de la bile. Viennent après elles : chez certains sujets, l'inflammation du péritoine ou des plèvres; les empoisonnements; la morsure de vipère : chez d'autres, l'obstruction des canaux biliaires par des calculs qui, en les remplissant, s'opposent à l'excrétion de la bile, qu'elle arrive de la vésicule du foie, ou directement du foie lui-même.

Symptômes. — 1° **Ictère idiopathique ou essentiel.** — Ordinairement, dans ce genre d'ictère, la teinte jaune de la peau, et surtout des muqueuses de l'œil et de la gueule, survient brusquement et en faisant explosion pour ainsi dire. Dans quelques cas, plus rares, son apparition est précédée tantôt de diarrhée, tantôt de constipation plus ou moins opiniâtre. Lorsqu'il y a diarrhée, les matières excrémentitielles, sans en excepter les urines, sont presque invariablement de couleur normale, aucune teinte particulière n'en modifie l'aspect.

Néanmoins, au bout d'un certain temps, si les fonctions digestives se montrent sensiblement atteintes, et s'il y a un peu de fièvre, les urines se colorent sensiblement en jaune.

2° **Ictère symptomatique.** — Au début, la coloration jaune des tissus blancs ne se manifeste que d'une manière progressive, d'abord à la conjonctive, puis à la muqueuse buccale, ensuite à la peau. Mais, sur celle-ci, elle n'a lieu que peu à peu, avec une lenteur réelle.

Presque toujours, dans le cas d'hépatite, en particulier, la jaunisse symptomatique s'accompagne de fièvre; c'est d'ailleurs ce qu'attestent invariablement l'état pâteux de la bouche, et la soif ardente qu'accusent les malades.

Plus tard, les digestions deviennent difficiles, laborieuses même; les malades sont pris de diarrhée ou de constipation; le foie et la vésicule augmentent presque toujours de volume,

autant de complications qui font maigrir les animaux, et les
les affaiblissent peu à peu, jusqu'à ce qu'enfin ils succombent.

La jaunisse, occasionnée par des calculs arrêtés dans les conduits ou dans la vésicule biliaire, apparaît toujours subitement.
Souvent, alors, on observe des vomissements et des symptômes
de coliques.

Chez certains sujets, c'est la diarrhée qui domine ; chez d'autres,
c'est la constipation que l'on a à combattre. Dans l'un et
l'autre cas, les matières alvines ne présentent absolument rien
d'anormal.

Marche. — Durée. — Pronostic. — Au début, lorsque
l'ictère est essentiel, et le résultat d'une impression subite et
fugace, le foie n'ayant encore subi aucune modification dans sa
trame organique, les troubles digestifs disparaissent au bout
d'un septénaire environ. En outre, et s'il ne survient point de
complications, la coloration jaune des tissus blancs s'affaiblit
peu à peu, et après une quinzaine de jours environ, elle a ordinairement complétement disparu.

Rien de grave à redouter en présence d'un pareil état. Il ne
constitue qu'une indisposition passagère.

Les choses marchent sensiblement de la même manière dans
l'ictère déterminé par la présence d'un ou de plusieurs calculs
dans l'appareil excréteur du foie. Néanmoins, pour que l'on n'ait à
craindre aucune complication, il est indispensable, avant tout, de
diagnostiquer soigneusement les concrétions biliaires, et de les
faire cheminer vers l'intestin, jusqu'à ce qu'on ait désobstrué
les canaux où ils se sont arrêtés.

Du reste, ce cas particulier se rencontre assez rarement chez
le chien.

En ce qui concerne la durée de l'ictère symptomatique, qui,
malheureusement, ne coïncide jamais qu'avec une altération plus
ou moins profonde du foie, elle est toujours subordonnée à celle
de la maladie qui l'a fait naître. Dans l'immense majorité des
cas, chez les animaux de l'espèce canine, cette sorte d'ictère se
termine par une mort plus ou moins prompte, mais à peu près
fatalement inévitable.

Traitement. — Rien de plus simple que le traitement de
l'ictère idiopathique, surtout si le mal, exempt de complication,
est saisi dès son début. On obtient de bons résultats des boissons délayantes ; des bains tièdes ; de l'administration de la
gentiane ou de son extrait ; d'une alimentation substantielle et

modérée; de la diète lactée; et, quand il survient de l'embarras gastrique, de l'usage des lavements ainsi que des purgatifs laxatifs.

Nous n'en dirons pas autant du traitement de l'ictère symptomatique, particulièrement en ce qui concerne le chien. Le traitement, le seul, avant tout autre, qui doive être essayé, est celui de l'état morbide dont il est un des signes caractéristiques. Mais, si l'on considère que l'ictère symptomatique des animaux de l'espèce canine coïncide presque toujours avec une altération incurable de la substance propre du foie, nous ne voyons guère à quels moyens thérapeutiques ou hygiéniques on pourrait bien s'adresser pour triompher de la maladie, ni quels résultats satisfaisants on en pourrait attendre.

IMPÉTIGO. — DARTRE CROUTEUSE. — GOURME.

Définition. — Sous le mot *impétigo*, les pathologistes désignent une maladie de la peau caractérisée par de petites pustules, auxquelles, leur évolution terminée, succèdent promptement des croûtes molles, épaisses, jaunâtres, susceptibles de se renouveler, chez certains sujets, plusieurs fois de suite, jusqu'à ce qu'elles laissent, lorsqu'elles sont définitivement tombées, des empreintes assez persistantes.

On l'observe principalement sur les sujets des espèces canine et féline.

Causes. — Certaines saisons, tels que l'automne et le printemps, un tempérament lymphatique, la malpropreté, une mauvaise alimentation, enfin le manque des soins hygiéniques les plus ordinaires, sont, pour tous les praticiens, les principales causes de l'impétigo du chien.

Division. — Cette affection peut présenter les deux types *aigu* et *chronique.*

Symptômes. — Impétigo aigu. — Il débute par des taches rouges, à la surface desquelles se développent bientôt de petites pustules miliaires ordinairement rapprochées et confondues. Deux ou trois jours plus tard, les pustules se crèvent et laissent échapper une matière séro-purulente qui, en se desséchant, forme, vers la base des poils, des croûtes jaunes, molles, épaisses et faciles à détacher. Au moment où ces croûtes viennent à tomber, elles mettent à découvert de petites plaies dépilées et suppurantes, qui ne se cicatrisent qu'avec une certaine lenteur, et seulement après qu'elles se sont recouvertes d'une nouvelle couche de croûtes.

Impétigo chronique. — Dans l'impétigo chronique, les éruptions pustuleuses se renouvellent sans cesse ; et les croûtes qui en résultent sont, tout à la fois, et plus volumineuses, et d'une couleur plus foncée que celles du type aigu. Presque toujours, à la chute de ces concrétions, on constate l'existence de véritables plaies séreuses d'où s'exhale une odeur fétide qui remplit l'air ambiant.

Depuis l'invasion de la maladie jusqu'à sa terminaison, que le type soit aigu ou chronique, les animaux, tourmentés par des démangeaisons généralement vives, cherchent tous les moyens de se soulager en se grattant, ou en se frottant contre les corps durs.

Chez les animaux débilités par la misère, il n'est pas rare de voir l'impétigo se compliquer d'ulcérations, ou d'œdèmes.

Pronostic. — L'impétigo aigu, attaqué en temps opportun, se dissipe assez facilement dans l'espace de dix ou quinze jours. Ce n'est plus le cas, lorsqu'il présente les caractères de la chronicité ; la durée en est beaucoup plus longue, il peut même persister avec ténacité.

Traitement. — **Impétigo aigu**. — Dans la très grande majorité des cas les plus simples, on se borne à placer, et à maintenir les malades dans les meilleures conditions possibles de propreté. A cet effet, on doit couper les poils qui recouvrent les pustules ; et avoir soin de faire tomber les croûtes au moyen de lotions émollientes, de cataplasmes, ou de bains de son légèrement savonneux.

Si les surfaces suppurantes présentent une assez grande étendue, on les recouvre d'une couche mince de cérat, de vaseline, ou de glycérine à laquelle on incorpore, suivant les indications, tantôt de l'extrait de saturne, tantôt de l'égyptiac.

A l'intérieur, boissons adoucissantes avec régime substantiel, diète lactée, et rien de plus.

Impétigo chronique. — Tous les soins d'une minutieuse propreté sont de rigueur comme dans l'impétigo aigu. L'alimentation devra aussi être substantielle, et composée de substances de facile digestion. Le caillé de lait récent et le lait lui-même mélangés à du bouillon de tripes, les soupes au pain surazoté, sont parfaitement indiqués.

A l'extérieur, on traitera les plaies en les nettoyant avec des lotions émollientes, ou en se servant d'eaux sulfureuses, ou simplement légèrement savonneuses.

On obtient souvent d'excellents effets des applications d'acide

chlorhydrique dilué. Il en est de même des badigeonnages faits
avec une solution concentrée de sulfate de cuivre. Ce sera encore
agir sagement que d'administrer des purgatifs laxatifs, à petite
dose, une ou deux fois tous les huit jours.

INDIGESTION. — **Définition**. — On donne le nom d'*indigestion* à un trouble momentané des fonctions digestives, par
suite de l'accumulation d'une grande quantité d'aliments; sinon
de l'ingestion d'aliments avariés soit dans l'estomac, soit dans
l'intestin, soit, simultanément, dans l'un et l'autre organe. Elle se
montre assez fréquemment chez le chien.

Division. — Conformément à l'énumération qui précède, l'indigestion peut être : 1° *stomacale*; 2° *intestinale*; 3° ou *gastro-intestinale*.

Causes. — Cette indisposition peut survenir après l'ingestion :
1° d'une trop grande quantité d'aliments, et surtout d'aliments
indigestes déglutis avec voracité sans avoir été préalablement
triturés ; 2° d'aliments, les uns seulement avariés, les autres
dans un état de corruption plus ou moins avancée; 3° enfin,
d'aliments mélangés à des matières irritantes de leur nature.
L'indigestion éclate aussi, quelquefois, peu de temps après le
repas, à la suite d'un exercice violent, ou de coups qui ont porté
sur l'hypochondre gauche, en l'ébranlant profondément.

Symptômes. — 1° Si l'*indigestion* est *stomacale*, le malade
manifeste une certaine inquiétude; il va, vient; change fréquemment de place; éprouve d'abord quelques nausées; puis, en raison
de la facilité extrême avec laquelle il vomit, ne tarde pas à rejeter
tout ce que contenait son estomac.

Presque immédiatement après cette évacuation, l'irritation se
calme, et le malade soulagé reprend ses habitudes ordinaires.
C'est là un des cas les plus heureux qui puisse se présenter; car,
à moins de circonstances exceptionnelles, au nombre desquelles
se placent les lésions organiques produites par les matières ingérées, les vomissements une fois passés, tout est fini.

2° **L'indigestion intestinale** est beaucoup moins fréquente,
chez le chien, que la première. Quand elle a lieu, de fortes coliques en sont ordinairement le signe caractéristique. On voit alors
l'animal s'agiter vivement; se coucher pour se relever aussitôt;
changer brusquement de place à chaque instant, comme s'il ne
trouvait de soulagement nulle part; et, définitivement, évacuer,
par l'anus, une grande quantité de matières muqueuses et bi-

lieuses mêlées à des aliments incomplètement digérés, à des corps étrangers, etc.

Cette espèce d'indigestion peut avoir des suites plus graves que la première.

3° La double *indigestion stomacale* et *intestinale* est trop rare pour que nous nous attardions dans sa description.

Traitement. — Ordinairement, on n'administre aucun médicament au malade lorsque l'indigestion n'est que stomacale. Si cependant, on jugeait à propos de lui faire prendre quelque tisane : les potions émollientes, anodines, voire même légèrement excitantes, une infusion aromatique, par exemple, sont parfaitement indiquées.

Lorsque l'indigestion est intestinale, il y a urgence de la combattre, et avec d'autant plus d'énergie qu'elle s'accuse par des symptômes plus intenses. A l'intérieur, on donne des délayants, des bouillons de tripes ou de tête de mouton, pendant qu'à l'extérieur on applique des cataplasmes sur le ventre, et qu'on administre des lavements à la graine de lin.

Une demi-diète sera de rigueur aussi longtemps que la convalescence se fera attendre.

JAUNISSE. — Voir **ICTÈRE.**

KYSTE. — **Définition.** — Un *kyste* est une poche, cavité, ou sac membraneux, sans ouverture, renfermant des matières qui peuvent être de nature très différente, mais qui, ordinairement, sont liquides, ou demi-liquides. Presque tous les kystes sont uniloculaires ; quelquefois cependant on en trouve de pluriloculaires.

Causes. — Elles sont toutes accidentelles : chez le chien, c'est toujours, ou à peu près, à la suite de frottements et de pressions prolongés, ou fréquemment renouvelés, qu'on voit les kystes se former.

La présence d'un corps étranger solide et insoluble logé dans l'épaisseur des tissus vivants, d'une balle de plomb petite ou grosse, par exemple, peut très bien déterminer la formation d'un kyste. La balle, dans ce cas, est dite enkystée.

Symptômes. — Rien, au début, ne peut faire soupçonner l'évolution d'un kyste. Ce n'est d'abord qu'une petite tumeur dure dont l'animal ne souffre aucunement. Plus tard, et avec le temps, elle augmente insensiblement de volume, jusqu'à ce qu'elle ait atteint un certain développement qu'elle ne dépasse plus, et qui, dès lors, reste tout à fait stationnaire.

La poche qui se forme autour d'une balle de plomb, procède, dans sa marche, exactement de la même manière.

Une fois formé, le kyste se montre parfaitement circonscrit, et ne s'accompagne d'aucun empâtement. Il est de consistance molle et élastique lorsqu'il ne contient que des matières liquides; il donne, au contraire, la sensation d'un corps dur quand il est occupé par une balle de plomb. A moins qu'il ne subisse quelque coup violent, une sorte d'écrasement par suite d'un choc ou heurt, le kyste est le plus souvent indolent, et ne cause ni gêne, ni souffrance à l'animal ; c'est ce que nous venons de dire un peu plus haut.

De tous les kystes, les plus faciles à diagnostiquer sont ceux qui ont leur siège sous la peau. Les kystes profonds donnent souvent lieu à des erreurs.

Il n'y a que les kystes dont nous venons de donner les symptômes qui, jusqu'ici, aient été observés chez les animaux de l'espèce canine.

Traitement. — Lorsque le kyste de nature séreuse ou muqueuse est attaqué au moment de son évolution, des frictions résolutives avec la teinture de cantharides; les badigeonnages, plusieurs fois répétés, avec la teinture d'iode, en ont facilement raison.

Cependant, si ces agents venaient à échouer, on pourrait ponctionner la poche à l'aide du bistouri ; et injecter dans son intérieur de la teinture d'iode étendue d'eau iodurée, en se conformant aux indications conseillées en pareil cas.

Beaucoup de praticiens ont l'habitude de cautériser, au fer rouge, la membrane qui tapisse l'intérieur du kyste, et s'en trouvent très bien. C'est un moyen auquel on peut encore avoir recours.

Si le kyste est mucoso-sébacé, il n'y a guère que l'extirpation de sa muqueuse accidentelle qui puisse en assurer la guérison. Par la dissection, on peut facilement obtenir une plaie simple et toujours curable.

Lorsqu'on a affaire à une balle enkystée, une simple incision pratiquée longitudinalement sur le sommet du kyste, suffit pour en faire sortir le corps étranger. Il ne reste plus, alors, qu'à frictionner légèrement la peau avec de la teinture de cantharides, ou de la badigeonner avec de la teinture d'iode. La poche se ferme ordinairement d'elle-même au bout de quelques jours.

LICHEN. GALE ROUGE. — **Définition**. — Cette espèce particulière de gale, nommée encore *mal rouge*, est une affection cutanée caractérisée par l'éruption de papules rougeâtres, groupées ou disséminées, çà et là, à la surface du corps, et qui donnent un aspect rugueux à la peau.

Division. — On distingue trois variétés de lichen : le *Lichen simple*, le *Lichen agrius*, et le *Lichen circumscriptus*. Ils peuvent, de plus, se présenter sous le *type aigu*, ou sous le *type chronique*. Dans l'espèce canine, le type chronique est le plus fréquent.

Ces affections se remarquent plutôt sur le lévrier, et, en général, sur les chiens à poils ras, que sur les individus à longs poils. Néanmoins, elles sont assez communes chez tous les chiens quels qu'ils soient.

Causes. — Tout porte à croire qu'il convient d'en attribuer l'évolution à l'usage des aliments trop excitants, ou fortement assaisonnés, de même qu'aux poussières irritantes qui s'accumulant sous les poils, y séjournent et finissent par adhérer intimement à la peau.

Symptômes. — 1° **Lichen simple aigu**. — Partout où le tissu cutané devient le siège de l'irritation psorique, membres, fesses, etc., il se couvre de petites élevures papuleuses, qui lui font prendre, avec une plus grande épaisseur, un aspect en quelque sorte mamelonné. Au bout de quelques jours, ces mêmes papules ne tardent pas à s'affaisser en prenant une teinte moins vive; et à se couvrir, en dernier lieu, de squames comme furfuracées.

Au moment où les papules du lichen aigu sont en voie de formation, elles déterminent une cuisson vive et désagréable qui oblige le malade à se gratter, quelquefois, avec fureur. Il importe alors de le surveiller, car les excoriations, les plaies mêmes qui peuvent en résulter, sont généralement tenaces et difficiles à guérir.

2° **Lichen agrius**. — Dans les cas de lichen agrius, variété du lichen simple, on voit se former et s'élever, sur de larges surfaces de la peau, des papules également rouges, mais généralement confluentes. Si rien ne vient les arrêter dans leur marche, elles grossissent, se multiplient de plus en plus; et finissent par laisser suinter à leur sommet une véritable sérosité purulente, qui, à son tour, se transforme par dessiccation en croûtes de couleur jaunâtre.

Les démangeaisons aiguës qu'éprouvent les malades sont tellement vives, qu'il n'est pas rare de les voir se déchirer avec violence alternativement avec leurs ongles et leurs dents. Au reste, ce caractère est commun à toutes les maladies cutanées, chez les animaux et chez l'homme; il n'a donc rien de particulièrement pathognomonique.

3° **Lichen circumscriptus.** — Ainsi que l'indique le nom sous lequel on la désigne, cette maladie qui ressemble beaucoup aux deux précédentes, n'en diffère guère que par la manière seule dont elle s'établit sur la peau. Elle ne l'envahit, en effet, que par places isolées et parfaitement circonscrites. A part ce dernier caractère, tous les autres symptômes sont sensiblement ceux du lichen aigu et du lichen chronique.

Symptômes du lichen chronique. — Les papules du lichen chronique sont identiques, de forme et d'aspect, à celles de ses deux congénères; seulement, elles sont, ainsi que la peau qu'elles recouvrent, d'une couleur beaucoup plus pâle. D'autre part, elles tourmentent moins les animaux, et les font moins souffrir; c'est pour ce motif, que peau et papules arrivent graduellement, sans encombre, jusqu'à la période de la desquamation.

Pronostic. — Toutes les fois que le lichen simple est localisé à quelques points circonscrits de la peau, les papules, après deux ou trois septénaires, s'affaissent peu à peu, pâlissent, se couvrent de pellicules squameuses, et finissent par disparaître. C'est une véritable guérison par résolution.

Bien différent est le pronostic dans les cas de lichen confluent et grave. Les malades sont à peu près fatalement condamnés à perdre l'appétit au bout de très peu de temps; et à maigrir à vue d'œil, jusqu'à ce qu'ils succombent d'épuisement, emportés par l'abondance de la suppuration.

En ce qui touche le pronostic du lichen chronique, il ne saurait être ni précis, ni rassurant. Si l'on peut quelquefois, en effet, combattre avec succès ce type particulier; dans l'immense majorité des cas, il se montre tenace, rebelle, ou sujet à récidive.

Traitement. — 1° **Lichen aigu.** — 2° **Lichen agrius.** — 3° **Lichen circumscriptus.** — Tous les antiphlogistiques ordinaires peuvent être employés utilement au début. De ce nombre sont : les bains, les lotions, les fomentations, les cataplasmes de nature émolliente. S'il y a prurit, les onctions à la glycérine simple ou légèrement laudanisée, la vaseline pure ou camphrée, procurent généralement du bien-être au malade.

Dans le traitement de l'un ou de l'autre des lichens sus-indiqués, quelle que soit l'intensité de l'irritation de la peau, on ne devra jamais négliger les purgatifs laxatifs ; et, selon qu'on le jugera à propos, on pourra en administrer un tous les quatre ou cinq jours, ou même plus souvent, tous les deux jours, mais toujours à doses assez fractionnées, afin de n'obtenir qu'une simple liberté du ventre.

Le régime diététique ordinaire, et, ce qui est préférable, le régime lacté, se recommandent d'eux-mêmes.

Traitement du lichen chronique. — 4° Lorsque l'on a à traiter le lichen chronique, ce sont surtout les préparations vésicantes combinées avec l'action des purgations méthodiquement répétées, auxquelles il conviendra de s'adresser. En outre, les soins hygiéniques, d'une part ; un régime diététique bien compris, substantiel sans être abondant, d'autre part ; et, de temps en temps, des bains généraux dans le but d'approprier et d'assouplir la peau, s'ajouteront très avantageusement au traitement médicamenteux pour en faciliter et en compléter les effets.

LUPUS. — DARTRE RONGEANTE. — Définition. — Maladie cutanée essentiellement ulcéreuse, le *lupus* est une affection qui se manifeste sous la forme de plaies rongeantes, sanieuses, et, de plus, caractérisées par une tendance prononcée à se propager par voie d'envahissement, ou mieux de reptation.

Les animaux de l'espèce canine en sont assez communément atteints ; chez eux, il attaque, de préférence aux autres parties, le nez, les lèvres, la croupe et les testicules.

Symptômes. — Le lupus s'annonce : par l'apparition de tubercules d'un rouge obscur, et indolents ; quelquefois et simplement, par un épaississement de la peau, qui alors ne tarde pas à rougir fortement. Au bout d'un temps relativement court, le tissu cutanée devient le siège d'une douleur et d'un prurit aussi vifs qu'ils sont intolérables, en même temps que l'état général des malades, si l'on ne vient promptement à leur secours, s'altère d'une manière sensible.

C'est là la première phase de la maladie. La seconde affecte des allures beaucoup plus sérieuses. Le mal s'aggravant de plus en plus, les tubercules se couvrent de croûtes tellement adhérentes, que, lorsqu'on les détache pour les faire tomber, on met à découvert des ulcères profonds, d'où s'écoule, en abondance, un liquide purulent d'une très grande fétidité.

Pronostic. — Traité énergiquement au moment même où il débute, le lupus ne présente aucune gravité. Il n'en est plus de même lorsque, par incurie ou inadvertence, on a permis aux ulcères de s'établir. Dans ces nouvelles conditions, il est d'une guérison difficile.

Traitement. — Si le lupus ne fait que commencer; si la peau n'est encore le siège que d'une imflammation à son début, on peut en obtenir la résolutoin, *ad libitum*, ou par l'emploi des antiphlogistiques administrés *intus* et *extra;* ou par de grands soins de propreté, auxquels on associe l'action des purgatifs laxatifs, qu'on administre de temps en temps; et, enfin, par un régime diététique conçu de manière qu'il soit adoucissant et suffisamment substantiel, tout à la fois.

Contre le lupus ulcéreux, il n'y a que les caustiques sur lesquels on puisse compter ; encore faut-il corroborer leur action en faisant intervenir, à l'extérieur, les lotions ou les bains sulfureux ; et, à l'intérieur, les préparations arsenicales telles que la liqueur de Fowler, les pilules asiatiques, les liqueurs de Pearson et de Clémens, etc.

Le régime diététique sera entièrement conforme à celui que nous conseillons plus haut.

LUXATION. — **Définition.** — *La luxation* consiste dans le déplacement, ou le déboîtement de deux os, etc., au point où ils se touchent par leurs surfaces articulaires, et s'adaptent l'un à l'autre pour former une articulation mobile.

Ces accidents sont assez fréquents chez tous les chiens, mais principalement chez ceux qui, par destination, sont obligés, dans un temps donné, de fournir des courses longues et périlleuses, ou de se livrer à des mouvements plus ou moins violents.

De toutes les articulations, ce sont surtout celles des extrémités inférieures des membres qui s'y trouvent le plus ordinairement exposées.

Causes. — Les causes des luxations sont tellement nombreuses, qu'il serait aussi oiseux que long de les signaler toutes. Parmi les principales, auxquelles nous devons nous borner ici : les sauts ; les chutes d'une certaine hauteur ; le passage de roues de voiture ; les coups de pieds sur les pattes de l'animal, etc., tiennent assurément le premier rang.

Division. — Pour ne nous en tenir qu'aux cas les moins compliqués, nous distinguerons les luxations : 1° en *luxations incomplètes*, 2° en *luxations complètes*.

Symptômes. — 1° **Luxations incomplètes**. — Dans ces sortes d'accidents, le déboîtement des extrémités articulaires n'est jamais complet. Ce sont les ligaments par lesquels elles sont assujetties, qui se trouvent particulièrement lésés, soit que ces ligaments aient subi de violentes distensions, soit qu'ils n'aient éprouvé que des simples tiraillements.

Lorsque la luxation dont s'agit, est caractérisée par des altérations de tissus d'aussi peu d'importance, elle constitue moins une luxation proprement dite, qu'une *foulure* ou *entorse* ordinaire sans gravité.

Voir, pour les symptômes de la luxation incomplète, le chapitre spécial que nous avons consacré, dans ce dictionnaire, à l'article *Entorse*.

2° **Luxation complète**. — On reconnaît les luxations complètes aux caractères suivants, tous aussi significatifs les uns que les autres : 1° le membre malade a pris une forme et une direction anormales ; 2° les mouvements de l'articulation luxée sont ou impossibles, ou très difficiles, et, de plus, très douloureux ; 3° le membre, siège du mal, s'est, généralement, sensiblement raccourci ; 4° l'animal ne peut appuyer la patte sur le sol en raison des vives souffrances qu'il éprouve ; il la tient prudemment en l'air, et marche à cloche-patte des trois autres ; 5° enfin, soit qu'on touche de la main l'articulation, soit qu'on essaye de la faire mouvoir, on ne manque jamais d'arracher des cris aigus au patient.

Ajoutons, pour ne rien omettre, que très peu de temps après l'accident, l'articulation s'empâte, se tuméfie, et acquiert une température élevée, qu'il est extrêmement facile d'apprécier même par le simple toucher.

Traitement. — Le traitement des luxations complètes ne doit pas subir le moindre retard. Il réclame, aussi promptement que possible, la réduction des surfaces articulaires. Cependant, lorsqu'on a laissé à l'articulation le temps de s'engorger ; lorsqu'elle est déjà le siège d'une tuméfaction qui ne permet plus de se rendre un compte exact de l'état dans lequel elle se trouve, il y a indication, avant de rien entreprendre, de faire disparaître, sans aucun retard aussi, les phénomènes inflammatoires. Dans ce but, on entoure le membre malade de compresses de toile légère, et on les arrose d'eau froide d'une manière continue, jusqu'à ce que le résultat désiré soit obtenu.

On fera bien de charger de ce travail le vétérinaire le plus proche. Lui seul est compétent pour pratiquer l'opération de la réduction, et pour prescrire les soins rationnels à donner ultérieurement au malade.

Nous n'avons rien dit du traitement qu'il convient d'appliquer aux luxations simples. A moins de complications, on peut en obtenir la guérison dans l'espace d'un mois, ou de cinq à six septénaires, en se conformant aux conseils que nous donnons à l'égard de l'entorse, et à laquelle nous avons déjà renvoyé le lecteur.

MALADIE DES CHIENS. — MALADIE DU JEUNE AGE. — GOURME, CATARRHE, etc. — Définition. — On

désigne sous le nom vulgaire de *Maladie des chiens*, une affection qui attaque fréquemment les jeunes sujets de l'espèce canine, à l'âge de deux mois à un an, rarement plus tard ; et qui, dans la plupart des cas, est caractérisée par l'inflammation des organes respiratoires et abdominaux, avec complication, ou non, de phénomènes ou troubles nerveux.

De toutes les maladies auxquelles les chiens sont sujets, c'est peut-être celle qui, parmi eux, fait le plus grand nombre de victimes.

Causes et nature de la maladie. — Les causes de la maladie des chiens sont, aujourd'hui encore, entourées de beaucoup d'obscurité. Il en est à peu près de même de sa nature. Existe-t-il, chez les animaux de l'espèce canine, une prédispostion naturelle à contracter cette affection ; ou bien, doit-on l'attribuer au régime anormal auquel certaines races, les petites principalement, sont soumises presque partout ? La maladie est-elle transmissible par contagion, ou par voie d'hérédité ; ou bien, comme la plupart des affections, se développe-t-elle sous l'influence des simples causes occasionnelles ? Autant de questions difficiles à résoudre, et dont le dernier mot est encore à dire.

Tout ce que l'on sait de plus positif, à cet égard, c'est que les chiens des villes, généralement choyés et dorlotés à plaisir, y sont plus souvent exposés que les chiens qui vivent librement et au grand air à la campagne, le chien de berger, par exemple. Ce qui, en outre, paraît aussi parfaitement démontré, c'est que la gourme du jeune âge n'est ni contagieuse, ni héréditaire.

A quoi, alors, convient-il de faire remonter la prédisposition maladive qui constitue, en quelque sorte, l'apanage des petits chiens de salon, c'est-à-dire de race aristocratique, pour nous servir d'une expression consacrée par l'usage? L'évidence est là : ils y sont sujets, en effet, et d'une manière toute particulière; on ne saurait y contredire.

A notre avis, on ne peut accuser que le régime anti-hygiénique au suprême degré qu'on leur fait subir pendant toute leur enfance, régime, nous n'hésitons pas à le dire très haut, qui a pour double inconvénient inévitable, et de nuire à leur développement, et de porter une atteinte plus ou moins profonde à leur constitution.

Rien n'est réglé en ce qui concerne les soins que l'on prend des petits chiens de salon. Chacun, dans la maison, les traite à sa guise; c'est, en fait d'hygiène, le désordre en tout et partout, c'est l'anarchie. En toute saison, sans avoir égard à leur faiblesse enfantine, on les bourre de friandises : gâteaux, biscuits, mets épicés, etc., etc. Tout leur est bon; il ne s'agit que d'une chose, c'est qu'ils mangent; sans compter encore qu'on les oblige à recommencer à toute heure de la journée. En été, on les savonne à peu près tous les jours. En hiver, on les couche dans un lit de coton pendant la nuit; et, pendant le jour, on les revêt d'un paletot. Enfin, lorsqu'on les sort, au lieu de leur procurer l'exercice de la promenade, exercice aussi indispensable que salutaire, on les porte entre ses bras comme on ferait d'un enfant.

Mais ce n'est pas là tout : comme si cette *dorloterie*, qu'on nous passe l'expression, n'était pas assez désastreuse, on abandonne encore les jeunes chiens aux caprices et fantaisies des enfants de la maison, lesquels, sans trêve ni merci, les tripotent du matin jusqu'au soir; les taquinent incessamment, jouant toutes sortes de jeux avec eux; les font courir, sauter, danser sur leurs pattes de derrière; les renversent sur le dos; les roulent par terre sans pitié; en un mot, ne leur permettent jamais de prendre le plus petit moment de repos.

Le quart de ce que l'on fait souffrir aux jeunes de l'espèce canine dans les villes, pendant la période d'enfance, est plus que suffisant, personne n'oserait le contester, pour ruiner à tout jamais leur constitution. Comment alors, nous le demandons, outre les écarts de régime, les mille et mille misères qu'on se plaît à leur faire endurer, ne les prédisposeraient-elles pas à contracter la maladie du jeune âge, maladie générale s'il en fut; et qui sévit invariablement d'une manière toute spéciale sur les individus d'une faible constitution, sur les organismes débiles; ou fatigués de longue date?

La maladie des chiens, en somme, est une maladie générale de l'organisme offrant, en outre, ce caractère particulier, qu'elle peut ou attaquer, à la fois, tous les principaux appareils d'organes, ou se localiser sur un ou plusieurs d'entre eux.

Causes. — Chez certains sujets autres que ceux dont nous venons de parler, la maladie fait explosion sans cause connue, et l'on ne sait à quoi l'attribuer. A notre avis, admettant que la prédisposition existe, il nous paraît bien positif que les agents extérieurs, devenus causes occasionnelles, doivent concourir puissamment à son développement. Les jeunes chiens qui sont mal soignés, mal nourris, par exemple, de même que la plupart de ceux qu'on élève dans les villes, auxquels on ne fait jamais prendre d'exercice au grand air, ou qui habitent des réduits sombres et humides, etc., n'ont qu'à subir un refroidissement, souvent même léger, pour en être immédiatement et grièvement atteints.

Division. — Quoique la maladie des chiens soit une, dans son essence, elle peut cependant se manifester sous six formes différentes, et présenter l'une ou l'autre des complications qui suivent : 1° le *catarrhe nasal*, 2° la *broncho-pneumonite*, 3° la *gastro-entérite*, 4° l'*ophtalmie*, 5° la *danse de Saint-Guy*, 6° la *variole du chien*.

Symptômes. — Forme ordinaire. — Aucune complication. — Un flux d'abord clair et limpide, plus tard, purulent et jaune verdâtre, s'écoule plus ou moins abondamment des cavités nasales. Les conjonctives, que l'inflammation manque rarement d'envahir, sécrètent, pour leur part, un pus visqueux qui couvre les paupières comme d'une sorte d'enduit, et les agglutine. Enfin, si le mal tarde à s'amender, le malade tousse, refuse toute nourriture, s'affaiblit rapidement, et maigrit pour ainsi dire à vue d'œil.

Complications. — 1° Catarrhe nasal, et **4° Ophthalmie.** — Sous cette double forme, le principe morbifique se porte simultanément sur la membrane pituitaire et sur la conjonctive, et les envahit à ce point, que la tête entière de l'animal, se trouvant prise, semble être le siège unique ou principal de l'affection.

Dans cet état, elle apparaît empâtée dans toutes ses parties ; les yeux, en outre, sont ternes et chassieux ; la cornée lucide se creuse souvent d'ulcères taillés à pic, et bordés d'un cercle rouge ou teinté de rose, pendant que le nez, enchifrené et obstrué par les matières muco-purulentes qui s'en écoulent, ne suffisant plus aux besoins de la respiration, oblige le malade à respirer la gueule ouverte.

2° **Broncho-pneumonite.** — La complication déterminée par la broncho-pneumonite est très fréquente. Chez les animaux qui en sont atteints, la respiration est pénible, laborieuse, et s'accompagne d'une toux rauque avec souffle labial très prononcé. D'autre part, les parois costales sont sensibles à la pression des doigts ; il y a matité à la percussion ; et un râle muqueux très prononcé se fait entendre à l'auscultation. Le jetage qui survient alors, symptôme caractéristique, est strié de filets sanguinolents. Cette forme de la maladie, toujours grave et alarmante, se termine ordinairement par la mort.

3° **Gastro-entérite.** — La localisation de la maladie sur l'appareil digestif n'est pas moins bien caractérisée que la complication qui précède. Au début, le malade salive abondamment, et vomit presque tout ce qu'il prend, liquides ou solides. Un peu plus tard, il se manifeste chez lui une diarrhée fétide, tantôt muqueuse, tantôt bilieuse, qui l'épuise très rapidement. Dans ces conditions, son affaiblissement peut souvent descendre à un degré tel, qu'il lui est impossible de se tenir sur ses pattes, et d'exécuter, de lui-même, le moindre mouvement. On le voit alors constamment couché sur sa litière.

Il n'est pas rare que l'ictère, chez certains sujets, se développe sous l'influence de l'inflammation gastro-intestinale, et en rende la guérison difficile. (Consulter, au chapitre *Ictère*, les symptômes qui lui appartiennent en propre).

5° **Variole du chien.** — En cas de variole, la peau, principalement sous la poitrine, sous le ventre et à la face interne des membres, partout, en un mot, où elle est fine et délicate, est envahie par une véritable éruption vésiculeuse. Pendant deux ou trois jours consécutifs, les parties malades deviennent le siège d'une abondante sécrétion purulente, à laquelle, selon l'ordre naturel des choses, succède la période de dessiccation ; et, finalement, le tissu cutané se couvre d'une couche épaisse de croûtes ou plaques jaunâtres, d'une odeur fétide et nauséabonde très désagréable.

6° Danse de Saint-Guy. — Ordinairement, ce n'est que vers le déclin de la maladie, qu'on voit apparaître les premiers symptômes de la danse de Saint-Guy. Ils prennent, en général, la forme d'accès épileptiques, consistant en convulsions essentiellement cloniques, pendant lesquelles les membres, pour ne parler que d'eux, se contractent subitement pour se relâcher aussitôt. Chez quelques sujets, ces phénomènes se reproduisent d'une manière tellement incessante, qu'ils ne leur laissent pour ainsi dire pas de répit.

La paralysie, dans l'immense majorité des cas, peut être considérée comme une des terminaisons fatales de la complication choréique.

Ajoutons, pour compléter ce qui précède, que les diverses complications que nous venons d'étudier peuvent se trouver réunies sur le même animal. Le cas, toutefois, est peu fréquent.

Marche et pronostic. — La marche de la maladie est d'autant plus lente, et le rétablissement des malades d'autant plus problématique, que les individus qui sont atteints, sont eux-mêmes d'une constitution plus faible et plus délicate. En tout état de cause, on ne peut guère compter sur la guérison avant trois septénaires, ou un mois.

Que dire du pronostic? Il est généralement grave, et même très grave. Parmi les animaux qui guérissent, bon nombre conservent toute leur vie, les uns, une grande faiblesse musculaire; les autres, des symptômes de chorée que rien ne peut faire disparaître.

Traitement. — On a essayé de tout contre la maladie des chiens, et, ce qui ne manque jamais d'arriver, toutes les fois qu'on agit au hasard, ou qu'on ne procède qu'en tâtonnant: si, dans certains cas, on a pu réussir, par contre, on a échoué dans beaucoup d'autres, dans un très grand nombre. Il ne pouvait en être autrement. Le traitement de cette affection, en effet, loin d'être soumis aux prescriptions d'une règle absolue, doit évidemment varier comme le fait la maladie elle-même; et tenir rigoureusement compte, tantôt de la forme ou des formes sous lesquelles se présente cette dernière, tantôt de la constitution des individus qui en sont atteints.

1° Au début, lorsque le mal n'offre encore *aucune complication*, on l'attaquera avec avantage en faisant usage soit des vomitifs, (ipéca, ou sirop d'ipécacuanha); soit des purgatifs, tels que l'huile de ricin, le sirop de nerprun, la manne grasse, etc. qu'on administrera à petites doses, deux ou trois fois seulement, jusqu'à la convalescence. On ne manquera pas, non plus, de tenir les animaux chaudement, et de les entourer des meilleurs soins hygiéniques.

Aussitôt qu'un peu de mieux commencera à poindre, pour ainsi dire, il sera prudent de prévenir la débilité des malades par une alimentation substantielle, et de facile digestion. Les soupes au lait et les viandes bien cuites, données, les unes et les autres, en petite quantité à la fois, constituent le meilleur régime diététique qu'on puisse leur faire suivre.

2° La maladie se montre-t-elle compliquée de *bronchite* ou de *pneumonie :* on a recours, pour le traitement externe, aux sangsues sous la poitrine et aux sinapismes ; et, pour le traitement interne, soit au kermès, soit à l'émétique qu'on introduit, *ad libitum*, dans une potion adoucissante ou antipasmodique, etc., et, ce qui est préférable, dans suffisante quantité de lait. La quantité d'émétique à administrer, dans ce cas, ne devra jamais atteindre la dose vomitive.

Un agent qui paraît aussi produire d'excellents effets, c'est le café noir en infusion faible, à la dose de deux cuillerées, trois fois par jour, le matin, à midi et le soir.

3° Contre la *gastro-entérite*, ce sont : à l'extérieur, les révulsifs, les résolutifs ; les cataplasmes anodins dont on enveloppe le ventre : et, à l'intérieur, les tisanes émollientes ; les bouillons de tripes, qu'on administre chauds ; les décoctions de riz, dans lesquelles on peut délayer un œuf, ou ajouter quantité suffisante de lait ; les lavements adoucissants, etc., etc., qui assurément réussissent lemieux.

Dans le cas d'affaiblissement prononcé, il convient particulièrement d'avoir recours au vin de quinquina ou de gentiane ; aux élixirs toniques spéciaux ; aux soupes préparées du pain surazoté ; à la viande cuite, etc.

4° Lorsqu'il y a lieu de traiter des *ulcères* qu'une *ophtalmie* plus ou moins intense a pu faire naître à la surface de l'œil, on commence par éteindre l'inflammation conjonctivale à l'aide de collyres adoucissants laudanisés ; puis, ce résultat obtenu, on cautérise légèrement les plaies ulcéreuses, soit en promenant, à leur surface, un crayon de sulfate de cuivre, soit en instillant, sous les paupières, une solution faible d'azotate d'argent.

Les purgatifs laxatifs, administrés avec discrétion, l'huile de ricin, le sirop de nerprun, la manne grasse, sont de puissants auxiliaires du traitement externe.

5° Contre la *chorée* les antispasmodiques seuls méritent d'être essayés. Mais, il ne faut pas se faire illusion à leur égard, ils ne réussissent que très rarement.

6° L'*éruption varioloïde* cède ordinairement aux moyens généraux comme, par exemple, aux rafraîchissants; aux boissons délayantes; à l'eau acidulée avec le sirop de vinaigre; au petit lait, etc. En même temps, on fait, sur les parties malades, des lotions avec décoctions de racine de guimauve ou de fleurs de sureau; ou bien encore avec une émulsion légère de coaltar saponiné, à moins que l'on ne préfère les embrocations de glycérolé d'amidon, de vaseline, etc.

Dans le traitement de l'éruption varioloïde du chien, comme dans celui de toutes les autres complications : une habitation chaude, une litière molle, douce et fréquemment renouvelée, les soins de propreté principalement, rendent d'utiles services dont on ne doit jamais priver le malade.

Nous ne terminerons pas ce chapitre important sans dire quelques mots des prétendus spécifiques qui guérissent *infailliblement* la maladie. De ce nombre sont : le soufre en canon qu'il faut avoir soin de déposer au fond de l'écuelle à eau, où le chien va étancher sa soif; l'emplâtre de poix noire appliqué sur le sommet de la tête; la fleur de soufre, la poudre de chasse, la poudre de Watrin, toutes les trois administrées à l'intérieur, et tant d'autres qu'il serait puéril de citer. Tous ces médicaments, sans exception, sont dignes du plus profond oubli. C'est la place qui leur convient; et l'on ne saurait mieux faire que de les y laisser.

Beaucoup de propriétaires insistent souvent pour que le vétérinaire passe un séton au cou de leur malade. Sans blâmer d'une manière absolue ce moyen de guérison, nous pensons qu'il vaut mieux s'en abstenir. La raison en est, que le séton, par la suppuration qu'il provoque, ne peut que contribuer à l'affaiblissement d'un organisme, qui, sous l'influence seule de la maladie, a déjà tant de tendance à s'épuiser.

La gourme des chiens peut se présenter, chez certains sujets, sous la forme *chronique;* mais, comme ce cas est extrêmement rare, nous passons outre sans nous y arrêter.

MAMMITE. — MASTITE. — MASTOITE. — Ces trois noms sont employés indifféremment pour désigner l'inflammation de la mamelle.

Définition. — La *mammite* consiste dans l'inflammation

glanduleuse d'une ou de plusieurs mamelles chez la chienne, et, simultanément, de la plupart des autres tissus qui entrent dans leur composition.

Causes. — Plusieurs causes peuvent donner naissance à cette phlegmasie. Les unes sont essentiellement mécaniques ; les autres, au contraire, ont uniquement leur origine dans l'oubli de certaines mesures relatives à l'hygiène ou à la physiologie.

En premier lieu, les violences extérieures, les coups, les chutes sur les mamelles, lorsqu'elles sont gonflées et distendues par le lait à la suite de la mise bas ; en second lieu, l'influence prolongée de l'humidité dans les habitations basses et malsaines ; la suppression, dans une portée, de la plus grande partie des jeunes dont elle se compose ; l'engorgement laiteux qui est forcément la conséquence de cet acte antiphysiologique ; la succion, lorsqu'elle est trop active, et partant épuisante, telles sont, en résumé, les causes les plus ordinaires de la mammite.

Symptômes. — Peu de maladies s'annoncent par des signes extérieurs plus significatifs, et plus faciles à saisir. Dès les premiers jours de l'invasion de la phlegmasie, la mamelle atteinte augmente de volume et se distend, sans que l'animal en ait conscience. Bientôt après, l'inflammation se déclarant, l'engorgement prend une teinte d'un rouge foncé ; et devient immédiatement chaud, sensible, douloureux même à la pression des doigts. La sécrétion laiteuse, alors, profondément atteinte, est ordinairement si complètement tarie, que la mère ne peut plus nourrir, tourmentée qu'elle est, d'ailleurs, par une fièvre intense qui lui fait perdre tout appétit.

Lorsque la mammite a été déterminée par des lésions mécaniques, la glande s'indure presque toujours, et devient le siège d'un ou de plusieurs abcès. Pour peu, dans ce cas, qu'on en néglige le traitement, la fluctuation s'y manifeste sur un ou plusieurs points ; la peau s'amincit ; se soulève en prenant la forme conique ; et l'on ne tarde pas à voir les poches purulentes s'ouvrir en se vidant d'elles-mêmes. Quelquefois le squirrhe, ou le cancer succède à ces abcès.

Comme on ne saurait jamais prévoir l'évolution de la dégénérescence squirrheuse ou cancéreuse ; l'opération seule de la mamelle peut la prévenir, ou l'arrêter dans son développement.

Pronostic. — Généralement, le pronostic à porter sur la mammite n'offre de gravité que dans les cas d'induration, de squirrhe, ou de cancer.

Traitement. — Contre la mammite simple et franche, lorsqu'elle ne consiste encore que dans un engorgement laiteux ordinaire, la précaution de traire deux ou trois fois par jour d'une main légère les mamelles menacées d'inflammation, et, d'autre part, les lotions ou les fomentations émollientes, sont presque toujours d'une grande efficacité. On peut aussi obtenir de bons effets de l'administration des évacuants.

Si la glande et le tissu interlobulaire sont enflammés, ce sont les cataplasmes préparés avec des décoctions de têtes de pavots, de morelle, de feuilles de belladone ou de ciguë, auxquels il convient d'avoir recours. A l'intérieur, les tisanes de bourrache, de pariétaire ; les purgations légères répétées d'une manière méthodique, à titre de dérivatifs, sont d'excellents auxiliaires du traitement externe. On ne saurait trop les recommander.

Mais, lorsque la mammite se complique d'un ou de plusieurs abcès, il est de la plus haute importance, avant de rien entreprendre, de hâter la formation du pus. Pour cela, on recouvre la tumeur d'une couche d'onguent de la Mère, ou d'onguent digestif ; et, si elle est le siège d'une vive douleur, on étend à sa surface de la pommade de laurier belladonisée. Ces premières précautions prises, aussitôt que la peau, suffisamment amincie, présente un point manifestement mou et élastique, on ponctionne la poche purulente ; on presse légèrement avec les doigts sur les côtés ; et l'on en fait sortir tout ce qu'elle contient.

Le pansement de la plaie qui résulte du débridement de l'abcès, est le même que celui d'une plaie simple et ordinaire. Presque toujours elle marche rapidement vers la cicatrisation.

Quelquefois l'induration de la mamelle dégénère en squirrhe, ou cancer. Cette dangereuse transformation malheureusement n'est pas absolument rare chez la chienne ; nous venons de le dire.

Marche. — **Durée**. — **Pronostic**. — Semblable en cela à l'immense majorité des phlegmasies franches, la mammite simple parcourt normalement ses phases dans deux ou trois septénaires, et se termine par résolution. Il n'en est plus ainsi toutes les fois que la mamelle s'indure avec tendance à la formation d'un ou de plusieurs abcès. La guérison est, alors, non seulement lente à se produire, mais encore elle se fait d'autant plus attendre, que les mamelles malades sont plus nombreuses ; que les abcès se multiplient davantage ; et que la mère est d'une constitution plus délicate.

En ce qui concerne le traitement de la mammite squirrheuse, ou cancéreuse, l'ablation de la tumeur est le seul moyen à employer, si tant est qu'il ait quelque chance de réussir.

MÉTRITE. — **Définition**. — On désigne sous le nom de *métrite* l'inflammation du *tissu propre* de la matrice, ou utérus.

Division. — La métrite peut se présenter sous l'un ou l'autre des deux types propres à toute inflammation : 1° le *type aigu*, 2° le *type chronique*. Chez la chienne, le premier est plus commun que le second.

1° **Métrite aiguë**. — **Causes**. — Aucun auteur, jusqu'à aujourd'hui, ne signale l'inflammation spontanée de la matrice chez la chienne. Lorsque cet animal est atteint de métrite soit aiguë, soit chronique, c'est toujours à la suite de la mise bas ; principalement quand l'accouchement n'a pu aboutir qu'à l'aide de manœuvres obstétricales, et que ces dernières ont été pratiquées par une main inhabile. La métrite peut aussi succéder à un avortement provoqué par des chutes graves, ou par des violences extérieures exercées sur les parois abdominales pendant les derniers jours de la gestation.

Symptômes. — A l'état aigu, l'inflammation de l'utérus se manifeste par les caractères significatifs suivants : le ventre est distendu, chaud et douloureux à la pression ; la vulve également gonflée, et, par ce fait, devenue très sensible, laisse, en outre, écouler un liquide muqueux, filant, mêlé d'un peu de sang, ou même de produits purulents ; les mammelles se flétrissent d'abord peu à peu, et se tarissent ensuite jusqu'à ce qu'arrive le moment, où la mère n'a plus assez de lait pour ses nourrissons. D'ailleurs, affaiblie qu'elle est par une fièvre intense, forces et appétit, elle ne tarde pas à les perdre, les deux, à la fois.

Marche. — **Durée**. — **Pronostic**. — Lorsque les tissus propres de la matrice n'ont subi aucune lésion importante dans le travail de la mise bas, la métrite parcourt régulièrement tous les temps de la période inflammatoire. Dans l'espace de quinze jours environ tout est terminé. Ici le pronostic ne peut être que très rassurant.

Mais, si l'organe utérin a été plus ou moins froissé, plus ou moins grièvement lésé pendant le même travail, les phénomènes morbides sont souvent difficiles à combattre ; et la mort en est souvent aussi la terminaison fatale.

2° **Métrite chronique**. — **Causes**. — Il est rare que la

métrite aiguë, chez la chienne, passe à l'état chronique, à moins
que la nouvelle accouchée ne soit d'une constitution débile con-
génitale ; ou bien encore, qu'elle n'ait point été convenablement
soignée après la mise bas ; ou, enfin, à moins, qu'avant sa fécondation et la gestation qui en a été la suite, elle n'ait été épuisée
par quelque maladie générale grave et invétérée.

Symptômes. — Nous nous bornerons, ici, aux signes principaux de ce type.

Tout d'abord, et simultanément, on constate à la vulve, avec
un prurit gênant pour la malade, un écoulement morbide, d'abondance et de consistance variables. Plus tard, le liquide sécrété
devient muco-purulent, et peut persister longtemps dans cet état,
tout en diminuant et de qualité, et de quantité.

Ordinairement, la métrite chronique, si on la néglige, épuise
l'organisme, et n'offre aucune chance de guérison.

Traitement. — 1° La *métrite aiguë* réclame toujours un traitement interne, et externe très énergiques. Au début, on applique sur les reins, dans le but d'y entretenir d'une manière permanente une douce chaleur, un sachet léger et moelleux. En
même temps, on enveloppe le ventre de cataplasmes émollients
qu'on renouvelle aussi souvent que possible.

A l'intérieur, suivant les indications résultant de l'examen de
la malade : tantôt on administre du lait ou du petit lait tièdes ;
tantôt on a recours aux purgatifs laxatifs, dont on aide l'action
en pratiquant des injections anodines et émollientes dans le
vagin, ou en donnant des lavements à la graine de lin.

S'il arrive que la métrite se termine par la suppuration, les
injections avec décoctions d'écorce de chêne, de feuilles de ronces,
d'eau phéniquée, etc., devront remplacer les injections émollientes, désormais douées de peu d'efficacité.

A partir du moment où la malade entre en convalescence, une
nourriture de bonne qualité, et les soins hygiéniques les mieux
entendus sont absolument de rigueur.

2° **Métrite chronique**. — Le traitement qu'il convient d'appliquer à cette forme particulière de la métrite, devra être conçu
et dirigé d'une manière essentiellement différente. Aux injections
vaginales émollientes, astringentes même, il faudra susbtituer
les injections préparées avec le chlorure de chaux, ou le vinaigre
aromatique, ou le perchlorure de fer. D'autre part, on soutiendra
l'organisme par l'emploi des toniques généralement usités en
pareille circonstance, tels que : le quinquina ou l'élixir fortifiant au

quinquina ; l'extrait de genièvre ; la gentiane ; l'écorce de saule, ces trois dernières substances, sous forme de potion ou de décoction. En fait d'aliments réconfortants dignes de recommandation : les viandes cuites et crues mélangées ; le sang de bœuf desséché ; le pain surazoté en soupe ou panade ; les restes choisis de la cuisine, à la condition qu'ils ne soient pas épicés, sont assurément ceux qui méritent la préférence.

Un peu d'exercice ; la promenade au grand air, lorsque l'état du temps le permet ; un travail léger et de courte durée, peuvent être également de la plus grande utilité.

MÉTRO-PÉRITONITE. — Définition. — L'inflammation du péritoine coïncidant avec celle de la matrice, et marchant parallèlement avec elle, constitue la maladie, ordinairement très grave, de la *métro-péritonite*. Heureusement pour les femelles de l'espèce canine, elle est extrêmement rare chez elles.

Pour le motif qui précède, nous croyons devoir nous abstenir de décrire les symptômes qu'elle présente, et les soins particuliers qu'elle réclame. On ne saurait faire rien de mieux que de consulter, le cas échéant, ce que nous disons de la *péritonite*, au chapitre qui lui est consacré dans ce dictionnaire.

NÉPHRITE. — Définition. — L'inflammation des organes sécréteurs de l'urine, les *reins*, a reçu les noms de *néphrite*, de *fièvre néphritique*.

Division. — On distingue dans cette affection : la *néphrite aiguë*, et la *néphrite chronique*. Le dernier type est très rare dans l'espèce canine.

Causes. — Toutes les habitations froides et humides, lorsque les chiens sont condamnés à s'y reposer pendant la nuit, et souvent une partie de la journée ; tous les refroidissements brusques, et susceptibles de prolonger leur action, si rien ne vient en atténuer les effets, sont, personne ne l'ignore, les sources ordinaires de la plupart des maladies dont peuvent être atteints les organes intérieurs ou splanchniques. Elles n'épargnent guère n'ont plus les reins, chez ces animaux, toutes les fois, par exemple, que leur influence pernicieuse se porte plus spécialement sur la région lombaire.

Malgré cela, en ce qui concerne le chien, les causes les plus fréquentes de la néphrite sont surtout : les coups ; les chutes ; le passage des roues de voitures sur le train postérieur ; l'ingestion ;

dans l'intestin, de substances âcres et irritantes ; et, enfin, la présence de calculs dans les bassinets rénaux.

Quoiqu'assez rare chez le chien, la néphrite, avons-nous dit, manque rarement de se développer sous l'influence des dernières causes que nous venons d'énumérer.

Symptômes. — Un des premiers symptômes par lesquels se manifeste la maladie à son début, c'est la raideur remarquable de la région dorso-lombaire. Ensuite, tantôt plus tôt, tantôt plus tard, on constate que l'animal éprouve une grande difficulté soit à se coucher, lorsqu'il veut s'étendre à terre, soit à se placer sur ses pattes, lorsqu'il essaye de se mettre en mouvement ; soit, enfin, à se courber de côté, à moins de grandes précautions de sa part. En outre, et ce symptôme est presque constant, il témoigne de la douleur, lorsqu'on exerce quelque pression sur le dos ou sur les lombes, et, même, lorsqu'on y promène seulement la main en appuyant légèrement.

Toutes les fois que la néphrite reconnaît pour causes les violences extérieures, ou la présence de calculs dans les reins, la diminution de la sécrétion urinaire en est, pendant quelque temps le caractère le plus significatif ; bientôt après, lorsqu'elle reprend son fonctionnement régulier, on ne manque jamais de constater que l'urine qu'elle donne est tantôt colorée en brun foncé, en brun chocolat, et tantôt chargée de petits caillots de sang.

Il existe ordinairement de la fièvre dans cette circonstance, et comme conséquence, les déjections alvines deviennent rares, dures et sèches. Le malade, par suite, a très peu d'appétit.

Pronostic. — La néphrite, surtout quand elle est caractérisée par les derniers symptômes que nous venons d'exposer, est une maladie très grave. La mort en est la terminaison ordinaire et prompte. Dans tous les autres cas, elle ne diffère en aucune façon de la plupart des phlegmasies que ne vient aggraver aucune complication quelconque, et elle suit la même marche qu'elles.

Traitement. — Au début, on commence par mettre les malades à la diète ; on les saigne, s'il y a fièvre ; puis, afin d'entretenir une douce chaleur dans la région lombaire, on les enveloppe d'un léger bandage matelassé, ou, ce qui est préférable, d'un morceau de peau de mouton. On complète ces soins hygiéniques par une litière molle, douce, élastique et fréquemment renouvelée.

A l'intérieur, les boissons à la graine de lin, rendues plus diurétiques par l'addition de quelques grammes d'azotate de potasse (sel de nitre), ou de bicarbornate de soude, à la dose de 4 ou 3 grammes par litre, sont les meilleures potions qu'on puisse administrer.

Quelquefois, cependant, quand il survient de la constipation, on est obligé de donner du sulfate de soude (sel de Glauber).

Si la néphrite est le résultat de lésions mécaniques, immédiatement après l'accident, on s'empresse de recouvrir de compresses d'eau froide toute la région dorso-lombaire, depuis le milieu du dos jusqu'au milieu de la croupe. Au bout de quelques jours, aussitôt que l'explosion des phénomènes inflammatoires a été conjurée, on leur substitue des cataplasmes émollients, ou mieux narcotiques aux feuilles de jusquiame, de belladone, de ciguë, de pomme épineuse, qu'on trouve presque partout.

En ce qui concerne *la néphrite chronique*, elle est tellement rare chez le chien, que nous ne nous attarderons pas à en dire, ne fût-ce que quelques mots.

OPHTALMIE INTERNE. — **Définition**. — On désigne sous ce nom l'inflammation qui a son siége dans les parties internes de l'œil. Elle y attaque particulièrement la rétine et le cristallin.

Chez le chien, cette affection ne se déclare jamais spontanément. Toujours, ou presque toujours, elle est le résultat inévitable d'accidents ou de violences extérieures. On ne la constate d'ailleurs que très rarement.

Causes. — Tous les coups plus ou moins contondants qui portent sur le globe de l'œil ; toutes les morsures pénétrantes que peuvent se faire les chiens dans les batailles des rues, et qui intéressent l'organe de la vision ou seulement ses annexes ; toutes les contusions profondes de la face résultant de chutes sur la tête ; les heurts, enfin, auxquels les chiens de chasse sont exposés, lorsqu'ils poursuivent le gibier à travers des broussailles serrées et touffues, sont, en résumé, les causes principales de l'ophtalmie interne. Ce sont les seuls, en effet, qui exercent une action directe sur le globe oculaire.

Symptômes. — Peu de temps après l'accident, et avant qu'il y ait gonflement des paupières, on peut et l'on doit s'assurer, en les écartant, car l'animal les tient énergiquement fermées, si l'œil a été plus ou moins profondément atteint. L'épanchement d'une petite quantité de sang dans les humeurs qu'il renferme, est un signe certain que les parties intérieures ont été atteintes. Que la lésion soit plus ou moins profonde, on constate, en outre, que la lumière, même diffuse, est insupportable pour le malade; et que la conjonctive est baignée de larmes abondantes qui coulent jusque sur le chanfrein.

Il va sans dire que le simple toucher, quoiqu'il n'y ait pas encore inflammation, fait beaucoup souffrir le blessé, et lui arrache des cris perçants.

Au bout de peu de temps, dans les vingt-quatre heures, par exemple, une vive inflammation envahit tout l'appareil de la vision. Les paupières sont tuméfiées; la conjonctive, gorgée de sang, est d'un rouge foncé et fortement épaissie; les humeurs de l'œil sont troubles; et la vue est complétement abolie. Plus tard, lorsque la suppuration est établie, si l'on n'a pas soin d'en ménager l'écoulement, en nettoyant fréquemment l'œil, elle ne tarde pas à déterminer à la surface de cet organe, par sa présence prolongée, une ou plursieurs petites ulcérations.

Ordinairement, à cette phase de la maladie, soit que les paupières, agglutinées par la matière purulente que sécrète la conjonctive, adhèrent fortement l'une à l'autre; soit que la tuméfaction ou la douleur s'opposent à toute manipulation explorative, il devient très difficile, malgré toutes les précautions, tous les ménagements possibles, de se rendre un compte exact de l'état dans lequel se trouve l'organe malade. L'animal se débat violemment, et ne souffre pas qu'on le touche.

Règle générale, toutes les fois que les lésions internes présentent une certaine gravité, l'œil se remplit invariablement de produits pathologiques dont la présence est des plus compromettantes pour lui. Dans ces conditions nouvelles, il augmente rapidement de volume; devient véritablement hydropique; sort en quelque sorte de l'orbite qui ne peut plus le contenir; et, finalement, se perfore et se vide complétement.

Lorsque cette terminaison fatale n'a pas lieu, ce qui est possible, on peut toujours craindre ou la cataracte par opacité du cristallin ou de sa capsule, ou la paralysie du nerf optique.

Marche. — Pronostic. — L'ophtalmie interne et l'hydrophtalmie, en particulier, ont une marche très rapide. Elles sont, de plus, d'une extrême gravité. Il est rare que les malades ne perdent pas la vue.

Traitement. — Les sangsues posées dans le voisinage de l'œil malade; les lotions émollientes et anodines; les compresses fréquemment arrosées avec des décoctions adoucissantes et calmantes, formeront la base du traitement externe de la maladie, à son début seulement.

Si l'ophtalmie s'aggrave, un séton a l'encolure, par son action dérivative, sera éminemment propre à prévenir toute espèce de complication. On peut en dire autant de l'usage des médicaments résolutifs.

On traite les organes accessoires de la vision par les collyres astringents, lorsqu'il y a suppuration; et, par les caustiques, à la tête desquels se place le nitrate d'argent (*pierre infernale*), si l'on constate l'existence d'ulcérations sur la cornée, ou sur la conjonctive.

La ponction de l'œil est le seul moyen à employer contre l'hydrophtalmie; dans ce cas, l'œil est perdu.

Pendant toute la durée du traitement, on nourrit convenablement les malades.

ORCHITE. — **Définition**. — On appelle *orchite* toute affection inflammatoire du testicule, que cette maladie soit simple, ou qu'elle soit compliquée de celle des enveloppes de cet organe, de l'épididyme, ou de la tunique vaginale.

Causes. — De toutes les causes de l'orchite : les violences extérieures, les coups de pieds; les contusions de toutes sortes; les efforts dans l'acte du coït; les mille misères qu'on fait souvent subir aux animaux pendant leur accouplement, sont certainement les plus ordinaires. Nous n'en indiquerons pas d'autres.

Symptômes. — On reconnaît que le testicule est atteint d'inflammation, et cela sans erreur possible, aux quatre principaux symptômes qui suivent : 1° à ce que le chien marche en écartant les pattes de derrière; 2° à ce qu'il s'arrête de temps en temps, lorsque la douleur qu'il éprouve est très vive; 3° à ce qu'il s'assied fréquemment sur son derrière, afin de se soulager; 4° enfin, à ce que, dans cette position, il passe légèrement la langue sur la partie malade en la léchant, comme pour éteindre l'irritation dont elle est le siège.

Si l'on examine alors la région testiculaire, on constate qu'elle est gonflée, chaude et douloureuse. Le scrotum est-il enflammé; il est d'une teinte plus ou moins rouge, et, de plus, d'une grande sensibilité au toucher. Sont-ce, au contraire, les testicules et les testicules seuls que le mal atteint; ils se montrent comme relevés vers le ventre, rendant, par ce fait, raides et difficiles, tous les mouvements du train de derrière.

Quelquefois cet état est accompagné de fièvre, de tristesse et d'inappétence.

Pronostic. — Dans la plupart des cas, l'une ou l'autre des deux inflammations qui précèdent, celle du testicule ou celle de ses enveloppes, et même les deux inflammations réunies, n'offrent jamais assez de gravité pour causer une inquiétude sérieuse. Il arrive même quelquefois, si le mal est léger, qu'il guérit spontanément, sans qu'on s'en occupe, et, qui plus est, dans l'espace de quelques jours.

Traitement. — A la suite de contusions légères, lorsqu'on s'aperçoit, à temps, des accidents auxquels ils ont donné lieu, on obtient facilement la résolution de la maladie par l'emploi de simples cataplasmes émollients et calmants, en ayant soin de les préparer avec des feuilles de jusquiame, de ciguë ou de belladone. On peut et doit en dire autant des compresses d'eau vinaigrée, à la condition qu'on prendra la précaution de les entretenir constamment et fraîches, et humides.

Les mêmes moyens sont également bons à prescrire, lorsque les testicules sont plus spécialement atteints. Cependant, on agira sagement en donnant, en même temps, à l'intérieur, surtout s'il y a de la fièvre, des boissons rafraîchissantes et tempérantes; et, de plus, dès que celle-ci sera passée, en administrant les purgatifs laxatifs.

S'il arrivait, par hasard, que les testicules fussent menacés de gangrène, ou au moins de dégénérescence ulcéreuse, il ne faudrait pas hésiter un instant à pratiquer l'opération de la castration.

L'orchite négligée peut se terminer d'elle-même par l'induration du testicule. C'est un cas à prévoir.

Un régime rationnel, les soins hygiéniques, un exercice léger, concourent puissamment à la guérison du malade, et méritent toute l'attention de la personne aux bons soins de laquelle on l'a confié.

OTITE. — CATARRHE AURICULAIRE. — OTORRHÉE. — Définition. — C'est sous ces différents noms que l'on connaît et désigne l'inflammation de la membrane muqueuse du conduit auditif externe. Peu de maladies se rencontrent plus fréquemment chez les animaux de l'espèce canine.

Division. — Comme la plupart des maladies inflammatoires, l'otite peut affecter le *type aigu*, ou le *type chronique*. Cependant, il est digne de remarque que le type chronique est celui qu'on a le plus souvent lieu d'observer, et de traiter. A ces deux formes, s'en ajoute quelque fois une troisième, l'*otite épileptiforme*.

Causes. — Elles sont *prédisposantes, occasionnelles* et *déterminantes*.

1° *Prédisposantes*. — Tous les chiens, sans aucun doute, peuvent être atteints d'otite ; néanmoins, et le fait mérite d'être signalé, cette affection attaque de préférence les animaux à oreilles longues, pendantes ou flottantes, et poilues. La cause primordiale en paraît être intimement liée à cet état particulier de la conque auriculaire.

Cela posé ; c'est-à-dire étant donnée la longueur des oreilles et des poils dont elles sont revêtues, comme cause prédisposante, la presque généralité des autres ne peuvent guère être admises que comme causes occasionnelles.

2° *Occasionnelles*. — Parmi ces dernières, celles qui occupent le premier rang sont : les répercussions déterminées par des refroidissements brusques ; le séjour habituel dans des réduits ou dans des chenils bas, froids et humides ; une nourriture trop abondante coïncidant avec une vie absolument inactive, privée de tout exercice, dans laquelle le repos est le régime de tous les jours ; les affections exanthémateuses ou de nature dartreuse ; la maladie des jeunes chiens, etc.

3° Quant aux causes réellement *déterminantes* de l'otite, celles sous l'influence desquelles se développe inévitablement l'inflammation de l'oreille externe, les principales sont : l'introduction, et l'accumulation, dans le conduit auditif, de corps étrangers que le cérumen ne tarde pas à souder entre eux et à cimenter ; l'accumulation du cérumen dans le même canal, par suite de la négligence des propriétaires à veiller sur les soins de propreté que réclament les oreilles ; enfin, la présence, au fond de la conque, d'un acarien particulier de la famille des *chorioptes*, qu'on y trouve quelquefois cantonné, et qui s'y multiplie, malheureusement, avec une extrême facilité.

L'otite acarienne à laquelle donne lieu l'insecte en question, hâtons-nous de le dire, est éminemment contagieuse.

Symptômes. — 1° **Otite aiguë**. — Aucun diagnostic n'est plus facile et plus sûr, tout à la fois, que celui de l'otite, ou catarrhe auriculaire.

Dès le début de cette affection, les chiens, en raison de la gêne et de la cuisson qu'ils éprouvent, secouent fréquemment leurs oreilles. Ils inclinent la tête, et, se penchent du côté de celle qui est malade, ils la grattent ou se contentent de la frotter légèrement avec leurs pattes; ils manifestent, enfin, une grande sensibilité, lorsqu'on essaye de l'explorer en développant les bords de la conque; souvent alors, ils font entendre des cris plaintifs.

A l'examen local, on trouve toute la face intérieure de l'oreille externe plus chaude que de coutume, et enduite, dans les premiers jours de l'irritation, d'une sérosité jaunâtre, quelque peu gluante, avec des croûtes minces disséminées çà et là, résultant de la concrétion partielle. Si l'otite est plus ancienne, la sérosité est remplacée par une matière ichoreuse rougeâtre, fortement irritante, dont l'odeur fétide est très désagréable.

Dans l'un et l'autre de ces deux cas, la muqueuse reflète une teinte d'un rouge vif, surtout sur le sommet de ses plis.

2° **Otite chronique**. — A une période plus avancée encore, la peau du conduit auditif se couvre d'un grand nombre de granulations, ou d'ulcères. Quelquefois, ces derniers attaquent et creusent le cartilage qui les porte. L'otite, alors, est passée à l'état chronique.

3° **Otite épileptiforme**. — **Symptômes**. — Quand le mal provient de l'accumulation du cérumen en quantité assez grande pour former un bouchon qui obstrue le fond de l'oreille; quand, de plus, le canal renferme des corps étrangers, l'otite s'accompagne de phénomènes trompeurs, qui pourraient, si l'on n'y prend garde, faire croire à l'existence de l'épilepsie chez le malade.

Ce bouchon cérumineux, en raison du volume et de la consistance qu'il acquiert quelquefois, presse d'abord sur le tympan; et bientôt, par l'intermédiaire des osselets et du liquide labyrintique, sur les nerfs acoustiques. Il parvient ainsi à déterminer des crises épileptiformes, sur la nature desquelles il est extrêmement facile de se méprendre. Ces crises n'offrent, en effet, aucune différence appréciable avec celles de l'épilepsie vraie, tant elles lui sont identiques. Mais, si, après avoir exploré l'oreille et trouvé le bouchon cérumineux, on le touche avec quelques gouttes de naphtol pour le délayer, on ne tarde pas à le faire disparaître, sinon à mettre à nu les corps étrangers auxquels il avait servi de ciment, lorsqu'il en renferme quelques-uns.

Ces corps étrangers, nous l'avons annoncé plus haut, peuvent être: ou des corps durs plus ou moins volumineux, ou, tout simplement, des acariens.

Pronostic. — Le pronostic de l'otite ne doit être posé qu'avec une très grande réserve. La guérison en est assez facile, au début, toutes les fois que l'inflammation n'a encore produit qu'une simple transsudation séreuse. Par l'application des soins hygiéniques ordinaires de l'oreille, on la voit se dissiper en quelques ours. Elle se montre, au contraire, des plus opiniâtres, avec tendance même à la récidive, si l'ichor qui s'écoule de l'oreille a pris les caractères d'un liquide âcre et irritant, et, surtout, si des ulcérations ont eu le temps de se former.

Dans le cas d'otite épileptiforme avec complication de maigreur et de débilité profonde, et, de plus, tardivement reconnue, la mort est toujours à craindre.

Traitement. — 1° **Otite aiguë.** — Traitée en temps opportun, la forme aiguë de l'otite cède au bout de quelques jours à l'action adoucissante des lotions légèrement savonneuses, des injections émollientes ou calmantes, et des embrocations de jaune d'œuf additionnées de quelques centigrammes d'alun. Il est, en outre, toujours avantageux d'avoir recours aux purgatifs laxatifs, que l'on combine avec le traitement externe, si l'on tient essentiellement, pour une raison quelconque, à en hâter la résolution.

2° **Otite chronique.** — L'otite chronique, ou ulcéreuse, est remarquable par son excessive ténacité. Pour ce motif, elle réclame une médication tant externe qu'interne des plus énergiques.

A l'extérieur, toutes les solutions végétales astringentes employées à titre d'agents détersifs ; toutes les solutions salines astringentes au sulfate de zinc, ou de cuivre, ou de fer ; toutes les injections à l'acétate de plomb, laudanisées ou non ; toutes les préparations soit au chlorure de chaux, à titre d'injections désinfectantes, soit au vin commun rendu légèrement excitant par l'addition de quelques grammes de sel de cuisine ; tous les caustiques légers, depuis l'acide chlorhydrique dilué, jusqu'aux solutions d'azotate d'argent dosées d'après l'état de la maladie, etc., peuvent être utilisées indistinctement. Elles offrent, toutes, de grandes chances de réussite.

A l'intérieur, il n'y a que les purgatifs laxatifs administrés d'une manière méthodique et avec persistance, sur lesquels on puisse compter pour compléter le traitement externe.

Un régime réconfortant : le sang de bœuf desséché et granulé ; le vin de quinquina ; l'élixir tonique au quinquina, sont de puissants auxiliaires qu'on fera bien de ne pas négliger.

3° **Otite épileptiforme**. — Nous l'avons déjà fait observer, et nous le répétons encore ici : l'otite épileptiforme mal soignée, négligée, et surtout méconnue, peut avoir des suites fâcheuses, et se terminer même par la mort. Cependant, le traitement en est aussi simple, à son origine, que celui de l'otite aiguë à son début. La première et la principale précaution à prendre, lorsqu'on a découvert la cause du mal, est aussi efficace que facile. Elle consiste à délayer, dans le conduit auditif externe, à l'aide de quelques gouttes de naphtol, le bouchon cérumineux qui recèle, ainsi qu'on l'a vu plus haut, soit des corps étrangers inertes, soit des acares en plus ou moins grande quantité. Une fois l'oreille débarrassée et parfaitement nettoyée, il ne reste plus qu'à y injecter, suivant les indications, tantôt des décoctions végétales ou des solutions salines faiblement astringentes, tantôt des caustiques liquides plus ou moins concentrés. Il est de rigueur de réconforter, en même temps, le malade par un régime fortifiant, combiné avec un exercice, ou un travail modéré.

En ce qui concerne l'otite gourmeuse qui coïncide si fréquemment avec la *maladie des chiens*, et la complique, on doit se borner à la traiter par les soins de propreté bien entendus. Ils suffisent ordinairement pour en enrayer la marche. Dans l'immense majorité des cas, on la voit s'évanouir et disparaître avec la maladie elle-même.

PANSAGE. — **Définition.** — Le *pansage* s'entend des soins qu'on prend des animaux à l'état de santé, et, plus particulièrement, du nettoiement de leur peau, à l'aide d'instruments divers.

Ceux qu'on emploie pour le chien sont : un baquet plein d'eau, un peigne, une brosse, une éponge, et, au besoin, un morceau de savon.

Il s'en faut beaucoup qu'on panse le chien avec la régularité dont on use à l'égard du cheval. C'est là un grand et un très grand tort, qui ne peut avoir que des inconvénients regrettables ; c'est une négligence injustifiable, qu'on ne saurait trop blâmer.

On n'attend pas de nous que nous passions, ici, en revue tous les procédés de pansage ; à notre avis, une exagération de détails serait une oiseuse minutie.

Ce qui nous paraît une nécessité de premier ordre, c'est de faire remarquer, pour l'instruction du lecteur : d'abord, que la crasse, lorsqu'elle est épaisse et abondante, a pour effet fatal d'obstruer les pores de la peau ; de rendre celle-ci épaisse, dure et rugueuse ; de donner aux poils un aspect terne et terreux, et de les forcer à se tenir roides ou hérissés sur toute la surface du corps : ensuite, chose beaucoup plus grave, que la suppression des fonctions physiologiques de la peau, conséquence forcée de cet état, est le point de départ d'une foule de maladies locales ou de phlegmasies internes, toutes ordinairement, aussi difficiles à guérir les unes que les autres ; enfin, que c'est à la faveur de la malpropreté, que la vermine s'établit dans la fourrure des animaux, et y pullule pour leur grand supplice.

En hiver, le pansage du chien est des plus simples. Il peut être fait, en outre, par le premier venu. On se borne à peigner la bête, après quoi on la nettoie à fond, avec une brosse de chiendent, ou, à son défaut, avec une brosse quelconque, pourvu qu'elle soit dure.

En été, la même opération est un peu plus compliquée. Lorsqu'on peut le faire, on conduit les chiens à la rivière, où on les fait baigner. Mais, si l'on est trop éloigné de tout cours d'eau, on les plonge dans un baquet-baignoire. En tout état de cause, on les lave au savon et à la brosse, jusqu'à ce que leur peau soit parfaitement nette. Ces lavages hygiéniques, convenablement exécutés, sont de beaucoup et infiniment préférables au nettoiement fait au peigne et à la brosse seuls. Malgré tous les efforts de l'opérateur, la brosse et le peigne, par leur seule action, ne détachent, ou ne font tomber que les ordures les plus grosses, les plus superficielles, et laissent les plus ténues au milieu des poils.

Pour nous résumer : quel que soit le procédé auquel on ait recours dans le pansage, cette opération, pratiquée avec tous les soins qu'elle réclame, et toutes les fois qu'elle est indiquée, est invariablement suivie des meilleurs résultats pour le bien-être des animaux ; et ses résultats sont nombreux. Par exemple : le pansage les débarrasse de la poussière déposée par l'air dans l'épaisseur de leur fourrure, ainsi que des pellicules furfuracées provenant de l'excrétion incessante dont la peau est le siège ; il rend la peau, par le seul fait de la désobstruction de ses pores, plus souple, plus perspirable, conséquemment, plus propre à remplir ses fonctions ; il contribue à la régularisation du travail physiologique intime qui se produit soit dans l'intestin, soit dans l'appareil pulmonaire, soit dans toutes les régions de la machine organisée ; enfin, dans certains cas, il rend plus facile

le traitement des maladies tant externes qu'internes, et, souvent
même, il prévient le développement spontané des unes et des
autres.

Une dernière remarque, qui mérite encore considération. Il est
constant : que les chiens pansés conformément aux règles d'une
hygiène bien entendue, contrairement à ce qu'on observe chez
ceux qu'on néglige, se montrent toujours gais, toujours alertes,
et toujours dispos ; en outre, qu'ils jouissent d'un appétit
régulier ; qu'ils se nourrissent invariablement d'une manière
satisfaisante ; qu'ils se maintiennent toujours en condition, et
conservent, toute leur vie, une santé robuste, on pourrait presque dire, à l'épreuve des causes de maladie.

Conclusions : l'hygiène du chien, comme celle de tous les animaux, ne doit jamais être négligée.

PARALYSIE. — Parmi les nombreuses maladies dont le
système nerveux, chez l'homme principalement, peut être atteint,
la *paralysie*, ou les *paralysies*, sont celles qui, aujourd'hui, sont le
mieux connues dans leurs causes, ainsi que dans le traitement
qui leur convient.

Définition. — On peut définir *la paralysie :* l'abolition, ou la
diminution, dans une ou plusieurs parties du corps, soit de la
contractilité musculaire, soit de la sensibilité tactile, soit de ces
deux facultés à la fois.

Division. — La paralysie est rarement générale, à moins que
le malade ne soit arrivé, pour nous servir d'une expression vulgaire, à l'article de la mort. Presque toujours, elle frappe seulement, ou bien toute une partie latérale du corps, ou bien sa
moitié postérieure, et, plus rarement, sa moitié antérieure. Quelquefois aussi elle ne se fixe que sur un groupe de muscles dans
l'appareil locomoteur.

C'est pour caractériser ces différentes formes ou manifestations
de la paralysie, que les pathologistes ont appelé : *hémiplégie*, celle
qui a son siège dans une des moitiés latérales du corps ; *paraplégie*, celle du train postérieur chez les animaux ; et qu'ils ont
réservé le nom de *paralysies locales* à l'abolition du mouvement
ou de la sensibilité, qu'elle existe dans un seul muscle, ou dans
un groupe de muscles appartenant à une seule et même région.

Relativement à l'intensité avec laquelle sévissent les paralysies,
on les divise encore : en *paralysies complètes*, et en *paralysies
incomplètes*.

Parmi les animaux domestiques, le chien est incontestablement celui qui est le plus fréquemment affecté de paralysie, quelle que soit, d'ailleurs, la forme ou l'intensité sous laquelle elle se produit.

Toutes les régions de son corps peuvent en être atteintes. Cependant, on l'observe principalement, tantôt sur tout un côté du corps, tantôt sur le train postérieur, et, plus fréquemment encore, sur un membre soit antérieur, soit postérieur.

Causes. — Nous n'essayerons pas d'énumérer minutieusement toutes les causes de la paralysie. A ne considérer que les résultats toujours incertains, et souvent incomplets, auxquels on arrive, même avec les recherches les mieux comprises et les plus rationnelles, ce serait entreprendre un travail de peu d'intérêt. Pour ce motif donc, nous ne signalerons que les principales.

Les paralysies surviennent ordinairement à la suite des refroidissements, ou des répercussions d'exanthèmes cutanés; pendant la maladie des jeunes chiens; pendant les fièvres rhumatismales; enfin, pendant les constipations opiniâtres, lorsque ces constipations ne résultent pas elles-mêmes, d'une paralysie de l'intestin.

Les paralysies coïncident encore invariablement avec l'état congestionnel d'une région quelconque du centre nerveux cérébrospinal, ou avec la présence soit dans la boîte crânienne, soit dans le canal rachidien, d'exostoses, d'hydatides, de tubercules, etc. ou avec les lésions dont la substance nerveuse, elle-même, peut être atteinte. On les voit, enfin, apparaître comme effets inévitables des coups, des chutes et des violences de toute nature, qui ont porté sur la tête et sur la colonne vertébrale.

Symptômes. — Soit le cas d'une paralysie complète du mouvement dans un organe isolé, tel qu'une oreille, une lèvre, une patte : la lèvre paralysée paraît contournée d'une manière grimaçante; l'oreille frappée d'immobilité pend mollement, et n'obéit plus à la volonté de l'animal; la patte privée de l'influx nerveux, complètement inerte et incapable de rendre le moindre service à l'animal pendant qu'il marche, traîne à terre, comme si elle était morte.

Si c'est la sensibilité qui est abolie : le malade montre, par son immobilité absolue, lorsqu'on le pique avec une aiguille, ou qu'on pince la peau avec les ongles, qu'il n'a conscience ni des piqûres, ni des pinçons.

Une des moitiés latérales du corps est-elle frappée de paralysie : l'animal ne peut plus marcher, ni même essayer de marcher, sans tomber sur le côté malade. Il est bon de faire remarquer, ici, à cet égard, que, si la masse encéphalique, par exemple, a été frappée de congestion du côté droit, c'est la partie gauche du corps, et non la droite, qui a perdu la faculté de se mouvoir.

Admettons maintenant le cas où l'action musculaire a été anéantie dans le train postérieur : le paralytique, malgré ses efforts, est impuissant à le soutenir; il s'affaisse sur son derrière, et le traîne péniblement après lui; il le remorque en quelque sorte.

Enfin, pour compléter le cortège des symptômes qui précèdent : supposons que, dans la paralysie complète d'une partie latérale du corps, ou de la région postérieure, les organes paralysés accusent une température plus basse que les autres qui sont sains; qu'ils paraissent même froids au toucher; et que, plus tard, ils ne se nourrissent plus que d'une manière incomplète : conséquence inévitable, ils s'atrophient souvent, et presque toujours avec une très grande rapidité.

Toutes les fois que les paralysies sont concomitantes d'autres maladies, elles participent à tous les changements par lesquels passent les affections dont, alors, elles sont visiblement les symptômes.

Pronostic. — Il résulte de l'exposé, quelque sommaire qu'il soit, des causes et des symptômes de paralysies que nous venons de faire : que le pronostic en est très variable, et souvent difficile; et que sa gravité doit être toujours subordonnée : à celle des causes; à l'ancienneté et à l'intensité du mal; enfin, à l'importance de l'organe qui est atteint.

Chez les chiens d'un âge avancé, de même que chez les jeunes, les paralysies se montrent, en général, difficilement curables. Il en est encore ainsi lorsque les symptômes de la paralysie sont fortement accentués; lorsqu'ils sont des signes certains que la partie du système nerveux atteinte a subi des lésions organiques profondes; lorsque, en outre, il y a, tout à la fois, épuisement de l'organisme tout entier, et émaciation avancée.

Les paralysies qui offrent le moins de résistance au traitement auquel on les soumet, ne sont guère que celles qui se manifestent à la suite des refroidissements; ou qui coïncident avec des lésions mécaniques légères; ou dont l'intensité n'inspire aucune inquiétude.

Traitement. — Exposons d'abord le traitement général qu'il convient d'appliquer à toute paralysie quelconque prise à son début; nous passerons ensuite en revue les moyens divers, ou mieux les moyens spéciaux que réclament particulièrement l'hémiplégie et la paraplégie, en raison de leur fréquence chez le chien.

1° **Traitement général de la paralysie**. — Parmi les agents considérés comme jouissant d'une grande puissance thérapeutique ou curative, en ce qui touche le traitement externe, se placent avant tous les autres et en première ligne : les révulsifs ; les vésicatoires ; les sétons passés sur la région malade elle-même et dans son voisinage ; et, en ce qui regarde le traitement interne : la noix vomique ; les préparations belladonées ou opiacées diverses ; les purgatifs administrés avec prudence et méthode.

La saignée, mais seulement dans les cas de congestion, est également susceptible de rendre les meilleurs services.

2° **Paralysie locale**. — Les moyens curatifs que nous venons d'indiquer sont aussi parfaitement applicables aux paralysies locales. A l'extérieur : tous les résolutifs ; tous les rubéfiants ; les frictions irritantes, celles en particulier, ayant pour base l'huile de croton, ne sauraient être trop recommandées. On peut, de même, considérer comme appelés à donner d'excellents résultats, lorsqu'on les administre à l'intérieur : l'opium et l'arsenic combinés avec la strychnine ; l'assa fœtida ; la belladone, etc.

3° **Hémiplégie**. — **Paraplégie**. — Ces deux formes de la paralysie, nous l'avons dit, sont d'une extrême gravité et difficiles à guérir. On peut, néanmoins, essayer les frictions fortement irritantes ou vésicantes ; appliquer des emplâtres de poix de Bourgogne saupoudrés d'émétique ; recouvrir les régions malades de charges fortifiantes ; les cautériser, au besoin, avec le cautère en pointe, pendant qu'à l'intérieur, on fera prendre les préparations de strychnine et les purgatifs laxatifs, en se conformant aux précautions que nous venons de conseiller plus haut. La sagesse le veut ainsi.

Si l'on obtient un peu d'amélioration, il sera bon, alors, de soutenir le malade par une nourriture abondante et de bonne qualité ; de réveiller ses forces en lui donnant du vin de quinquina ; et, aussitôt que la chose sera possible, de lui faire prendre un peu d'exercice.

Mais si la paralysie est double et complète, s'il y a tout à la fois perte de mouvement, abolition de la sensibilité avec émaciation, et atrophie musculaire, il faut désespérer de la guérison, et se résigner à faire le sacrifice du malade.

Dans l'énumération que nous avons faite des causes principales de la paralysie, figure la *maladie des chiens*. Quoiqu'elle ne constitue, alors, qu'un accident consécutif à cette affection particulière, elle ne s'en montre pas moins, pour cela, très fréquemment rebelle à tous les moyens que l'on peut employer pour la combattre.

PARTURITION et PARTURITION LABORIEUSE. — Mettre bas, allaiter, élever, dresser les petits, et les sevrer en temps opportun, sont autant de fonctions de la plus haute importance, dont les femelles des animaux qui vivent à l'état sauvage s'acquittent instinctivement, d'elles-mêmes, sans courir le moindre danger. Tout se passe, chez elles, de la manière la plus naturelle et la plus simple.

Il s'en faut beaucoup qu'il en soit ainsi, en ce qui concerne les animaux que l'homme a réduits à la domesticité. Sans doute, et il n'est que vrai de le dire, la parturition, chez la chienne en particulier, s'accomplit généralement avec une très grande facilité; mais, il n'est pas moins exact d'ajouter que, dans un certain nombre de circonstances, pour les raisons que nous allons faire connaître, cette fonction ne peut s'accomplir que par l'intervention d'une main habile et expérimentée. Voyons d'abord le cas où la parturition s'effectue par les seules forces de la nature.

Parturition naturelle. — Dans la mise-bas naturelle, ce qui arrive vers le soixante-troisième ou soixante-quatrième jour de la gestation, la lice, un peu avant de devenir mère, se met en quête d'un endroit retiré; gagne sa cabane, lorsqu'elle en a une à sa disposition; s'y couche sur la litière dont, par prévoyance, on a eu soin de la bien garnir; et attend, patiemment, que les contractions combinées de l'utérus et des muscles de l'abdomen, la déchargent de son fardeau. Chaque fœtus passe, alors, successivement de la matrice dans le vagin, et du vagin sur la litière du chenil; et tout est fini.

Arrivé au jour, le jeune animal tient encore à sa mère, attaché qu'il est au placenta par le cordon ombilical; mais la chienne, sans le moindre retard, comme si elle avait conscience du rôle qui lui incombe en pareille circonstance, se met immédiatement en devoir de couper ce cordon avec ses dents près du nombril du nouveau-né. L'opération terminée, elle mange les enveloppes fœtales dont elle se délivre aussitôt; lèche ensuite les mucosités dont le corps de son petit est complètement enduit; le pousse, après, doucement sous son ventre; et lui présente ses mamelles. Son rôle de mère commence, à ce moment même, pour ne finir qu'à l'époque du sevrage.

Ce que nous venons de dire de la mise-bas du premier des petits de la chienne se passe identiquement de la même manière pour tous les autres, sans exception. En général, les naissances se succèdent ordinairement, et avec une certaine régularité, de quart d'heure en quart d'heure, jusqu'à la dernière.

Comme c'est la mère elle-même qui, instintivement, se charge de l'hygiène de ses enfants, ainsi que de la propreté de son lit, il n'y a pas lieu de s'occuper d'elle à cet égard. Les seules précautions à prendre, et ce à quoi il importe de veiller, c'est qu'elle ait toujours de la litière fraîche ; c'est qu'elle ne soit jamais tourmentée ; qu'elle ne manque de rien ; que ses repas soient réguliers ; et, surtout, que sa nourriture ne laisse rien à désirer, tant sous le rapport de la quantité, que sous celui de la qualité. En qualité de nourrice, elle a doublement besoin de manger, pour elle et pour ses petits ; il ne faut pas l'oublier.

Parturition languissante. — La parturition, chez certains sujets, quoique procédant d'une manière normale, peut cependant traîner en longueur, et ne marcher que d'une marche languissante. Lorsqu'un cas semblable se présente, il y a indication absolue de réveiller la vie dans les parois utérines, et d'y provoquer des contractions énergiques et efficaces. On arrive, ordinairement, sans difficulté à combattre cette torpeur, soit en faisant boire à la malade des infusions vineuses de racine d'angélique, de muscade, etc. ; soit en administrant des injections excitantes (infusions aromatiques) dans le vagin ; ou en passant des lavements aux feuilles de tabac ; soit, enfin, en donnant de la poudre de sabine ou de seigle ergoté sous forme pilulaire.

L'emploi de ces moyens, qui sont à la portée de tout le monde, réussissent presque toujours.

Parturition laborieuse ou dystocie. — On estime que la parturition sera laborieuse, lorsqu'on voit la chienne s'épuiser en efforts inutiles et douloureux sans parvenir à se délivrer seule.

Causes. — Plusieurs causes peuvent mettre la mère dans l'impossibilité de se suffir à elle-même. Les unes dépendent de sa constitution, ou de la conformation du bassin : les autres tiennent au fœtus exclusivement.

Parmi celles du côté de la mère, qui provoquent la dystocie, ce sont ordinairement : la vieillesse ; une débilité profonde, ou naturelle, ou déterminée par un mauvais régime; un bassin difforme, quelquefois seulement trop étroit.

Du côté du fœtus, ce sont presque toujours : tantôt une mauvaise présentation; tantôt une conformation anormale ou monstrueuse; tantôt encore un volume trop considérable et en disproportion avec la taille de la mère.

Quand l'un ou l'autre de ces cas se présente, il y a urgence d'appeler le vétérinaire, pour peu que l'on ait intérêt à sauver soit la mère soit, ses petits.

Nous n'entrerons, ici, dans aucun détail sur les manœuvres obstétricales dont il importe de faire usage dans les cas difficiles. Ces manœuvres doivent nécessairement varier avec les causes elles-mêmes de la dystocie, causes qui, en général, sont extrêmement nombreuses.

D'ailleurs, nous ne saurions rien conseiller que le vétérinaire ne sache aussi bien que nous.

PÉRITONITE. — **Définition**. — Le nom de *péritonite* est celui que l'on donne à la phlegmasie soit de l'inflammation du péritoine, soit de la membrane séreuse qui tapisse l'intérieur de la cavité abdominale, et revêt les organes qu'elle renferme.

Division. — Cette phlegmasie affecte tantôt le *type aigu*, tantôt le *type chronique*. La première de ces formes est plus fréquente que la seconde; on divise encore la péritonite en *partielle*, et en *générale*, selon l'extension qu'elle a prise.

Causes. — La péritonite peut être produite, par les coups, les chutes, les plaies pénétrantes qui atteignent plus ou moins directement la membrane péritonéale; et, quelquefois, par l'inflammation d'un organe contigu, la métrite par exemple. On la voit souvent aussi se développer, dans la mauvaise saison, sous l'influence d'un air froid et humide; et encore à la suite soit d'une immersion brusque et inattendue dans l'eau froide; soit de l'ingestion d'une boisson glacée immédiatement après un exercice violent, ou une course longue et fatiguante.

Symptômes. — 1° **Péritonite aiguë et générale**. — Aussitôt que la péritonite a pris assez de développement pour qu'elle puisse s'accuser par ses symptômes essentiellement pathognomoniques, les chiens éprouvent une grande difficulté à exécuter les plus petits mouvements latéraux de droite ou de gauche; ils marchent tout d'une pièce, en droite ligne, avec une raideur prononcée. D'autre part, l'abdomen, tendu, est douloureux sur tous les points de sa surface extérieure. Les fortes inspirations sont pénibles, et, à cause de cela, plus rares que d'habitude. Dans l'acte de la défécation, les malades s'arrêtent souvent, et font entendre de légères plaintes, sinon des gémissements. La plupart de ces phénomènes sont ordinairement déterminés par la présence de brides fibrino-albumineuses qui unissent accidentellement les circonvolutions de l'intestin, ou tout autre organe, aux parois intérieures de l'abdomen.

Presque toujours, il y a fièvre accusée par la petitesse du pouls ; la perte de l'appétit ; de la tristesse ; de la constipation ou, plus rarement, de la diarrhée. On peut constater également que la peau est sèche, et que les poils, ternes et hérissés, paraissent comme poussiéreux.

L'hydropisie abdominale, l'ascite, en d'autres termes, est souvent la terminaison fatale de la péritonite, surtout chez les vieux chiens, sur les sujets d'une constitution débile, etc.

2° Péritonite aiguë partielle. — Lorsque la péritonite a été occasionnée par un coup sur le ventre, ou par une chute plus ou moins violente avec contusion profonde, la plupart des symptômes que nous venons de décrire, au lieu de se manifester indistinctement sur toutes les régions des parois ventrales, ne se font remarquer qu'à l'endroit même où existe la lésion. Ils sont presque toujours locaux. Ce n'est qu'à la suite d'accidents très graves, qu'ils prennent les caractères de la péritonite générale.

Marche. — Durée. — Pronostic. — La marche de la péritonite aiguë est ordinairement rapide. Sa durée ne dépasse guère un ou deux septénaires, au maximum. Il est rare, en tout cas, qu'elle se prolonge jusqu'au vingtième jour de son apparition, pour peu qu'elle soit franchement inflammatoire, ou parfaitement localisée sur un point circonscrit de l'abdomen. Elle parcourt, alors, ses phases d'une manière régulière ; et se termine par résolution. Toute différente, au contraire, est la terminaison de la péritonite, lorsqu'elle est générale, suraiguë, ou compliquée de lésions organiques, de déchirures, par exemple, ou bien encore lorsque le sujet est profondément débilité. Le pronostic, dans de telles conditions, ne peut être que très grave.

Traitement. — Une saignée pratiquée en temps opportun sur les malades pléthoriques, leur procure ordinairement un soulagement presque immédiat. Les sangsues, sur les points douloureux principalement, sont aussi d'un usage très avantageux.

Dans le plus grand nombre de cas, que la péritonite soit

générale ou partielle, on obtiendra les meilleurs résultats des frictions, aux points les plus sensibles, avec l'ammoniaque, le liniment ammoniacal, ou le sulfure de carbone, celui-ci en badigeonnage léger. A défaut de ces agents, il faut avoir recours, pour les remplacer avantageusement, aux sinapismes dont on couvre le ventre, au besoin, si l'étendue et l'intensité de la péritonite l'exigent.

A l'intérieur, lorsqu'il y a commencement d'épanchement abdominal, on administre les boissons adoucissantes, calmantes et diurétiques, principalement les dernières, et le vinaigre scillitique en particulier.

Contre la constipation, ce sont les purgatifs laxatifs, l'huile de ricin, le sirop de nerprin, le sulfate de magnésie, qu'il convient de faire prendre au malade. Enfin, qu'il y ait ou constipation, ou diarrhée, les lavements mucilagineux sont des agents curatifs dont l'usage s'impose de lui-même, tant leurs bons services sont incontestables et incontestés.

Pendant toute la durée du traitement, on aura grand soin d'envelopper soigneusement les malades dans des couvertures chaudes ; de les tenir couchés sur une litière douce, molle et fréquemment renouvelée ; et, aussitôt qu'ils entrèrent en convalescence, de les nourrir confortablement au sang de bœuf sec et granulé, au pain surazoté, etc.

Péritonite chronique. — **Définition**. — La *péritonite chronique* est rarement spontanée ; elle résulte presque toujours du passage, à l'état chronique, de l'inflammation franche du péritoine.

Causes. — Lorsque la péritonite prend d'emblée les caractères de la chronicité, c'est que les animaux, mal soignés, habitent des chenils froids et humides ; c'est qu'ils sont nourris habituellement avec des aliments de mauvaise qualité ; c'est que, pendant la nuit, manquant de refuge, pour se reposer, ils dorment dehors, dans les cours, sur la terre nue, exposés à l'influence pernicieuse du refroidissement, et de l'humidité nocturnes.

La vieillesse ; une mauvaise constitution ; l'épuisement, quelle qu'en soit l'origine, sont encore des causes qui préparent l'invasion de la péritonite chronique.

Symptômes. — D'une manière résumée, voici les principaux signes pathognomoniques que l'on est à même de constater : une sensibilité sourde et continue du ventre ; la tuméfaction, ou mieux, le développement anormal de cette cavité, développement qui augmente de jour en jour : une fluctuation, obscure d'abord, mais qui ne tarde pas à s'accentuer avec l'ancienneté du mal ; une grande lourdeur dans la marche ; une respiration pénible et difficile, surtout pendant l'exercice, et, pendant la nuit, dans le décubitus ; la perte de l'appétit ; la rareté des urines ; chez certains malades, de la constipation ; des œdèmes dans les parties déclives ; enfin, l'amaigrissement pouvant aller jusqu'à l'émaciation.

Marche. — Durée. — Pronostic. — La marche de la péritonite chronique est lente ; la durée en est difficile à déterminer ; et la mort, comme terminaison, peut être considérée, sinon comme certaine, au moins comme étant presque inévitable.

Traitement. — On doit insister sur l'action des révulsifs externes tels que : la farine de moutarde, les teintures vésicantes ou rubéfiantes, le liniment ammoniacal, la teinture d'iode, le sulfure de carbone. Quelques praticiens conseillent de cautériser superficiellement et légèrement la peau à l'aide d'une tringle recourbée en crochet et portée au rouge sombre.

A l'intérieur, on donne les laxatifs, alternant, à intervalles plus ou moins longs, suivant indication, avec les médicaments diurétiques. Régime, avant tout, réconfortant, et aliments d'une facile digestion.

Exercice modéré et au grand air, par le beau temps ; les jours humides et froids, séjours au chenil.

Lorsque l'hydropisie est ancienne et considérable, il y a lieu de désespérer de la guérison (Voir *ascite*).

PHTHIRIASE. — POUILLEMENT. — MALADIE PÉDICULAIRE. — Définition. — La *phthiriase* est une maladie qui consiste dans la production d'un nombre considérable de poux, à la surface de la peau, avec accidents généraux, dont l'intensité dépend toujours de l'ancienneté de l'affection elle-même.

Chez le chien, la phthiriase est déterminée par deux poux appartenant à deux genres différents : L'*Hæmatopinus piliferus* et le *Trichodectes latus*.

Nous n'entrerons dans aucun détail descriptif de ces deux insectes que tout le monde connaît *de visu* ; ce que nous en dirons se bornera à une différence de structure dans la bouche, différence, en effet, très caractéristique, et que, pour ce motif, il est utile et nécessaire de faire connaître.

L'*Hæmatopinus*, plus petit que le *Trichodectes*, est pourvu d'une

bouche armée d'un suçoir, que terminent des crochets rétractiles.
Il se sert de ces dards aigus, qu'il enfonce dans la peau pour en
faire sortir une petite quantité de sang dont il se nourrit. Le
Trichodectes, au contraire, porte, à la place de suçoir, une véritable mâchoire formée de mandibules tranchantes. Dans l'usage
qu'il en fait, il laboure, en quelque sorte l'épiderme; irrite le
tissu cutané; et provoque ainsi la sécrétion d'un liquide séreux
qu'il absorbe avec avidité.

Les femelles de ces insectes sont généralement plus nombreuses que les mâles. Elles pondent des œufs pyriformes, appelés *lentes*, qu'elles collent contre les poils. Au bout de huit jours,
les jeunes sortent de ces petits sacs par la partie la plus large;
se disséminent dans le fourré du pelage; et y atteignent, huit
jours plus tard, leur complet développement. On estime qu'une
femelle peut produire quatre ou cinq mille petits dans un mois.

C'est en lardant la peau, ou en rampant sur elle et la labou-
rant, que les poux tourmentent les chiens; et que, par suite, ils
donnent naissance à l'irritation, d'une nature toute particulière,
appelée *phthiriase* par les pathologistes.

Les poux peuvent habiter, en plus ou moins grand nombre,
toutes les régions du corps, où les poils sont drus et tassés.
Néanmoins, ils se cantonnent plus volontiers autour du cou. Ils
pullulent aussi, de préférence, sur les jeunes chiens, et sur ceux
qui sont déjà d'un certain âge. Les adultes, sans en être exempts,
en sont, cependant, plus rarement infestés.

Causes. — Pendant longtemps on a cru à la génération spontanée des poux. Aujourd'hui, on est assez généralement d'accord pour attribuer le développement de la vermine phthiria-
sique à sa transmission d'un chien à un autre. Beaucoup aussi
inclinent fortement à reconnaître une disposition spéciale de
l'économie, un état cachectique particulier, comme éminemment
aptes à favoriser la production et la multiplication de ces insectes
parasitaires.

On voit encore les poux apparaître assez fréquemment sur
les sujets épuisés par certaines maladies asthéniques; sur ceux
qui passent leur vie au milieu de la malpropreté, ou dont la
nourriture est insuffisante en même temps que de mauvaise
qualité; sur ceux, enfin, qui vagabondent journellement à travers
les rues.

Symptômes. — Tourmentés par un prurit qui ne leur laisse
aucun repos, les chiens se grattent sans cesse; et se mordillent

continuellement, quelquefois même avec une sorte de rage. Dans ce cas, lorsqu'on écarte les poils du malade, on observe, d'abord, de petites éraillures superficielles, auxquelles succèdent des eschares d'une étendue très limitée. Plus tard, ce sont des élevures papuleuses coniques et rougeâtres, ou des taches tuberculeuses qui remplacent les excoriations. En dernier lieu, si l'on n'y porte remède en temps opportun, des ulcères se forment, et les animaux, de plus en plus affaiblis, finissent par perdre l'appétit, et à maigrir à vue d'œil.

Pronostic. — A moins que les malades, abandonnés pour ainsi dire par leurs propriétaires, ne soient l'objet d'aucun soin, la phthiriase est toujours facile à guérir. Il suffit, pour cela, ce qui est facile, de tuer les poux qui l'ont produite. Cependant, ce serait commettre une grave erreur que de la considérer comme bénigne, même à son début, lorsqu'elle s'est abattue sur les très jeunes chiens ; car, pour peu qu'elle soit négligée, elle s'oppose presque toujours à ce qu'ils viennent à bien.

Traitement. — Toutes les poudres parasiticides, telles que celles de pyrèthre, de staphisaigre, d'absinthe, le précipité rouge, etc., peuvent être employées avec succès. Toutes les huiles essentielles, appliquées sous forme de frictions : les essences de térébenthine, de lavande, de pétrole, la benzine ; l'huile de laurier, etc., jouissent de la même efficacité.

Les bains, ou les simples lotions de sulfure de potasse ; les infusions de tabac, de poivre noir, d'ellébore noir, de racine de persil, etc. ; les badigeonnages de glycérine iodée, tuent également et immanquablement les poux en très peu de temps.

Lorsqu'il existe des ulcérations à la surface de la peau, on traite les malades en se conformant aux indications que nous conseillons contre les ulcères en général (voir *ulcère*).

Il va sans dire, qu'on devra réconforter, par un régime tonique et essentiellement analeptique, les animaux épuisés ou simplement débilités.

PHTHISIE. — **Définition.** — Chez les animaux de l'espèce canine, la *phthisie* peut et doit être toujours considérée comme une affection chronique, et toute particulière du poumon ; maladie qui a pour effet d'amener infailliblement les malades, par une désorganisation lente mais progressive de cet organe, à un affaiblissement et un épuisement difficiles à combattre.

La phthisie du chien n'a aucune analogie avec la phthisie proprement dite, qui, chez l'homme, est si fréquente, et si fatalement incurable. Ce serait une grave erreur de le croire ; l'affection tuberculeuse, que nous sachions, a été rarement observée dans l'espèce canine ; nous croyons même qu'on ne l'a jamais constatée.

Causes. — La phthisie du chien reconnaît, pour causes principales : toutes les inflammations catarrhales ; celles surtout qui ont été contrariées dans leur marche, ou qui ont éprouvé de fréquentes récidives.

On l'observe principalement chez les jeunes chiens, à la suite de *la maladie*, ainsi que chez les individus d'une constitution délicate, après des pneumonies catarrhales. Elle est en quelque sorte inévitable, lorsqu'on a été assez négligent pour laisser les animaux, pendant le cours de leurs maladies, exposés, dans des endroits malsains, à toutes les influences pernicieuses du froid et de l'humidité.

Symptômes. — Au début, les malades n'offrent que les symptômes d'un catarrhe chronique : écoulement, par le nez, d'un mucus blanc ou grisâtre avec accompagnement d'une toux faible. Point de fièvre, d'ailleurs, et conservation de l'appétit ainsi que d'une certaine gaieté.

Au bout de quelques semaines, souvent même beaucoup plus tard, malgré les soins qu'on leur prodigue, et la bonne nourriture qu'ils reçoivent, on les voit maigrir ; s'affaiblir peu à peu ; et ne plus respirer que très difficilement avec élévation, puis abaissement prononcés des flancs, et, signe très caractéristique, avec mouvement d'insufflation labiale. Il importe de tenir un très grand compte de ce dernier caractère.

Plus tard encore, la maladie continuant à s'aggraver, les yeux sécrètent une chassie abondante et gluante ; l'écoulement nasal augmente de quantité, en exhalant une odeur plus ou moins fétide ; la respiration devient laborieuse ; le bruit respiratoire s'élève ; un râle muqueux se fait entendre tant dans la tranchée que dans la poitrine ; les muqueuses pâlissent ; une diarrhée fétide et rebelle se déclare ; la perspiration cutanée dégage des émanations nauséabondes ; et, finalement, les malades succombent par épuisement complet des forces.

Pronostic. — Ce genre de phthisie est généralement d'une guérison extrêmement difficile. Il n'est, en effet, au pouvoir ni de l'hygiène, ni de la thérapeuthique de refaire, de toutes pièces, un organisme qui a été profondément délabré.

Traitement. — Le traitement, si tant est qu'on doive le tenter, varie, nécessairement, suivant la nature des symptômes que présentent les sujets malades.

Pour combattre la toux, on donne des tisanes calmantes aux têtes de pavots, à la laitue sauvage, les unes et les autres additionnées de quelques gouttes de laudanum, etc.

S'il y a oppression : ce sont les balsamiques diurétiques ; la liqueur ou les capsules de goudron ; l'aconit ; la ciguë aquatique, qu'il conviendra de prescrire.

Dans le cas de diarrhée et de jetage, on pourra administrer alternativement les breuvages astringents ou les tisanes opiacées ; les pilules à l'extrait thébaïque ; et les purgatifs laxatifs ou minoratifs.

Les iodures de potassium et de fer ; l'huile de foie de morue, etc., sont aussi autant de médicaments sur l'efficacité desquels il est très permis de compter quelquefois.

On doit, en outre, soumettre les animaux à une bonne hygiène ; et les nourrir confortablement.

PHTHISIE VERMINEUSE. — TUBERCULOSE VERMINEUSE. — Définition. — Genre de phthisie déterminée par la présence, dans le tissu pulmonaire, d'un certain nombre d'embryons vermineux.

Cette affection, découverte depuis quelques années seulement, a été constatée, pour la première fois, par le docteur Courtin de Bordeaux.

Causes. — Le nom même sous lequel on désigne *la phtisie vermineuse* en fait suffisamment connaître l'origine ; elle naît et se développe par l'éclosion, au milieu même du tissu du poumon, d'un nématoïde particulier, qui paraît être ou *le strongilus vasorum*, ou *le spiroptera sanguignolenta*.

La cause de cette affection, on le voit, n'est pas douteuse ; mais, ce qui n'est pas aussi bien démontré, c'est l'origine réelle de l'embryon vermineux qui lui donne naissance. On peut affirmer, sans s'exposer à commettre une erreur, qu'il y a aujourd'hui encore beaucoup à apprendre à cet égard.

Dans l'état actuel des choses, tout porte à croire que ce strongylus ou spiroptera, comme on voudra l'appeler, qu'on trouve, d'une part, chez les chiens affectés de bronchite vermineuse, et, d'autre part, chez les sujets atteints de la phthisie qui nous occupe, est communiqué, par contagion, à ces derniers animaux, par les premiers. Il paraît, en effet, très rationnel d'admettre que, dans les efforts violents auxquels ils se livrent, lorsqu'ils toussent, le nématoïde est chassé hors des voies respiratoires, et que, tombé à terre, il est dégluti par d'autres chiens rôdeurs qui lèchent et avalent ces déjections.

Une fois parvenus dans l'intestin, les individus mâles et femelles s'y accouplent, et produisent des œufs plus ou moins nombreux qui, passant dans le torrent circulatoire, vont définitivement s'engager dans la trame du tissu pulmonaire, où ils s'arrêtent pour n'en plus sortir. C'est dans les cellules du poumon qu'ils éclosent.

A l'autopsie des chiens morts de cette affection, on a trouvé, accumulés à la base des poumons : chez les uns, des granulations miliaires, fines, grises, saillantes et renfermant des embryons développés et des œufs ; chez les autres, des nodules de la grosseur d'un pois ou d'une noix, au centre desquels se voyaient seulement des embryons libres ou enkystés.

La conclusion à tirer de ce qui précède, c'est que la phthisie vermineuse du chien est contagieuse. On aurait de la peine à en trouver d'autre cause.

Symptômes. — Outre les symptômes, essentiellement pathognomoniques de la phthisie, qui viennent d'être exposés dans le paragraphe précédent, on constate encore l'absence, ou la diminution du murmure respiratoire, plutôt à la base qu'au sommet du poumon ; une toux persistante, accompagnée, ou non, d'expulsion, par les voies aériennes, d'embryons qui ont fait accidentellement irruption dans les bronches ; la perte de l'appétit et des forces ; et, comme conséquence finale, une grande maigreur susceptible, avec le temps, de dégénérer en émaciation.

Pronostic. — La destruction, dans l'intérieur de leur prison, des embryons vermineux étant chose impossible, il va de soi que la tuberculose à laquelle ils donnent lieu, doit être considérée comme fatalement incurable, c'est-à-dire mortelle.

Traitement. — Y a-t-il lieu d'entreprendre la guérison de cette dangereuse maladie ? Le succès du traitement est des plus problématiques. Cependant, on pourrait, peut-être, après avoir isolé le malade, s'il a de la valeur, lui faire respirer des vapeurs de goudron ou d'essence de thérébenthine, afin d'asphyxier les parasites dans le lieu même de leur retraite ; et administrer, avec persévérance dans le même but, l'acide phénique, la créosote, le phénol Bobœuf, etc.

Pour peu, au contraire, que l'animal ne vaille pas les dépenses qu'on pourrait faire pour lui, il y a incontestablement avantage à le sacrifier, et à supprimer ainsi un foyer dangereux de contagion.

PITYRIASIS. — DARTRE FURFURACÉE. — Définition. — C'est le nom qu'on donne à une maladie chronique de la peau caractérisée par de petites taches rouges et irrégulières, sur lesquelles on voit, ensuite, se former des squames furfuracées.

Le *Pityriasis* attaque fréquemment le chien. Il se développe, en général, à la base de la queue, aux coudes, à la pointe de la hanche, au pourtour des yeux et des oreilles.

Symptômes. — Un des premiers symptômes que présentent les animaux atteints de pityriasis, consiste dans de vives et gênantes démangeaisons. On les voit se gratter avec leurs ongles; se mordiller partout où l'inflammation s'est fixée; et détacher ainsi une poussière fine formée, par de petites squames de couleur blanche, semblables à du son.

Si, à cette époque, on écarte les poils, on aperçoit, à leur base, de petites taches rouges ou rosées de forme très irrégulière.

Le pityriasis, somme toute, est une maladie très légère, sans gravité aucune, et toujours facilement curable.

Traitement. — Une grande propreté combinée avec des lotions savonneuses ont, le plus souvent, triomphé promptement du mal. Si, cependant, elles étaient insuffisantes: des bains de son légèrement alcalins; au besoin, des badigeonnages à la glycérine iodée; les frictions avec une solution de sulfure de potasse le feraient assurément disparaître.

En cas de persistance, on pourra essayer les pommades de goudron ou de calomel préparées avec la vaseline, et administrer des tisanes amères.

PLAIES. — Définition. — On définit la *plaie*: toute solution de continuité faite aux parties molles par une cause mécanique.

Division. — La division qui a été faite des plaies, repose tout entière sur les causes diverses qui les produisent.

D'après cette règle, on les distingue en plaies: 1° *par instruments tranchants*; 2° *par instruments piquants*; 3° *par armes à feu* 4° *en plaies contuses*; 5° *en morsures*; 6° *en plaies vénimeuses*; 7° *en plaies par arrachement*; 8° *en brûlures*.

Lorsqu'en outre, on ne tient compte que de la gravité sous la-

quelle elles se présentent, on divise encore les plaies : en *plaies
simples*, et en *plaies complexes*.

De toutes ces lésions, les plus fréquentes, en ce qui concerne
le chien en particulier, sont les morsures qu'ils se font eux-mêmes
dans les combats auxquels ils se livrent journellement entre
eux au milieu des rues, ou qu'ils reçoivent, à la chasse principalement, en attaquant le sanglier. Les chiens sont encore souvent
mordus par la vipère, lorsqu'ils quêtent sur les coteaux caillou-
teux à la découverte du gibier.

Symptômes. — Une petite plaie n'apporte que peu ou point
de modifications dans la région qui en est le siège. Pour peu,
au contraire, qu'elle soit grande ou profonde, elle s'accompagne
bientôt, au bout de vingt-quatre heures, par exemple, d'une inflammation plus ou moins vive, avec engorgement, tension, chaleur et douleur. Il n'est même pas rare de voir la fièvre s'emparer des blessés ; et leur faire perdre toute gaieté et tout appétit.

Chez certains sujets, surtout lorsque les plaies résultent de
contusions profondes et étendues, il se forme des abcès dans
leur voisinage.

Quand les plaies ont été faites par des coupures, des déchirures, des morsures, pénétrantes, ou, ce qui est plus grave encore, par des éventrations, accompagnées ou non d'arrachement,
il arrive souvent que de gros vaisseaux artériels ou veineux se
trouvent divisés. On s'aperçoit facilement de cet accident, en
même temps que de la nature du sang qui s'écoule au dehors.
Si c'est une artère qui est lésée, le sang qu'elle lance sous forme
de jet saccadé, est d'un rouge vif et rutilant ; si c'est une veine
importante, le sang est noir, et, de plus, après s'être répandu en
nappe à la surface de la plaie, ainsi que sur les parties qui l'a-
voisinent, il s'y coagule.

Dans les cas d'éventration, indépendamment du sang qui coule
en abondance et inonde le blessé, les intestins s'échappent invariablement par les lèvres de la plaie ; pendent sous le ventre ;
ou même traînent quelquefois sur le sol entre les pattes de l'animal qui les piétine.

Chez les animaux d'une constitution débile, lorsque la réaction se fait attendre, les plaies au bout de vingt-quatre heures,
présentent un aspect blafard, et, souvent, tous les caractères de
la gangrène commençante, c'est-à-dire abaissement de température ; tuméfaction par suite d'une infiltration gazeuse sous-
cutanée ; odeur nauséabonde, etc.

Nous ne nous attarderons pas à passer en revue les symptômes particuliers que peuvent présenter les différentes espèces de plaies dont nous venons de donner, plus haut, l'énumération. Autrement, nous entreprendrions un travail dont le moindre inconvénient serait, inévitablement, d'être incomplet, et cela d'autant plus, que toutes les plaies, quelles qu'elles soient, sont susceptibles de revêtir, suivant les causes qui les ont produites, toutes sortes de caractères, et présenter toutes sortes de désordres impossibles à prévoir.

Nous nous sommes donc borné à montrer les symptômes les plus ordinaires des plaies simples. D'ailleurs, le traitement des plaies complexes et graves est exclusivement de la compétence du vétérinaire, qui, seul, est apte à les mener à bonne fin.

Pronostic. — Les plaies simples, le plus ordinairement, sont des maux insignifiants, susceptibles de guérir facilement, presque d'eux-mêmes, dans l'espace d'un ou deux septenaires. Par contre : en ce qui regarde les plaies complexes et profondes ; les plaies par arrachement ; ou les plaies qui intéressent et compromettent des organes essentiels à la vie, toutes, elles peuvent être longues à se cicatriser. Le pronostic en est toujours grave.

Traitement. — Plaies en général. — Avant d'entreprendre un traitement quelconque, il importe de nettoyer convenablement les plaies ; de les déterger ; d'en retirer les corps étrangers qui pourraient s'y être introduits ; et, surtout, de n'y pas laisser séjourner les caillots fibrineux résultant de la coagulation du sang. D'autre part, quand il s'y trouve des chairs tombantes et des lambeaux de peau, l'indication à observer est de les exciser avec soin. Le nivèlement des plaies, personne ne l'ignore, est une condition indispensable pour la régularité, et la facilité de la cicatrisation.

Ces premières précautions prises, on procède à la réunion des lèvres de la solution de continuité en se servant soit de bandes agglutinatives, soit de la suture ordinaire. Il est bon, toutefois, de faire observer que ce rapprochement ne réussit guère, qu'autant que les plaies sont aussi simples que possible. La suture terminée, on recouvre le tout de cataplasmes adoucissants presque froids, ou, ce qui est préférable, de compresses d'eau froide qu'on renouvelle fréquemment.

Nous ferons remarquer, ici, à l'égard de ces dernières, que les irrigations d'eau froide entretenues avec persévérance pendant plusieurs jours de suite, donnent très souvent des guérisons presque inespérées.

Le lendemain de l'accident, si l'on s'aperçoit que l'inflammation a de la tendance à s'exagérer, on en modère la marche par l'application de topiques anodins, astringents, répercutifs, etc. Dans le cas contraire, on a recours, pour les stimuler, aux liquides alcooliques, tels que la teinture de myrrhe, le vin aromatique, le vin ou la teinture de quinquina, etc.

Une fois la suppuration établie, ce qui ne tarde pas à arriver, il ne reste plus qu'à panser très régulièrement les plaies, tous les jours, le matin et le soir, sans y manquer jamais. C'est, d'ailleurs, une opération des plus faciles. Elle consiste, tout simplement, à les laver à l'eau tiède; à éponger complètement le pus qui les recouvre, à faire leur toilette en un mot; et, suivant l'aspect qu'elles présentent, à les garnir d'étoupades tantôt imprégnées de glycérine, de teinture d'aloès, etc., tantôt saupoudrées de poudre de quinquina, de charbon de bois, de tan, etc.

Traitement spécial des plaies autres que les plaies simples :

1° **Plaies par instruments tranchants.** — Si la coupure est franche et nette, il est toujours sage d'essayer d'obtenir la guérison par première intention, en rapprochant les lèvres de la solution de continuité par une suture simple, ou par des bandelettes agglutinatives.

2° **Plaies par piqûres.** — Quelquefois le corps vulnérant reste engagé dans la plaie. Dans ce cas, pour peu qu'il y ait possibilité de le faire, la première précaution à prendre, est de le saisir avec les doigts, sinon à l'aide d'une pince; et de l'extraire immédiatement. Au contraire, s'il est profondément situé, et comme noyé dans les chairs, il faut, sans aucun retard, débrider largement la piqûre, afin de le dégager et l'atteindre plus facilement.

Cette opération faite, on a recours aux réfrigérents en lotions, bains, douches, etc., pour terminer le traitement.

3° **Plaies par armes à feu.** — Nous n'avons rien à changer aux soins que nous venons de prescrire contre les piqûres susindiquées. Tout ce que nous ajouterons à ce qui précède, c'est que, ici, la suppuration étant inévitable, il y a lieu, par conséquent, de la faciliter par les moyens *ad hoc*, par l'emploi de la teinture de myrrhe, par exemple (voir plus loin : *plaies suppurantes*).

4° **Plaies contuses.** — Extraire, sans attendre, les corps étrangers, lorsqu'il s'en trouve; nettoyer les plaies à fond; exciser les chairs meurtries et mortifiées, tels sont les premiers soins que réclament les lésions dont s'agit. Ensuite, suivant la gravité des cas, il y a lieu d'établir des appareils à irrigations réfrigérentes et astringentes; ou bien d'appliquer des cataplasmes anodins; et d'attendre, alors, que la suppuration se manifeste.

S'il arrive que la formation d'un ou de plusieurs abcès soit à prévoir, on surveillera le malade avec attention; et, aussitôt qu'on jugera, d'après l'état de la plaie, qu'il y en existe en voie d'évolution, on traitera comme nous conseillons de le faire au chapitre *abcès* de ce dictionnaire (voir : *abcès*).

6° **Plaies par morsures**. — Ces sortes de plaies, quand elles sont légères, peu profondes, sans aucun délabrement, peuvent être abandonnées à elles-mêmes jusqu'à guérison complète. Elles ne réclament que les soins ordinaires de propreté, ou, tout au plus, le traitement des plaies les plus simples, c'est-à-dire l'emploi des compresses d'eau froide, etc.

Au contraire, quand il y a déchirure profonde ou arrachement, etc., on doit hâter la formation de la suppuration par les pansements à la teinture de myrrhe, ou au vin aromatique. C'est le seul traitement à appliquer, si l'on veut obtenir la guérison par bourgeons charnus.

6° **Plaies venimeuses**. — Nous ne donnerons, ici, aucun développement à la question des plaies venimeuses. Sa place se trouve naturellement, plus loin, dans les chapitres consacrés aux mots : *rage*, *venin*, etc., auxquels nous renvoyons.

7° **Plaies par arrachement**. — Il est rare que les plaies de ce genre ne s'accompagnent pas de désordres assez graves pour en rendre la guérison, tout à la fois, et lente, et difficile. La raison de cette lenteur, c'est qu'on trouve ordinairement, au fond des déchirures compliquées, plus ou moins profondément lésés, des tissus parfaitement dissimilaires, et doués, à cause de cela, d'une vitalité qui l'est tout autant.

Les conséquences fatalement inévitables de ces dissemblances sautent d'elles-mêmes à tous les yeux. Pendant que les tissus, chez lesquels la vie est très active, marchent rapidement vers la cicatrisation, les autres, par leur lenteur à les suivre, font, de ces plaies, des *plaies complexes*, rebelles, et qui exigent, pour aboutir heureusement, tout le savoir faire d'un praticien habile et expérimenté.

L'hydrothérapie est parfaitement indiquée dans ce cas. Elle est assez ordinairement couronnée de succès.

8° **Plaies par brûures**. — Tout ce qui concerne le traitement rationnel des brûlures se trouve exposé avec détails dans le chapitre *brûlure*, auquel nous renvoyons.

PLEURÉSIE. — PLEURITE. — Définition. — On donne le nom de *pleurésie*, ou de *pleurite*, à l'inflammation de la membrane séreuse qui tapisse la face externe des poumons et des autres organes contenus dans la cavité thoracique.

Division. — La pleurésie se présente : 1° tantôt sous le *type aigu*, 2° tantôt sous le *type chronique.*

Causes. — Parmi les causes, assez nombreuses d'ailleurs, de cette affection, celles qui occupent le premier rang sont : les refroidissements brusques à la suite d'un exercice violent et prolongé ; les coups et les chutes sur le thorax ; les plaies pénétrantes ; les contusions et meurtrissures déterminées, par exemple, par des coups de pied ; la fracture d'une ou de plusieurs côtes ; et, enfin, dans quelques circonstances rarement explicables, une constitution atmosphérique particulière.

Symptômes. — 1° **Pleurésie aiguë.** — Les premiers symptômes sensibles qui décèlent l'invasion de la maladie, consistent : 1° dans un malaise général et une tristesse, auxquels ne tardent pas à succéder, d'abord, le refus de toute nourriture, ensuite, la station du malade sur son derrière, la partie antérieure du corps étant portée debout sur les membres thoraciques ; 2° dans une certaine raideur dans les mouvements du tronc ; 3° enfin, dans une respiration courte et accélérée.

Mais, ce n'est là que la série primordiale des symptômes de la pleurésie.

A partir du jour où l'inflammation s'est franchement établie, le thorax devient très sensible, douloureux même, soit à la percussion, soit à une simple pression exercée sur ses parois, ces pression et percussion fussent-elles légères. En outre, on ne tarde pas à remarquer que la toux est courte, pénible et avortée, en même temps qu'on voit la respiration s'effectuer, sans que les parois costales exécutent le moindre mouvement. La respiration, dans ce cas, est complètement et exceptionnellement abdominale.

Toutes les fois que l'inflammation de la plèvre s'exaspère en quelque sorte, et passe à l'état suraigu, elle ne manque jamais de donner naissance, à la surface libre de cette membrane, à une exsudation fibrino-albumineuse qui, venant à s'organiser en prenant de la rigidité, forme de véritables brides entre les poumons et les côtes. C'est à partir de ce moment, que les malades souffrent le plus, et qu'ils courent les plus grands dangers. Rien de plus facile d'ailleurs à comprendre : ces liens inextensibles et résistants limitent les mouvements d'expansion de l'appareil respiratoire ; s'opposent au glissement des poumons dans l'intérieur de la poitrine ; et déterminent, ainsi, des tiraillements tellement douloureux, qu'ils arrachent souvent des cris plaintifs aux malades. Fièvre intense, cela va de soi.

La pleurésie n'est pas toujours générale, comme on pourrait le supposer d'après les symptômes que nous venons de décrire ; elle peut aussi se borner à un seul côté de la poitrine, à un point même parfaitement circonscrit de la séreuse pleurale. On s'en aperçoit facilement aux deux caractères qui suivent : d'abord, à ce que la douleur est tout à fait locale ; ensuite, à ce que les animaux sont beaucoup moins malades, beaucoup moins tristes.

2° **Pleurésie chronique**. — La pleurésie aiguë, chez les chiens misérables, d'une constitution débile, d'un âge avancé, prend facilement les caractères de la chronicité. Les malades qui sont négligés par leurs propriétaires y sont particulièrement exposés. Néanmoins, la pleurésie peut parfaitement débuter sous le type chronique.

Symptômes. — Au moment de l'invasion, les symptômes de la pleurésie chronique ont beaucoup de ressemblance avec ceux de la pleurésie aiguë ; mais, au bout d'un certain temps, il se forme, dans les sacs pleuraux, des épanchements ordinairement très abondants. Ces collections, de nature séreuse, sont essentiellement caractéristiques du type chronique.

Nous n'entrerons dans aucun détail sur cette terminaison à peu près inévitable. L'hydrothorax, ou hydropisie de poitrine, est traitée plus haut avec tous les développements qu'elle comporte, et nous y renvoyons le lecteur.

Pronostic. — La pleurésie aiguë, la pleurésie générale, en particulier, est toujours dangereuse. Il en est, surtout, presque toujours ainsi, quand on ne lui donne pas, en temps opportun, tous les soins convenables. Dans le cas contraire, elle peut, comme toute autre maladie inflammatoire, se terminer par résolution.

Traitement. — Au début, on pratique avec avantage de petites saignées, mais principalement chez les chiens robustes et pléthoriques. Ensuite, si l'on est assez heureux pour saisir le mal au moment même où il évolue, ou bien encore au moment où il est déjà à peu près enrayé, on obtiendra les meilleurs effets : des frictions faites sur les côtes avec le vinaigre chaud, ou l'ammoniaque liquide ; des badigeonnages à la teinture d'iode, ou au sulfure de carbone ; ou, à leur défaut, de l'emploi des sinapismes.

A l'intérieur, en fait de tisanes, on prescrira les décoctions de bourrache ; les infusions de tilleul ou de fleurs de sureau ; les sudorifiques, en général, auxquelles on ajoutera, *ad libitum*, pour les rendre plus actifs, de l'émétique, du nitrate de potasse, du bicarbonate de soude, etc.

Afin de rendre le traitement plus efficace, s'il est possible, on tiendra très chaudement les malades, en les soustrayant, par-dessus tout, aux funestes et dangereux effets des courants d'air.

Quant au régime à faire suivre aux convalescents, il devra débuter par la demi-diète, et ne devenir de plus en plus substanciel, qu'autant que le retour des forces se présentera avec tous les caractères de la stabilité.

On traitera la pleurésie chronique en se conformant, en tout point, aux conseils qui se trouvent au chapitre consacré à l'hydropisie de poitrine, (*hydrothorax*).

PNEUMONIE. — PNEUMONITE. — Définition. — On donne le nom de *Pneumonie* à l'inflammation du tissu spongieux du poumon. Cette affection est assez fréquente chez tous les animaux de l'espèce canine, sans distinction de race. Elle présente cela de commun avec la pneumonie de l'homme, que, tantôt, elle existe seule, et que, tantôt, elle se complique soit de pleurésie, soit de bronchite.

La pneumonie compliquée de pleurésie constitue la *pluropneumonie*. Elle prend, en outre, le nom de *broncho-pneumonie*, si c'est la bronchite qui s'est greffée sur elle.

L'inflammation du poumon n'envahit pas toujours les deux lobes pulmonaires à la fois ; il peut fort bien arriver, et le cas n'est pas rare, qu'elle n'atteigne qu'un seul de ces organes.

Division. — Quel que soit le développement, d'ailleurs, que présente la pneumonie, elle affecte, suivant ses causes et les sujets : 1° chez les uns, le *type aigu*, 2° chez les autres, le *type chronique*.

Causes. — Les refroidissements de toutes sortes ; les changements brusques de température ; les immersions dans l'eau froide, après ou pendant une course rapide, comme il arrive souvent à la chasse, sont les causes principales auxquelles il faut attribuer l'inflammation du poumon, la pneumonie. Une constitution particulière de l'atmosphère peut aussi, quoique plus rarement, en favoriser l'évolution. Autant à dire de la maladie du jeune âge des chiens, de *la maladie*, comme on l'appelle.

Symptômes. — 1° **Type aigu**. — Tristes et profondément abattus, les animaux éprouvent un besoin irrésistible de se coucher, tout en manifestant une tendance prononcée à changer fréquemment de place. Ils sont, de plus, tourmentés par une fièvre ardente, et pour ce motif, dévorés en quelque sorte par la soif.

Quelques jours plus tard, le décubitus devient impossible pour eux ; assis alors sur leur derrière, on les voit, respirant avec difficulté, tenir la gueule béante, et laisser prendre leur langue dont la surface sèche et aride est sillonnée de plis dans le sens de sa longueur. Lorsqu'ils toussent, leur toux est courte, douloureuse, pénible et à demi avortée.

Si la pneumonie, au lieu de s'arrêter dans sa marche, s'étend et s'aggrave, on constate : aussitôt de la dyspnée et de la douleur à la pression des parois thoraciques ; un jetage sanguinolent, ou rouillé, à l'orifice des cavités nasales, surtout après une crise de toux ; enfin, et, comme conséquence inévitable, une diminution notable, l'absence même complète du bruit respiratoire, au niveau des points malades.

Tous ces symptômes essentiellement pathognomoniques, à partir du moment où le mal a atteint son maximum d'acuité, sont complétés : et par l'abolition absolue d'appétit ; et par la rareté des urines, et leur couleur foncée, en même temps que par celle des évacuations alvines.

Chez la plupart des malades, les excréments sont durs et secs. Il peut arriver, cependant, que, chez quelques sujets, la constipation soit remplacée par une diarrhée abondante.

Pronostic. — L'inflammation violente des deux poumons constitue toujours un cas d'une extrême gravité ; elle laisse peu d'espoir de guérison. Généralement, il faut s'attendre, au bout de cinq à six jours, à voir mourir le malade soit d'engouement, soit de gangrène pulmonaire. La mort est encore certaine et imminente, lorsque, avec une accélération exagérée du pouls, coïncide une respiration de plus en plus courte et laborieuse, et que, le facies de l'animal se grippe d'une manière prononcée.

2° **Type chronique**. — La pneumonie aiguë, si on la néglige, se termine ordinairement par l'induration, ou l'hépatisation du tissu pulmonaire, plus rarement, par des abcès ou des ulcères. C'est cet état particulier qui, pour le chien, constitue la *phtisie*.

Symptômes. — Sans entrer dans de grands développements sur les signes extérieurs qui la caractérisent, nous dirons qu'elle se fait reconnaître principalement : à ce que les malades sont presque tous asthmatiques, et qu'ils ont, par conséquent, la respiration courte et haletante ; à ce qu'ils rejettent, par le nez, une matière purulente grisâtre, fétide même, lorsqu'il existe des abcès, ou des ulcères dans le poumon ; à ce qu'ils restent toujours maigres et chétifs, quels que soient les soins qu'on leur prodigue ; à ce que, enfin, à l'auscultation, on constate toutes sortes de bruits anormaux dans les bronches, ou dans le parenchyme pulmonaire lui-même.

Pronostic. — L'hépatisation partielle d'un seul poumon n'est pas fatalement mortelle. Mais la mort est inévitable, toutes les fois que les deux lobes pulmonaires sont envahis par les abcès ou par les ulcères.

Traitement. — 1° Type aigu. — Les saignées générales doivent toujours être mises en pratique au début de la maladie, si le malade est vigoureux et pléthorique ; mais dans ce cas seulement.

A l'extérieur, les sinapismes appliqués sur la poitrine, les poils ayant été préalablement coupés, se recommandent d'eux-mêmes. On peut aussi, à leur défaut, avoir recours soit aux frictions faites, en face du siège de l'inflammation, avec l'ammoniaque liquide, soit aux badigeonnages avec la teinture d'iode, la glycérine fortement iodée, ou le sulfure de carbone.

A l'intérieur, ce sont les tisanes pectorales tenant de l'émétique en solution, ou du kermès en suspension, que l'on prescrit ordinairement. L'essence de térébenthine, administrée à petite dose et à titre de diurétique chaud, produit également d'excellents effets.

Ici, comme dans nombre de maladies, c'est toujours avec avantage qu'on met à profit l'action dérivative des purgatifs sur l'intestin, en donnant, de temps à autre, un laxatif quelconque.

Rien à essayer contre la gangrène.

2° Type chronique. — Les médicaments dérivatifs sont les seuls agents sur lesquels on puisse fonder quelque espérance. En général, dans le cas de pneumonie confirmée, c'est rendre service au malade, et s'épargner des peines inutiles, que de le sacrifier. Il n'y a pas autre chose, non plus, à faire, à l'égard des animaux dont les poumons sont atteints d'abcès, de cavernes plus ou moins vastes, ou simplement d'ulcères.

POLYPES. — **Définition**. — On appelle *polypes* des excroissances fongueuses, carcinomateuses, ou fibreuses, qui prennent naissance, se développent, végètent en quelque sorte, sur les muqueuses des fosses nasales, de la bouche, du vagin, ou de la matrice; et finissent par s'y implanter profondément.

Sans être très fréquents dans l'espèce canine, les polypes ne sont, néanmoins, pas rares chez la chienne principalement. A ce titre, ils méritent que nous nous y arrêtions.

Causes. — Malgré toutes les recherches auxquelles se sont livrés, à leur égard, les pathologistes de l'une et l'autre médecine, on n'est pas bien fixé sur les causes qui les font naître. Aujourd'hui encore une seule supposition paraît probable : c'est que les sujets sur lesquels se développent ces productions anormales, y étaient prédisposés, en raison d'un mauvais acabit particulier, si l'on peut s'exprimer de cette manière.

On admet aussi, quoi que cela ne soit pas parfaitement démontré, que l'accouplement, voire les parturitions laborieuses, sont de nature à leur donner naissance. Mais ce qui est beaucoup plus vraisemblable, c'est que l'hérédité n'est pas étrangère à leur genèse.

Cela dit, les polypes du vagin et de la matrice étant à peu près les seuls qui présentent un intérêt réel, nous ne dirons que quelques mots seulement de ceux qui ont leur siège dans le nez, ou dans la bouche, pour ne nous occuper que des premiers.

Symptômes. — 1° **Polypes du vagin**. — De toutes les végétations qui s'implantent sur la muqueuse vaginale, les excroissances fongoïdes sont celles qu'on observe le plus ordinairement; les polypes proprement dits forment en quelque sorte l'exception.

Tantôt ces fongus font saillie hors de la vulve, et tantôt ils restent inclus dans l'intérieur du vagin.

Les excroissances qui ont pris assez de développement pour pendre à l'extérieur, sont généralement d'ancienne formation. Dans cet état, exposées, comme elles le sont, à toutes sortes d'accidents, elles se blessent avec une extrême facilité au moindre frottement; sont, à cause de cela, presque toujours sanguinolentes, et finissent pas se couvrir d'érosions, d'où s'écoule un liquide sanieux ou muco-purulents, qui salit tous les endroits où le malade s'arrête pour se reposer.

Les excroissances incluses et cachées dans le canal vaginal, y occupent une étendue variable de sa surface. Ordinairement, leur base est large, leur superficie comme verruqueuse, leur couleur rouge foncé, et leur consistance molle et friable. Les parois intérieures du vagin, ainsi modifiées par l'altération profonde qui les a envahies, sont d'une extrême sensibilité, et saignent très facilement pour peu qu'on les touche.

Quand les polypes ne font pas hernie entre les lèvres de la vulve, on s'aperçoit toujours de leur existence à l'écoulement muqueux, ou purulent qu'ils occasionnent.

On ne saurait confondre les polypes avec les fongus à partir du moment où ils ont pris leur complet développement. Ces dernières végétations ont toujours un aspect d'un rouge pâle; sont peu sensibles au toucher; saignent moins facilement que les excroissances charnues; et adhèrent constamment à la paroi du canal vaginal par un véritable pédicule. L'introduction du doigt dans la cavité du vagin permet de constater facilement la plupart de ces caractères particuliers.

2° **Polypes de la matrice.** — Dans l'immense majorité des cas, les polypes, ou les excroissances charnues du vagin, se propagent, par une sorte de reptation, jusqu'à la matrice elle-même. Chez certaines bêtes, ils s'implantent sur le col, sans aller plus loin; chez d'autres, au contraire, ils pénètrent jusque dans l'intérieur de cet organe.

Ces dernières productions anormales, quelle qu'en soit l'origine, ne diffèrent en rien de leurs congénères du vagin. Il y a entre elles identité complète; leur siège seul n'est pas le même.

Une pareille similitude de caractère doit nous dispenser de nous y arrêter. C'est aussi ce que nous nous empressons de faire.

3° **Polypes du nez et de la bouche.** — Quoique les polypes du nez et de la gueule du chien se montrent plus rarement que ceux précédemment décrits, on les rencontre, pourtant quelquefois, dans l'une ou l'autre de ces deux cavités. Ajoutons qu'ils y occasionnent des accidents analogues à ceux que nous venons d'exposer.

Mais ce n'est pas là tout ce que nous avons à en dire, au moins en ce qui concerne particulièrement les polypes des fosses nasales. Il peut arriver, par exemple, qu'après avoir envahi les sinus frontaux, ces polypes particuliers y acquièrent un volume assez considérable pour soulever les os de la face ; et les déformer plus tard, jusqu'à en opérer la disjonction. Lorsque ces accidents se manifestent, les rameaux polypeux sortent presque toujours par le bout du nez en les obstruant à peu près complètement.

Pronostic. — Ainsi que cela ressort de l'étude que nous venons de faire des polypes, la présence dans le vagin, la matrice, le nez, etc., de ces excroissances morbifiques, quoique s'accompagnant d'inconvénients sérieux, ne saurait, cependant, être considérée comme dangereuse dans le sens rigoureux du mot. Il est bon, cependant, de faire remarquer : que fongus et polypes ont, en général, de la tendance à augmenter peu à peu de volume ; à récidiver à la suite d'une opération ; et, lorsqu'ils occupent soit les fosses nasales, soit la cavité utérine, à gêner considérablement, dans le premier cas, la fonction de la respiration, et, dans le second, la gestation et l'accouchement.

Traitement. — Le traitement à faire subir aux polypes est exclusivement chirurgical ; et les moyens à employer sont aussi simples que faciles. L'excision, l'arrachement, la ligature et la cautérisation avec les caustiques potentiels, ou par le fer rouge, occupent à juste titre, le premier rang. Ce sont ceux, en outre, qui réussissent le mieux. On excise les polypes situés à l'entrée du vagin ; on arrache ceux du nez ; et on lie ceux de la matrice. On peut, en outre, cautériser au fer rouge, après excision, toutes les surfaces saignantes que le cautère peut atteindre.

On traite de la même manière les polypes du nez.

Malgré les facilités que présentent quelques-unes de ces diverses opérations, nous croyons qu'il est prudent de n'en charger que l'homme de l'art, le vétérinaire.

PRURIGO. — **Définition**. — Le *prurigo* est une maladie de la peau caractérisée par des papules superficiels, de même couleur que la peau elle-même, et produisant un prurit tellement violent, que les animaux se grattent quelquefois jusqu'au sang.

Traitement. — A l'intérieur, on prescrit les tisanes délayantes ; le petit-lait ; le bouillon de tripes ou de tête de mouton ; les médicaments alcalins ; les préparations arsénicales, et les eaux sulfureuses *intus et extra*.

Le traitement externe consiste principalement, d'abord, et avant tout, dans l'usage des bains de son, alcalins ou savonneux :

ensuite, dans l'emploi de la pommade de goudron, et dans les badigeonnages faits, avec l'huile de Cade, ou avec la glycérine iodée, qu'on peut remplacer, au besoin, par le sulfure de carbone. Ce dernier ne doit jamais être appliqué qu'en couche légère.

PSORIASIS. — **Définition**. — Le *psoriasis* est une inflammation de la peau qui se présente, le plus ordinairement, avec tous les caractères du type chronique. Il est assez commun chez le chien, offrant cela de particulier qu'il devient facilement herpétiforme.

Causes. — On ne lui reconnaît guère, en fait de cause digne d'être signalée, qu'une certaine prédisposition, chez certains individus, à le contracter spontanément. Le psoriasis, en effet, à l'inverse de beaucoup d'autres affections cutanées, n'est pas contagieux.

Symptômes. — A son début, le psoriasis se présente sous la forme de simples élevures à bords peu proéminents, irrégulières, et susceptibles de se transformer bientôt en plaques squameuses d'un aspect nacré. Plus tard, il communique à la peau une dureté, ou consistance telle, qu'elle donne, par le toucher, la sensation d'un corps sec et rugueux.

Dès ce moment, les squames sont très épaisses, peu adhérentes, et très abondantes. Aussi les malades, lorsqu'ils se grattent, les détachent-ils avec une extrême facilité, et en remplissent-ils leur litière.

Pronostic. — Cette affection est sans gravité aucune ; le seul inconvénient qu'on puisse lui reprocher, c'est une ténacité telle, que sa guérison est toujours lente et difficile à obtenir.

Traitement. — Les bains émollients ; les bains de son légèrement alcalins ; la glycérine iodée ; les lavages au savon goudronné doivent former la base du traitement.

On fait souvent alterner, avec ces agents, les purgatifs légers ; et l'on s'en trouve ordinairement bien.

PUCE. — **Caractères**. — La *puce* du Chien (*pulex canis*) est un insecte parasite, aptère, de l'ordre des suceurs.

Son principal caractère est d'avoir la bouche armée d'une sorte de bec cylindro-conique (suçoir), dont elle se sert pour pomper le sang de l'animal, en l'enfonçant dans les couches les plus superficielles de la peau.

Cet insecte est pourvu, en outre, de trois paires de pattes. Les deux postérieures, parfaitement semblables entre elles, servent à la marche, tandis que la première paire, qui s'insère presque sous la tête, est, avant tout, disposée pour le saut.

La femelle est beaucoup plus grande que le mâle. Elle pond une douzaine de petits œufs, qui ne tardent pas à donner naissance à des larves d'une très grande ténuité, offrant la plus grande ressemblance avec de petits vers blancs. Au bout de dix à douze jours, lesdites larves deviennent des insectes parfaits, après toutefois s'être renfermées préalablement dans une coque soyeuse, et s'y être transformées en chrysalides.

Les puces constituent la vermine la plus commune du chien. Ce dernier en est souvent couvert pendant la saison d'été principalement, et souffre beaucoup de leurs piqûres. On le voit, alors se gratter, se frotter, se rouler par terre, se mordiller la peau avec une sorte d'acharnement à l'aide de ses dents incisives, et revenir sans cesse à la charge.

Pour débarrasser les chiens des puces, on a surtout recours aux soins de propreté. A cet effet, on leur fait prendre des bains de rivière, sinon des bains d'eau de puits, en les plongeant dans un baquet d'une capacité suffisante ; et, pendant qu'un aide les tient immobiles dans l'eau, on les lave avec du savon de goudron, après quoi, on les peigne en se servant d'un peigne fin. Il est souvent nécessaire de recommencer deux ou trois fois la même opération.

Si l'on veut prévenir le retour des puces, et préserver les chiens d'une nouvelle invasion, il faut avoir grand soin de battre et secouer les tapis sur lesquels ils ont l'habitude de se coucher ; de renouveler fréquemment la litière dans les niches ; et d'y répandre des poudres insecticides récemment préparées. Ce sera également une excellente précaution que de laver les murs des chenils à l'eau bouillante et au savon noir, en faisant usage d'une brosse de chiendent ; et, lorsqu'ils sont secs, de les asperger avec de la benzine non rectifiée.

RACES DU CHIEN. — Le genre *vulpien*, en zoologie, comprend plusieurs *espèces*, dont l'une, l'*espèce canine*, est assurément la plus digne d'intérêt, à quelque point de vue que l'on se place. Les naturalistes l'ont subdivisée en un certain nombre de *races* bien déterminées. Essayons d'en faire connaître, en quelques lignes, et l'origine, et les principaux caractères.

Qu'entend-on d'abord, par le mot *race*; et quel est le sens rigoureux qu'il convient de lui assigner?

Pour tous les zootechniciens, la *race est une division de l'espèce.*

Elle se compose de l'ensemble des individus qui, sans aucune exception, se ressemblent, non seulement par leurs caractères spécifiques propres, mais encore par la taille, les formes extérieures, telles que celles de la tête et des oreilles ; par les caractères de la robe (poils et couleur) ; par l'aptitude à rendre certains services, etc. ; et, en particulier, par la *faculté de pouvoir se reproduire indéfiniment*, quelle que soit la dissemblance qui pourrait exister entre les reproducteurs, soit qu'on les considère au point de vue de leur conformation extérieure, soit qu'on les étudie à celui de leur tempérament, ou de leur acabit.

Cette fécondité indéfinie des races, invariablement héréditaire chez elles, est assurément un des plus beaux apanages qu'elles possèdent. Personne n'ignore, en effet, que les genres ne peuvent pas engendrer les uns avec les autres ; et que les espèces d'un même genre, lorsqu'elles se croisent utilement, ne produisent jamais que des *hybrides*, c'est-à-dire des êtres ou absolument inféconds, ou d'une fécondité très limitée.

L'infécondité du croisement des genres tout aussi bien que des espèces, d'une part ; et, d'autre part, au contraire, la fécondité permanente des produits qui résultent du croisement des races appartenant à une seule et même espèce, ainsi que les précieux avantages qui s'y rapportent, n'ont pas échappé à la sagacité ni des zootechniciens, ni des éleveurs. Cela devait être, et, aujourd'hui, les uns et les autres savent les utiliser avec le plus grand succès, toutes les fois qu'ils se proposent de créer des races nouvelles, ou qu'ils se bornent, seulement, à perfectionner certaines qualités que possèdent déjà les races anciennes.

Ce serait ici le cas, remontant à l'origine des races, de chercher minutieusement comment elles se sont formées. Ce sujet d'étude est incontestablement des plus intéressants. Mais le dictionnaire cynolygique n'étant pas un ouvrage consacré à la science spéculative, nous croyons être tout à fait dans notre rôle en nous contentant de dire que, en ce qui concerne l'espèce canine, les races qu'on y remarque se sont formées, sans qu'on puisse rien affirmer cependant à cet égard : les unes, par la seule puissance des agents climatériques ; les autres, sous l'influence des agents hygiéniques ; et un très grand nombre, par l'intervention du croisement et de l'hérédité. C'est, d'ailleurs, ce que nous allons essayer de faire voir dans l'esquisse que nous donnons des principaux caractères distinctifs des races de chien les mieux connues et les plus utiles.

RACES TYPES DE CHIEN. — Combien existe-t-il de races types dans l'espèce canine? Il n'y a qu'une réponse applicable à cette question : c'est que les races de chien se sont tellement multipliées depuis nombre d'années déjà, que nous ne pouvons mieux faire, pour éviter les confusions, que de nous en tenir à celles qui font réellement souche, et dont toutes les autres ne sont évidemment que des dérivés.

On compte quatre races types, ou primordiales, dans l'espèce canine : 1° *Le chien de berger* ; 2° *Le chien mâtin;* 3° *Le chien dogue de forte race ;* 4° *Le chien courant.*

1° *CHIEN DE BERGER.* — **Caractères**. — De l'avis des naturalistes les plus autorisés, le *chien de berger* paraît être le type primitif de toute race canine. Il est de taille moyenne, au corps allongé, aux oreilles droites et courtes, à la queue touffue, horizontale ou relevée en haut, aux poils longs, fauves ou noirâtres.

Son aptitude à conduire les troupeaux de bœufs ou de moutons est des plus remarquables. Nul autre chien ne saurait lui être comparé, sous ce rapport. Il est généralement peu sensible aux caresses ; et, malgré cela, il est très docile et très attaché à son maître. Sa sobriété ne laisse, non plus, rien à désirer.

Variétés de chien du berger. — Il en existe en France, et surtout à l'étranger, un assez grand nombre. Parmi les variétés françaises, on peut citer, comme particulièrement remarquables et précieuses, celle du *chien de Brie,* et celle du *chien gardeur de moutons,* ainsi qu'on la désigne.

Les variétés étrangères sont plus nombreuses que les françaises : *Le chien des hottentots;* le *chien de Laponie, le chien-loup, le chien d'Islande et celui de Sibérie,* en sont les principaux types.

Nous possédons encore en France deux sous-variétés : *Le chien de montagne,* et le *chien du Saint-Bernard,* aussi connus et appréciés l'un que l'autre. Le premier est un métis du chien de berger et du mâtin; et le second, un chien de montagne que les soins de l'homme ont perfectionné. C'est du moins l'opinion des naturalistes.

2° *CHIEN MATIN.* — **Caractères**. — On reconnaît le *mâtin* à sa tête grosse, à sa lèvre supérieure lâche, à ses oreilles demi-pendantes, à ses jambes hautes, à sa queue recourbée en haut, à son poil qui est court, et, enfin, à son pelage qui est varié.

Aussi ardent et courageux que solidement constitué, il brave le loup et le sanglier. C'est le mâtin dont on arme le cou d'un collier de fer, ou de cuir, hérissé de pointes longues et aiguës.

Ce type particulier paraît être un dérivé du chien de berger, qui, transporté des contrées froides dans les pays tempérés, se serait dépouillé, avec les années, de ses caractères primitifs pour revêtir ceux du mâtin, ainsi qu'on vient de voir, soit même du dogue, dont il est question plus loin.

Sous-variétés du mâtin. — Du chien mâtin, sont issues plusieurs variétés, en particulier : 1° Le *grand Danois* et le *Danois moucheté*, deux variétés qui tendent à disparaître l'une et l'autre, et que l'on affirme s'être formées en Danemark principalement, où le mâtin aurait été transporté ; 2° Les différents *Levriers*, qu'on trouve partout en France, en Angleterre, et en Italie principalement.

Les individus de cette seconde catégorie se sont, paraît-il, formés dans des régions du globe très différentes. Les uns nous viennent de l'Orient, les autres du Midi où, sous l'influence prolongée et invariable de la température, ils ont acquis la taille plus ou moins grande, svelte et légère qui les caractérise. A ce compte, il aurait suffit d'un simple changement de climat pour faire subir au mâtin ces étonnantes métamorphoses.

3° *CHIEN DOGUE.* — **Caractères**. — Le type dogue offre des caractères qui ne trompent personne, pas même les derniers des connaisseurs.

Le dogue, de taille élevée, a le corps gros, la tête presque ronde, le museau gros et court, le nez retroussé, les lèvres pendantes, les oreilles rabattues à leur sommet, la queue relevée et recourbée, le poil ras et de couleur fauve. Cette teinte, cependant, est susceptible de varier.

De tous les chiens, c'est le plus gros, le plus robuste et le plus fort. C'est aussi de lui, et pour ce motif, que les bouchers et les geôliers se servent de préférence à tout autre.

On ne paraît pas être bien fixé sur l'origine du dogue. Pour les uns, il proviendrait de l'accouplement du mâtin et du bull-dogue ; pour les autres, il ne serait rien autre chose que le chien de berger modifié par l'influence d'un climat modéré, en même temps que par des accouplements raisonnés et judicieusement dirigés.

Il en serait, dit-on, aussi de même du *Carlin* ou *Mopse*, qui n'est qu'un dogue de moyenne stature, et du *Doguin* qui, quoi que plus petit que le Dogue, en présente exactement la conformation.

Variétés du dogue. — Le dogue a produit une variété principale, le *Boule-Dogue*, et trois principales sous-variétés, le *Grand-Dogue*, le *Terrier-Bull*, et le *Roquet*.

Boule-dogue. — Il résulte du doguin qu'on est parvenu à transformer en boule par des accouplements méthodiques. C'est aux Anglais qu'on le doit.

Le Boule-Dogue est le plus court et le plus trapu des animaux de sa race. Il est remarquable en ce que sa mâchoire inférieure, proéminente, laisse voir les dents incisives dont elle est armée.

Sous-variétés. — 1° **Grand-Dogue**. — Le Grand-Dogue est un métis.

2° **Terrier-Bull**. — Double métis engendré par le boule-dogue et le terrier. Il est de petite taille, et solidement constitué. Sa tête est ronde et son poil ras. La couleur de sa robe est variable. On a l'habitude, partout où on l'élève, de lui couper la queue et les oreilles.

3° **Roquet**. — Cet animal très dégénéré, le roquet, est de petite taille ; il a la tête grosse et ronde, et les yeux saillants. Ses oreilles sont pendantes, son poil est ras, et d'une couleur extrêmement variable.

4° *CHIEN COURANT*. — **Caractères**. — Tout le monde connaît le chien courant. Il a le corps long, la tête grosse et ronde, le museau gros et long, les oreilles longues et pendantes, et la queue relevée. Son poil est ras, de couleur blanche avec des taches dont les nuances sont très variables. Il est doué d'un odorat exquis. C'est assurément le plus docile, le plus intelligent des animaux de son espèce.

Le chien courant sert à former les meutes que l'on dresse, suivant le genre de chasse auquel on les destine, à forcer le lièvre, le chevreuil, le cerf ou le sanglier.

Variétés. — Le **Braque** et le **Basset**, qui ne forment, avec le chien courant, qu'un seul et même type, diffèrent de ce dernier :

1° Le **Braque**, en ce qu'il a le museau plus court, les oreilles plus ou moins longues, un peu redressées à la base, les jambes plus longues, et la queue plus courte ;

2° Le **Basset**, en ce que ses pattes sont très courtes et souvent tordues, ses oreilles longues et tombantes, et le nez souvent fendu.

Considérés comme chasseurs, le braque est éminemment apte à chasser en plaine et dans les marais ; tandis que, dans les bois, sur les terrains couverts, le basset excelle dans la chasse du renard, du blaireau et du lapin.

3° **Épagneul**. — L'épagneul s'est formé en Espagne. C'est le chien courant transformé par les agents climatériques. De taille très variable, il a la tête ornée d'oreilles larges, longues, et par conséquent tombantes. Son pelage est fin et soyeux, offrant toutes sortes de nuances, et sa queue, en panache flottant, est constamment relevée. Il est bon chasseur.

L'épagneul, croisé avec différents types de chiens, a donné le *Barbet* ou *Caniche*, le *Griffon*, le *Bichon*, le *Terre-neuve*, le *Terrier* ou *Renardier*, etc., etc.

Le **Barbet**, un des plus intéressants parmi ces derniers métis, a la tête grosse et ronde, le museau court, les formes ramassées, la queue comme écourtée, les poils longs et frisés, le pelage blanc plus ou moins tacheté de noir.

Les individus appartenant à ce type particulier sont tous d'une remarquable intelligence, et excellents nageurs.

Le **Chien de Terre-Neuve**, métis issu du mâtin et du barbet, est de grande taille, au poil long, soyeux, noir et taché de blanc, ou blanc et taché de noir. Il a la queue relevée en panache.

Doué d'une très grande douceur, très attaché à son maître, ce métis particulier est, de plus, un très bon nageur. Son instinct le porte naturellement à se jeter à l'eau pour sauver les personnes qui se noient. Tous les jours, il donne des preuves de son habileté à cet égard.

Nous passons sous silence un grand nombre d'autres races de chiens, dont la connaissance n'importe guère qu'au seul naturaliste.

RAGE. — **Définition**. — La *rage* est une maladie spécifique et contagieuse, caractérisée par des crises nerveuses, au cours desquelles, le malade inconscient, en quelque sorte, se jette soit sur les hommes ou les animaux, qui se présentent sur son passage, pour les mordre à belles dents, soit sur les menus corps bruts, qui s'offrent à lui, pour les avaler.

Cette maladie très commune chez le chien, peut aussi se développer chez tous les animaux des deux genres *canis* et *felis*, c'est-à-dire chez le loup, le chacal, le renard, le chat, le tigre, etc.

Division. — On distingue deux sortes de rages : 1° la *rage furieuse*, subdivisée elle-même en *rage spontanée* et en *rage communiquée*; 2° et la *rage mue* ou muette.

Causes. — **Rage spontanée**. — Quoique peu de maladies, envisagées au point de vue de leur étiologie, aient été mieux

étudiées que la rage; bien qu'aucune d'elles ait provoqué plus
de minutieuses recherches et fait naître plus de savantes dissertatations, il en est peu, cependant, dont l'origine, aujourd'hui encore, soit entourée d'une plus grande obscurité, peu dont les
causes primordiales, afin d'être plus explicite, soient aussi incertaines.

Est-il bien utile, alors, s'il en est réellement ainsi, de discuter
les diverses opinions émises par les auteurs qui s'en sont occupés, et de pondérer les considérations, plus ou moins contestables, sur lesquelles ils s'appuient? Nous ne le pensons pas. Un
semblable travail nous paraît, dans l'état où se trouve actuellement encore l'étiologie de la rage, présenter trop de difficultés
pour que nous nous y attardions. Nous nous bornerons donc à
ne signaler, et uniquement encore pour les seuls besoins de l'histoire, parmi les influences morbifiques, que celles qui ont paru,
à tous, présenter au moins les apparences d'une probabilité quel
que peu sérieuse.

On a imaginé de faire dériver la rage de la privation des aliments et de l'eau, ou de leur mauvaise qualité; de la privation
de la liberté; de la non satisfaction des besoins génésiques; du
sexe des animaux; des climats, des chaleurs et du froid excessifs;
des mauvais traitements, etc., etc. Malheureusement, ces hypothèses pèchent toutes par la base; elles manquent, d'une manière
à peu près absolue, de preuves ou solidement établies, ou tout
au moins suffisamment nombreuses pour défier toute espèce de
réfutation.

Suivant quelques pathologistes, les chiennes, par exemple, ne
seraient jamais atteintes de *rage primitive;* les mâles seuls jouiraient du triste privilège de la contracter : pure visée sans consistance. De nombreuses observations recueillies avec le plus
grand soin par différents auteurs, et sous différents climats, ont
fait pleine et entière justice de cette opinion. Personne n'y croit.

Pour d'autres, les fortes chaleurs de l'été, de même que les
hivers rigoureux, seraient de nature à jouer un rôle prépondérant dans son évolution. Erreur encore des plus évidentes. Le
fait est, que la maladie se manifeste dans toutes les saisons de
l'année, au printemps et en automne, tout aussi bien qu'aux
époques de chaleur ou de froid. On l'observe même, quelquefois,
plus fréquemment dans certaines années à température modérée,
que dans certaines autres ou très chaudes, ou très froides. A
Paris, l'hiver de 1885-86 a été exceptionnellement bénin; malgré

cela, les mois de décembre et de janvier y ont été signalés, presque tous les jours, par des cas de rage parfaitement caractérisés. Ont-ils été spontanés, ou communiqués? peu importe, là n'est pas la question. La statistique en fera peut-être connaître plus tard l'origine. Mais continuons.

Que dire maintenant, en particulier, des besoins génésiques inassouvis? On a attaché, en tout temps, une grande importance à ce fait; et, aujourd'hui encore, beaucoup sont imbus de cette croyance qu'il est le point de départ de toute rage spontanée. Cependant, toutes les preuves à l'appui sont d'une insuffisance qui frappe les moins difficiles. Il y a plus, elles sont même si peu péremptoires, que grand nombre de praticiens, et des plus autorisés, n'hésitent pas aujourd'hui à l'attribuer à la contagion, à la morsure, en d'autres termes. Cette affirmation ne tranche pas, toutefois, la question en litige; *adhuc sub judice lis est*

D'ailleurs, les probabilités fussent-elles favorables aux partisans de la dernière des doctrines incohérentes dont il vient d'être question, qu'il y aurait encore lieu de leur demander quelle idée ils se font de la génésie, du mode de formation du virus rabique, par la simple privation du coït, dans un organisme où il ne s'était jamais montré auparavant.

Du moment qu'il n'existe que des opinions, et point de preuves péremptoires, le chien serait-il donc prédisposé à contracter spontanément la rage, et à fabriquer de toutes pièces, à engendrer son principe virulent et contagieux, sous l'influence de causes qui nous échappent encore aujourd'hui? Ce fait nous paraît difficile à accepter.

Il doit, à notre avis, en être du mode de génération du virus rabique, comme de celui de la clavelée, chez le mouton; de celui du sang de rate, chez le même animal; de celui du vaccin, chez les animaux de l'espèce bovine; de celui de la morve, chez le cheval. Comment ces différents virus prennent-ils spontanément naissance dans un organisme sain? A quel genre de fermentation chimico-vitale doivent-ils leur existence? C'est ce qui n'a pas encore été dit jusqu'à aujourd'hui; c'est ce que l'on découvrira peut-être un jour. On ne doit désespérer de rien.

En somme, tout porte à croire que les animaux appartenant aux genres *canis* et *felis* ne peuvent devenir spontanément enragés. A cet égard, le chien, en particulier, nous en donne des preuves journalières. Il nous paraît difficile d'infirmer victorieusement cette assertion.

Pour ce qui est de la rage *communiquée*, son qualificatif en fait connaître absolument l'origine. Par conséquent nous passons outre sans nous arrêter.

Siège du virus rabique. — La salive du chien enragé, *pendant les accès de la maladie*, est incontestablement le véhicule du virus rabique. Elle en est, alors, plus ou moins chargée, plus ou moins saturée. Entre deux crises, dans l'intervalle qui les sépare, au contraire, la même salive devient inerte, et perd toute sa virulence. Elle paraît, en outre, dépouiller une partie notable de son activité, lorsqu'elle reste incluse dans la gueule de l'animal, c'est-à-dire lorsqu'on ne la voit pas s'en échapper sous la forme de bave mousseuse ou filante.

Avant les remarquables recherches auxquelles vient de se livrer tout récemment M. Pasteur, on ignorait complètement en quel endroit de l'organisme avait fait élection de domicile le virus de la rage, le lieu précis où il se tenait pour ainsi dire caché. On ignorait, par conséquent, celui où il fallait aller le recueillir, lorsqu'on voulait le faire servir à des expériences suivies, destinées à éclairer la science. Aussi, n'y a-t-il rien de surprenant, si les inoculations du sang, ou de tout autre liquide, tentées par les premiers expérimentateurs, ont été fatalement frappées de stérilité ; et si elles n'ont jamais donné de résultat qui pût satisfaire. Il n'en est plus de même aujourd'hui ; le refuge où se condense le virus rabique n'est plus à découvrir, il est connu ; l'éminent expérimentateur, à force de patience, l'a enfin trouvé. L'agent virulent, quel que soit l'animal sur lequel on expérimente, se cantonne dans la pulpe du cerveau ainsi que dans la substance nerveuse rachidienne ; et s'y accumule, en les imprégnant profondément.

Suivant l'ordre naturel des choses, cette précieuse découverte ne pouvait, et ne devait être qu'un acheminement à d'autres résultats non moins précieux qu'elle, non moins inespérés. C'est ce qui, en effet, n'a pas manqué d'arriver.

Culture du virus. — Poursuivant ses investigations avec l'inébranlable persévérance qu'on lui connaît, l'illustre savant n'a pas tardé à constater, et à établir deux nouveaux faits d'une valeur capitale : le premier, que l'élément virulent de la rage acquiert, par des inoculations méthodiquement combinées, une activité supérieure à celle du virus résultant des morsures des chiens des rues ; le second (fait, celui-là, qui constitue le couronnement des travaux impérissables de M. Pasteur), que le venin cultivé, malgré la redoutable activité qui le caractérise, est précisément celui qui est doué de l'incroyable propriété de préserver de la rage hommes et animaux, même les sujets qui ont été plus ou moins grièvement blessés par la dent de chiens manifestement enragés ; à la condition, toutefois, hâtons-nous de le dire, qu'on l'inocule en suivant certaines précautions que nous indiquerons plus loin tout à l'heure.

Incubation. — Rien de plus variable que la durée de l'incubation du virus de la rage inoculé par la dent du chien. Ajoutons, avant de passer outre, qu'elle n'est pas la même chez le chien et chez l'homme.

Il est au su de tout le monde que, chez le chien, le virus rabique manifeste ordinairement ses effets au bout de neuf à quinze, à dix-huit jours, quelquefois par exception, après un, trois ou quatre mois.

Chez l'homme, au contraire, que cela tienne soit à sa constitution particulière, soit à son impressionnabilité excessive, lorsqu'il est obsédé par la pensée du danger qui le menace, le même virus, provenant du même animal, produit beaucoup plus promptement ses ravages.

Il paraît cependant (fait demeuré inexpliqué jusqu'à ce jour) que le principe contagieux de la rage peut aussi rester emprisonné et inerte dans l'organisme humain pendant deux années entières ; et, à un moment donné, tout à fait imprévu, se réveiller terrible et foudroyant sous la seule influence d'une émotion profonde, d'un simple souvenir, ou d'une nouvelle pénible.

On raconte, à cet égard, plusieurs événements qui, en raison des caractères d'authenticité dont ils sont revêtus, semblent justifier pleinement cette croyance.

Symptômes. — Au début, lorsque les premiers symptômes apparaissent, les animaux ne manifestent encore aucun signe significatif qui soit de nature à inquiéter sérieusement, à alarmer leurs maîtres. Il arrive même souvent qu'ils semblent affecter de s'approcher d'eux avec plus d'empressement que d'habitude, et de se coucher à leurs pieds, comme pour leur demander des caresses.

Mais, pour peu que l'on ait des soupçons sur leur nouvel état, on ne tarde pas à remarquer : qu'ils sont inquiets ; qu'ils fuient le bruit et le mouvement ; mettent leur queue entre les jambes ; se cachent avec empressement, sans cause connue, sous les lits ou les meubles des appartements ; s'y tapissent et y séjournent plus ou moins de temps complètement immobiles. A partir de ce moment, ils commencent à refuser le morceau de pain qu'on leur jette, ou la nourriture qu'on leur présente à l'heure ordinaire de leurs repas.

Un peu plus tard, un besoin impérieux de locomotion s'empare des malades, et les tient si impérieusement en éveil, que leur agitation excessive prend, dès lors, un caractère inquiétant pour tout le monde. C'est ainsi qu'on les voit, tantôt sortir brusquement de la cachette où ils se tenaient blottis, et y retourner aussitôt ; tantôt se précipiter sur les tapis qui meublent les chambres, et les déchirer en les secouant avec violence ; ou bien mettre leur litière en désordre, quand il se trouvent enfermés dans leur niche.

S'il arrive, par hasard, qu'ils reposent pendant quelques instants, leur sommeil est agité par des rêves ; et il n'est pas rare de les voir se dresser tout à coup sur leurs pattes pour faire un bond, et, plus souvent, pour mordre dans l'air, comme s'ils y voyaient un objet qui les inquiète.

Cette période, ou phase, de la maladie précède de très peu de temps les accès proprement dits de la rage. Trois ou quatre jours, en effet, après l'invasion de la maladie, l'attitude des animaux prend un caractère étrange. Leur regard, vif et brillant, a quelque chose de menaçant et de féroce ; et leur appétit, complètement dépravé, les porte, non seulement à refuser absolument leur nourriture habituelle, mais encore à se jeter, de préférence, et à dévorer toutes sortes de corps étrangers : des fragments de bois, de cuir, des chiffons, de la paille, de la corne, etc., etc., que l'on trouve toujours, à l'autopsie de leurs cadavres, accumulés dans leur estomac.

Un autre symptôme non moins pathognomonique que la dépravation du goût, est celui de la modification profonde que l'on constate invariablement dans le timbre de leur voix. L'aboiement est désormais remplacé par un hurlement d'un type tout particulier. Pour le pousser, les animaux élèvent la tête, portent le nez en l'air, et, dans cette attitude, font entendre un cri rauque, bref et voilé, qui se termine brusquement par un hurlement prolongé sinistre, ressemblant assez à un cri d'angoisse ou de détresse. Il suffit de l'avoir entendu une seule fois, pour diagnostiquer la rage, sans hésitation, lorsque, de près ou de loin, il vient à nouveau frapper notre oreille.

A partir de ce moment, et presque toujours, on voit les chiens se gratter la gorge avec leurs pattes, comme s'ils cherchaient à se débarrasser d'un corps étranger qui s'y serait engagé profondément. Beaucoup de personnes tombent elles-mêmes dans cette erreur, lorsqu'elles constatent ce symptôme. Mais ce qui est beaucoup plus grave, pour elles, que l'erreur, c'est qu'elles ont trop souvent la malheureuse idée de vouloir explorer, sans précaution, la gorge de leur animal malade, s'exposant ainsi, par une imprudence inconsciente, au plus grand des dangers, à l'inoculation du virus rabique, à la mort en un mot.

Arrive, enfin, le jour où la rage atteint la période ultime d'acuité. On s'en aperçoit facilement à ce que les malades refusent définitivement de boire, et deviennent définitivement hydrophobes, comme on dit vulgairement. (Ils ne boivent plus, il est vrai; non pas qu'ils soient hydrophobes, mais parce qu'il leur est désormais impossible de boire.)

C'est dans ce nouvel état de surexcitation nerveuse que s'éteignent, chez les malades, toutes leurs facultés instinctives; et que, poussés par un besoin irrésistible de mordre, ils attaquent indistinctement tout ce qui s'offre à eux. Sont-ils alors enchaînés, et enfermés : ils saisissent leur chaîne entre leurs dents, ou dévorent les barreaux de leur cage. Sont-ils, au contraire, en liberté : la queue serrée entre les pattes de derrière, le poil hérissé, la gueule béante et remplie de salive filante, le regard étincelant, ils s'élancent hors de la maison de leurs maîtres; se précipitent en courant dans toutes les directions; et, s'ils rencontrent, sur leur passage, des hommes ou des animaux, des chiens, ils les attaquent; s'acharnent après eux; les déchirent et leur infligent de profondes et dangereuses blessures.

Il est digne de remarque que les chiens enragés se jettent de préférence sur les individus appartenant à leur espèce, et, qui plus est, que leur vue seule suffit pour provoquer chez eux de violentes crises de rage; tandis que, d'autre part, signe non moins caractéristique, chiens grands et petits, sains, forts, vigoureux, hardis ou poltrons, quels qu'ils soient, fuient visiblement terrifiés, aussitôt qu'ils aperçoivent, de loin, les enragés venir à leur rencontre.

C'est vers le cinquième jour après son invasion, que le virus produit ses derniers ravages chez les sujets qui en sont atteints. La sensiblilité, chez ces malheureuses bêtes, n'est pas seulement émoussée, elle est complètement éteinte. On peut, dès lors, leur présenter, sans les intimider, soit des tisons embrasés, soit des barres de fer rougies au feu; et, ce qui est plus effrayant encore, on les voit se précipiter dessus, et les mordre hardiment sans manifester la moindre douleur.

Cette dernière phase de la maladie est invariablement de courte durée. Arrivent bientôt, en effet, les symptômes d'une paralysie générale qui, dans l'immense majorité des cas, doit terminer ces crises et ces angoisses. Elle envahit d'abord le train postérieur, gagne rapidement le train antérieur, et, conséquence ultime de cette suprême attaque, amène l'asphyxie à laquelle succombent les malades.

Pronostic. — Malgré les moyens que, depuis les travaux de M. Pasteur, possède la science pour prévenir l'invasion de la rage, le pronostic n'en est pas moins des plus fâcheux. On ne doit jamais hésiter à sacrifier impitoyablement, non seulement les animaux atteints de rage confirmée, mais tous ceux qui ont été mordus, ne l'eussent-ils été que légèrement, et bien que, pour ce motif, ils ne soient encore que suspects de cette terrible maladie.

Autopsie. — L'autopsie des chiens enragés, suivant les conditions dans lesquelles se trouve placé l'homme de l'art appelé à la faire, peut le conduire à deux résultats très différents l'un de l'autre : ou bien elle vient confirmer l'opinion non contestable que l'on s'est déjà faite, *de visu* ou *de auditu*,, sur le genre de maladie qui a déterminé la mort de l'animal ; ou bien, lorsqu'il manque de renseignements suffisants, elle ne fait que procurer à son diagnostic les principaux éléments dont il a besoin pour l'éclairer, et lui permettre, ensuite, de se prononcer d'une manière affirmative ou négative.

Ce que l'on doit constater, en premier lieu, à l'ouverture des cadavres : c'est l'état de l'arrière-bouche, du pharynx, de la glotte, du larynx, etc. Chez tous les chiens morts de rage, ces organes sont ordinairement violacés, épaissis, et plus ou moins fortement injectés.

Quoique assez significatives déjà par elles-mêmes, ces altérations, cependant, et il faut bien en faire l'aveu, n'ont pas la valeur absolue qu'on serait tenté de leur attribuer. Loin d'être essentiellement caractéristiques de la rage, elles sont aussi le partage d'une foule d'autres maladies des premières voies respiratoires ou digestives ; et, pour ce motif, n'ont réellement qu'une importance tout à fait relative.

Après l'examen des organes précités, vient l'exploration de

l'estomac. Suivant les données des observations pratiques, on ne le consulte jamais en vain. A cet égard, et de l'avis des vétérinaires les plus autorisés, lorsqu'on y rencontre réunis, amalgamés en quelque sorte, toute espèce de corps bruts, plus étrangers les uns que les autres à l'alimentation : cailloux, bois, paille, charbon, fragments de cuir ou de corne, etc., le doute n'est guère permis ; on est parfaitement fondé à trouver, dans ce fait particulier, une très forte présomption, sinon la certitude que le sujet est bien mort enragé.

D'ailleurs, si pour répondre à un besoin sérieux, il y avait nécessité de fixer définitivement ses idées par l'expérimentation directe, on pourrait détacher sur le cadavre quelques lambeaux de moelle épinière ; et s'en servir pour pratiquer des inoculations sur un certain nombre d'animaux sains.

Traitement. — Tout chien enragé, et même tout chien qui a été mordu ou roulé seulement par un chien enragé, doit être impitoyablement abattu. La loi est formelle à cet égard, et n'admet aucune exception ; personne n'est autorisé à s'y soustraire. Pour ce motif, nous n'avons pas, ici, à nous occuper du traitement de la rage chez les animaux de l'espèce canine.

Mais que dire de l'homme, et des soins qu'il réclame lorsqu'il vient d'être mordu ? Nous répondrons à cette question que la cautérisation au fer rouge, *immédiatement pratiquée après l'accident*, est, sans conteste, le meilleur moyen préservatif auquel il convient d'avoir recours tout d'abord. On peut même affirmer que, seule, elle suffit pour détruire le virus rabique, quand il est encore dans la plaie ; et que, de ce fait, il n'a eu le temps ni d'être absorbé, ni de se mêler au sang de la circulation générale.

La cautérisation, déjà si puissante par elle-même, peut facilement être rendue plus efficace encore, par une opération préliminaire des plus simples : commencer par faire saigner la morsure. Pour cela, après avoir débridé largement la plaie, on la lave d'abord, à plusieurs reprises, avec de l'eau tiède ; et, pendant qu'un aide intelligent la déterge et l'éponge, on la presse circulairement dans tous les sens afin de favoriser un abondant écoulement de sang.

Aussitôt que cette petite opération est terminée, aussi promptement et aussi exactement que possible : on s'arme, sans retard, d'un fer quelconque chauffé au rouge ; et on l'enfonce profondément au milieu des déchirures de la plaie, en ayant soin de le faire pénétrer jusque dans les plus petites anfractuosités. La cautérisation, à l'aide de la teinture d'iode, paraît aussi produire de très bons effets, l'iode détruisant cliniquement le virus.

On pourrait, à la rigueur, s'en tenir à ces moyens aussi sûrs qu'ils sont énergiques. Mais depuis les découvertes de M. Pasteur, c'est un devoir, et, qui plus est, un devoir qui s'impose, de compléter ce premier traitement par les inoculations successives du virus rabique cultivé qui lui ont si bien réussi, et qui n'attendent que le moment de s'universaliser.

Inoculation de la rage par le procédé de M. Pasteur. — Marche à suivre pour rendre un chien réfractaire. — Lorsqu'on veut rendre un sujet d'expérience réfractaire à la rage, il faut, conformément à la méthode Pasteur, procéder de la manière que nous allons faire connaître : 1° Dans une série de flacons numérotés, bouchant à l'émeri, et contenant de la potasse destinée à dessécher l'air qu'ils contiennent, on suspend, chaque jour, pendant quatorze à quinze jours, un bout de moelle rabique fraîche, provenant d'un lapin mort de la rage après sept jours d'incubation de cette dernière ;

2° Chaque jour, on inocule sous la peau d'un chien parfaitement sain, à l'aide d'une seringue de Pravaz, du bouillon stérilisé dans lequel on a délayé un petit fragment d'une de ces moelles, en commençant par celle dont le numéro d'ordre est le plus éloigné du jour où l'on opère, afin d'être sûr que toute virulence y est éteinte ;

3° Les jours suivants, on opère avec des moelles plus récentes, séparées les unes des autres par des intervalles de deux jours, jusqu'à ce qu'on arrive à une dernière moelle très virulente, conservée, en flacon, depuis un ou deux jours seulement.

Le chien qui a subi ces inoculations, échelonnées méthodiquement dans l'ordre précité, est devenu réfractaire à la rage. On peut désormais lui inoculer, sous la peau, le virus rabique le plus actif, sans que la maladie se manifeste et se déclare chez lui.

Plusieurs inoculations pratiquées sur différents chiens après morsures, sont déjà venues, par les résultats négatifs qu'elles ont fournis, donner raison à M. Pasteur, et confirmer ses ingénieuses expériences.

Enhardi par ces succès inespérés, M. Pasteur n'a pas tardé à tenter la guérison d'un certain nombre de personnes qui avaient été accidentellement mordues par des chiens enragés. Tout le monde, aujourd'hui, connaît les brillants succès qu'il a obtenus : et nous n'apprenons rien de nouveau en disant que le triomphe de sa précieuse découverte n'est douteux pour personne.

Procédé adopté par M. Pasteur pour rendre l'homme réfractaire à la rage. — C'est sous un pli de la peau, à l'hypochondre droit, que M. Pasteur inocule le virus rabique. Ce dernier est emprunté à une moelle de lapin mort de la rage, et conservée depuis quinze jours dans un flacon à air sec. Des inoculations semblables, au nombre de treize, se succèdent pendant dix jours consécutifs. C'est la durée du traitement auquel il convient de soumettre le patient. Dans chaque nouvelle opération, le virus à injecter doit être plus virulent que celui employé la veille. Arrive, enfin, la dernière inoculation ; celle à laquelle il est réservé de consolider l'état réfractaire préparé par les injections précédentes. M. Pasteur termine le traitement de son malade en se servant, cette fois, du virus le plus virulent que la culture puisse produire.

A partir de ce moment, tout danger résultant de la morsure des chiens enragés est définitivement conjuré, quand même le virus aurait été absorbé en quantité plus ou moins considérable. La rage n'éclate pas.

Il va de soi que les inoculations sont d'autant plus efficaces, qu'elles suivent de plus près les accidents qui les réclament.

— M. Pasteur n'est pas le seul qui se livre avec toute l'activité qu'on lui connaît à la découverte des moyens de guérir la rage. Pendant qu'à Paris, il continue et multiplie ses inoculations du virus rabique, à Nantes, deux médecins distingués, MM. Barthélemy, et Viaud-Grand-Marais, expérimentent. de leur côté, dans le même but, le *Hoang-nan*, plante originaire du Tonkin.

Les inspirateurs de ces dernières expériences ont été les récits qu'on doit à un certain nombre de missionnaires et de médecins de la marine qui, témoins ou acteurs des cures merveilleuses obtenues, par cette liane, dans le pays tonkinois, en ont propagé l'usage dans nos colonies, les Indes, et jusqu'aux Antilles.

En France, l'introduction du *Hoang-nan* date de 1875. Elle est due à Mgr Gauthier, vicaire apostolique au Tonkin méridional.

L'efficacité de cette plante, comme remède préservatif de la rage chez les personnes mordues par des chiens enragés, pour un certain nombre de médecins, ne semble pas douteuse; car, c'est du moins ce qu'on affirme. Sur vingt-cinq personnes mordues, puis traitées par le *Hoang-nan*, depuis 1882, par les Dr Barthélemy et Viaud, aucune n'a été atteinte de la terrible maladie.

Traitement curatif du Dr Buisson. — Le Dr Buisson qui avait été mordu par un chien enragé; et chez qui les symptômes de la rage se manifestaient déjà, s'est guérit lui-même, après cautérisation de la plaie au nitrate d'argent, par le procédé suivant :

Partant de ce fait, parfaitement établi : que les venins sont expulsés avec une très grande facilité par les sueurs abondantes; il s'est soumis à l'action d'un bain russe dont la température était de + 42° Réaumur. Sa guérison a été complète.

Comme preuve à l'appui de la théorie qu'il professe, il rappelle que le vaccin est sans effet sur un sujet vacciné que l'on fait transpirer abondamment.

Le traitement du Dr Buisson consiste : 1° à laver la plaie avec de l'ammoniaque ; 2° à faire prendre au malade sept bains russes en moyenne; 3° à lui prescrire, dans le but de le faire transpirer, 3 ou 4 litres d'infusion de bourrache — (La transpiration doit avoir lieu dans le bain même); 4° enfin, à donner au malheureux mordu, dans l'intervalle des bains, avec beaucoup de distraction, un exercice aussi vigoureux que possible.

Le Dr Buisson fait observer, pour la gouverne des médecins appelés à traiter les personnes suspectes de rage : d'abord, que cette affreuse maladie ne se développant pas avant le soixante-septième jour de l'inoculation, on a tout le temps de procéder au traitement des malades; ensuite, que la guérison est certaine le jour même de l'accident; enfin, qu'incertaine, le second, elle est impossible le troisième.

RAGE MUE. — **Définition**. — Cette forme particulière de la rage parfaitement identique à la rage furieuse, quant à la nature, est contagieuse comme elle, et, comme elle encore, fatalement mortelle. Elle n'en diffère que par deux symptômes qui se manifestent dès son invasion : la paralysie de la mâchoire inférieure et du larynx, d'une part; et le mutisme absolu du malade, d'autre part. *La rage mue ou muette* commence donc par où finit la rage furieuse. Toute la différence est là. Pour ces divers motifs, elle ne nous paraît pas demander une définition autre que celle de sa congénère.

Symptômes. — Les chiens atteints de la rage mue se présentent constamment avec la gueule plus ou moins largement ouverte, béante, et frappée d'inertie dans la mâchoire inférieure, ainsi que dans la langue. Ils ne peuvent, à cause de cela, ni boire, ni manger, ni aboyer, ni mordre. A ce dernier point de vue, ils peuvent être considérés comme étant à peu près inoffensifs.

On aurait tort, néanmoins, et nous nous empressons d'en faire

la remarque, on aurait grandement tort de les exciter. On en a
vu, en effet, plus d'une fois, non seulement fermer, alors, la
gueule, mais encore essayer de mordre.

Chez quelques malades, la salivation n'éprouve aucune modification sensible ; néanmoins, la salive est assez, quelquefois,
abondante pour sortir de la bouche et tomber à terre.

En outre, et eu égard aux symptômes fournis par l'appétence
pour n'importe quel aliment, par la soif, par l'amaigrissement
et la paralysie finale de l'arrière-train, etc., ils parcourent les
mêmes phases que dans la rage furieuse. On n'observe, ici, aucune différence.

La mort vient frapper le patient presque toujours du cinquième
au septième jour après l'invasion de la maladie.

Observation importante. — Nous nous faisons un devoir de
prévenir le lecteur qu'il ne saurait être trop prudent dans les
soins qu'il croirait devoir prodiguer aux chiens atteints de la
rage mue. Ainsi, par exemple, il fera bien de s'abstenir d'explorer le fond de leur gorge, persuadé qu'il serait qu'un os y est
engagé, et que c'est à sa présence, que les malades doivent de ne
pouvoir fermer la gueule ; ce serait s'exposer bénévolement à
être mordu.

D'ailleurs, les règlements de police prescrivant l'abatage immédiat de tout chien enragé, et même d'un animal suspect, tout
traitement, quel qu'il soit, doit être abandonné.

Ajoutons, pour terminer l'historique de la rage, que le professeur Hermann Fol en a découvert le microbe.

**RENVERSEMENT DU RECTUM, DU VAGIN, DE
L'UTÉRUS ET DE LA VESSIE.** — **Définition.** — On donne
le nom de *renversement* du rectum, du vagin, de l'utérus, de la
vessie, à la sortie, hors de la cavité qui le contient normalement,
de l'un ou de l'autre des quatre organes sus-indiqués.

Quoiqu'il existe plusieurs exemples de ces accidents, il est
juste de dire, cependant, qu'ils sont assez rares chez les animaux
de l'espèce canine ; et, puisqu'il en est ainsi, nous ajoutons, en ce
qui concerne leur description, que ce que nous avons de mieux
à faire, c'est de les grouper dans un chapitre unique, au lieu de
leur consacrer des articles distincts.

Causes. — RECTUM. — Le renversement du *rectum* se produit
principalement, et d'abord, chez les jeunes chiens d'une constitution débile ; en second lieu, chez les individus qui souffrent d'une

constipation opiniâtre ou d'une diarrhée violente ; enfin, chez ceux qui sont atteints d'entérite vermineuse, et chez tous, sans exception, lorsqu'ils se livrent à des efforts expulsifs prolongés dans le but de débarrasser le rectum des matières qu'il contient. Hors ces cas particuliers, on ne l'observe jamais.

Vagin. — Utérus. — Chez la chienne, le renversement soit du *vagin*, soit de l'*utérus*, ne se présente ordinairement que chez les primipares débiles. On l'observe encore quelquefois chez celles de ces femelles dont la matrice, pour une raison quelconque, n'est pas suffisamment fixée dans la cavité pelvienne par les ligaments utérins. Quand elle existe seule, la chute du vagin est toujours le résultat du relâchement de la cloison recto-vaginale.

Vessie. — Le renversement de la vessie n'a lieu, et ne peut avoir lieu, que chez la chienne. Il constitue, en outre, un accident tellement rare, qu'à notre avis, il est parfaitement inutile de s'y arrêter.

Symptômes. — *La chute du rectum* est facilement reconnaissable. Renversé, cet organe forme sous la queue, et à sa base, un bourrelet plus ou moins long et volumineux, rouge ou violacé, tendu, luisant à sa surface, et portant, à son centre, une petite dépression ombilicale. Très sensible aux moindres frottements, ce bourrelet oblige l'animal à tenir la queue relevée, en même temps qu'il le porte à lécher incessamment sa hernie. On voit aussi le malade se livrer, de temps en temps, à des efforts expulsifs douloureux, qu'il a beaucoup de peine à satisfaire.

Le renversement du vagin ou de l'utérus, ou des deux organes à la fois, aussi facile à constater que celui du rectum, peut être *complet ou incomplet*. Dans le premier cas, l'un ou l'autre de ces deux organes fait hernie hors des lèvres de la vulve ; dans le second cas, la hernie ne dépasse pas l'ouverture vulvaire, ou orifice vaginal, qu'elle obstrue, alors, à la manière d'un bouchon. Qu'il soit complet ou incomplet, le renversement du vagin ou de l'utérus oppose toujours un certain obstacle soit à miction, soit à l'accouplement.

Ici encore, comme plus haut, nous passons outre au renversement de la vessie.

Traitement. — Quel que soit le renversement que l'on est appelé à réduire, on devra régler le traitement qu'il réclame en tenant un grand compte de l'état récent ou ancien de l'accident. Ordinairement, un simple refoulement exercé avec le doigt, préalablement huilé, suffit pour faire rentrer l'organe hernié, et le remettre en place, lorsque le mal est récent. Mais si l'accident date de quelques jours déjà; surtout si la tumeur s'est enflammée au contact de l'air en augmentant de volume, il convient souvent de pratiquer quelques mouchetures à sa surface, afin d'en obtenir le dégorgement par une petite saignée locale. Le résultat cherché une fois acquis, il ne reste plus qu'à faire reprendre à l'organe malade la position qu'il avait perdue, et à l'y maintenir par un bandage approprié.

L'appareil qui convient le mieux, en ces circonstances, consiste en un petit colier fait d'un ruban de fil, qu'on applique sur les deux épaules en avant du thorax, et auquel sont attachées deux guides, également de fil, l'une à droite, l'autre à gauche. Chacun de ces deux derniers rubans, tendus le long du dos jusqu'à la naissance et au-dessus de la queue, se croisent à cet endroit; descendent, ensuite, au dessous d'elle pour s'y croiser de nouveau; passent, de là, entre les pattes de derrière; et remontent jusqu'au-dessus des reins, où on les noue définitivement en forme de rosette.

L'époque de la levée de l'appareil contentif n'a rien de fixe; elle est complètement subordonnée à l'état plus ou moins satisfaisant du malade. Jusqu'à l'arrivée de ce moment, on donne des aliments de facile digestion, substantiels sous un petit volume, et, au besoin, un peu relâchants; échauffants jamais.

RÉTENTION D'URINE. — ISCHURIE. — DYSURIE. — STRANGURIE. — **Définition**. — On donne ces différents noms à un état particulier de la vessie qui se traduit, de la part du malade, par une grande difficulté à évacuer l'urine qu'elle contient, lors même qu'elle se trouve fortement distendue.

Il est d'observation que les chiens mâles sont plus souvent atteints de cette affection que les femelles.

Causes. — Parmi les causes de la rétention d'urine : les unes dépendent d'un état maladif du système nerveux; les autres proviennent de la présence de corps étrangers, ou de la production de certaines tumeurs, dans la poche urinaire. La paralysie du col de la vessie, voire même de la vessie tout entière, la contraction spasmodique du col seulement, sont du nombre des premières causes; aux secondes causes, appartiennent les calculs, les polypes, etc. Les coups violents appliqués sur la région des reins, peuvent aussi déterminer, momentanément, de la difficulté dans la miction; surtout, lorsqu'ils sont suivis de l'inflammation de la muqueuse vésicale.

Chez la chienne, la dysurie peut encore être le résultat de la pression que la matrice, vers la fin de la gestation, exerce quelquefois sur l'uréthre à sa naissance.

Symptômes. — Dans le cas de strangurie intense, les malades essayent d'uriner; mais, c'est à peine s'ils peuvent évacuer quelques gouttes d'urine, en poussant quelques cris plaintifs.

On les voit, alors, marcher avec de grandes précautions; changer souvent de place; et, si l'on vient à presser le ventre au niveau de la région pubienne, témoigner une douleur plus ou moins vive. Plus tard, atteints de fièvre, ils deviennent tristes, et refusent indistinctement nourriture et boisson.

A l'exploration rectale, au moyen du doigt, on distingue très facilement, outre la distension anormale de la vessie, la présence, quand il en existe, des calculs, tumeurs ou polypes, qui obstruent le canal de l'uréthre à son origine.

Traitement. — En général, la rétention d'urine, conséquence directe et immédiate de la paralysie de la vessie, doit être tenue pour grave, et à peu près incurable.

On parvient, au contraire, facilement à guérir le malade, lorsque cette affection est occasionnée par l'état purement inflammatoire soit de la muqueuse urinaire, soit du canal de l'uréthre. Il suffit, alors, pour arriver à ce résultat, de vider la vessie en y introduisant la sonde; d'y injecter des liquides émollients; d'administrer des tisanes adoucissantes, du lait, des bouillons de tripes; et de couvrir les reins de cataplasmes. Malheureusement, l'opération du sondage, très simple et très facile, lorsqu'on l'applique à la chienne, ne se fait pas sans quelque difficulté, quand c'est sur le chien qu'on la pratique.

Dans le cas où la dysurie provient essentiellement de la présence de calculs, tumeurs ou polypes vésicaux, le sondage ne constitue qu'un palliatif insuffisant. Les moyens chirurgicaux, et l'uréthrotomie, en particulier, sont seuls capables de mettre fin à cet état. Encore, est-il vrai de dire que cette dernière opération n'est pas exempte de dangers.

En ce qui concerne la rétention d'urine, complication à peu près inévitable du spasme du col vésinal, un traitement antispasmodique méthodiquement appliqué est susceptible de succès. On peut y arriver en administrant des breuvages opiacés ou belladonés; en passant des lavements anodins; en vidant la vessie par le cathétérisme; et en y injectant des liquides dans lesquels on délaie de l'extrait de belladone, afin de provoquer le relâchement du sphincter de la poche urinaire.

RHUMATISME. — **Définition**. — Appliqué exclusivement à un état morbide particulier du système musculaire et des nerfs qui s'y ramifient, le mot *rhumatisme* est employé pour désigner une affection inconnue dans sa nature, mais caractérisée par sa mobilité, sa récidivité, et une douleur plus ou moins vive qu'exaspère, presque toujours, le mouvement des parties malades.

Division. — Les pathologistes modernes ont formé trois groupes distincts de l'affection rhumatismale. Ils la partagent en : 1° *rhumatisme musculaire ;* 2° *rhumatisme articulaire ;* 3° *rhumatisme viscéral.*

Nous ne traiterons que du rhumatisme musculaire, le seul qui ait été bien étudié chez le chien, le seul qui soit, par conséquent, bien connu en pathologie canine.

Le rhumatisme musculaire se présente : tantôt sous le *type aigu,* tantôt sous le *type chronique.*

Causes. — De toutes les influences morbifiques auxquelles il est permis de rattacher ce rhumatisme particulier, celle de l'humidité paraît être, tout à la fois, et la plus commune, et la plus dangereuse. Vient ensuite la chasse avec ses abus. Tous les chiens chasseurs, en particulier, ceux qui traquent le gibier dans les marais, et qui, dans leur entraînement, le poursuivent jusque dans les étangs, ou sur les marais ; tous ceux de ces animaux qui, lancés sur la piste de leur proie, et échauffés par la course, se précipitent aveuglement dans les eaux froides, quelquefois glaciales d'une rivière ou d'un ruisseau, tous, sans exception, y sont généralement exposés. Il en est de même des chiens de basse-cour, et des chiens de berger. Ces derniers, encore, deviennent facilement rhumatisants lorsque, préposés à la garde de la maison de leur maître pendant la nuit, ou exerçant leur surveillance autour des troupeaux qui leur sont confiés, ils remplissent leur rôle de veilleurs, en se tenant couchés en plein air, les premiers sur la pierre froide, les seconds sur la terre humide des champs.

De tout temps, enfin, le séjour dans les habitations humides, malpropres, et malsaines, a été considéré, et mérite toujours de l'être, comme une cause infaillible du développement de toutes les affections rhumatismales, et principalement du rhumatisme musculaire.

Symptômes. — 1° **Type aigu**. — Chaque fois que le rhumatisme se borne au système musculaire, le fait est digne de remarque, les régions malades ne présentent ni augmentation de volume, ni changement de coloration, ni élévation de température. Cependant, les animaux ne manquent jamais d'accuser une douleur, d'intensité très variable il est vrai, tantôt fixe, tantôt ambulante, et susceptible souvent de s'exaspérer, par le mouvement, au point de leur arracher des cris aigus, lorsqu'ils essayent seulement de se déplacer. Ils se plaignent également, soit qu'on exerce une certaine pression sur les parties, sièges du mal, soit que l'on veuille leur faire subir des mouvements un peu étendus de flexion ou d'extension.

Le rhumatisme musculaire se localise fréquemment sur l'une ou l'autre des régions de l'encolure ou des reins. Le cou, par exemple, est-il atteint, l'animal le tient raide sans pouvoir l'incliner ni à droite, ni à gauche, ni l'élever, ni l'abaisser; sont-ce au contraire les reins qui souffrent, le malade éprouve la plus grande difficulté à se lever s'il est couché, à se coucher s'il est debout sur les pattes, à remplir ses fonctions naturelles, etc.

Durée et terminaison. — La durée du rhumatisme musculaire est très variable. Il n'est pas rare de le voir persister pendant deux ou trois mois avec une sorte de ténacité presque désespérante. Quant à sa terminaison, c'est toujours par la résolution qu'elle a lieu. Malheureusement, le rhumatisme aigu est très sujet à récidiver.

Traitement. — Si la douleur est intense, on commence le traitement en appliquant des sangsues; puis, lorsqu'elles ont cessé de saigner, on emploie autour des piqûres, sous forme de friction ou d'embrocation, des pommades préparées avec la vaseline à laquelle on a incorporé ou du camphre, ou des extraits de belladone, de jusquiame, d'aconit, etc. La douleur dont s'agit n'en réclame pas d'autres.

Tout à fait au début, on retire, souvent aussi, de très grands avantages des excitants résolutifs; des sinapismes; du liniment ammoniacal ou cantharidé; des badigeonnages à la teinture d'iode; et, même, des emplâtres ou charges épispatiques.

Le rhumatisme bénin, plus facilement attaquable que le premier, cède assez promptement aux frictions légèrement irritantes d'essences de térébenthine, ou de liniment ammoniacal simple; aux applications de sulfure de carbone, de glycérine iodée, etc.

A l'intérieur, on préconise les breuvages opiacés, l'émétique, les purgatifs légers ou laxatifs, les diurétiques.

Comme moyens hygiéniques, une litière douce et molle, une habitation saine et chaude, une nourriture délayante, sont les meilleurs auxiliaires du traitement médical.

2° **Type chronique.** — Cette forme du rhumatisme musculaire est généralement l'apanage des chiens mal soignés, mal nourris, et qui n'ont, pour habitation, que des lieux humides, où l'air ne se renouvelle jamais.

Nous passons outre aux symptômes qui ne diffèrent guère de ceux que nous venons d'énumérer ; le traitement seul va nous occuper.

A l'extérieur, on prescrit les frictions irritantes ou vésicantes qu'on renouvelle avec persévérance, aussi longtemps que cela est nécessaire.

A l'intérieur, on administre les boissons calmantes, narcotiques ou légèrement excitantes ; ou bien l'on donne l'acétate d'ammoniaque dans une infusion de baies de genièvre, l'essence de térébenthine, les purgatifs salins.

Mêmes soins hygiéniques que dans le cas précédent ; rien à changer en ce qui les concerne.

ROUGET. — **Caractères.** — Le *Rouget* est la larve d'une petite araignée, le *Trombidion soyeux*, caractérisée par sa couleur rouge cramoisi. On trouve cet insecte répandu en grande quantité, à l'époque du printemps, dans tous les jardins, qu'il a hâte d'abandonner pour s'attacher à l'homme, aux enfants et au chien, aussitôt qu'il leur arrive de s'arrêter près des endroits où il stationne.

La larve du rouget, véritable acarien, de couleur rouge elle-même, presque microscopique, est pourvue de six pattes terminées par deux crochets filiformes, et porte, sur les parties latérales de la tête, deux antennes-pinces armées, chacune, d'un crochet mobile. C'est de ces deux crochets qu'elle se sert pour s'enfoncer dans les follicules pileux du chien, et s'y cramponner.

On trouve les rougets au pied des poils, réunis en nombre considérable, la tête cachée dans le sillon circulaire qui entoure chacun d'eux. Le pourtour des yeux et les oreilles sont les deux régions où ils paraissent se plaire de préférence à tout autre.

Ces insectes suscitent, quelquefois, par leur nombre, des démangeaisons tellement insupportables, qu'elles obligent les malheureux chiens à se gratter avec une véritable fureur, et même jusqu'au sang, lorsqu'ils cherchent à s'en débarrasser.

Traitement. — Tous les agents réputés insecticides conviennent parfaitement pour détruire, en peu de temps, le rouget. La benzine, qu'on peut se procurer partout, est, à cet égard, douée d'une efficacité qui la rend précieuse. Il suffit d'en déposer quelques gouttes, seulement, sur les endroits de la peau où il s'est installé, pour le faire mourir, et délivrer instantanément le malade de tous ses tourments. L'essence de pétrole, ou minérale, agit de la même manière.

SARCOCÈLE. — **Définition.** — On appelle de ce nom la tumeur cancéreuse qui envahit quelquefois, quoiqu'assez rarement, le testicule du chien.

On trouvera au chapitre que nous avons consacré au *cancer*, tout ce qui concerne le sarcocèle, soit qu'on veuille en connaître la nature intime, soit qu'on n'en cherche que le traitement.

SCORBUT. — **Définition.** — On définit le *scorbut :* une maladie anémique caractérisée par des taches livides disséminées, çà et là, sur le corps, et, principalement, par une rougeur et une flaccidité particulières des gencives qui saignent au moindre contact ; par la fétidité de l'haleine ; enfin, par la disposition des malades aux hémorrhagies passives.

Cette affection se fait observer assez fréquemment chez le chien.

Causes. — Le scorbut a presque toujours son origine dans une hygiène défectueuse, ainsi que dans l'affaiblissement général de l'organisme qui en est la conséquence inévitable et forcée. Les animaux mal nourris ; mal logés ; ceux qui habitent des chenils froids et humides ; ceux dont on ruine les forces par un travail excessif, et qui, malgré cela, ne reçoivent que des aliments de mauvaise qualité, souvent même en quantité insuffisante ; les sujets, enfin, chez lesquels existent depuis longtemps des sécrétions abondantes, en sont particulièrement atteints.

Symptômes. — Indépendamment des signes caractéristiques que contient la définition du scorbut, on constate encore, chez les malades : un vacillement très prononcé des dents ; une grande gêne dans la mastication ; la perte de l'appétit ; et, le mal continuant ses ravages, un amaigrissement accompagné d'une faiblesse, ou plutôt d'une prostration telle, qu'ils sont presque dans l'impossibilité de se mouvoir d'eux-mêmes.

Pronostic. — Traitée convenablement dès son début, cette affection peut, quelquefois, être très heureusement enrayée dans son évolution, sinon, elle ne saurait être amenée à guérison complète que dans l'espace de trois ou quatre septenaires. Le scorbut, à sa période ultime, est fatalement mortel.

Traitement. — On obtient de très bons effets de l'administration des médicaments toniques et des amers combinés ensemble. De ce nombre, sont : les vins de quinquina ou de gentiane ; les tisanes végétales antiscorbutiques au raifort ; la limonade nitrique. Des collutoires avec l'alun, sont, en outre, éminemment propres à raffermir les gencives, et à consolider les dents.

Cependant, malgré la valeur incontestable de ces différentes substances, c'est moins par les médicaments que par une hygiène bien comprise et bien dirigée, qu'on triomphe du scorbut, et qu'on remonte les malades. Aussi, après leur avoir procuré une habitation saine, chaude et convenablement aérée, est-il indispensable de les soumettre à un régime reconstituant, dont le lait et les soupes au pain surazoté forment la base ; et de leur faire prendre, en même temps, un exercice modéré au grand air et au soleil.

SQUIRRHE. — **Définition**. — Dégénérescence des tissus organiques déterminant la formation, à la longue, de tumeurs bosselées, dures, résistantes, qui ont la plus grande analogie avec le *cancer*. Nous ne pouvons mieux faire que de renvoyer le lecteur au paragraphe qui lui est consacré.

STOMATITE. — **Définition**. — On appelle *stomatite* l'inflammation de la membrane muqueuse qui tapisse l'intérieur de la bouche.

Division. — Suivant que l'on considère, dans cette affection, sa nature, d'abord, les différentes complications, ensuite, dont elle est susceptible de s'accompagner, on peut distinguer facilement quatre types, au moins, de stomatites : 1° *la stomatite simple* ; 2° *la stomatite aphteuse* (v. *Aphtes*) ; 3° *la stomatite ulcéreuse*; et 4° *la stomatite gangréneuse*.

Causes. — On reconnaît à la *stomatite simple*, la seule à laquelle nous consacrerons quelques détails dans ce chapitre, deux causes principales : 1° les brûlures profondes ou superficielles déterminées par le contact d'aliments trop chauds, lorsque, pressés par la faim, les chiens les happent avec gloutonnerie; 2° l'action érosive, sur la muqueuse buccale, des substances âcres et caustiques que rencontrent, souvent, ceux d'entre eux qui vaguent dans les rues, et fouillent, par habitude, les tas d'ordures pour y trouver leur nourriture.

Symptômes. — Les symptômes inflammatoires qui se montrent les premiers sont : une rougeur, une chaleur, et une sensibilité tout à fait anormales de l'intérieur de la bouche, avec abondante sécrétion de salive. Ordinairement, cette salive s'échappe des lèvres sous forme de bave épaisse et filante.

Un peu plus tard, au bout de vingt-quatre ou quarante-huit heures, la mastication devenue douloureuse, et, par le fait, difficile, ne se fait plus que d'une manière incomplète. On voit souvent, alors, les malades laisser tomber par terre, au moment où ils font des efforts pour les mâcher et les déglutir, une partie des aliments qu'ils ont saisis avec les dents. Il est digne de remarque, que malgré l'inflammation de la bouche, l'appétit n'a subi aucune atteinte.

Pour la *Stomatite aphteuse*, consulter le mot *aphte*.

On reconnaît la *stomatite ulcéreuse*, indépendamment des phénomènes inflammatoires ordinaires, aux plaies rebelles à la cicatrisation qu'on voit disséminées, çà et là, sur les lèvres, la langue, les gencives, etc.; en même temps qu'au liquide ichoreux, fétide et nauséabond dont elles sont imprégnées.

Dans le cas de *stomatite gangréneuse*, la langue, presque toujours atteinte la première et considérablement tuméfiée, remplit la cavité buccale tout entière, quand elle n'en sort pas par la commissure des lèvres. On constate encore qu'elle est infiltrée de gaz, froide, livide, sèche à la surface, et qu'elle exhale une odeur de décomposition putride très prononcée. (V. Gangrène.)

Traitement. — Les gargarismes, les collutoires adoucissants, le lait tiède, le petit lait, sont parfaitement indiqués contre la stomatite simple.

Contre la stomatite ulcéreuse, au contraire, on emploie de préférence les gargarismes à l'eau de rabel, et même l'eau de Rabel pure. On se sert, pour cautériser les plaies, d'un petit tampon d'étoupes imprégné de ce liquide.

Le nitrate d'argent est aussi un excellent modificateur de l'inflammation ulcéreuse. Il mérite d'être employé.

SURDITÉ. — La *surdité* est presque toujours concomitante
de la maladie des oreilles (V. *Otite*). Lorsqu'elle résulte de la
paralysie du nerf auditif, il n'y a rien à faire pour la combattre.

TÉTANOS. — MAL-DE-CERF. — Définition. — On définit *le tétanos* une irritation spécifique de la moelle épinière,
caractérisée par une augmentation de tension, et une diminution
de la mobilité dans un plus ou moins grand nombre des muscles
soumis à la volonté, ou mieux, par une contraction et une rigidité permanentes du système musculaire locomoteur.

Division. — Le tétanos se divise : 1º en *tétanos essentiel* ou
idiopathique; 2º en *tétanos traumatique*. Il peut être aussi ou *général*, ou *local*.

Causes. — En ce qui concerne l'espèce canine, on ne connaît
qu'une cause capable de faire naître le tétanos idiopathique ou
essentiel, c'est le refroidissement subit occasionné par un vif
courant d'air, ou par une immersion brusque dans l'eau froide,
lorsque les animaux se sont fortement échauffés et surexcités,
soit en chassant, soit en travaillant. Il paraît cependant qu'on le
voit quelquefois éclater, dans certaines contrées, sans cause
connue, sous la forme épizootique.

Symptômes. — Lorsque le tétanos est général, les chiens qui
en sont atteints, présentent une raideur musculaire telle, qu'ils se
tiennent debout sur leurs quatre membres, comme s'ils étaient
posés sur quatre pieux ou poteaux, et qu'ils ne parviennent à se
mouvoir qu'avec une extrême difficulté, d'une seule pièce, en
quelque sorte. Ils respirent sans que les côtes exécutent le
moindre mouvement de torsion sur elles-mêmes; ils ne peuvent
écarter les mâchoires pour prendre leur nourriture ; et, chose
remarquable, vient-on à frapper dans ses deux mains, en se plaçant à côté d'eux, pour leur imprimer un sentiment de surprise
ou d'effroi, on les voit sauter aussitôt d'un seul et unique bond,
de leurs quatre membres à la fois, et retomber sur leurs pattes
sans les fléchir. Cette maladie envahit presque toujours l'organisme tout entier.

Pronostic. — Le tétanos est difficilement curable. En général
il se termine par la mort; et les animaux qui succombent, sont
tués, simultanément, et par l'asphyxie, et par l'inanition, auxquelles ils sont fatalement condamnés.

Traitement. — Quoique la guérison du tétanos soit peu certaine, quels que soient les moyens employés pour le combattre, cependant, celui qui se manifeste chez le chien, par une sorte d'explosion, peu de temps après son immersion dans une eau glacée et glaciale tout à la fois, est souvent susceptible de guérison. Sans doute, le rétablissement du malade est lent à venir (10 et 15 jours); mais, avec de la persévérance dans la médicamentation, on a toutes les chances de la voir réussir.

Les moyens les plus sûrs, pour arriver à cet heureux résultat, consistent à renfermer les tétaniques dans un lieu obscur, loin des bruits du dehors; et à les sustenter en les nourrissant de lait et de bouillon, ou de bouillie très liquide, qu'on leur verse entre les dents après avoir ouvert la commissure des lèvres en forme d'entonnoir.

Comme traitement interne, on administre le chloral, ou l'extrait de belladone dissous, l'un et l'autre, dans une petite quantité d'eau.

Quand le *trismus*, ou constriction permanente de la mâchoire inférieure, s'oppose à la déglutition des matières soit alimentaires, soit médicamenteuses, on les fait prendre aux malades sous forme de lavement.

On ne doit pas négliger, non plus, les lavements mucilagineux. Ils sont indispensables, en ce sens, que, sans eux, la défécation serait, sinon impossible, au moins très difficile.

TIQUET. — POU DE BOIS. — RICIN. — IXODE. — *Le tiquet* du chien, — *ixodes ricinus*, — *acarus ricinus*, est un insecte acarien qui vit, dans les bois, par terre, ou sur les herbes.

Caractères. — Long de quelques millimètres, le tiquet est pourvu de huit pieds, et d'une tête armée d'un suçoir en forme de trompe, à peine renfermé dans les palpes. Ces différents organes sont d'un rouge brun foncé. Vide, l'abdomen est également rouge, avec une nuance plus claire; mais, lorsqu'il est rempli de sang, il augmente de volume, et change de couleur; il devient gris-brun.

C'est dans les bois que les chiens, le chien de chasse en particulier, récoltent les tiquets. Leur corps en est souvent couvert, sans que, pour cela, ils paraissent s'en montrer très sensiblement incommodés.

Les tiquets s'implantent sur la peau à l'aide de leur tête dont ils se servent pour la forer; et s'y cramponnent, ensuite, au moyen des crochets de leurs pattes. Ils s'y trouvent si solidement attachés, que, si l'on veut les extraire en tirant l'abdomen, celui-ci se détache seul, laissant la tête en place.

Lorsque le ricin s'est gorgé de sang, il prend la forme d'une petite ampoule ou vessie fortement distendue par insufflation.

Traitement. — Il suffit de toucher chaque acarien avec de la benzine, de l'essence de térébenthine, de l'huile empyreumatique animale, du pétrole, pour les voir se détacher d'eux-mêmes et tomber à terre. On peut aussi les couper avec des ciseaux. Un peu plus tard, la tête est éliminée par une légère suppuration.

TONDAGE. — Définition. — L'opération du *tondage* consiste à raccourcir le poil sur tout le corps, ou partie seulement du corps des animaux.

Il y a longtemps que l'on tond les chevaux aux approches de l'hiver; il y a longtemps, aussi, que l'on tond les chiens à longs poils, soit au printemps, soit à l'entrée de l'été; et que les animaux des deux espèces se trouvent très bien de cette excellente et judicieuse pratique. La mesure est assurément bonne, tellement même, à notre avis, qu'il serait regrettable de lui refuser une petite place d'hospitalité dans ce dictionnaire, regrettable encore de ne pas la recommander vivement, en vue des services qu'elle est susceptible de rendre.

Sans doute, et tout le monde le sait : pendant la saison de l'hiver, le chien à longs poils, frileux de sa nature, a besoin de toute sa toison pour se garantir du froid, et il est prudent de la lui laisser; l'hygiène pure le veut et le commande. Mais personne n'ignore, non plus, qu'une toison épaisse et fourrée, pendant la saison des chaleurs, l'incommode en le tenant dans une sorte d'étuve permanente; de même que tout le monde sait aussi qu'une forêt de poils longs et serrés est un réceptacle à vermine, qui ne laisse, à la malheureuse bête, de repos ni le jour, ni la nuit.

Ce sont là des faits connus du plus humble vulgaire, et que nous ne faisons que mentionner pour ordre. La nécessité du tondage reconnue, reste maintenant à savoir quand il doit être pratiqué; quels sont les avantages qu'il présente; et comment il doit être pratiqué.

Et d'abord, le tondage ne doit jamais avoir lieu qu'en temps opportun; jamais avant que l'hiver ne soit complètement passé.

La tonte prématurée ne peut présenter que des inconvénients. Il ne faut pas se le dissimuler : sensible comme il l'est aux refroidissements brusques, le chien contracte, avec la plus grande facilité, et à toutes les époques de l'année, toutes sortes d'affections des voies respiratoires. A plus forte raison en sera-t-il ainsi, si l'on se hâte de le dépouiller de sa fourrure avant le retour de la belle saison, avant la stabilité du beau temps. Il y a donc prudence, nous le répétons, à ne devancer jamais les jours de chaleur. C'est ce que l'on doit faire ; et c'est ce que nous conseillons.

Avantages du tondage. — Nous ne ferons que glisser sur les avantages attachés à l'opération du tondage. Leur évidence est tellement grande, qu'elle peut se passer de tout commentaire. Il n'est personne qui ne les connaisse.

Par le tondage, la peau ne se débarrasse pas seulement des puces qui pullulent sous le couvert de la fourrure, et harcèlent le patient qui les héberge ; elle la dépouille, aussi, des ordures et autres saletés qui, en rendant à peu près impossibles les soins ordinaires de propreté, apportent, tout au moins, de la gêne, si ce n'est des entraves à l'accomplissement des fonctions de l'appareil cutané.

A ces premiers résultats du tondage déjà considérables, viennent s'en ajouter d'autres, non moins importants. Les praticiens qui le savent bien, le mettent souvent à profit pour obtenir la guérison des dartres et de la gale ; et, surtout pour préserver les animaux de nombre de maladies, tant externes qu'internes, dont l'explosion imprévue déroute et déconcerte souvent l'homme de l'art, tout aussi bien que les propriétaires. On ne saurait, effectivement, mettre en doute qu'un poil long et touffu qui, à la manière d'une véritable éponge, a pour effet inévitable de retenir, pendant des heures, des jours entiers, l'eau de la pluie, et tous les produits malsains de l'exhalation cutanée, ne peut être que très préjudiciable au maintien et à la conservation de la santé.

Disons encore que, pratiqué avec intelligence, le tondage, après avoir amené presque instantanément les bons résultats qu'on connaît, régularise les mouvements de la respiration ; réveille, chez le tondu, sa gaieté et sa vivacité engourdies ; excite son appétit d'une façon telle, qu'il semble commencer une vie nouvelle, et, en quelque sorte rajeunir ; et, en dernière analyse, qu'il le rend plus apte que jamais à s'acquitter de ses travaux journaliers.

Eu égard à la manière de pratiquer la tonte, notre avis est qu'une tonte complète est préférable, par exemple, à la tonte de la moitié postérieure du corps ; celle-ci ayant, entre autres inconvénients, celui de ménager un refuge à la vermine.

TOUX. — **Définition**. — La *toux* est un symptôme qui consiste en un bruit particulier que fait entendre le chien, lorsque, en raison d'une affection quelconque des organes de la respiration, il expulse brusquement l'air contenu dans la poitrine.

Les caractères de la toux varient avec la nature de l'affection qui la provoque ; car, ainsi que nous venons de le faire observer, elle est toujours le symptôme d'un état maladif du poumon.

Il va de soi qu'il ne s'agit, ici, que de la toux inconnue dans son essence, de la *toux spasmodique*, appelée ainsi, parce qu'elle ne se remarque que dans les névroses pulmonaires.

Toux spasmodique. — Cette toux est ordinairement quinteuse, sifflante, courte, sèche et pénible ; souvent, sous l'influence de la moindre cause d'excitation, elle revêt la forme de quintes, ou d'accès.

Traitement. — On combat la toux nerveuse : par les opiacés ; par les extraits de belladone, de stramoine ou d'aconit donnés en pilules ; par les capsules de goudron ; et, enfin, par les tisanes de ciguë, de jusquiame, etc.

TRICHIASIS. — **Définition.** — Maladie des paupières, dans laquelle les cils, déviés en dedans, se mettent en contact avec le globe de l'œil qu'ils irritent.

Cet accident succède fréquemment à la blépharite.

Rien de plus simple que l'opération à l'aide de laquelle on remédie à la déviation anormale des cils. On les arrache un à un ; on cautérise ensuite légèrement les bulbes pileux qui garnissent le bord libre des paupières ; et l'on termine le traitement par les soins de propreté.

ULCÈRE. — **Définition.** — Considéré d'une manière générale, l'*ulcère* est une plaie plus ou moins ancienne, suppurante, rebelle à la cicatrisation, et qui, ordinairement, a pour siège la peau, ou les membranes muqueuses apparentes ; et, pour causes principales, une maladie ancienne interne, ou un vice local.

Traitement. — Le traitement des ulcères est nécessairement subordonné : à leur siège, d'abord ; aux caractères physiques, ensuite, qu'ils présentent ; enfin, à la cause plus ou moins grave qui leur a donné naissance, comme aussi à leur ancienneté.

En thèse générale, quand les ulcères dérivent d'une maladie interne chronique, et profondément débilitante, ou d'un vice local, on n'en peut obtenir la guérison, qu'autant que l'on parvient à avoir raison de cette maladie, ou de ce vice local. La cause disparaissant, l'effet désiré la suit de près.

Récents, les ulcères cèdent avec assez de facilité à l'action d'un mélange fait : soit de charbon de tan, de sulfate de zinc ou d'alun ; soit de chlorure de chaux, de charbon ou de poudre de gentiane ; soit de plâtre coaltaré, etc.

Anciens et invétérés, ils ne cèdent guère qu'aux caustiques, tels que l'acide chlorhydrique, l'eau phagédénique, la teinture d'iode, l'alun calciné, etc.

Dans ce dernier cas, sans en excepter celui qui précède, on se trouve toujours bien de l'administration, à l'intérieur, des dépuratifs ainsi que des purgatifs laxatifs. Ce serait une faute d'en négliger l'emploi.

Une fois en voie de guérison, les ulcères n'ont plus besoin, pour se cicatriser complètement, que d'être saupoudrés, tous les jours, de gentiane pulvérisée, de tan ou de charbon, mélangés ou non. On sert, en même temps, aux convalescents une nourriture tonique et réconfortante.

URÉTHRITE. — Définition. — C'est de ce nom qu'on appelle l'inflammation de la membrane muqueuse du canal de l'urèthre.

On observe souvent cette maladie chez le chien mâle, rarement au contraire chez la chienne.

Comme l'uréthrite coïncide toujours avec l'inflammation du fourreau, nous ne dirons rien, ni de ses symptômes, ni de son traitement, renvoyant le lecteur au chapitre consacré plus haut à l'*acrobustite*.

VAGINITE. — Définition. — La *vaginite* consiste dans l'inflammation de la muqueuse qui tapisse le vagin.

Cette maladie est tellement rare chez la chienne, que nous n'en dirons que quelques mots seulement.

Elle s'annonce par la tuméfaction, la rougeur des parois vaginales, et par la sécrétion de matières séro-purulentes.

Facile à combattre, la vaginite cède promptement aux injections émollientes fréquemment répétées.

Lorsqu'elle a de la tendance à dégénérer en maladie chronique, on remplace les injections émollientes par des injections à l'extrait de Saturne, au sulfate de zinc, au chlorure de chaux ; et l'on administre, à l'intérieur, l'extrait de genièvre.

VARIOLE. — **Définition.** — La *variole* est une affection de la peau caractérisée par une éruption pustuleuse, donnant naissance à des croûtes dont la chute laisse, après elles, des cicatrices ordinairement superficielles.

Causes. — Les causes de l'éruption varioleuse du chien sont encore peu connues; tout ce que l'on sait, à cet égard, c'est que cette maladie ne se manifeste, dans l'immense majorité des cas, que chez les chiens qui sont affectés de la gourme du jeune âge (*maladie* dite *des chiens*). A ce titre, la variole ne serait donc qu'une complication ou, si l'on aime mieux, qu'une forme de cette dernière.

Symptômes. — Au début, les animaux sont tourmentés par une fièvre inflammatoire presque toujours intense. Vingt-quatre ou quarante-huit heures plus tard, apparaissent, çà et là, de petites pustules rouges qui se remplissent, à leur centre, d'une gouttelette de pus, dont la dessiccation forme des croûtes de couleur jaunâtre. Bientôt après, on voit ces productions se détacher; tomber par terre; et laisser des cicatrices à la place qu'elles occupaient.

Traitement. — Il consiste à mettre les malades à la diète, et à leur administrer des breuvages chauds, sudorifiques, ou émollients. On doit, en même temps, leur faire prendre du lait et du petit lait, et veiller à ce qu'ils soient renfermés en lieux sains et chauds.

VENIN. — VIRUS. — **Définition.** — On appelle *venin* un liquide sécrété par certains animaux, la vipère, le scorpion, les abeilles, etc., et qui, inoculé au moyen soit d'une morsure, soit d'une simple piqûre, détermine, au bout de peu de temps, tantôt une affection purement locale, sans gravité, tantôt une maladie générale, souvent mortelle.

Le *venin* des abeilles, pour n'être pas aussi actif que celui de la vipère, n'en est pas moins dangereux dans le cas particulier où les piqûres, faites par ces insectes, sont nombreuses, et surtout disséminées sur toute la surface du corps.

Le *virus* diffère du venin, en ce qu'il donne invariablement naissance à une maladie contagieuse; ce qui n'est le fait d'aucun venin, quel qu'il soit. Mais, si l'on ne considère que les dangers auxquels sont exposés les malades, il présente avec le venin la plus grande analogie; la mort, en effet, peut être la conséquence fatale de son introduction dans l'économie animale.

Symptômes. — *Morsure de vipère.* — Les individus de l'espèce

canine les plus exposés aux morsures de la vipère sont les chiens
de chasse, ou de berger.

Au moment où ils se sentent blessés, ils ne manquent jamais
de faire entendre un léger cri de douleur.

Immédiatement après l'accident, si, prévenu par cet appel du
blessé, on examine immédiatement les diverses parties du corps
de l'animal, ses lèvres, ou ses pattes, on découvre bientôt une ou
deux plaies, très petites, ressemblant assez bien à des piqûres
d'épines, quelquefois à de simples égratignures. Lorsque l'exploration n'a lieu qu'un peu plus tard, et que l'inoculation du venin a
déjà produit de l'effet, on constate, alors, un engorgement œdémateux qui envahit la jambe ou la tête, suivant que l'une ou l'autre
est le siège de la morsure ; on voit, en outre, la peau se couvrir de
taches rougeâtres irrégulièrement disséminées. Un peu plus tard
encore, la jambe, si c'est elle qui a été piquée, devient froide ; et
le patient en boite. Quand le mal est à la tête, celle-ci, démesu-
rément tuméfiée, fait tellement souffrir le malheureux animal,
qu'il ne peut ni boire, ni manger, ni respirer avec liberté.

A cet état local, succède un état général plus alarmant encore.
Une torpeur profonde s'empare du malade, et quand il n'est pas
secouru à temps et traité énergiquement, étendu sur sa litière,
insensible et frappé de paralysie, il succombe après vingt-quatre
ou quarante-huit heures de souffrances.

Piqûres d'abeilles. — Peu nombreuses, et disséminées à la surface de la peau, les piqûres d'abeilles ne présentent aucune gravité. A peine produites, elles déterminent autant de petites élevures
partielles et circonscrites qu'il existe de piqûres, et font éprouver au patient une cuisson et un prurit dont, pendant quelques
heures, il a beaucoup à souffrir.

Mais si un essaim d'abeilles s'est abattu sur le malheureux animal, en le lardant pour ainsi dire, le cas peut devenir grave, et
même dangereux. Un œdème considérable enveloppe le corps
tout entier ; des démangeaisons brûlantes ne laissent à la bête
aucun répit ; et les malades, épuisés par les douleurs les plus violentes, ne tardent pas à succomber.

Traitement. — 1° *Venin*. — Tous les praticiens s'accordent
à considérer l'ammoniaque liquide comme le meilleur remède
à employer, soit à l'extérieur, soit à l'intérieur, pour conjurer
les effets des venins. La teinture d'iode n'est pas moins efficace
à l'extérieur.

Immédiatement après la morsure de la vipère, on applique

un lien au-dessus de la plaie ; on débride et agrandit cette dernière ;
on la presse en tous sens afin d'en faire sortir le venin qui s'est
mêlé au sang ; on la déterge à grande eau, si l'on est assez heureux pour en avoir sous la main ; et l'on complète ces premiers
soins, en faisant tomber quelques gouttes d'ammoniaque liquide,
ou de teinture d'iode au milieu des tissus ainsi nettoyés. L'esprit
de sel, qu'on trouve partout, est aussi un excellent caustique
qu'on peut employer avec avantage.

Quand, à la faveur de ces moyens énergiques, on est parvenu
à éliminer le venin, ou à le détruire par action chimique, il ne
reste plus qu'à attaquer l'engorgement œdémateux. Dans ce
but, on pratique, à la surface, des frictions ammoniacales, et, de
quart d'heure en quart d'heure, on fait boire à l'animal une
potion composée de 100 parties d'eau et de 10 parties d'ammoniaque liquide.

Il arrive souvent qu'on n'est prévenu de la morsure de la vipère
que par l'apparition des symptômes qui en sont la conséquence.
Dans ce cas, on se borne aux frictions irritantes, et à l'administration des breuvages ammoniacaux.

2° *Abeilles*. — Le traitement des piqûres d'abeilles ne diffère
de celui qui précède, qu'en ce qu'il n'admet pas les débride-
ments. S'il en était autrement, le remède serait pire que le mal.

VERS INTESTINAUX. — **Définition**. — On donne communément le nom de *vers* à des insectes qui présentent une
conformation analogue à celle du *ver de terre ;* c'est-à-dire qui
sont pourvus d'un corps allongé et mou, divisé par des plis circulaires plus ou moins prononcés, ou par des anneaux soudés les
uns aux autres.

Les *vers intestinaux* sont ainsi désignés, parce qu'ils font élection de domicile dans le canal digestif, et ne se trouvent nulle
part ailleurs que dans cet organe.

Tous les animaux peuvent être infestés par ces parasites ;
mais le jeune chien est celui qui paraît être plus particulièrement prédisposé à les recevoir, et à concourir à leur développement. Vient, après lui, le chien adulte, qui peut aussi en être
tourmenté, quoique moins fréquemment.

Espèces. — **Siège de développement**. — Parmi les nombreuses espèces de vers qui peuplent les différents compartiments de l'intestin du chien, on peut citer d'une manière toute
spéciale : 1° l'*ascaride marginé, ascaris marginatus*, nématoïde

qui habite la portion grêle du tube digestif ; 2° le *trichocéphale*, *trichocephalus depressiusculus*, autre nématoïde qui vit dans le cæcum ; 3° le *spiroptère*, *spiroptera sanguinolenta*, encore un nématoïde qui, sous la forme de petites pelottes, se trouve dans la muqueuse de l'estomac ; 4° enfin, le *ténia*, dont il existe deux espèces principales : *tænia serrata*, *tænia cucumerina*, qui habite et vit dans l'intestin grêle.

Caractères. — *Ascaride*. — L'ascaride est cylindrique, atténué aux deux extrémités, blanchâtre ou jaunâtre, long de 6 à 12 centimètres, et large de 1 à 2 millimètres. La femelle pond un nombre d'œufs considérable.

Trichocéphale. — Le trichocéphale a le corps allongé et divisé en deux parties, l'une antérieure, et l'autre postérieure. L'antérieure, plus longue, fine comme un cheveu, porte la bouche et l'œsophage ; la postérieure, renflée, enroulée en spirale, renferme l'intestin, les organes génitaux, et se termine par l'anus.

Spiroptère. — Le spiroptère, dont le corps est mince, élastique, atténué aux des extrémités, mesure de 0^m,018 à 0^m,022, et se présente roulé en spirale reflétant une teinte légèrement blanchâtre.

Ténia. — Les deux Ténias que nous venons de signaler plus haut, sont des vers plats rubanés, blanchâtres, l'un et l'autre, mais de longueur très différente. Le *tænia serrata*, ou en scie, peut atteindre un mètre, et même le dépasser ; tandis que le *tænia cucumerina* ne mesure guère plus de 40 centimètres.

La tête du premier porte ordinairement, à son sommet, une double couronne de crochets, au nombre de quarante environ, et quatre ventouses ; la tête du second est aussi armée de crochets, mais ceux-ci, au lieu d'affecter la forme de couronne, sont implantés régulièrement en quinconce.

Enfin, le ruban formé par le *tænia serrata* est denté en scie sur les deux bords opposés ; de là son nom de *serrata*. Le corps du *tænia cucumerina*, au contraire, se compose d'anneaux ressemblant à de petits grains de courge, en latin *cucumis*.

Origines. — Les larves des ascarides sont d'abord aquatiques. Elles vivent dans les eaux des flaques et des ruisseaux, et y restent, à l'état d'embryons microscopiques, jusqu'à ce qu'elles puissent s'introduire dans l'intestin du chien, lorsqu'il va y étancher sa soif.

Le tænia serrata n'a pas la même origine que l'ascaride. Avant de passer dans le corps du chien, il habite les entrailles du lapin ou du mouton, qui en contiennent très souvent des larves. La migration du ténia en scie s'opère d'elle-même, toutes les fois

que le chien fait sa nourriture des susdits débris cadavériques.
On ignore encore aujourd'hui l'origine du ténia cucumérin.

Symptômes. — Les vers intestinaux séjournent, le plus souvent, dans le canal digestif, sans apporter de trouble dans ses fonctions, sans y déterminer de lésions. Il en est presque toujours ainsi, lorsqu'ils ne s'y trouvent qu'en petite quantité. Mais, pour peu qu'ils pullulent et multiplient, ils déterminent de l'irritation, de la douleur, et même des spasmes, des coliques, et même encore des crises épileptiformes que l'on a toujours intérêt à ne pas négliger. Souvent aussi, pour ne pas dire presque toujours, par le seul effet de leur présence, ils empêchent les chiens de prendre de l'embonpoint.

Symptômes propres à l'ascaride. — Aucun signe extérieur ne trahit l'existence des ascarides dans l'intestin grêle du chien. On ne reconnaît la maladie dont il est atteint, qu'autant qu'il en rejette par les vomissements. Il est bon de faire observer, à cet égard, que l'ascaride quitte quelquefois l'intestin grêle, son refuge habituel, pour pénétrer dans l'estomac; qu'il en irrite alors vivement la muqueuse; et que les parois stomacales ne manquent jamais de l'expulser au dehors par des mouvements antipéristaltiques, qui ne tardent pas alors à s'emparer d'elles.

Dans des cas, heureusement assez rares, lorsque les ascarides se sont pelotonnés au point de remplir et distendre complètement une portion quelconque du tube intestinal, ils peuvent parfaitement amener la mort des malades, le cours des matières fécales ayant, dès lors, beaucoup de difficulté à s'accomplir.

Symptômes propres aux ténias. — De même que les ascarides, les ténias réunis en petit nombre dans l'intestin du chien ne paraissent pas, tout d'abord, porter une atteinte sensible et appréciable à sa santé. Pendant des années même, en effet, on le voit rendre, tantôt des fragments de ténias, tantôt des ténias entiers, mêlés avec les excréments, sans que, pour cela, son appétit, sa vigueur et sa gaieté subissent une diminution notable.

Du moment, au contraire, où leur nombre vient à augmenter dans des proportions considérables, l'appareil digestif du malade s'affaiblit; la maigreur s'empare du patient; le marasme lui succède; et, après le marasme, arrive la mort au milieu d'attaques épileptiformes.

Si l'on fait l'autopsie de ces malheureux animaux, on trouve toujours des pelotes de ténias plus ou moins volumineuses, serrées et dures qui, en opposant un obstacle insurmontable à la défécation, ont déterminé les crises nerveuses dont il |vient d'être question.

Pronostic. — Le pronostic des affections vermineuses est généralement favorable, lorsqu'elles sont à leur début. Mais, si elles datent de longtemps, et surtout si l'intestin est rempli de vers, ascarides ou ténias, la mort est toujours à craindre.

Traitement. — En général, les vermicides, et, dans certains cas, les vermicides et les purgatifs laxatifs administrés les uns après les autres, les premiers, pour tuer les vers dans l'intestin, les seconds, pour les expulser au dehoors, sont les seuls agents médicamenteux journellement employés contre les affections vermineuses.

Traitement de l'ascaride. — Il n'existe pas de meilleur vermifuge contre l'ascaride, que le *semen-contra*, ou son principe actif, la *santonine*. On peut également débarrasser très facilement le chien de ce même parasite, en lui administrant de l'essence de térébenthine, ou de l'huile empyreumatique battue avec un jaune d'œuf.

Traitement du ténia. — Le calomel, chez les Anglais ; en France, la décoction d'eau d'écorce fraîche de racine de grenadier, les graines fraîches de citrouille, la poudre de racine de fougère mâle, l'essence de térébenthine, le *cousso*, etc., sont tous d'excellents vermicides qui se recommandent d'eux-mêmes, et dont tout le monde connaît l'efficacité.

On peut, pour compléter cette liste avec laquelle on n'a que l'embarras du choix, y ajouter un médicament nouveau, le *kamala*. Le kamala, d'importation récente, est une résine qui se concrète à la surface des feuilles d'une certaine euphorbe de l'Inde. Ce produit naturel possède la double propriété de tuer le ténia, et d'en favoriser l'évacuation sans l'intervention d'un purgatif.

VERRUES. — On donne le nom de *verrue* à une excroissance, ou végétation indolente, sessile ou pédiculée, mobile ou adhérente, qui se développe à la surface de la peau ou des muqueuses, en y jetant des espèces de racines formées de filaments demi-fibreux.

Le chien en a souvent les lèvres couvertes. Généralement gênantes, les verrues ont, de plus, l'inconvénient de se multiplier avec une grande facilité.

Traitement. — Rien de plus simple et de plus facile que de les faire disparaître. Il suffit, pour cela, de les arracher, ou bien, quand elles sont volumineuses et pédiculées, d'en faire la ligature. Le plus ordinairement, on les coupe avec des ciseaux courbes, et on cautérise les plaies au nitrate d'argent (*pierre infernale*).

FORMULAIRE PHARMACEUTIQUE

SPÉCIAL

A LA MÉDECINE CANINE

Absinthe. — Cette plante fournit à la pharmacie ses feuilles et ses sommités fleuries. Elle est employée comme tonique, stimulant, apéritif, antipsorique et vermifuge.

A l'extérieur, sous forme d'infusion (50 grammes pour 1000 d'eau), en lotions sur les plaies de mauvaise nature, et en lavement.

A l'intérieur, en infusion (10 grammes pour 1000) ou en poudre, comme vermifuge à la dose de 10, 15 et 30 grammes, suivant la grosseur du chien.

Le vin d'absinthe, que l'on prépare en faisant infuser 50 grammes de sommités par litre de vin, se donne à la dose de quatre à cinq cuillerées à soupe, par jour, comme excellent tonique, et pour combattre certaines diarrhées causées par la débilité du tube digestif.

Absorbants. — Médicaments ayant la propriété d'absorber, les uns les liquides, les autres les gaz. La poudre de charbon pure, ou mélangée de poudre de quinquina à parties égales; le plâtre fin coaltaré (5 parties de coaltar ou goudron de houille et 100 parties de plâtre), constituent d'excellents absorbants pour le pansement, et la désinfection des plaies.

Acétate d'ammoniaque (Esprit de Mindererus) n'est qu'une solution d'acétate d'ammoniaque qu'on administre, dans les maladies gangreneuses, à la dose de 10 à 20 grammes par jour, comme stimulant; ou à titre de diurétique, diaphorétique.

A l'extérieur, on l'emploie contre les piqûres d'abeilles et les morsures de vipères.

Acétate de cuivre. — L'acétate de cuivre, ou verdet cristallisé, est employé en médecine vétérinaire dans le pansement des plaies de mauvaise nature, caries osseuses, en solution (20 grammes par litre d'eau).

Acétate de plomb liquide ou **Extrait de Saturne**. — Sous le nom d'eau blanche, il s'emploie, additionné d'eau, dans la proportion de 30 grammes par litre d'eau, comme résolutif, siccatif et astringent ; en collyres ; lotions et injections, contre les entorses, contusions, brûlures, écoulements de l'oreille, des yeux et du vagin.

On ajoute souvent, à l'eau blanche, de la teinture d'arnica, de l'eau-de-vie camphrée ,dans la proportion de 100 grammes par litre, ainsi que du laudanum (10 grammes par litre).

3 grammes d'extrait de Saturne, mélangés à 30 grammes de cérat, constituent une excellente pommade dessiccative.

Acide arsénieux (Voir Arsenic).

Acide azotique ou **nitrique**. — Comme caustique, on a parfois recours à lui pour détruire les verrues et les excroissances. Il faut le manier avec précaution.

Acide chlorhydrique. — Ne s'emploie guère, dans la médecine du chien, que comme caustique dans les affections gangréneuses.

Acide chromique. — Cet acide est employé comme caustique, cathérétique, détersif. Il dissout les excroissances et les verrues. Son usage est très recommandé pour cautériser les morsures faites par les animaux malades ou venimeux. Dans ces cas, on emploie la solution préparée avec parties égales d'acide chromique et d'eau. Ce caustique étant très actif, on devra s'en servir avec prudence ; car il dissout rapidement les tissus organiques.

Acide cyanhydrique (Acide prussique). — Cet acide, un des poisons les plus violents qui existent, n'est guère employé en médecine canine que comme toxique, quand on veut se débarrasser rapidement, et sans le faire souffrir, d'un animal atteint d'une maladie incurable et dangereuse.

La difficulté de conserver l'acide cyanhydrique jouissant de ses propriétés foudroyantes et d'en avoir, par conséquent, à sa disposition, ont fait renoncer, dans la pratique, à son emploi. Il est cependant un moyen bien simple, et qui nous a souvent réussi, d'utiliser ce toxique ; il consiste à le préparer au moment du besoin. Quand on veut empoisonner un chien, on lui administre, dans une capsule de gélatine, un mélange de 1 à 2 grammes de cyanure de potassium, et autant d'acide tartrique. Ces deux corps arrivant dans l'estomac s'y dissolvent et réagissent l'un sur l'autre en donnant naissance à un dégagement d'acide prussique, qui bientôt foudroie l'animal.

A défaut d'acide tartrique, on donne le cyanure de potassium pur. Dans ce cas, les acides du suc gastrique déplacent, mais plus lentement, l'acide cyanhydrique. Pour que l'action soit plus rapide, il faut que le chien soit à jeun.

Acide phénique. — Se présente, à l'état de pureté, sous la forme d'aiguilles blanches solubles dans 20 parties d'eau. Les meilleurs dissolvants sont : l'alcool, la glycérine, l'éther, les huiles grasses et les essences. Il n'est pas employé à l'état de pureté ; mais ses propriétés caustiques, antiseptiques, antiputrides, désinfectantes et antipsoriques, le font entrer dans nombre de préparations.

A l'intérieur, comme antiputride dans les affections typhiques ; on l'emploie dissous dans l'eau à la dose de 1 gr. par litre. Cette solution s'administre, par cuillerées à soupe, toutes les heures.

A l'extérieur, pour le pansement et le lavage des plaies, et en injections dans l'oreille, on a recours à la solution suivante :

    Acide phénique................ 10 grammes.
    Glycérine ou alcool........... 50   —
    Eau pour compléter le litre.

La pommade phéniquée (voir ce mot) est parfois prescrite pour guérir la gale, et pour détruire les parasites.

Acide salycilique. — Antifermentescible et antiseptique puissant, cet acide s'oppose à l'altération spontanée des produits organiques.

A l'intérieur, on l'emploie dans le traitement des maladies infectieuses à la dose de 1, 2 et 4 grammes, par jour, dissous dans l'eau alcoolisée, car il est peu soluble dans l'eau pure.

On l'a recommandé également pour le pansement des plaies, et en injections dans l'oreille. On emploie, dans ces cas, la solution suivante :

    Acide salicylique.............. 1 gramme.
    Alcool......................... 20   —
    Eau distillée.................. 80   —

Voir POMMADE SALICYLÉE.

Acide sulfurique. — Cet acide constitue un des caustiques les plus énergiques. On en fait souvent usage pour toucher légèrement les plaies ulcéreuses ; il corrode les tissus organiques avec lesquels il est en contact.

Sous forme de limonade sulfurique, dont la composition est la suivante :

    Eau............................ 1 litre.
    Sirop de sucre................. 100 grammes.
    Acide sulfurique............... 2   —

il est employé, à l'intérieur, comme boisson, dans les affections typhoïdes, les hémorrhagies, et les diarrhées.

Un chien de taille moyenne peut absorber, par jour, un litre de limonade sulfurique administrée en plusieurs fois.

Acide tannique (Tannin). — L'acide tannique est un astringent puissant et un antiputride précieux. On l'emploie en pilules contenant chacune 10 centigr. de tannin, qu'on administre à la dose de 2 à 10 par jour, selon la taille de l'animal, dans la diarrhée des jeunes chiens. En solution aqueuse, on le donne, en lavements, à la dose de 1 à 2 grammes pour 100 grammes d'eau. Cette solution est très recommandée en injections pour combattre les hémorrhagies, les écoulements de la matrice, de l'oreille, etc.

Acide thymique (Thymol). — Peu soluble dans l'eau pure, il se dissout, comme les acides salicylique et phénique, dans l'eau alcoolisée. On l'emploie souvent aux mêmes usages, et de préférence à l'acide phénique à cause de son odeur plus agréable.

Aconit. — L'usage de cette plante, dont on emploie principalement les feuilles et les racines, est recommandé dans les affections nerveuses et rhumatismales. La dose de la poudre est de 50 centigr. à 1 gramme par jour. La teinture d'aconit s'administre à la dose de 1 à 4 grammes dans les vingt-quatre heures.

L'*aconitine*, principe actif de l'aconit, se donne à la dose de 1 à 5 centigr.

Ail. — L'ail, que l'on a toujours sous la main, peut rendre de grands services comme vermifuge. Il réussit souvent pour débarrasser les intestins des ascarides qui tourmentent les jeunes animaux.

La dose est de 4, 6 ou 10 gousses écrasées finement, et mélangées à quantité suffisante de lait.

La cuisson fait perdre à l'ail ses propriétés curatives.

Le suc de l'ail, récemment exprimé, a été parfois employé avec succès contre la gale, à son début. On devra, dans ce cas, faire une friction pendant quatre ou cinq jours de suite, en prenant soin de ne pas essuyer l'animal après l'application.

Alcali volatil (Ammoniaque). — A l'état de pureté, l'ammoniaque, telle qu'on la trouve en pharmacie, est vésicante. Elle est aussi employée pour cautériser les plaies de mauvaise nature, les morsures des reptiles venimeux, des chiens enragés, les piqûres d'insectes, etc.

L'ammoniaque sert de base aux liniments excitants, employés en frictions pour combattre les rhumatismes, et sur toutes les parties du corps où l'on veut produire une révulsion rapide. (Voir LINIMENT AMMONIACAL ET AMMONIACAL CAMPHRÉ)

Alcool. — L'alcool, ou *esprit de vin*, marquant 90°, est caustique, cicatrisant; un tampon de charpie, imbibé d'alcool, arrête les hémorrhagies capillaires.

Mélangé à l'eau, il est fréquemment employé dans le pansement des plaies récentes, en lotions et en injections.

A l'intérieur, on le donne à la dose de 10 à 30 grammes, comme stimulant, dans l'atonie du tube intestinal, et pour combattre la diarrhée ; dans ces cas, il faut l'administrer dans l'eau légèrement sucrée. L'alcool sert de base à plusieurs préparations : 1° aux alcoolés ou teintures, qui sont de simples solutés de substances dans l'alcool ; 2° aux alcoolats, obtenus par la distillation de l'alcool sur des substances médicamenteuses, qui lui cèdent leurs principes volatils.

Alcool camphré. — Se prépare avec :

              Alcool à 90°................ 1000 grammes.
              Camphre.................   100   —

Pulvérisez le camphre, ajoutez à l'alcool et filtrez après dissolution.

Employé, journellement, en frictions contre les foulures, entorses, contusions, engorgements, et souvent aussi dans le pansement des plaies.

Aloès. — Purgatif populaire, mais dont nous ne conseillons l'emploi que d'une façon très modérée, en raison de la propriété qu'il possède de congestionner les organes du bassin. Son action se porte surtout sur le gros intestin. A la dose de quelques centigr., 10 à 50, l'aloès est tonique, et, à ce titre, recommandé contre l'inappétence, les diarrhées colliquatives, etc.

Comme purgatif, il faut donner 1, 2 à 4 grammes d'aloès succotrin ; mais si on emploie l'aloès des Barbades qui est beaucoup plus actif, on devra diminuer les doses de moitié.

A l'extérieur, l'aloès s'emploie, à l'état de teinture, pour le pansement des plaies.

Alun. — On a souvent recours à l'alun ordinaire et à l'alun calciné en médecine canine. La poudre d'alun est spécialement insufflée dans l'arrière-gorge pour combattre les angines.

En solution, 1 gramme pour 100 d'eau, ou mélangé à du miel, du miel rosat, du sirop de mûres, dans la même proportion, comme collutoire, contre les aphtes, la stomatite.

La solution aqueuse est très astringente ; elle arrête les hémorrhagies, ainsi que tous les écoulements fistuleux et catarrheux.

L'alun calciné, en poudre fine, est caustique. On l'emploie pur ou mélangé à de la poudre de charbon, pour hâter la cicatrisation des plaies baveuses et anciennes.

Amidon. — Le plus connu des adoucissants. On a recours à lui, soit sous forme de poudre, pour éteindre les démangeaisons causées par les maladies dartreuses de la peau, soit en cataplasmes, soit encore en bains dans les mêmes cas.

Battu avec des œufs, il constitue un médicament commode et souvent prescrit pour arrêter la diarrhée des jeunes chiens. L'amidon sert à préparer les glycérolés (Voir ce mot), employés soit à l'état de pureté, soit pour préparer les pommades médicamenteuses.

Arnica. — Cette plante n'est employée, dans la médecine qui nous occupe, qu'à l'état de teinture d'arnica, comme résolutive, excitante sur les contusions et les entorses ; et aussi comme astringent dans le pansement des plaies. On l'additionne souvent d'eau blanche et d'alcool camphré.

Arsenic. — L'arsenic métallique n'a pas d'emploi en médecine ; mais ses combinaisons ont une importance telle, que je les ai réunies toutes dans ce même article.

Les composés arsenicaux auxquels on a le plus souvent recours, sont :

> L'Acide arsénieux.
> La Liqueur de Boudin.
> La Liqueur de Fowler.
> L'Arséniate de soude.
> La Liqueur de Pearson.
> L'Arséniate de fer.
> L'Arséniate de strychnine.

Le plus utilisé est certainement l'acide arsénieux appelé souvent et improprement arsenic. On prescrit ce médicament pour combattre les maladies dartreuses rebelles de la peau, contre lesquelles il produit des effets certains. Dans ces affections cutanées, l'acide arsénieux s'administre sous la forme de petites pilules, ou granules, contenant chacun 1 milligramme de principe actif. La dose est de 2 à 6 par jour, pour un chien de taille moyenne. Quant aux animaux d'espèce plus petite, on ne doit pas dépasser 4 milligrammes.

Supposons qu'il s'agisse de traiter un Saint-Germain ou un Setter : on commencera par donner 3 granules par jour, un le matin, un à midi et l'autre le soir, pendant une huitaine ; on augmentera ensuite d'un granule par jour, puis de deux, et enfin de trois. Quand, au bout d'un mois environ, on aura atteint le nombre de six, nous recommandons de ne pas arrêter brusquement le traitement ; il faut, après avoir donné le maximum, aller en diminuant, de façon à revenir au point de départ.

Le traitement des maladies dartreuses, par l'acide arsénieux, doit être suivi très régulièrement, et pendant six semaines à deux mois, même dans le cas où l'affection semblerait devoir disparaître dès les premiers jours de cette médication.

L'acide arsénieux possède une action tonique incontestable, caractérisée par un embonpoint, une vigueur et une énergie des plus satisfaisants. On en conseille souvent l'emploi pour remonter les animaux affaiblis par la maladie ou la fatigue ; on l'a préconisé également comme fébrifuge.

Pendant l'emploi des arsenicaux, qu'il s'agisse de combattre une affection dartreuse ou l'anémie, nous conseillons de forcer l'alimentation des chiens, en ajoutant à leur nourriture ordinaire de la viande, ou du sang desséché. De nombreuses expériences, faites depuis deux ans, ne laissent aucun doute sur l'efficacité de ce traitement.

L'acide arsénieux sert de base à la *Liqueur de Boudin* que l'on prépare en faisant bouillir, pendant un quart d'heure, 1 gramme d'acide arsénieux dans 1 litre d'eau distillée.

Dose : 1 cuillerée à café par 24 heures.

La *Liqueur de Fowler*, beaucoup plus active que la précédente, contient le centième de son poids d'acide arsénieux, à l'état d'arsénite de potasse; elle s'emploie à la dose de 4 à 10 gouttes par jour.

L'*Arséniate de soude* est soluble facilement dans l'eau. Cette propriété le fait préférer par bon nombre de praticiens. Il s'emploie aux mêmes doses, et dans les mêmes cas que l'acide arsénieux, soit sous forme de granules, contenant chacun 1 milligramme, soit en solution dans l'eau.

La *Liqueur de Pearson* n'est qu'une solution d'arséniate de soude, contenant 6 centigr. de ce sel, par 30 grammes d'eau distillée.

La dose de cette préparation est de 2 grammes par jour, en commençant par quelques gouttes.

L'*Arséniate de fer* est surtout administré sous forme de granules, contenant chacun 1 milligramme, et à la dose de 2, 4 et 6 par jour, suivant la force et l'âge de l'animal. On l'emploie comme tonique, et de préférence, dans ce cas, aux autres composés arsenicaux, parce que le fer qu'il renferme vient, pour sa part, contribuer à son action fortifiante.

L'*Arséniate de strychnine* est certainement le composé arsenical qui donne les meilleurs résultats dans les affections nerveuses du jeune âge, la danse de Saint-Guy, la paralysie du train de derrière, etc.

Comme les précédents sels arsenicaux, l'arséniate de strychnine se donne sous la forme de granules, contenant 1 milligramme de principe actif. La dose est de 2 à 6 granules par jour, en procédant graduellement et avec prudence.

Assa fœtida. — Sous forme de pilules, ou émulsionné à l'aide d'un jaune d'œuf, à la dose de 4 à 8 grammes, on prescrit souvent l'assafœtida comme antispasmodique pour calmer les crises nerveuses.

On l'administre aussi en lavement, pour expulser du gros intestin les vers qu'ils renferment.

Atropine. — Alcaloïde de la belladone fréquemment prescrit. La médecine canine, depuis plusieurs années, fait grand usage de tous les alcaloïdes sous forme de granules, forme qui présente l'avantage de mettre, à la disposition du praticien, un médicament actif, parfaitement dosé, et d'une administration facile.

On donne 1 à 5 granules, contenant chacun 1 milligr. d'atropine, dans les affections nerveuses, le spasme, l'incontinence d'urine, la paralysie, les convulsions, la chorée, etc.

En solution dans l'eau, à l'état de sulfate d'atropine, et à la dose ordinaire de 10 centigrammes dans 10 grammes d'eau distillée, elle est très employée, en collyre (Voir ce mot), dans les affections des yeux.

Azotate d'argent ou **Nitrate d'argent**. — Sous le nom de pierre infernale, l'azotate d'argent est employé journellement comme caustique pour toucher les chairs fongueuses, les plaies de mauvaise nature, les morsures récentes faites par des animaux malades, etc.

En solution, on l'emploie, en collyre, à la dose de 10 centigrammes dans 10 grammes d'eau distillée pour combattre les irritations de la conjonctive ou des paupières.

En lavement, quelques centigrammes dissous dans un peu d'eau distillée, suffisent pour arrêter les diarrhées rebelles.

Azotate de potasse (Sel de nitre, salpêtre). — Le sel de nitre est le diurétique le plus souvent employé. A haute dose, c'est un poison. Il ne faut en donner que 50 centigrammes, 1, 2 et 4 grammes par jour, dans une tisane appropriée, chiendent ou queues de cerises. On le prescrit souvent dans les hydropisies, et surtout aux chiennes dont on veut tarir la sécrétion du lait ; il complète, dans ce cas, le traitement par les purgatifs et les laxatifs.

Bains. — On a souvent recours aux bains généraux, en médecine canine, pour combattre les affections galeuses, les démangeaisons, et, généralement, toutes les maladies de la peau qui s'accompagnent de cuisson. Pour favoriser l'action des bains, il est toujours recommandé de tondre les malades.

Les bains le plus souvent prescrits sont :

Bain alcalin. — Contre les affections légères de la peau. On le prépare avec 250 grammes de carbonate de soude dissous dans 250 à 300 litres d'eau suffisamment chaude.

Bain aromatique :

            Espèces aromatiques......... 500 grammes.
            Eau bouillante.............. 10 litres.

Laisser infuser une heure, et ajoutez 250 litres d'eau au bain.

Bain sulfureux ou de baréges. — Très souvent employé pour le traitement des maladies de peau, ce bain se prépare en faisant dissoudre 100 à 150 grammes de sulfure de potasse dans la quantité d'eau chaude nécessaire à un bain.

Bain phénique. — Prenez :

            Acide phénique.......... 25 à 50 grammes.
            Alcool.................. 25 à 50   —

Ajoutez à l'eau du bain.

Prescrit pour débarrasser les chiens des tiques.

Bain de sublimé corrosif. — Se prépare avec :

Sublimé corrosif............... 10 grammes.
Sel ammoniac................... 10   —

Faites dissoudre les deux sels dans un litre d'eau, et ajoutez au bain. Employé comme antipsorique et parasiticide.

Bain antipsorique (contre la gale du chien) :

Chaux vive................... 1000 grammes.
Essence de térébenthine....   500   —
Eau......................   300 litres.

Éteindre la chaux dans suffisante quantité d'eau, ajouter l'essence, et verser le tout dans l'eau du bain.

Bain d'amidon. — Prenez 1 kilo d'amidon que vous délayez dans quelques litres d'eau, et que vous versez, ensuite, dans le bain. Employé comme adoucissant et pour calmer les inflammations de la peau.

Bain de sel marin (excitant, fortifiant). — Ce bain se prépare avec 5 kilos de gros sel dissous dans 250 litres d'eau.

Baumes. — Le seul baume employé, à l'*extérieur*, comme vulnéraire, excitant, fondant, est le *baume vulnéraire* qui se prépare avec :

Huile camphrée................ 20 grammes.
Essence de térébenthine......   5   —
Alcoolat vulnéraire...........   5   —
Teinture de savon.............   10   —

Contre les foulures, et le gonflement des tendons causé par la fatigue.

Belladone. — On emploie, surtout en médecine, l'alcaloïde de la belladone, l'*atropine* (Voir ce mot). Cependant, on a parfois, recours à cette plante et aux préparations dont elle est la base.

La Belladone, dont on utilise toutes les parties, les feuilles surtout, est narcotique, antispasmodique ; et possède, à un haut degré, la propriété de dilater la pupille, le col de l'utérus et de la vessie, le sphincter de l'anus.

Son usage, à l'*intérieur*, à la dose de 5 à 30 centigrammes, par jour, est recommandé dans les affections du système nerveux, la paralysie, les convulsions, les névralgies faciales, la toux nerveuse, la chorée, le tétanos, etc.

A l'extérieur, contre les engorgements douloureux des articulations, on prépare des cataplasmes en triturant, dans un mortier, des feuilles vertes de belladone. On remplace avantageusement les cataplasmes par de la pommade belladonnée, pour l'appliquer sur les testicules, les mamelles engorgées. Comme dilatateur de la pupille, on a, de préférence, recours au collyre à l'atropine. (Voir COLLYRE).

Benzine. — Les cas dans lesquels la benzine rend service sont : la gale et les affections chroniques de la peau, caractérisées par une épaisseur plus grande de l'épiderme. On peut, sur certains animaux, employer la benzine à l'état de pureté ; mais, chez le chien, nous conseillons le mélange suivant :

Benzine....................... 100 parties.
Huile à brûler................. 100 —
Teinture de savon.............. 50 —

Il n'a pas l'inconvénient de provoquer, chez le malade, une cuisson insupportable. Cette mixture, que nous avons souvent recommandée, donne de bons résultats contre la gale ayant la malpropreté pour cause ; et, comme parasiticide, pour la destruction des puces.

Dans les affections cutanées anciennes, on ajoute des cantharides dans la proportion de 5 à 10 grammes pour la formule donnée plus haut.

Biscuits. — Les biscuits médicamenteux rendent de grands services pour administrer certains produits aux jeunes animaux, et aux chiens de petite espèce. Nous préparons spécialement, pour cet usage, des biscuits purgatifs à base de scammonée et calomel, et des biscuits vermifuges, contenant de la santonine. La dose des uns et des autres est de un demi à un biscuit, suivant son âge et sa force. On peut même en donner deux à un seul animal.

Biscuits alimentaires. — Nous fabriquons, depuis deux ans, des biscuits au sang de bœuf desséché, destinés à la nourriture ordinaire des chiens. Les attestations des propriétaires qui les ont expérimentés sont nombreuses ; elles nous permettent d'affirmer que les biscuits français au sang desséché, constituent une nourriture commode, avantageuse, et que les chiens qui s'en sont nourris, sont constamment dans un état de santé parfait (Voir les prix aux annonces).

Bols (Voir Pilules).

Breuvages (Voir Tisanes).

Brou de noix. — La décoction de brou de noix, à la dose de 30 grammes par litre, peut être employée utilement, à cause de la forte proportion de tannin qu'elle contient, pour le pansement de toutes les plaies. C'est un remède simple, mais qui peut rendre de grands services. Dans le catarrhe auriculaire par exemple, et, au début, la même décoction suffit parfois pour amener la guérison.

Bromure de potassium. — Comme antinerveux et sédatif, ce sel est employé journellement dans la thérapeutique canine, et donne presque toujours d'excellents résultats, quand on a à combattre la toux nerveuse, les convulsions si communes dans le jeune âge, la danse de Saint-Guy, les attaques épileptiformes, etc.

On l'administre à la dose de 1 gramme à 8 grammes par jour, dans un peu d'eau sucrée, ou encore sous forme de pilules ou dragées contenant chacune 10 centigrammes de bromure.

Cachou. — Un des astringents les plus puissants que possède la matière médicale. Dans la diarrhée, et comme tonique du tube intestinal, on le donne à la dose de 20 centigrammes à 2 grammes, par jour, dans un peu de miel ou en pilules.

Café. — Le café n'est pas seulement un antidote puissant pour combattre les empoisonnements occasionnés chez le chien par l'absorption, rare d'ailleurs, des plantes narcotiques, mais encore, et surtout un tonique, et un stimulant souvent et très utilement prescrit dans le traitement de la *maladie* des jeunes chiens, et dans les cas d'épuisement causé par une trop grande fatigue, en temps de chasse, par exemple.

C'est sous forme d'infusion (café noir) qu'on administre le café à la dose de 8 à 15 cuillerées, par jour, sucré ou non, suivant le goût du malade.

Associé au quinquina, le café est un spécifique presque unique contre l'affection si commune, connue sous le nom de *maladie du jeune âge* (ÉLIXIR TONIQUE).

Calomel (Voir CHLORURE DE MERCURE).

Camomille. — Une infusion légère de fleursde camomille suffit souvent pour arrêter, chez le chien, les diarrhées légères, et pour provoquer l'appétit.

Camphre. — Sans posséder toutes les propriétés curatives qui lui sont attribuées, le camphre est un médicament qu'il est bon de ne pas mettre absolument de côté.

A l'*intérieur*, on l'administre à la dose de 50 centigrammes à 4 grammes, par jour, comme antipasmodique dans les névralgies, la chorée, et dans les maladies atoniques, putrides et vermineuses. Il calme les douleurs des voies urinaires causées par l'application de vésicatoires cantharidés. A l'*extérieur*, sous forme d'alcool, d'huile, de pommade camphrée, il est journellement employé en applications, ou frictions, sur la peau contre les contusions, les entorses et les irritations de la peau.

On le donne aussi en lavement, délayé dans un jaune d'œuf, à la dose de 4 à 10 grammes de poudre à la fois pour débarrasser le gros intestin des vers qui l'infestent.

Cannelle. — Tonique, stimulante, stomachique et carminative, la cannelle est souvent prescrite dans les affections de l'intestin compliquées d'atonie. On la donne, en poudre, à la dose de 2 à 8 grammes, ou, à l'état de vin de cannelle, à celle de 4 à 6 cuillerées par jour.

Cantharides. — La cantharide est surtout vésicante. C'est à ce titre, qu'elle forme la base de tous les onguents, pommades, teintures destinées à produire, sur la peau, une action révulsive.

Dans les affections de poitrine, qu'elles aient leur siège dans les bronches, dans le tissu pulmonaire, ou bien encore dans la gorge, l'onguent vésicatoire appliqué à l'endroit utile donne d'excellents résultats.

Les vésicatoires réussissent, également, sur les engorgements glandulaires, articulaires, tendineux ; les tumeurs indurées ; les abcès profonds qu'ils font arriver à la peau ; les distensions de ligaments articulaires. A titre de substitutifs, les vésicants amènent généralement à bonne fin les plaies de mauvaise nature. Enfin, sous forme de pommade, la poudre de cantharides est un puissant antipsorique contre la gale invétérée.

Après l'effet produit par le vésicatoire sur la peau (douze heures environ suffisent ordinairement), on enlève l'emplâtre ; puis, on fait deux pansements par jour avec le cérat.

Carbonate de fer. — Comme tonique et reconstituant, on administre souvent le carbonate de fer associé à des amers végétaux, gentiane et quinquina.

Le meilleur mode d'emploi consiste à préparer des pilules contenant chacune 20 centigrammes de carbonate de fer, et à en donner 4 à 8 par jour.

Carbonate de magnésie. — Se donne dans du lait à la dose d'une cuillerée à café ou à soupe, suivant la taille des chiens, pour combattre la constipation chez les jeunes animaux.

Carbonate de soude. — Le carbonate de soude, que l'on trouve partout dans le commerce, est employé pour préparer les bains alcalins, à la dose de 250 grammes pour la quantité d'eau nécessaire à un bain. On en conseille l'emploi dans les maladies éruptives de la peau.

Le bi-carbonate de soude est antiacide, digestif et diurétique, conseillé pour les animaux dont il est utile de régulariser l'appétit, et dont les digestions sont difficiles. Dans l'affection connue sous le nom de *jaunisse*, ou ictère, on administre efficacement 4 à 6 grammes, par jour, de bicarbonate de soude dissous dans de la tisane de chiendent.

Carminatifs. — Les médicaments de ce nom sont aromatiques, et généralement tirés du règne végétal. Ils servent à combattre l'atonie du tube digestif et de l'estomac. Les substances carminatives les plus employées sont : l'anis, la coriandre, le fenouil, la cannelle, etc. Elles s'administrent en infusion, 10 grammes par litre d'eau bouillante, ou en poudre à la dose de 1 à 4 grammes par jour.

Carotte. — En décoction concentrée, c'est un remède populaire contre la jaunisse. Comme substance alimentaire, la carotte est saine et nourrissante ; les Anglais en ajoutent, presque toujours, à la soupe qu'ils destinent à leurs meutes.

Capsules gélatineuses. — On désigne sous ce nom des enveloppes de forme olivaire, dont la base est la gélatine, et qui sont destinées à rendre plus commode l'administration de certains médicaments. Les plus usitées sont les capsules de Kamala, destinées à expulser le toenia ou ver solitaire. Elles contiennent 50 centigrammes de Kamala, par capsule, et se donnent de la manière suivante : six le soir, six le lendemain matin ; puis deux heures après ces dernières, on administre une purgation d'huile de ricin, ou de sirop de nerprun, ou bien encore de poudre purgative. Pour les chiens de petite espèce, 2, 3 ou 4 capsules, à la fois, suffisent ordinairement.

Caustiques. — Ce sont des préparations employées pour cautériser la peau, certaines plaies de mauvaise nature, les morsures des animaux enragés ou venimeux, et détruire les excroissances. Suivant la puissance de leur action sur les tissus, on divise les caustiques en deux classes : les *cathérétiques* et les *escharotiques*. Les premiers sont des caustiques faibles (tels que l'alun calciné, le sulfate et l'acétate de cuivre, le sulfate de zinc, le nitrate d'argent et de mercure).

Les seconds déterminent une modification profonde des tissus malades ; aussi faut-il s'en servir avec beaucoup de prudence.

Les escharotiques les plus employés sont : la potasse caustique ; le sublimé corrosif ; les acides azotique, sulfurique, chlorydrique ; le proto-chlorure d'antimoine ; et le chlorure de zinc.

Ces produits sont utilisés pour ouvrir les tumeurs indolentes, les abcès ; pour corroder les tissus indurés ; et, enfin, pour détruire le virus rabique dans les plaies déterminées par la morsure des chiens enragés.

Cérat. — On le trouve dans toutes les pharmacies. Il est employé pour panser les vésicatoires ; et en applications sur les brûlures, les gerçures et toutes les fois qu'il y a inflammation de la peau. On ajoute au cérat, de l'extrait de Saturne (1 pour 10) pour obtenir un médicament siccatif ; du laudanum, dans la même proportion, comme calmant ; et, enfin, pour combattre les affections herpétiques du chien. Delafond et Lassaigne conseillent le cérat arsenical préparé avec 10 centigrammes de sulfure jaune d'arsenic et 14 grammes de cérat.

Charbon. — Réduit en poudre fine, il sert à saupoudrer les plaies répandant une mauvaise odeur. On y ajoute souvent de la poudre de quinquina ou d'écorce de chêne.

Chêne. — L'écorce de chêne, par la grande quantité de tannin qu'elle contient, est un très bon astringent. On emploie la poudre dans le pansement des plaies, soit pure, soit mélangée à la poudre de charbon. La décoction est un remède qui a une certaine valeur pour laver les plaies; et, en injections dans l'oreille, contre les écoulements légers.

A l'*intérieur*, cette même décoction est antidiarrhéique. — Les noix de galle étant plus riches en tannin que l'écorce de chêne, sont plus actives que celle-ci, et s'emploient dans les mêmes circonstances.

Chloral. — L'hydrate de chloral est seul employé en médecine. C'est un anestésique rapide dans ses effets, et un sédatif qui, à dose de 1 à 4 grammes administrés dans un peu d'eau, produit un sommeil calme. On a souvent recours à son emploi dans les affections aiguës de la poitrine, contre le tétanos (voir POTION, SOLUTION, PILULES).

En solution (1 à 4 parties pour 100 d'eau), le chloral donne de bons résultats dans le pansement des plaies, et dans certaines affections de la peau accompagnées de prurit insupportable. Dans ce dernier cas, on ajoute très utilement, à la solution, 10 pour 100 de glycérine.

Nous avons vu réussir cette solution de chloral chez un chien atteint d'un catarrhe auriculaire qui avait résisté aux injections astringentes.

Mon ami M. Landrin, vétérinaire à Paris, a beaucoup étudié l'action du chloral sur le chien. Voici le résumé de ses observations : lorsqu'on administre l'hydrate de chloral, on obtient, chez le chien, avec une grande rapidité, aux doses de 1 à 6 grammes suivant la force des sujets : 1° la résolution musculaire envahissant d'abord le train postérieur pour, de là, se généraliser avec une grande rapidité; 2° l'hypnotisme le plus complet, un sommeil profond pouvant durer d'une heure à quatre heures; 3° l'émoussement de la sensibilité, susceptible d'atteindre une anesthésie telle, qu'une opération douloureuse peut être pratiquée, sans qu'il y ait à craindre la moindre réaction de la part du sujet qui la subit. Pour le chien, la dose peut être portée sans danger jusqu'à 6 grammes. Chez un chien de forte taille, 12 grammes ont amené la mort presque immédiatement.

Sans être l'antidote de la strychnine, le chloral arrête, ou plutôt retarde les effets de ce poison. L'expérience démontre que si on administre de la strychnine à dose toxique, et immédiatement un lavement contenant du chloral, les accidents tétaniques n'apparaissent que quand l'action du chloral est terminée.

Comme calmant, soit contre la toux opiniâtre, soit contre les accidents nerveux de toute nature, on l'associe souvent au bromure de potassium, et aux préparations opiacées.

Chlorate de potasse. — On a recours quelquefois à la poudre de chlorate de potasse contre les plaies ulcéreuses et dartreuses. Mais c'est surtout contre les affections inflammatoires de la bouche et de la gorge, que le chlorate de potasse rend de grands services. On l'emploie, dans ce cas, en poudre fine mélangée à du miel ou du miel rosat, dans la proportion de 9 grammes de chlorate de potasse pour 30 de miel. On badigeonne, plusieurs fois par jour, à l'aide d'un pinceau de charpie, toutes les parties malades de la bouche dans le cas d'angine couenneuse des jeunes animaux. (voir GARGARISME)

Chlore. — Le chlore est incontestablement un désinfectant, et un antiputride de premier ordre. Par son affinité pour l'hydrogène, il décompose les matières organiques avec lesquelles il se trouve en contact. On emploie peu le chlore pur en médecine ; on a recours surtout aux hypochlorites de soude et de chaux connus sous les noms de chlorure de soude, et de chlorure de chaux. (Voir ces mots)

Chloroforme. — Anesthésique, classique par excellence, auquel on a recours dans les opérations chirurgicales douloureuses.

En pommade, et en solution, il calme le prurit et les douleurs rhumatismales. À l'*intérieur*, à la dose de 1 à 2 grammes en potion, on le conseille dans le cas de toux nerveuse et contre le tétanos.

Pour anesthésier les chiens auxquels on doit faire subir une opération, on se sert, le plus souvent, d'une éponge ayant la forme d'un champignon, dans la partie concave de laquelle on verse, par petites quantités à la fois, 2 à 10 grammes de chloroforme. L'éponge ainsi imbibée est placée devant le nez et la gueule du patient. L'emploi de la muselière, dans ce cas, est toujours indiqué.

L'anesthésie n'a pas seulement l'avantage d'éviter la sensation des douleurs causées par l'opération ; mais, en rendant le patient immobile, elle facilite la tâche du praticien.

Chlorure d'ammonium. — *Sel ammoniac*. Fondant, stimulant diurétique, le sel ammoniac est souvent prescrit, en potion, à la dose de 2 à 4 grammes par jour, contre les engorgements chroniques des glandes lymphatiques, et les tumeurs rhumatismales. On l'emploie aussi à l'*extérieur*, en lotions (20 grammes dissous dans un litre d'eau), contre les maladies superficielles de la peau, les contusions, et les engorgements des articulations, des testicules ou des mamelles. La même solution est recommandée dans les irritations des paupières et de la conjonctive, et aussi contre les inflammations de la muqueuse buccale.

Sur les contusions, ou sur les membres fatigués, les piqueurs appliquent souvent, et avec avantage, des compresses imbibées de la solution suivante :

Eau...........................	1 litre
Sel ammoniac................	50 grammes.
Savon blanc..................	50 — .

Chlorure d'antimoine. — On emploie, en médecine, le chlorure d'antimoine quand il s'est transformé en deliquium par suite de l'absorption d'une certaine quantité d'humidité ; il prend, alors, le nom de beurre d'antimoine, et constitue un violent caustique dont on se sert pour cautériser les plaies, les morsures d'animaux venimeux ou enragés. Le beurre d'antimoine, pénètre profondément dans l'épaisseur des tissus; aussi faut-il toujours limiter son action. Après son application, on lave la plaie à grande eau, quand, toutefois, l'action du caustique a suffisamment agi.

Chlorure de calcium. — Ce produit qu'il ne faut pas confondre avec le chlorure de chaux, est donné, parfois, comme l'iodure de potassium, à la dose de 1 à 4 grammes par jour, pour combattre les affections scrofuleuses et dartreuses. On l'administre dissous dans l'eau, et par doses fractionnées.

Chlorure de fer. — Le perchlorure, le seul employé des chlorures de fer, est un hémostatique souverain; ses propriétés astringentes, toniques, reconstituantes du sang, anti-hémoptysiques, le font journellement prescrire. A l'*intérieur*, à la dose de 50 centigrammes à 2 grammes, par jour, dissous dans une potion de 150 grammes administrée, par cuillerées à soupe, toutes les heures, le perchlorure de fer arrête les epistaxis ou saignements de nez, les hémoptysies, les pissements de sang, et les diarrhées sanguinolentes des jeunes chiens si communs chez les Gordon.

Comme tonique ferrugineux, on le donne à la dose de 5 à 20 gouttes, par jour, délayées dans un peu d'eau.

A l'*extérieur*, on a souvent recours au perchlorure de fer pour arrêter les hémorrhagies en nappe à la suite des opérations, ou de certaines blessures; et, comme antiputride, dans le pansement des plaies fétides, gangreneuses, accompagnées d'excroissances charnues.

Il réussit généralement bien, en injections, dans les trajets fistuleux, surtout lorsqu'ils aboutissent à une carrie osseuse.

La solution de perchlorure de fer doit toujours être neutre.

Chlorures de mercure. — Il en existe deux dont le rôle en médecine est considérable. Ce sont : le protochlorure et le bichlorure de mercure, qu'il ne faut pas confondre, car leurs propriétés sont bien différentes.

Le protochlorure ou *calomel* est altérant, fondant, purgatif et anthelminthique. A dose fractionnée, un centigramme, toutes les heures, on le prescrit pour combattre les engorgements du foie, la jaunisse, et les maladies des organes glandulaires. A plus forte dose, 1 à 2 grammes, administré dans un peu de beurre ou de miel, le calomel est purgatif et vermicide.

On l'associe souvent au jalap, à l'aloès, à la scammonée, au semencontra, et à la santonine.

Le bichlorure de mercure, deuto-chlorure de mercure, sublimé corrosif.

C'est un des poisons les plus violents. Le contre-poison du sublimé est le blanc d'œuf, avec lequel il forme un composé insoluble; on administre, dans ce cas, le blanc d'œuf battu dans l'eau. Rarement employé à l'*intérieur*, le sublimé corrosif est souvent prescrit pour cautériser les plaies rebelles, ulcéreuses et charbonneuses. Les solutions aqueuses, ou alcooliques (50 centigrammes à 1 gramme pour 100 d'eau distillée), appliquées, en lotions, sur la peau, sont d'un emploi très utile contre les irritations superficielles dartreuses ou galeuses, ainsi que pour détruire les parasites, quels qu'ils soient.

Chlorure de sodium. — *Sel commun, sel de cuisine, sel marin*, Remède populaire, par excellence, employé, journellement, en solution, pour le pansement des plaies récentes, contre les entorses, les irritations superficielles de la peau; et à l'*intérieur*, comme vomitif. Dans ce dernier cas, nous ne conseillons son emploi que quand on n'a pas sous la main les vomitifs ordinaires. Le sel, en effet, donné à dose vomitive, est souvent la cause d'inflammation qu'il eût été facile d'éviter en ayant recours aux médicaments ordinairement usités.

Le sel est indispensable pour l'alimentation des chiens; aussi faut-il toujours convenablement saler les aliments qui leur sont destinés.

Chlorures désinfectants. — Les chlorures désinfectants auxquels on a recours en médecine sont :

> Le chlorure de chaux.
> Le chlorure de potasse.
> Le chlorure de soude.
> Le chlorure de zinc.

Chlorure de chaux, hypochlorite ou simplement *chlore*, est le plus employé pour assainir les chenils. Dans ce cas, il faut laver les parquets et les murs avec de l'eau dans laquelle on a délayé un peu de chlorure de chaux. On peut aussi disposer, de distance en distance, des assiettes dans lesquelles on étend une bouillie faite de chlorure et d'eau légèrement vinaigrée. En été, pour le pansement des plaies qui exhalent une mauvaise odeur, on interpose du chlorure de chaux entre deux couches d'étoupes.

En solution, 5 à 10 grammes par 500 d'eau filtrée, on l'emploie contre les maladies psoriques, les démangeaisons; et, en lavements et en injections dans la matrice, dans les cas d'écoulements ou de diarrhée fétides.

Chlorure de potasse (hypochlorite de potasse). — En solution dans l'eau, il porte, dans le commerce, le nom d'*eau de Javel*, et possède toutes les propriétés de la solution de chlorure de chaux.

Chlorure de soude (hypochlorite de soude). — La solution de ce désinfectant constitue la *liqueur de Labarraque* qui, en médecine, a beaucoup d'emploi pour désinfecter les plaies ulcéreuses, gangreneuses, et les trajets des setons.

Chlorure de zinc. — S'emploie, à défaut du beurre d'antimoine, pour cautériser les plaies cancéreuses. — Dilué dans l'eau, 10 grammes par litre, on peut s'en servir pour panser les plaies infectes. — Le chlorure de zinc sert à préparer la *pâte escharotique de Canquoin* destinée à être appliquée à la surface des tumeurs indurées, à la destruction desquelles on veut procéder avec lenteur.

Colchique. — Cette plante, dont on utilise en pharmacie les bulbes et les semences, est purgative, drastique, diurétique; elle irrite facilement l'intestin. On emploie la colchique pour combattre les affections rhumatismales, les œdèmes des membres, l'hydropisie de la poitrine et du ventre.

La dose de la poudre de bulbes est de 5 à 10 centigrammes. Les semences étant plus actives, se prescrivent à doses plus faibles. La teinture se donne à la dose de 1 à 5 grammes par jour, dans une potion que l'on administre par cuillerées toutes les heures.

Coaltar (voir GOUDRON DE HOUILLE).

Coaltar saponifié. — Nous préparons depuis plusieurs années une émulsion de coaltar connue sous le nom de *coaltar saponifié* qui constitue un excellent médicament pour combattre les démangeaisons de la peau.

On l'emploie également avec avantage, en été surtout, pour panser les plaies de toute nature.

Collodion. — Voici une formule qui donne un collodion excellent :

Éther.........................	400	grammes.
Alcool.........................	100	—
Huile de ricin..................	25	—
Fulmi-coton....................	25	—
Térébenthine de Venise........	10	—

Ses emplois sont nombreux en médecine : pour la réunion des plaies ; la réduction des gonflements érésypélateux ; et contre certaines affections de la peau. Comme hémostatique contre les coupures, on ajoute au collodion du perchlorure de fer dans la proportion de 1 gramme pour 50 grammes de collodion.

On prépare de même les collodions à l'arnica, à l'acide phénique, à l'iode, et à l'iodoforme, en applications sur les chancres des oreilles.

Citrouille. — Les semences de citrouille, de potiron, sont ténifuges. Elles constituent un remède populaire pour expulser le ver solitaire, et souvent donnent un bon résultat. Pour un chien de forte taille, il faut 30 à 40 grammes de semences mondées que l'on pile dans un mortier avec 15 à 20 grammes de sucre ou de miel, de façon à obtenir une pâte homogène. On délaye, ensuite, cette pâte dans un peu de lait, et on *entonne* le tout à l'animal. Deux heures après, on fait prendre une purgation d'huile de ricin.

Collyre. — Les collyres sont des médicaments destinés au traitement des maladies des yeux. Ils sont *secs*, *liquides*, *gras* ou *gazeux*.

Les collyres *secs* sont des poudres impalpables que l'on insuffle dans l'œil, en les introduisant d'abord dans un tuyau de plume. On fait sortir la poudre, par une des deux ouvertures, en soufflant par l'autre.

Les collyres secs les plus usités sont : l'alun, le calomel, le sucre, le sulfate de zinc, le sulfate de cuivre, le chlorhydrate d'ammoniaque, l'iris.

Les collyres *gras*, ou *mous*, ne sont que des pommades destinées surtout à combattre les maladies des paupières.

Les collyres *gazeux* sont des vapeurs à l'action desquelles on expose les yeux ; ils sont peu usités en médecine vétérinaire.

Enfin, les collyres *liquides* les plus employés, sont des liquides chargés, par infusion, décoction ou solution, de substances propres au traitement des yeux.

Les collyres les plus usités dans la médecine du chien sont les suivants :

Collyre adoucissant :

    Racine de guimauve ou fleurs de
      mauve, mélilot.............. 15 grammes.
    Eau bouillante................ 1/2 litre.

Laissez infuser, et passez sur un linge très fin. S'emploie en compresses et en lavages.

On peut ajouter à ce collyre 4 grammes de laudanum.

Collyre alumineux.

    Sulfate d'alumine.............. 1 gramme.
    Eau de roses.................. 100 —

ou :

    Alun ordinaire................ 1 —
    Eau distillée.................. 100 —

Collyre d'atropine :

    Sulfate neutre d'atropine........ 0,05 centig.
    Eau distillée.................. 10 grammes.

Employé pour dilater la pupille, et contre les affections de cet organe.

Collyre astringent :

    Extrait de Saturne............. 2 grammes.
    Eau-de-vie.................... 4 —
    Eau distillée.................. 125 —

ou bien :

    Eau de roses.................. 60 —
    Sulfate de zinc............... 0,50 centig.
    Laudanum..................... 1 gramme.

Collyre boraté :

    Borax........................ 2 grammes.
    Eau de roses.................. 100 —

Collyre blépharique :

              Sublimé corrosif....................   0,05 centig.
              Laudanum..........................   20 gouttes.
              Eau distillée.......................   125 grammes.

Collyre excitant (Græfe) :

              Ammoniaque.......................   4 grammes.
              Ether sulfurique....................   1   —
              Essence de menthe.................   2   —
              Eau de roses......................   32   —

Contre les ophtalmies anciennes.

Collyre ioduré :

              Iodure de potassium.............   1 gramme.
              Iode............................   0,10 centig.
              Eau distillée....................   200 grammes.

Contre les ophtalmies granuleuses, et les taies de la cornée.

Collyre au nitrate d'argent :

              Eau distillée.....................   30 grammes.
              Nitrate d'argent..................   0,05 centig.

Dans les cas d'ophtalmies purulentes, la dose du nitrate d'argent peut
être portée à 1 gramme pour 30 grammes d'eau distillée.

Collyre au sulfate de cuivre :

              Sulfate de cuivre................   0,50 centig.
              Glycérine......................   10 grammes.
              Eau distillée....................   20   —

Contre les ophtalmies opiniâtres.

Les collyres secs auxquels on a parfois recours sont :

Collyre de Dupuytren :

              Oxyde de zinc..................   2 grammes.
              Calomel.......................   2   —
              Sucre candi....................   2   —

Collyre mercuriel camphré :

              Calomel.......................   4 grammes.
              Sucre candi pulvérisé...........   4   —
              Camphre......................   1   —

Ces deux collyres sont employés contre la conjonctivite scrofuleuse.

Les collyres gras, ou pommades ophtalmiques les plus employées sont
les suivantes :

1°   Précipité rouge..................   0,05 centigr.
           Vaseline.......................   15 grammes.

2º	Oxyde jaune de mercure......	0,05 à 0,10 centigr.
	Vaseline......................	15 grammes.
3º	Oxyde de rouge de mercure....	0,50 centigr.
	Sulfate de zinc................	0,50 —
	Vaseline......................	50 grammes.
4º	Nitrate d'argent..............	0,25 centigr.
	Vaseline......................	30 grammes.
5º	Oxyde de zinc................	1 gramme.
	Vaseline.....................	10 —
6º	Sulfate d'atropine.............	0,10 centigr.
	Vaseline......................	20 grammes.

Coloquinte. — Purgatif drastique violent ; il se donne aussi à la dose de 0,10, 0,15 et 0,50 centigrammes, comme vernissage. (Très rarement prescrit.)

Copahu. — On l'emploie contre les catarrhes de la vessie, et pour arrêter les écoulements du canal de l'uréthre à la dose de 1 à 10 grammes par jour, délayés dans un jaune d'œuf.

Cousso ou kousso. — Cette plante, qui nous vient d'Abyssinie, détermine l'expulsion du tænia à la dose de 15 à 20 grammes de poudre pour un chien de taille moyenne.

Le meilleur procédé à suivre pour administrer le kousso est le suivant : on tient l'animal à jeun, et on fait avaler le soir 10 grammes de poudre délayés dans une tasse d'eau tiède ; le lendemain matin, on donne la même dose ; et deux heures après une purgation quelconque. Il est très rare que le kousso (de bonne qualité bien entendu) donné ainsi, ne réussisse pas.

Quand on a à traiter des animaux difficiles, il faut donner la poudre de kousso, par petites fractions, enfermées dans des boulettes de viande hachée ; mais ce procédé est loin d'être aussi certain que le précédent.

Créosote. — Ne s'emploie guère qu'à l'*extérieur*, mélangée à l'huile ou à l'alcool, dans le traitement des maladies de peau. La créosote est antipsorique, antiputride. A l'état de pureté, on s'en sert pour cautériser les plaies. (Voir huile et pommade créosotée.)

Croton tiglium. — Les graines de croton, appelées aussi *graines de Tilly*, *petits pignons d'Inde*, sont purgatives drastiques. Deux ou quatre de ces graines, pilées et émulsionnées, suffisent pour produire des effets énergiques, dus à la présence de l'huile de croton (voir ce mot), qu'elles contiennent.

Cyanure de potassium. — Ses propriétés sont celles de l'acide cyanhydrique ou prussique. On l'emploie à la dose de 1 à 5 centigrammes dans le traitement des maladies nerveuses; et, à l'*extérieur*, en pommade comme calmant.

Un gramme donné en une fois constitue un violent poison dont nous conseillons l'emploi, quand on veut se débarasser des animaux atteints de maladies incurables ou dangereuses.

Il suffit de projeter dans la gueule de l'animal le cyanure de potassium, et la mort arrive rapidement. Pour les animaux dangereux, on se sert d'un bâton légèrement mouillé à son extrémité, sur laquelle on place le cyanure, qu'on met en contact avec la muqueuse buccale.

Quant le cyanure est de préparation récente, l'action est foudroyante et certaine si l'animal est à jeun.

Désinfectant. — Nous avons déjà parlé des produits employés comme désinfectants, à propos de l'acide phénique et des chlorures. Le propriétaires qui voudront désinfecter les chenils avec un produit n'ayant aucune odeur, feront bien d'avoir recours à la solution suivante :

> Sulfate de fer................... 200 grammes.
> Acide chlorhydrique............ 100 —
> Eau pour compléter le litre.

On verse cette solution dans un seau d'eau, et on lave, avec ce mélange les parquets et les murs des chenils.

Dextrine. — On se sert souvent de la dextrine dans le pansement des fractures et des luxations, pour préparer des bandages inamovibles. Dans ces cas, on confectionne une pâte de consistance de miel mou en délayant 100 grammes de dextrine dans 60 grammes d'eau-de-vie camphrée, à laquelle on ajoute 50 grammes d'eau chaude. Il suffit, alors, d'étendre cette composition sur des bandes de toile ou de papier; d'en envelopper le membre fracturé ou l'articulation luxée ; et de laisser sécher.

Pour lever l'appareil, on mouille avec de l'eau chaude ; au bout de quelques instants, ces bandes se séparent facilement.

Digitale. — La principale propriété de la digitale est de ralentir les contractions du cœur, et par conséquent la circulation.

Comme agent sédatif du cœur, la digitale est souvent prescrite dans les maladies de cet organe, caractérisées pas de fréquentes et violentes pulsations. Elle est également efficace contre les inflammations aiguës du poumon, l'asthme, les toux nerveuses et quinteuses.

Comme agent thérapeutique, la digitale trouve son emploi dans les hydropisies. La dose de la poudre est de 5 à 25 centigrammes par jour.

La teinture de digitale se donne à la dose de 20 à 30 gouttes dans la journée, par parties fractionnées.

Digitaline. — Alcaloïde de la digitale fréquemment prescrit en médecin canine, sous forme de granules contenant chacun 1 milligr. de digitaline. C'est un médicament très énergique, et qu'il faut employer avec précaution. On commence à donner 1 à 3 granules par jour ; et ne pas dépasser 6.

On a recours à la digitaline dans les cas où l'emploi de la digitale est indiqué.

Eaux médicamenteuses :

Eau blanche. — Se prépare en mélangeant simplement 1 à 30 grammes d'extrait de Saturne dans un litre d'eau ordinaire. On ajoute, parfois, de l'alcoolat vulnéraire. Employée journellement, en compresses, contre les coups, entorses, foulures légères, etc.

Eau de chaux. — Après avoir ajouté 25 grammes de chaux éteinte à un litre d'eau commune, il suffit de filtrer pour obtenir l'eau de chaux médecinale ; donnée avec du lait, elle arrête la diarrhée des jeunes chiens. Dose 5 à 20 grammes. Mélangée à l'huile d'amandes douces, elle constitue le liniment oléo-calcaire employé contre les brûlures.

Eau phagédénique. — Prenez :

       Eau de chaux.............   500 grammes.
       Sublimé corrosif...........   4   —

S'emploie, à l'*extérieur*, pour cicatriser les vieux ulcères cancéreux, et détruire les excroissances fongueuses qui surviennent aux anciennes plaies.

Eau de Rabel. — N'est qu'un mélange de 300 parties d'alcool avec 100 parties d'acide sulfurique. Astringent, antiseptique et hémostatique souvent employé. La dose, à l'*intérieur* est de 1 gramme délayée dans 100 grammes d'eau.

Eaux antipsoriques :

1º   Azotate de plomb...............   50 grammes.
       Eau distillée..................   1 litre.
2º   Staphysaigre...................   20 grammes.
       Feuille de tabac...............   30   —
       Racine d'ellébore..............   30   —
       Eau bouillante.................   1 litre.

Laissez infuser et passez. Ces solutions s'emploient contre les affections galeuses, et aussi pour détruire les parasites.

Eau phéniquée. — Prenez :

       Acide phénique.................   10 à 20 grammes.
       Alcool......................... 100 grammes.
       Glycérine...................... 100   —
       Eau............................   1 litre.

Dans le pansement des plaies, et en injections dans l'oreille.

Eau-de-vie camphrée :

            Camphre pulvérisé..............   30 grammes.
            Eau-de-vie.. ....   1 litre.

Faites dissoudre.

Eau sédative :

            Ammoniaque....................   100 grammes.
            Alcool camphré................   10   —
            Sel de cuisine................   60   —
            Eau...........................   1 litre.

Mêlez, et agitez avant l'emploi.

Eau zinguée camphrée :

            Sulfate de zinc...............   30 grammes.
            Camphre.......................   15   —
            Eau...........................   1 litre.

Pour le pansement des plaies.

Eaux distillées. — On n'emploie guère que l'eau de laurier-cerise et l'eau de roses ; la première, à la dose de 4 à 10 grammes, dans une potion, comme calmant. La seconde sert à préparer la plupart des collyres.

Écorce de racine de grenadier. — L'écorce de racine de grenadier est souvent employée contre le tænia. Les écorces qui nous viennent du Portugal sont plus actives que celles que l'on récolte en France ; et celles-ci sont plus efficaces à l'état frais qu'à l'état sec. — La dose, pour un chien de taille moyenne, est de 15 à 30 grammes d'écorces concassées, qu'on fait bouillir, pendant 1/4 d'heure, dans deux verres d'eau jusqu'à réduction d'un verre. On passe, puis on administre à l'animal comme pour tous les vermifuges. Il est bon de donner une légère purgation deux heures après.

Elixir tonique. — Journellement employé, toutes les fois que les chiens manquent d'appétit et dans la première période de la maladie des jeunes chiens, notre élixir tonique est préparé avec le quinquina associé à des substances amères ; il s'administre à la dose de trois à quatre cuillerées à café ou à soupe et par jour, suivant la grosseur de la bête. Immédiatement après chaque cuillerée, on présente à manger aux animaux. Il n'est pas rare de voir l'appétit revenir dès le troisième jour.

Ellébore. — A la dose de 5 centigrammes administrés à un chien, la poudre de racine d'ellébore noire agit à la manière de l'émétique, et provoque le vomissement.

La poudre d'ellébore répandue sur la peau, ou la décoction préparée avec 50 grammes par litre d'eau, convient parfaitement pour tuer les insectes qui se logent sous les poils des animaux. On l'emploie également, et de la même façon, contre la gale (voir EAU ANTIPSORIQUE).

L'ellébore blanc, bien que n'appartenant pas à la même famille que l'ellébore noir, possède les mêmes propriétés. Son principe actif est la *vératrine* (voir ce mot).

Emétique (*Tartrate de potasse et d'antimoine, tartre stibié*). — C'est le vomitif par excellence à la dose de 2, 5 et 10 centigrammes. A plus haute dose, 10 à 20 centigrammes dissous dans un demi-litre d'eau, l'émétique est purgatif. Il est sédatif de la respiration et de la circulation ; aussi le prescrit-on souvent dans la pneumonie à la dose de 30 centigrammes dissous dans une potion de 150 grammes, administrée par cuillerées toutes les heures.

A l'*extérieur*, on l'emploie, comme rubéfiant, en pommade préparée avec :

        Emétique...................   6 à 8 grammes.
        Axonge ou vaseline............ 30   —
            Mêlez.

Emulsions. — On désigne sous le nom d'émulsions, des préparations dont l'eau est l'excipient, et qui tiennent en suspension des matières grasses, résineuses, des essences, ou des substances gommo-résineuses.

On n'emploie en médecine canine que les émulsions suivantes :

Emulsion de benzine :

        Benzine.......................... 100 grammes.
        Savon noir....................... .. 30   —
            Eau pour compléter le litre.

On dissout le savon dans la benzine, et on ajoute à l'eau. Cette préparation détruit parfaitement les poux et les puces du chien.

On prépare de même l'*émulsion d'essence* de *térébenthine*.

Emulsion de coaltar :

        Coaltar ou goudron de houille.... 200 grammes.
        Savon noir....................... 200   —
        Alcool à brûler.................. 200   —

On chauffe le mélange de ces trois substances, au bain-marie, jusqu'à solution complète.

100 grammes de ce mélange dissous dans un litre d'eau constituent une excellente préparation, employée en bains et en lotions, contre les démangeaisons, et pour le pansement des plaies.

Emulsion de goudron de Norvège.

        Goudron de Norvège.............. 100 grammes.
        Savon noir...................... 100   —
        Alcool.......................... 100   —
            Préparez comme le précédent.

Emulsion antipsorique.

> Sulfure de carbone............... 100 grammes.
> Savon noir...................... 50   —
> Eau pour compléter le litre.

On délaye le savon dans le sulfure, puis on ajoute l'eau, et on agite fortement le tout. Cette préparation est une des meilleures que l'on puisse employer contre la gale du chien ; et pour détruire tous les parasites.

Emulsion d'huile empyreumatique.

> Huile empyreumatique............ 100 grammes.
> Savon noir...................... 100   —
> Eau pour compléter le litre.

On délaye le savon dans l'huile, puis on ajoute un peu d'eau, et, après avoir agité fortement, on complète le litre avec de l'eau.

L'émulsion d'huile empyreumatique s'emploie, à l'*extérieur*, dans le pansement des plaies, pendant les grandes chaleurs. A l'*intérieur*, comme vermifuge, on administre deux ou quatre cuillerées à café de cette émulsion le matin à jeun, et cela pendant plusieurs jours.

L'*Emulsion d'huile de cade* se prépare de la même manière que la précédente ; elle possède les mêmes propriétés antipsoriques et vermicides, et son odeur est moins désagréable.

Emulsion d'huile de croton. — L'émulsion se prépare en mélangeant intimement l'huile de croton, à la dose de 1, 2 ou 3 gouttes, dans un jaune d'œuf, qu'on délaye ensuite avec un peu d'eau ou de lait.

Essence de térébenthine. — Appliquée pure sur la peau du chien, l'essence de térébenthine produit une douleur insupportable ; aussi, ne l'emploie-t-on que mélangée à de l'alcool, ou à de l'huile (voir LINIMENTS).

On a, parfois, recours à cette huile volatile dans le pansement des plaies gangreneuses, et pour détruire la vermine des plaies.

A l'*intérieur*, comme vermifuge, on peut avoir recours à la préparation suivante :

> Essence de térébenthine...... 2 à 4 grammes.
> Jaune d'œuf.................. 1   —
> Huile de ricin............... 20 à 30 —

Triturez ces trois substances, et ajoutez un peu de lait. Administrez en une fois à jeun.

Ether sulfurique. — C'est l'anesthésique le plus anciennement connu, et qui peut être employé avec avantage quand on a à procéder à une opération douloureuse. On se sert, dans ce cas, d'une éponge imbibée d'éther, que l'on maintient devant les narines.

On emploie également l'éther, à l'*extérieur*, contre les brûlures, et les douleurs locales.

A l'*intérieur*, c'est un antispasmodique auquel on a recours pour combattre les affections nerveuses; on le donne, dans ce cas, à la dose de 1 à 4 grammes associé à l'opium, dans une potion (voir potion et lavement éthérés).

Extrait de Saturne (voir ACÉTATE DE PLOMB).

Farine de lin. — Elle est spécialement destinée à confectionner les cataplasmes que tout le monde sait préparer. Nous n'en parlons ici que pour recommander d'avoir soin de choisir de la farine fraîche, se pelotonnant quand on la presse fortement dans la main.

Farine de moutarde. — Journellement employée en sinapismes. Comme la précédente, il faut toujours se servir de farine de moutarde fraîchement préparée; et employer de l'eau froide pour la délayer. On se sert aujourd'ui, en médecine, des sinapismes en feuilles d'un usage très commode. Il faut, avant l'application d'un sinapisme quelconque, avoir soin de raser le poil.

Fer. — Le fer et ses préparations représentent les meilleurs reconstituants du sang; ils conviennent quand on veut donner du ton aux animaux d'un tempérament lymphatique; et, en général, à tous les sujets anémiques, quelle que soit l'origine de l'appauvrissement de leur sang.

Le traitement ferrugineux modifie le sang d'une façon remarquable en augmentant sa richesse en globules rouges. Les ferrugineux les plus souvent employés, chez le chien, sont les suivants :

L'*arséniate de fer* se donne, en granules de 1 milligramme, à la dose de 2 à 6 par jour.

Le *carbonate de fer*, en poudre, dose 50 centigrammes à 1 gramme par jour.

Le *fer réduit*, en poudre, dose 10 à 50 centigrammes.

Le *fer dialysé*, liquide, dose 20 à 40 gouttes par jour.

La *limaille de fer*, en poudre, dose 10 à 50 centigrammes.

L'*eau ferrée*, en boisson.

L'*iodure de fer*, en pilules, deux à six par jour; ou en sirop, deux à trois cuillerées.

Le *phosphate de fer*, en poudre, ou en pilules de 10 à 20 centigrammes.

Le *tartrate de fer et de potasse*, en solution ou en sirop, même dose que le sirop d'iodure de fer.

Le *sulfate de fer*, en solution, dose 5 à 10 centigrammes.

Les sels solubles de fer dilués dans l'eau, tonifient les plaies de mauvaise nature sur lesquelles on les répand, et en provoquent la cicatrisation.

Fougère mâle. — Remède recommandé dans le traitement du tænia. On l'administre, dans ce cas, à la dose de 10 à 20 grammes, suivant la grosseur de l'animal.

Le principe actif de la fougère étant l'huile, nous conseillons l'emploi des capsules contenant l'extrait éthéré de fougère, comme étant d'un effet plus certain que la poudre. Cet extrait entre, en certaine proportion, dans les capsules de kamala composées, que nous préparons spécialement pour expulser le ver solitaire.

Gargarismes. — Bien que l'usage des gargarismes soit peu commun en médecine vétérinaire, ils sont, cependant, d'un grand secours dans les cas d'angine, d'inflammation de la bouche et de l'arrière-bouche.

On administre les gargarismes soit à l'aide d'une seringue, quand on veut laver à grande eau la bouche du malade, soit à l'aide d'un pinceau imbibé du gargarisme ou collutoire, que l'on promène sur les parties malades.

Gargarisme adoucissant :

Racine de guimauve.............	60 grammes.
Figues grasses.....................	30 —

Faire bouillir dans suffisante quantité d'eau pour obtenir un demi-litre. Ajoutez soit du lait, soit un peu de miel.

Gargarisme astringent :

Alun........................	5 grammes.
Miel rosat.................	50 —
Eau pour un demi-litre.	

Gargarisme au chlorate de potasse :

Chlorate de potasse.............	10 grammes.
Sirop de mûres..................	50 —
Eau pour un demi-litre.	

Gargarisme boraté :

Borax.........................	10 grammes.
Sirop de mûres.................	50 —
Eau pour un demi-litre.	

Collutoire, ou gargarisme concentré, de consistance épaisse, destiné à être appliqué avec un pinceau.

Borax pur.....................	5 grammes.
Alun id....................	5 —
Chlorate de potasse id...........	5 —
Miel rosat.....................	20 —

Gélatine. — Les lotions et les bains gélatineux sont parfaitement indiqués contre les irritations superficielles de la peau; ils conviennent avant de commencer une médication énergique, quand la peau est sèche, dure, calleuse, crevassée; et lorsqu'il importe de lui faire reprendre une partie de sa souplesse.

Pour les lotions et les bains, on fait dissoudre 10 grammes de gélatine par litre.

Gentiane. — C'est le tonique amer par excellence. On l'emploie pour rétablir les animaux débilités par les affections chroniques. La gentiane se donne, en poudre, à la dose de 1 à 4 grammes. En tisane, (10 grammes par litre), en pilules d'extrait de gentiane (dose 50 centigrammes à 1 gramme), et, surtout pour le chien, sous forme de vin (voir Vin de gentiane).

Glycérine. — La glycérine est le médicament le plus remarquablement onctueux, après la vaseline, que l'on possède ; et qui convient pour lubrifier et assouplir les tissus organiques. Elle réunit, tout à la fois, les propriétés antiphlogistiques de l'eau et des corps gras, sans avoir, comme ces derniers, l'inconvénient de rancir.

La glycérine convient parfaitement aux chiens qui ont la peau rugueuse, fendillée, crevassée, comme cela s'observe chez les sujets dartreux. Elle agit avec efficacité dans le traitement des affections prurigeuses, des maladies chroniques de la peau, de la gale, des démangeaisons qui tourmentent les animaux. Son emploi a donné de bons résultats contre les phlegmasies qui siègent à la surface du derme, contre le catarrhe auriculaire, et le chancre aux oreilles du chien, de même que dans les pansements des brûlures et des vésicatoires enflammés.

La glycérine peut être avantageusement employée dans le pansement des plaies, pour en tempérer l'irritation, et les tenir souples et rosées.

A l'*intérieur*, la glycérine, sous forme de lavement, à la dose de 30 grammes, ajoutée à une décoction de racine de guimauve, est employée pour combattre la dysenterie.

La glycérine est un excipient précieux pour servir de base à bon nombre de préparations dont nous donnons les formules.

Glycérine caustique :

Iode.................................	4 grammes.
Iodure de potassium..................	4 —
Glycérine............................	8 —

Employée contre les dartres rongeantes.

Glycérine iodée :

Teinture d'iode	25 grammes.
Glycérine............................	125 —

Contre la gale et les irritations de la peau.

Cette préparation est aussi souvent prescrite pour combattre l'affection du chien connue sous le nom de roux-vieux.

Glycérine astringente :

Extrait de Saturne..............	5 grammes.
Glycérine.......................	100 —

Dans le pansement des plaies, de même que les suivantes :

> Glycérine...................... 100 grammes.
> Sulfate de zinc............... 5   —

> Glycérine...................... 100 grammes.
> Tannin........................ 5   —

Glycérine phéniquée :

> Acide phénique............... 1 gramme.
> Glycérine..................... 100   —

Pansement des plaies de mauvaise nature, et des affections de la peau.

Glycérine iodoformée :

> Glycérine..................... 100 grammes.
> Iodoforme.................... 1   —

Contre les chancres des oreilles.

Glycérine antipsorique :

> Savon mou.................... 10 grammes.
> Glycérine..................... 100   —
> Sulfure de carbone........... 5   —

On peut ajouter à ce mélange 5 grammes de benzine, ou de pétrole, ou d'essence de térébenthine.

Glycérolé d'amidon. — Prenez :

> Amidon....................... 10 grammes.
> Glycérine..................... 100   —

Mêlez et chauffez jusqu'à consistance de pommade.

Ce glycérolé s'emploie pur, comme adoucissant, et pour servir d'excipient dans la préparation des pommades. Nous le remplaçons aujourd'hui, très avantageusement, par la vaseline. (Voir ce mot.)

Gomme-gutte. — Purgatif drastique des plus énergiques. On l'administre à la dose de 10 à 20 centigrammes. — Pure, ou associée à l'aloès, on a conseillé son emploi comme vermifuge.

Goudron. — On fait usage en médecine de deux goudrons qu'il ne faut pas confondre :

Le *goudron de Norvège ou végétal*, provenant de la combustion de bois résineux ; et le *goudron minéral, goudron de houille*, de *gaz* ou *coaltar*, que l'on obtient par la distillation de la houille.

Le *goudron végétal* est stimulant, diaphorétique, diurétique, antiputride, et antipsorique. On administre l'eau de goudron, qui n'est qu'une macération de goudron dans l'eau, dans les affections typhiques, dans les catarrhes des bronches, et des voies urinaires. A l'*extérieur*, c'est surtout, à titre d'antipsorique, qu'on emploie le goudron en pommade ; on a aussi recours à cette préparation contre les affections dartreuses et chroniques de la peau.

Le *goudron végétal* sert de base au savon de goudron, dont nous recommandons l'emploi pour les soins de propreté à donner aux chiens.

Le *goudron de houille* ou *coaltar*, en raison de la propriété qu'il possède de désinfecter les matières odorantes avec lesquelles il est en contact, est très employé, aujourd'hui, comme antiputride dans le pansement des plaies de mauvaise nature, en été, surtout, quand elles sont le siège d'une suppuration abondante et de mauvaise odeur.

On emploie, dans ce cas, soit l'émulsion, soit le mélange de plâtre fin et de coaltar. (Voir Poudre de corne et Demaux.)

Grenadier. — (Voir Écorce de racine de grenadier.)

Guimauve. — On emploie la racine, les fleurs et les feuilles de cette plante, considérée comme le type des adoucissants et des émollients.

La décoction légère de la racine et des fleurs est administrée pour combattre les inflammations de l'estomac et des intestins.

La même décoction de racine et de feuilles est journellement employée en lotions, en bains, pour calmer les inflammations des plaies et de la peau.

Enfin, les lavements d'eau de guimauve sont d'une grande efficacité contre les dysenteries pour calmer les coliques, et provoquer des évacuations.

Houblon. — C'est un excellent tonique, amer, apéritif et sédatif des voies urinaires, en infusion à la dose de 10 grammes par litre.

Huile d'amandes douces. — Elle est très adoucissante, émolliente, et ne saurait être trop recommandée, à la dose de 15 à 30 grammes, contre les maladies du tube digestif.

Huile de croton tiglium. — L'huile de croton est un purgatif drastique des plus violents, à la dose de 1 à 2 gouttes. On utilise sa propriété purgative dans les affections graves des voies respiratoires, dans les embarras de l'intestin, quand d'autres purgatifs n'ont amené aucun résultat.

A l'*extérieur*, l'huile de croton détermine, à la surface de la peau, une très vive irritation accompagnée de nombreux petits boutons, propriété qui la fait employer, avec succès, pour faire avorter les maladies de poitrine qui réclament une révulsion prompte et énergique, ainsi que les inflammations très étendues de l'appareil de la digestion.

Soit qu'on administre l'huile de croton à l'intérieur, soit qu'on l'applique en frictions à l'extérieur, il est bon, afin d'éviter des accidents, de ne jamais l'employer pure, mais de l'introduire dans une huile fixe, l'huile d'amandes douces, par exemple.

Huile d'olives. — A défaut d'huile d'amandes douces, on peut se servir d'huile d'olives pour les mêmes usages.

Huile de ricin. — Cette huile est un très bon purgatif pour les chiens. Il faut toujours la donner récente, car, avec le temps, elle contracte une grande âcreté et devient drastique.

On peut rendre l'action de l'huile de ricin plus purgative par l'addition de 1 à 2 gouttes d'huile de croton.

Le mélange de 5 à 10 grammes d'essence de térébenthine et de 20 à 30 grammes d'huile de ricin a été conseillé dans le traitement des convulsions nerveuses du chien, et surtout contre le ténia.

Huile de cade. — A l'*intérieur*, l'huile de cade, bien qu'employée rarement, constitue un excellent vermifuge, qui, dans certains cas, donne de bons résultats, alors que d'autres vermifuges n'ont pas réussi.

Voici comment il faut procéder pour administrer l'huile de cade comme vermifuge :

Prenez : huile de cade 1 à 5 grammes, suivant la grosseur de l'animal; battez avec un jaune d'œuf; et ajoutez un peu de tisane de menthe ou d'absinthe. Donnez le tout, en une fois; puis, une heure après, une légère purgation.

A l'*extérieur*, soit pure, soit en pommade, elle est très usitée pour combattre les affections galeuses et dartreuses.

Nous recommandons de toujours employer de l'huile de cade véritable; car il existe, dans le commerce, une huile portant improprement le même nom, mais qui ne saurait la remplacer. (Voir Émulsion, Pommade.)

Huile empyreumatique. — Peut être employée aux mêmes usages que l'huile de cade, comme vermifuge, antiherpétique et antipsorique; mais son odeur fétide et tenace lui fait préférer toujours la précédente.

Huile de foie de morue. — C'est un reconstituant puissant, très préconisé contre le rachitisme, et souvent prescrit aux jeunes chiens dont la constitution est lymphatique, ou qui ont été débilités par la maladie.

L'huile de foie de morue est journellement employée pour combattre la maladie du jeune âge appelée simplement *maladie*.

La dose est de 1 à 4 cuillerées à café ou à soupe, par jour, suivant la grosseur de l'animal, administrées immédiatement avant les repas.

Donner de préférence l'huile de foie de morue brune; car celle qui a été purifiée et décolorée est moins active.

Huile ou essence de pétrole. — On l'emploie, mélangée à parties égales avec l'huile ordinaire, pour débarrasser les chiens des parasites.

Huiles médicinales. — Parmi celles qui sont d'un usage fréquent, citons :

L'huile de cade glycérinée :

> Huile de cade .... 30 grammes.
> Glycérine................... 90   —

Mêlez. Contre les maladies chroniques de la peau.

Huile camphrée :

> Camphre pulvérisé............ 100 grammes.
> Huile blanche................ 900   —

En frictions et compresses contre les contusions légères.

Huile crotonée :

> Huile de croton.............. 30 gouttes.
> Huile blanche................ 80 grammes.

Frictions irritantes. Se servir d'un gant en peau afin d'éviter les accidents.

Huile créosotée :

> Huile blanche............... 100 grammes.
> Créosote.................... 10   —

Huile phéniquée :

> Acide phénique.............. 5 grammes.
> Huile blanche............... 100   —

Pour pansements antiseptiques.

Huile de foie de morue créosotée :

> Huile de foie de morue...... 100 grammes.
> Créosote de hêtre........... 1   —

Affections typhiques et chroniques des voies respiratoires.

Dose : 2 cuillerées à café ou à soupe, par jour, suivant la grosseur du chien.

Injections. — Préparations liquides destinées à être introduites dans les cavités : 1° naturelles, comme les fosses nasales, l'oreille, le vagin, le canal de l'urèthre ; 2° accidentelles, telles que fistules, plaies fistuleuses, trajets de séton, abcès, etc.

Les injections les plus employées, en médecine canine, sont les suivantes :

Injection anodine :

> Eau-de-vie camphrée.......... 5 grammes.
> Teinture d'aloès............. 5   —
> Vin rouge.................... 100   —

Contre les plaies suppurantes.

Injection astringente :

>   Écorce de chêne............... 50 grammes.
>   Alun........................... 10   —
>   Eau............................ 1 litre.

Faites bouillir l'eau et l'écorce, passez et ajoutez l'alun. Employée dans le pansement des plaies fistuleuses.

Injection astringente et calmante :

>   Sulfate de zinc................ 2 grammes.
>   Laudanum....................... 2   —
>   Eau............................ 100   —

Contre le catarrhe auriculaire.

Autre :

>   Acétate de plomb (extrait de Saturne). 30 grammes.
>   Eau-de-vie........................... 125   —
>   Eau.................................. 1 litre.
>   Mêlez.

Injection phéniquée :

>   Acide phénique................. 1 gramme.
>   Glycérine...................... 30   —
>   Eau............................ 100   —

Employée, comme antiputride, contre le catarrhe auriculaire.

Injection calmante :

>   Infusion de belladone......... 150 grammes.
>   Laudanum...................... 2   —

Injection émolliente :

>   Racine de guimauve............ 30 grammes.
>   Têtes de pavot................ 4 têtes.
>   Eau........................... 1 litre et demi.

Employée pour stimuler les trajets fistuleux.

Injection hémostatique :

>   Ergotine....................... 2 grammes.
>   Eau............................ 100   —

ou bien :

>   Perchlorure de fer.......... 1 à 2 grammes.
>   Eau distillée............... 100   —

On a recours à ces deux injections pour combattre les hémorrhagies.

Injection contre les acares de l'oreille. (Mégnin.)

>   Sulfate de potasse............ 15 grammes.
>   Eau........................... 1000   —

ou bien la suivante, recommandée à Alfort :

Huile d'olives................ 100 grammes.
Naphtol..................... 10   —
Éther....................... 30   —

Conserver dans un flacon soigneusement bouché.

Injections sous-cutanées ou hypodermiques. — Les injections sous-cutanées, dont l'emploi est très fréquent aujourd'hui, ont pour but de faire pénétrer dans le sang les médicaments qu'on ne veut ou ne peut introduire dans l'estomac.

Les alcaloïdes ou plutôt leurs sels, tels que le chlorhydrate de morphine, le sulfate de quinine, le sulfate de strychnine, sont les préparations qui sont le plus souvent utilisées pour les injections hypodermiques.

Les doses seront moins élevées que si les médicaments devaient être logérés dans l'estomac. Nous donnons d'ailleurs plus loin les formules des injections les plus employées.

On se sert habituellement, pour les injections hypodermiques, de la seringue de Pravaz. Comme, d'une part, on connaît la capacité de la seringue, et que, de l'autre, les solutions que l'on se propose d'injecter doivent être parfaitement dosées, il est toujours facile de se rendre compte de la quantité du médicament que l'on injecte.

Quand on veut préparer à l'avance des solutions destinées aux injections, il faut se servir d'eau distillée contenant 1 gramme d'acide salicylique pour 100, afin de prévenir la formation de moisissures dont elles ne tarderaient pas à se couvrir.

Les solutions et les substances employées le plus souvent en injections hypodermiques sont les suivantes. Nous admettons, pour les doses, qu'on ait à traiter un chien de taille moyenne.

1° **Atropine**. — On l'injecte à la dose de 1 à 5 milligrammes. La solution normale se prépare avec 10 centigrammes de sulfate neutre d'atropine pour 10 grammes d'eau distillée. Par conséquent, si la seringue a 1 centimètre cube de capacité, celle-ci représentera 10 milligrammes de principe actif, et chaque division 1 milligramme.

Employé contre les névralgies.

2° **Morphine**. — C'est le chlorhydrate de morphine qui est employé de préférence, et à la dose de 5 à 10 centigrammes pour calmer la chorée, la toux nerveuse, et toutes les fois qu'il s'agit de recourir à un calmant énergique.

3° **Strychnine**. — Contre les paralysies, on injecte le sulfate de strychnine à la dose de 1 à 2 milligrammes, mais en procédant par doses progressives.

La solution se prépare avec : sulfate de strychnine 10 centigrammes, eau distillée 20 grammes.

La seringue d'une capacité de 1 centimètre cube contient donc cinq milligrammes.

Les injections de strychnine sont employées pour combattre les paralysies générales ou locales.

4° **Sulfate de quinine**. — C'est le sulfate neutre de quinine cristallisé qu'il faut employer, le sulfate communément prescrit en pharmacie n'étant pas suffisamment soluble dans l'eau.

La solution destinée aux injections se prépare avec :

> Sulfate cristallisé de quinine.......... 1 gramme.
> Eau distillée......................... 9   —

La dose de sulfate de quinine à injecter doit être de 5 à 20 centigrammes.

On a recours à cette médication contre les affections rhumatismales, les fièvres intermittentes, etc.

5° **Pilocarpine** (Alcaloïde du jaborandi). — Est un sialagogue puissant. La dose à injecter est de 5 à 10 milligrammes.

Ergotine. — Très employée, comme hémostatique, pour combattre les hémorrhagies, à la dose de 1 gramme.

On emploie la solution suivante :

> Ergotine...................... . 1 gramme.
> Eau distillée................... 10   —

Ou bien encore, comme le conseille M. Yvon :

> Ergotine...................... 1 gramme.
> Eau distillée.................. 5   —
> Glycérine..................... 5   —

Cette dernière se conserve longtemps.

L'éther, à la dose de 1 à 3 grammes, est aussi, quelquefois, injecté, comme calmant, pour combattre les crises nerveuses.

On fait, parfois, des injections sous-cutanées afin de provoquer la formation d'abcès, destinés à agir comme puissants dérivatifs. Il faut, dans ce cas, se servir de la solution concentrée de sel marin.

Iode. — L'iode et ses préparations sont journellement présentés, en médecine, comme fondants révulsifs, caustiques, désinfectants, cicatrisants, etc.

A l'*intérieur*, l'iode est surtout administré dans le traitement des maladies glanduleuses ; et, dans ces cas, afin d'arriver plus promptement à la guérison, on fait des applications locales externes, soit de teinture d'iode, soit de pommade iodurée (voir ces mots).

A l'*extérieur*, sous forme de coton iodé, de teinture, de pommade, de glycéré, l'iode est employé soit qu'il y ait lieu de traiter directement la partie malade, soit qu'on se propose d'obtenir la révulsion d'une irritation profonde.

Dans les trajets fistuleux, dans les poches suppurantes ou séreuses, les injections iodées amènent souvent la guérison. On emploie aussi la solution iodée pour panser les plaies de mauvaise nature.

Avant de faire l'injection iodée, il faut avoir soin de pratiquer l'évacuation des produits morbides contenus dans les cavités.

Enfin, l'injection ne doit pas rester longtemps (1 à 5 minutes) en contact avec les tissus malades.

Iodoforme. — L'iodoforme est un des composés iodiques qui renferment le plus d'iode (les neuf dixièmes). On l'emploie, à l'*intérieur*, sous forme de pilules, dans les cas où le traitement iodé est indiqué, et à la dose de 5 à 50 centigrammes par jour. A l'*extérieur*, en poudre, en pommade, il est cicatrisant, anesthésique local et parasiticide.

Dans ces derniers temps, nous avons constaté qu'avec la poudre fine d'iodoforme, employée deux fois par jour dans le pansement des chancres des oreilles, la guérison s'est produite au bout de quelques jours, alors que les médicaments divers dont on avait fait usage antérieurement n'avaient amené aucun résultat. Sans affirmer que c'est là un remède infaillible et sur lequel on doit absolument compter, nous en préconisons l'emploi pour combattre cette affection, rebelle souvent à toute médication.

Pour le pansement des plaies, nous conseillons la préparation suivante :

Savon blanc......................	5 grammes.
Eau-de-vie......................	100 —
Iodoforme pulvérisé.............	1 —

Mêlez intimement, et ajoutez 200 grammes d'eau ou de glycérine.

Iodures. — *Iodure de fer*. C'est un des meilleurs toniques apéritifs, qui convient parfaitement dans la médecine du chien. On emploie, surtout, le sirop d'iodure de fer, à la dose de deux cuillerées par jour, contre l'anémie, et, aussi, contre la *maladie* des jeunes chiens, en même temps que l'élixir tonique.

Le sirop peut être facilement remplacé par les pilules d'iodure de fer contenant chacune 10 centigrammes. La dose est de 2 à 4 par jour.

Deuto ou Bi-iodure de mercure. — C'est un agent très efficace contre les maladies chroniques de la peau. On l'emploie habituellement en pommade (Voir ce mot).

Le bi-iodure de mercure est fondant, antipsorique, et souvent prescrit contre les engorgements de nature glanduleuse, et contre les tumeurs osseuses en formation.

Il faut toujours se servir de la pommade au bi-iodure de mercure avec précaution ; car, appliquée d'une façon exagérée, elle parchemine l'épiderme de même qu'elle peut déterminer la chute des poils.

Iodure de plomb. — Comme le précédent, l'iodure de plomb est un fondant qui, s'il est moins énergique que l'iodure de mercure, n'a pas les inconvénients que nous venons de signaler.

La pommade est employée contre les engorgements des mamelles, des tendons, et, surtout, contre les ulcérations des paupières et des oreilles du chien.

Iodure de potassium. — C'est le médicament iodique le plus précieux, et celui auquel on a le plus souvent recours. Fondant par excellence, on l'administre, en solution, à l'*intérieur*, à la dose de 20 centigrammes à 6 grammes par jour, suivant la grosseur des chiens, toutes les fois qu'il s'agit de faire disparaître un engorgement glandulaire ou lymphatique quelconque. En même temps que le traitement interne, il est bon de faire, sur la partie engorgée, des applications de pommade d'iodure de potassium (Voir ce mot).

L'iodure ioduré de potassium se produit quand on adjoint l'iode à l'iodure de potassium.

La solution préparée avec : teinture d'iode 10 grammes, iodure de potassium 2 grammes, et eau un litre, constitue un excellent désinfectant des plaies; la même solution d'iodure ioduré de potassium, mais dans laquelle le litre d'eau est remplacé par 50 grammes d'eau seulement, a été conseillée par Soubeiran contre les piqûres de vipères et de guêpes.

Ipécacuanha. — La poudre d'Ipéca est surtout prescrite comme vomitif; son emploi est moins dangereux que l'émétique, et occasionne moins de fatigue. Pour obtenir des vomissements, la dose doit être de 50 centigrammes à 2 grammes, suivant la grosseur du chien.

A plus faible dose, l'ipécacuanha est tonique, antidiarrhéique, et souvent ordonné contre la jaunisse, à doses fractionnées.

Le sirop d'ipécacuanha suffit, à la dose de 15 à 30 grammes, pour provoquer les vomissements chez les jeunes animaux; mais, pour les adultes, il faut mélanger de la poudre, 50 centigrammes à 1 gramme, au sirop.

On ajoute souvent de l'émétique à la poudre d'ipécacuanha. Le mélange suivant constitue un excellent vomitif :

> Ipécacuanha pulvérisé......... 1 gramme.
> Émétique.................... 5 centigrammes.

A administrer en deux fois, à dix minutes d'intervalle.

Jalap. — Purgatif drastique, dont les effets sont inconstants, parce que la proportion de résine n'est pas toujours la même dans les différents jalaps du commerce.

On en conseille l'emploi contre les diarrhées séreuses, dans le but de changer l'état d'inflammation de la muqueuse intestinale.

La dose est de 1 à 4 grammes de poudre, administrée, en une fois, dans de l'eau, ou une boulette de viande.

La résine de jalap se donne à la dose de 50 centigrammes.

Jaune d'œuf. — Le jaune d'œuf doit être souvent employé dans la médecine du chien à cause de la facilité avec laquelle il se prête à la préparation des émulsions, des lavements à base huileuse et résineuse, et dont il rend l'administration très commode; ce qui n'est pas à dédaigner quand on a affaire à des animaux difficiles.

Le jaune d'œuf, ou plutôt l'œuf entier, est un antidiarrhéique très commode, et qui réussit très bien pour combattre la diarrhée des jeunes chiens. A cet effet, on bat ensemble le blanc et le jaune jusqu'à parfait mélange; puis, on fait absorber le tout. On peut sucrer légèrement et ajouter, si la diarrhée est intense, 2 à 6 gouttes de laudanum.

Préparé dans ces conditions, on donne habituellement un œuf le matin, et un autre le soir. Deux ou trois jours suffisent ordinairement.

Jusquiame. — Plante narcotico-âcre, jouissant, mais à un degré plus faible, des mêmes propriétés que la belladone.

On l'administre, à l'*intérieur*, contre les affections de poitrine, bronchites, toux quinteuses, etc., soit en poudre, à la dose de 25 centigrammes à 1 gramme, soit en teinture, à la dose de 20 à 40 gouttes, par jour, dans une potion appropriée.

A l'*extérieur*, on peut utiliser la plante fraîche contre les contusions douloureuses, les engorgements des tendons, des articulations des mamelles, etc. Pour cela, on broie, dans un mortier, la plante coupée; on fait tiédir; puis on l'applique, comme s'il s'agissait d'un cataplasme ordinaire.

Kamala. — Le kamala est journellement employé, aujourd'hui, comme ténifuge, et donne, le plus souvent, d'excellents résultats. On ne peut affirmer qu'il est meilleur, ou moins bon, que le kousso, car il nous a été permis de constater souvent que, quand un de ces deux vermifuges n'avait rien produit, l'autre, au contraire, avait expulsé le ténia, et réciproquement.

Le kamala est une espèce de lycopode rouge provenant d'un arbre de l'Inde; il contient 80 p. 100 de substances résineuses, et se donne à la dose de 6 à 12 grammes.

Nous préparons spécialement, pour les chiens, des capsules contenant chacune 50 centigrammes de kamala, qui ont l'avantage d'être d'une administration commode, et d'une entière conservation.

Pour un chien de bonne taille, il faut donner 6 capsules le soir, six autres le lendemain matin; et, deux heures après ces dernières, une légère purgation quelconque.

Il est prudent de recommencer le traitement huit jours après, afin d'être absolument certain d'avoir débarrassé l'animal.

Kermès. — Suivant les doses auxquelles il est administré, le kermès peut être vomitif, béchique ou expectorant; c'est un modificateur spécial qui, dans les catarrhes chroniques, les toux humorales, constitue un médicament précieux.

On le prescrit dans les pneumonies, les bronchites, tantôt au début de la *maladie* suivant certains praticiens, tantôt au déclin suivant d'autres.

23.

Le kermès, donné pendant un temps assez prolongé, agit comme fondant. La dose est de 50 centigrammes à 4 grammes, par jour, administrés en pilules ou en potion.

Kousso. — Voir Cousso.

Lait. — Le lait n'est pas seulement l'aliment complet naturel par excellence du premier âge; il constitue encore un véritable médicament jouissant de propriétés adoucissantes, béchiques, analeptiques, et tempérantes parfaitement établies.

Contre les empoisonnements causés par les irritants, acides ou autres, le lait est le contre-poison qu'il faut d'abord et toujours employer.

L'usage du lait est particulièrement recommandé dans les convalescences lentes, les diarrhées rebelles (associé, dans ce cas, à un dixième d'eau de chaux), dans les angines douloureuses, et, en général, contre les affections des appareils respiratoire et intestinal.

Rappelons que le lait de vache pur a une densité égale à 1,0324; et qu'il marque, au lacto-densimètre de Quevenne, de 29 à 33 degrés à la température de + 15°. Au crémomètre, espèce d'éprouvette graduée en millimètres, il donne, au bout de 24 heures, de 11 à 12 pour 100 de crème en volume.

Le lait écrémé pesant plus au lacto-densimètre que le lait naturel, il faut, pour être fixé sur sa pureté, faire les deux essais dont nous venons de parler avec le lacto-densimètre et avec le crémomètre; car la fraude la plus commune consiste à enlever une certaine quantité de crème; puis à ajouter de l'eau au lait écrémé; et à obtenir, ainsi, un produit fraudulé, bien que marquant au lacto-densimètre le degré voulu.

Le petit-lait préparé en traitant le lait par de l'acide tartrique ou du vinaigre, et simplement le petit-lait des crémiers provenant de la coagulation spontanée du lait, peut rendre de grands services dans la médecine du chien, comme évacuant et diurétique, contre les irritations des organes de la digestion.

Nous en conseillons l'usage prolongé, à la dose d'un demi-litre à 1 litre par jour suivant la grosseur du chien, dans le traitement de la jaunisse.

Laudanum. — Le laudanum de Sydenham est la préparation opiacée qui joue le rôle le plus considérable dans le traitement d'une foule de maladies, comme calmant, antispasmodique, antidysentérique, narcotique, etc.

Les maladies contre lesquelles le laudanum est le plus fréquemment prescrit sont : les dévoiements; les dysenteries; et les superpurgations; dans ces cas particuliers, les lavements laudanisés sont très efficaces.

En potion, on administre le laudanum, toutes les fois que l'on veut calmer les douleurs vives qui ont leur siège à l'intérieur. On a obtenu aussi de bons résultats de son emploi contre les toux quinteuses, les suffocations, etc.

En compresses, le laudanum est journellement employé dans les cas de contusions récentes, d'abcès, et pour calmer les démangeaisons.

Contre les ophthalmies, on s'en sert journellement, soit qu'on l'instille pur entre les paupières, soit qu'on le fasse entrer dans la composition des collyres.

A l'*intérieur*, les doses du laudanum sont de 5, 10, 15, 20 et 25 gouttes, par jour, suivant l'âge et la taille des chiens.

On prépare avec le laudanum des potions, des lotions, injections, lavements, collyres, liniments, pommades, etc., etc.

Laurier. — Cette plante fournit à la médecine une huile grasse (huile de laurier) qui a la consistance de l'axonge, dont l'odeur est très aromatique, et qui est, parfois, employée en frictions sur les contusions, les engorgements articulaires ou des mamelles, et les abcès en voie de formation.

Lavements. — Ce sont de véritables injections qu'on fait pénétrer, par le rectum, dans le gros intestin à l'aide d'une seringue de 250 grammes de capacité.

Quand les lavements ne sont destinés qu'à débarrasser le gros intestin des matières fécales qu'il contient, la quantité de liquide à introduire n'est pas limitée ; mais, quand il s'agit de lavements médicamenteux, le véhicule doit être en quantité inférieure, afin que les animaux puissent le garder pour permettre au médicament d'exercer son action.

Les lavements peuvent être prescrits, à titre d'analeptiques, quand l'alimentation ne peut être faite par l'estomac. On obvie à ce dernier inconvénient en injectant, dans le rectum, des bouillons de viande, du lait, etc.

Les lavements le plus souvent utilisés dans la médecine du chien sont les suivants :

Lavement adoucissant :

        Racine de guimauve. . . . .   30 grammes.
        Eau..............................   1/2 litre.

Faites réduire à moitié.

Lavement d'amidon :

        Amidon...........................   10 grammes.
        Eau   250   —

Délayez l'amidon dans un peu d'eau froide ; faites bouillir le reste de l'eau ; et versez-le sur le mélange d'eau et d'amidon en agitant vivement.

Lavement analeptique :

        Jaune d'œuf......................   1 gramme.
        Bouillon.........................   125 grammes.

Auquel on peut ajouter un peu de vin ou de lait.

Lavement calmant :

    Eau de guimauve.....................   1/2 litre.
    Laudanum.........................   5, 10 ou 15 gouttes.

En ajoutant 20 gouttes d'éther à ce mélange, on obtient le lavement antispasmodique.

Lavement astringent, contre la diarrhée.

    Tannin ou cachou.....................   1 goutte.
    Laudanum..........................   10   —
    Eau............................   100   —

Lavement à l'azotate d'argent.

    Azotate d'argent...................   5 centigrammes.
    Eau distillée.....................   100 grammes.

Employé pour combattre les diarrhées rebelles.

Lavement au chloral :

    Chloral hydraté................   1 à 4 grammes.
    Eau de guimauve...........   100   —

Contre les coliques.

Lavements hémostatiques contre les hémorrhagies rectales :

1º   Ergotine.....................   2 grammes.
    Eau.........................   100   —

2º   Perchlorure de fer...........   5 à 20 gouttes.
    Eau distillée................   100 grammes.

Lavement laxatif :

    Miel commun..................   125 grammes.
    Eau.........................   500   —

Lavement purgatif :

    Feuilles de séné.............   15 grammes.
    Sulfate de soude.............   30   —
    Eau.........................   500   —

On fait une infusion avec le séné et l'eau bouillante, on passe, et l'on ajoute le sulfate de soude.

Lavement de sulfate de quinine :

    Sulfate de quinine..........   1 gramme.
    Eau de Rabel...............   5 gouttes.
    Eau.......................   100 grammes.

Lavements vermifuges :

1º   Feuilles d'absinthe..............   10 grammes.
    Eau bouillante...................   100   —

Laissez infuser un quart d'heure et passez.

2°   Semences de semen-contra........ .   10 grammes.
        Eau bouillante...................... 100   —

Préparez comme précédemment.

3°   Huile empyreumatique............   5 grammes.
        Savon noir.....................   15   —
        Eau............................   150   —

Délayez l'huile avec le savon et ajoutez l'eau.

4°   Racine de fougère.................   6 grammes.
        Essence de térébenthine..   4   —
        Jaune d'œuf.................. 1   —
        Eau.........   150   —

On prépare une infusion avec la fougère et l'eau bouillante que l'on
ajoute au jaune d'œuf et à l'essence mélangés préalablement.

Liniments. — On désigne sous le nom de liniments des médicaments
destinés à être employés en frictions.

Leur véhicule est ordinairement l'huile, la glycérine, l'alcool, les
essences, etc.

Les liniments auxquels on a le plus souvent recours, sont les suivants :

Liniment ammoniacal :

        Huile blanche............... ... .   250 grammes.
        Ammoniaque liquide............. ..   60   —
            Mêlez et agitez fortement.

Employé comme révulsif contre les engorgements. En remplaçant l'huile
blanche par l'huile camphrée, on obtient le liniment ammoniacal camphré.
Mêmes usages que le précédent.

Liniments antipsoriques :

1°   Savon mou...................... ...   200 grammes.
        Sulfure de potasse................   50   —
        Huile à brûler....................   150   —

Réduire le sulfure en poudre dans un mortier, ou mieux, le faire fondre
dans son poids d'eau bouillante. Ajoutez le savon et l'huile.

2°   Fleurs de soufre................   30 grammes.
        Tabac en poudre..   15   —
        Huile à brûler....:.............   250   —
        Mêlez.

3°   Extrait de Saturne................   30 grammes.
        Huile à brûler...   30   —
        Fleurs de soufre..................   15   —
        Mêlez.

4°   Sulfure de carbone.................. 100 grammes.
            Huile à brûler.................... 300   —
            Mêlez.

Ces liniments sont employés contre la gale du chien ; une friction par jour jusqu'à guérison.

Liniment calmant :

            Baume tranquille................ 30 grammes.
            Chloroforme.....................   4   —
            Laudanum........................   4   —
            Mêlez.

Liniment excitant :

            Huile à brûler.................. 125 grammes.
            Essence de térébenthine.........   60   —
            Camphre pulvérisé...............   30   —
            Mêlez.

Liniment oléo-calcaire :

            Eau de chaux.................... 250 grammes.
            Huile blanche...................   60   —

Comme adoucissant contre les inflammations de la peau.

Liqueur de Villate. — Il existe deux liqueurs de Villate : l'une journellement prescrite dans la médecine du cheval, l'autre essentiellement réservée aux chiens. Cette dernière, dont la formule est la propriété de la pharmacie, est cicatrisante et astringente ; elle arrête la suppuration.

Dans le catarrhe auriculaire, on fait des injections avec trois parties d'eau et une partie de liqueur de Villate. On augmente la dose de celle-ci d'un quart et même de moitié, si l'affection résiste.

Pour les chancres des oreilles, il faut toucher la plaie avec la liqueur pure, et recouvrir de poudre de plâtre ou de charbon.

Qu'il s'agisse du catarrhe auriculaire ou des chancres, le béguin est de rigueur ; il faut l'appliquer de manière que les oreilles soient relevées sur le haut de la tête, l'une sur l'autre, à plat, et que l'intérieur de l'oreille soit à l'air.

Quand les chancres présenteront le caractère d'une plaie simple, il conviendra de les recouvrir seulement de poudre de riz.

Lupulin, Lupuline. — Substance résineuse qui se trouve, tout à la fois, sur la surface des écailles foliacées des fleurs de houblon, et sur l'axe qui les supporte.

Le lupulin possède la propriété d'éteindre les chaleurs chez les femelles des animaux domestiques. On l'administre souvent aux chiennes, lorsqu'on se propose de les protéger contre les poursuites des mâles pendant la période du rut.

On fait prendre le lupulin en poudre ou en pilules, à la dose de 50 centigrammes à 1 gramme par jour.

Magnésie. — Purgatif certain et anti-acide d'une administration facile, à la dose de 2 à 8 grammes selon l'âge et la grosseur du chien.

Manne. — C'est la manne commune, ou manne en sorte, que l'on donne ordinairement aux chiens.

Ce purgatif doux est souvent et surtout prescrit dans le jeune âge, à la dose de 20 à 50 grammes administré dans du lait et en une fois.

Mixtures. — Sous le nom de mixtures, on désigne des médicaments résultant du mélange de plusieurs substances.

Mixture contre le catarrhe des oreilles.

>   Vin rouge........................   200 grammes.
>   Extrait de Saturne.............   10   —

Mêlez, en injections trois fois par jour.

Mixture insecticide :

>   Benzine..........................   100 grammes.
>   Pétrole...........................   100   —
>   Savon mou.......................   100   —
>   Eau...............................   1 litre.

Cette préparation est excellente pour détruire les poux des chiens.

Mixture contre le ténia :

>   Graines de courge.......   30 à 40 grammes.
>   Huile de ricin.............   30   —
>   Miel........................   30   —

Mondez les graines, réduisez en pâte, ajoutez l'huile et le miel, et faites prendre en une fois.

Mousse de Corse. — Excellent vermifuge pour les jeunes chiens, qui s'emploie en infusion à la dose de 25 à 30 grammes. On ajoute souvent à cette infusion du lait, dans lequel on a fait macérer, pendant deux heures, de l'ail pilé; faire prendre le tout à jeun, et, deux heures après, une légère purgation.

Naphtol. — Le naphtol, dont l'emploi est encore peu répandu en France, est très usité en Allemagne contre les maladies de peau.

Le Dr Hardy recommande la pommade suivante dont la formule a été publiée dans le *Journal de pharmacie et de chimie* en 1882 :

>   Naphtol......................   10 grammes.
>   Vaseline.....................   100   —

Pour la préparer, il faut d'abord faire dissoudre le naphtol dans son poids d'éther, puis ajouter la vaseline et chauffer le tout au bain-marie jusqu'à ce que l'éther soit évaporé. Triturez jusqu'à refroidissement.

Comme parasiticide, pour détruire les poux, puces, le mélange suivant réussit très bien :

> Naphtol...................... 5 grammes.
> Huile d'olives............... 50 —

Contre les affections herpétiques, on emploie avec succès le savon suivant :

> Naphtol...................... 2 grammes.
> Savon mou.................... 100 —
> Alcoolat de lavande......... 10 —

Dans l'emploi, il faut laisser sécher l'écume sur les endroits affectés d'herpès.

Nerprun. — Les baies, qui sont de la grosseur d'un petit pois, noires, servent à préparer le sirop de Nerprun, purgatif populaire pour les chiens.

Les baies peuvent être données fraîches, à la dose de 20 à 25, et constituent un purgatif très énergique. Le sirop s'administre à la dose de 30, 40 et même 60 grammes à la fois.

Noix de galle. — L'excroissance, qui se développe sur plusieurs chênes, appelée noix de galle, est connue de tout le monde. Par la quantité de tannin qu'elle renferme, la noix de galle est un astringent puissant, et constitue un anti-dyssentérique ou anti-diarrhéique, ainsi qu'un hémostatique auquel on a très souvent recours.

Les potions, aussi bien que les lavements préparés avec la noix de galle, conviennent quand il s'agit de combattre, chez le chien, soit les diarrhées séreuses, soit les dyssenteries, soit enfin les hémorrhagies dont la muqueuse intestinale peut être le siège.

Dans ces cas, on prépare une décoction avec 20 grammes de noix de galle par litre d'eau.

En poudre, la dose est de 50 centigrammes à 2 grammes. La poudre de noix de galle est souvent employée dans le pansement des plaies.

Noix vomique. — Cette graine est certainement l'excitateur du système nerveux le plus souvent prescrit en médecine. A dose exagérée, elle provoque des spasmes douloureux des muscles, des mouvements convulsifs, des tremblements et de la raideur dans tous les membres.

C'est à la strychnine que la noix vomique doit ses propriétés.

Les principales maladies contre lesquelles son efficacité est certaine, quand elles ne sont pas occasionnées par des lésions de la substance même des nerfs, sont : les paralysies, les hémiplégies, et surtout la chorée ou danse de Saint-Guy. Le traitement de ces affections doit être soutenu avec persévérance.

En dehors du système nerveux, les affections internes contre lesquelles la noix vomique donne de bons résultats sont : la dysenterie, les diarrhées rebelles, l'atonie du tube digestif, l'inappétence.

La dose est de 5 à 25 centigrammes de poudre. En cas d'empoisonnement avec la noix vomique, il faut administrer de suite des vomitifs et des purgatifs, puis, des solutions de tannin.

Onguents (voir POMMADES).

Onguent vésicatoire. — Médicament extrêmement utile en médecine ; son application sur une partie extérieure du corps, après avoir rasé le poil, produit une irritation de la peau qui détermine bientôt une sécrétion séreuse abondante. On panse la plaie deux fois par jour avec du cérat.

L'onguent vésicatoire, mélangé à du populéum à parties égales, est encore employé pour déterminer, entretenir ou augmenter la suppuration des sétons.

Opium. — L'action narcotique de l'opium est connue de tous. A l'état de pureté, l'opium est rarement employé ; mais les préparations dont il est la base sont nombreuses, telles sont : le laudanum, le sirop d'opium ou thébaïque, le sirop diacode, les pilules d'extrait d'opium, etc. (Voir ces mots.)

Les empoisonnements par les opiacés doivent être combattus par les purgatifs ; on prescrit l'infusion de café ; puis on frictionne fortement les membres du malade.

Oxyde rouge de fer hydraté, carbonate de fer des pharmacies. — C'est un excellent tonique auquel on a recours pour combattre l'anémie et la débilité. Ce médicament, dont le prix est peu élevé, peut être employé toutes les fois que l'emploi des ferrugineux est indiqué. — Les doses sont de 50 centigrammes à 2 grammes par jour, administrés moitié le matin, et l'autre le soir.

Oxyde de mercure. Deuto ou bi-oxyde de mercure, Précipité rouge. — L'oxyde rouge de mercure est caustique, et constitue un excellent médicament contre les maladies des paupières, la conjonctivite et les taies de la cornée.

C'est surtout à l'état de pommade que l'on emploie ce spécifique.

Oxyde de zinc. — Sous forme de pommade, l'oxyde de zinc, moins actif que l'oxyde de mercure, est un des médicaments les plus efficaces contre les ophthalmies, et les inflammations des paupières ou de la conjonctive. L'emploi de cette pommade est également recommandé en applications sur la peau devenue le siège d'une irritation légère.

Pâte arsenicale pour la destruction des animaux nuisibles. (Codex.) — Prenez :

Suif fondu....................	1000	grammes.
Farine de froment............	1000	—
Acide arsénieux en poudre...	100	—
Noir de fumée................	10	—
Essence d'anis...............	1	—

Faites fondre le suif dans une terrine sur un feu doux, ajoutez-y les autres substances, et mélangez exactement.

Cette préparation peut être employée seule, ou mieux en tartines sur du pain.

Pavot. — Bien que contenant peu de principes actifs, les pavots sont employés souvent comme calmants et narcotiques légers. Il est préférable d'avoir recours à l'opium, dont les effets sont certains et bien déterminés, mais en tenant compte toutefois de la différence de sa puissance d'action. C'est en raison de ces considérations que le Codex a remplacé le sirop de pavots par un sirop faible d'extrait d'opium.

Phosphate de chaux. — Le phosphate de chaux précipité, ou provenant des os calcinés, lavé et pulvérisé, est aujourd'hui très employé dans l'élevage de tous les animaux domestiques, et nous ne saurions trop en recommander l'emploi chez les jeunes chiens.

Sans entrer dans des théories sur l'action, la solubilité et l'assimilation de ce sel calcaire, nous nous contenterons d'insister sur les effets vraiment surprenants qu'il produit. Les résultats sont là pour démontrer l'exactitude de ce que nous avançons; et tout éleveur pourra facilement, à peu de frais, se convaincre que le phosphate de chaux administré dans le jeune âge facilite le développement d'une façon très apparente.

La dose, pour un chien d'un mois, est d'une cuillerée à café par jour. On augmente progressivement la dose afin d'arriver à donner 3 cuillerées à café de phosphate mélangé à la soupe, ou délayé dans le lait.

Pierre divine ou ophthalmique. — On trouve ce produit tout préparé dans toutes les pharmacies.

La pierre divine convient dans les maladies des yeux, telles que : rougeurs, inflammations et engorgements des paupières.

Pour l'emploi, on touche légèrement les parties malades avec la pierre; ou l'on en fait dissoudre 15 grammes dans un demi-litre d'eau distillée pour s'en servir comme de collyre.

Pilules. — La forme pilulaire est très usitée dans la médecine du chien, parce qu'elle présente de grandes commodités pour l'administration des médicaments à cet animal. Il suffit pour les faire prendre de les projeter très avant dans la gorge, ou de les enfermer dans une boulette de viande hachée.

Les pilules dont l'usage est le plus fréquent sont les suivantes :

Pilules antispasmodiques :

Quinquina...................................	5 grammes.
Valériane...................................	5 —
Extrait d'opium..........................	15 centigrammes.
Assa fœtida................................	5 grammes.
Camphre....................................	1 —
Miel...	quantité suffisante.

Divisez cette masse en 30 pilules.

Contre le tic périodique des chiens, à la dose de 6 à 10 par jour.

Pilules calmantes :

Extrait d'opium..........................	1 gramme.
Poudre de belladone....................	1 —
Poudre d'aconit..........................	1 —
Miel...	quantité suffisante.

Divisez en 20 pilules que l'on administre dans le cas de bronchite chez le chien, à la dose de 1 à 4 par jour suivant la force de l'animal.

Pilules pectorales :

Extrait d'opium..........................	1 gramme.
Extrait de belladone....................	50 centigrammes.
Kermès.....................................	1 gramme.

Pour 20 pilules à administrer de 2 à 6 par jour.

Pilules vermifuges :

Semen contra.	1 gramme.
Santonine..................................	1 —
Calomel.....................................	1 —
Miel...	quantité suffisante.

Pour 20 pilules. Donner 5 le matin à jeun, pendant plusieurs jours, contre les vers autres que le ténia.

Pilules ténifuges :

Aloès pulvérisé...........................	4 grammes.
Extrait de kousso.........................	4 —
Poudre de fougère mâle..................	4 —
Miel...	quantité suffisante.

Pour 40 pilules, dont on fera prendre 6 à 10 le matin à jeun pendant plusieurs jours. Terminer le traitement par une purgation.

Pilules de kamala (voir CAPSULES DE KAMALA).

Poix noire. — Vulgairement employée en emplâtres sur la tête des jeunes chiens atteints de la *maladie*, ce produit n'a d'autre action que celle de causer de la gêne à l'animal, tant qu'il reste appliqué, et de la douleur quand on veut l'enlever.

Pommades. — Ce sont des médicaments ayant le plus souvent l'axonge ou saindoux, la vaseline, le beurre, le glycérolé d'amidon, etc., pour excipients; et dont les principes actifs sont des produits animaux, végétaux ou minéraux.

La vaseline, qui n'a pas l'inconvénient de rancir, est aujourd'hui très avantageusement employée, et de préférence, dans la préparation des pommades.

Les pommades le plus souvent prescrites sont les suivantes :

Pommade alcaline :

Carbonate de soude.............	4	grammes.
Borax.........................	4	—
Huile.........................	10	—
Axonge........................	30	—

Contre le prurigo et les démangeaisons.

Pommade anodine calmante :

Laudanum......................	10	grammes.
Huile.........................	15	—
Axonge........................	60	—

Engorgements douloureux des mamelles et de la peau.

Pommade antipsorique d'Helmerich :

Fleurs de soufre..............	100	grammes.
Carbonate de potasse..........	50	—
Eau...........................	50	—
Huile blanche.................	50	—
Axonge........................	350	—

Faites dissoudre le carbonate dans l'eau chaude, ajoutez le soufre, l'huile et l'axonge.

Pommade antipsorique :

Sulfure de potasse............	60	grammes.
Savon vert....................	40	—
Onguent mercuriel double......	50	—
Axonge........................	240	—

Faire fondre à chaud le sulfure dans son poids d'eau, ajouter le savon et les autres substances.

Une application par jour, précédée d'un lavage à l'eau de savon.

Empêcher le chien de se lécher.

Pommade antiophthalmique :

Oxyde rouge de mercure en poudre		
impalpable..................	2	grammes.
Vaseline......................	30	—

Mêlez intimement.

On applique une très petite portion de cette pommade sous la paupière inférieure de l'œil, et on la frotte légèrement avec le doigt. Employée comme détersif et dessiccatif contre les ulcères et l'inflammation des paupières.

Pommade camphrée :

Camphre pulvérisé............... 30 grammes.
Cire blanche..................... 10   —
Axonge........................... 90   —

Faites liquéfier l'axonge et la cire à une douce chaleur, ajoutez le camphre, et remuez jusqu'à refroidissement.

Pommade épispastique :

Cantharides pulvérisées.......... 4 grammes.
Onguent populéum................. 100   —
Cire............................. 5   —

Faites fondre la cire et le populéum, puis ajoutez les cantharides.
Pour le pansement des sétons et des vésicatoires quand on veut activer la suppuration.

Pommade de goudron :

Goudron de Norwège............... 10 grammes.
Axonge ou vaseline............... 30   —

Contre les démangeaisons et les rougeurs de la peau.

Pommade d'iodure de potassium :

Iodure de potassium .... 4 grammes.
Axonge........................... 30   —

Faites dissoudre l'iodure dans un peu d'eau tiède, et ajoutez à l'axonge. Employée journellement comme fondant.

Pommade d'iodure iodurée :

Iodure de potassium.............. 4 grammes.
Iode............................. 50 centigrammes.
Axonge........................... 30 grammes.

Fondante, en applications sur les glandes, les engorgements, de même que la suivante qui est plus active.

Pommade de bi-iodure de mercure :

Bi-iodure de mercure............. 1 gramme.
Vaseline......................... 45 grammes.
    Mêlez.

Pommade mercurielle simple :

Pommade mercurielle double...... 100 grammes.
Axonge.......................... 400   —

Mêlez exactement. Usitée pour détruire les poux des chiens.

Pommade naphtolée (Voir NAPHTOL).

Pommade parasiticide (Clément).

Cantharides pulvérisées...........	15 grammes.
Sulfate de zinc pulvérisé.........	35 —
Axonge............................	50 —

Donne d'excellents résultats en frictions plus ou moins prolongées suivant l'état de la peau des animaux malades. N'employer que de petites quantités à la fois.

Pommade parasiticide :

Staphysaigre ou tabac pulvérisé...	30 grammes.
Soufre en fleurs..................	30 —
Axonge............................	60 —
Miel..............................	30 —

Contre la gale de tous les animaux.

Pommade parasiticide (Dautreville).

Sulfure de carbone...............	6 grammes.
Vaseline..........................	30 —

Mêlez. Détruit tous les parasites, poux, puces, tiquets ou tiques.

Pommade phéniquée :

Acide phénique....................	3 grammes.
Vaseline..........................	30 —

Pommade salicylée :

Acide salicylique................	3 grammes.
Vaseline..........................	30 —

Ces deux pommades sont très recommandées aujourd'hui dans le pansement antiseptique de toutes les plaies.

Pommade peuplier (Onguent populéum).

Cette pommade, dont la préparation est assez compliquée, se trouve dans toutes les pharmacies; elle est très souvent usitée comme anodine, émolliente et adoucissante, contre les inflammations et irritations de la peau, pour panser les sétons et les vésicatoires.

Pommade soufrée :

Fleurs de soufre.................	15 grammes.
Huile.............................	10 —
Axonge............................	30 —

Contre la gale au début et les affections dartreuses légères.

Potions. — Les médicaments désignés sous le nom de *potions* s'administrent généralement, par cuillerées, à des époques plus ou moins rapprochées les unes des autres, suivant l'effet que l'on veut obtenir.

Dans la médecine du chien, on a souvent recours aux potions suivantes :

Potion anthelminthique contre le ténia :

Extrait liquide éthéré de fougère..	10 grammes.
Jaune d'œuf	n° I.
Eau............................	125 grammes.

Mêlez l'extrait et le jaune d'œuf, ajoutez l'eau, et administrez en trois fois à deux heures d'intervalle. Deux heures après, donnez 30 grammes d'huile de ricin.

Potion antispasmodique éthérée :

Teinture d'assa fœtida............	10	grammes.
Teinture de valériane......... ...	10	—
Éther sulfurique..................	2	—
Potion gommeuse...................	125	—

A donner par cuillerées toutes les heures pour combattre les crises nerveuses aiguës.

Potion contre la bronchite :

Sirop thébaïque................	30	grammes.
Kermès	50	—
Gomme arabique................	4	—
Eau...........................	100	—

Triturez le kermès avec la gomme, ajoutez le sirop, puis l'eau. A administrer par cuillerées à soupe ou à café, suivant la grosseur, toutes les heures, en ayant soin d'agiter chaque fois.

Potion calmante :

Sirop de morphine.............	30	grammes.
Hydrate de chloral............	2	—
Eau de laurier-cerise.........	5	—
Eau...........................	100	—

Mêlez. Contre la toux, par cuillerées toutes les heures ou toutes les deux heures, suivant l'effet produit.

Potion contre la diarrhée :

Sirop de ratanhia..............	30	grammes.
Laudanum	20	gouttes,
S.-nitrate de bismuth..........	4	grammes.
Gomme arabique pulv............	4	—
Eau...........................	100	—

Par cuillerées à soupe aux adultes, et à café aux jeunes.

Potion tonique :

Sirop d'écorces d'oranges amères..	30	grammes.
Extrait de quinquina..............	4	—
Eau...............................	100	—

On ajoute parfois à cette potion 30 grammes d'eau-de-vie.

A administrer par cuillerées à soupe toutes les deux heures, dans les cas d'atonie générale, et comme apéritif.

Potion vermicide :

            Jaune d'œuf..................... nº 1.
            Essence de térébenthine.......... 10 grammes.
            Sirop simple..................... 30   —
            Eau.............................. 100   —

Donnez en deux fois, le matin à jeun à une heure d'intervalle, contre les ascarides.

Poudres. — Les poudres, simples ou composées, se donnent aux chiens, tantôt sous forme de pilules, tantôt en breuvage ou potions, tantôt, enfin, incorporées dans de la viande hachée, du miel, du beurre ou des confitures.

Les doses des poudres simples qu'il convient d'administrer aux chiens étant indiquées dans chacun des articles relatifs aux médicaments employés en médecine vétérinaire, il n'est pas nécessaire d'y revenir. Quant aux poudres composées, telles que : purgative, vermifuges, pectorale, astringentes, préparées sous forme de spécialités dans ma pharmacie, il est inutile d'en parler, puisque chacun de ces produits est toujours accompagné d'une instruction.

En tenant compte des propriétés et des doses des substances simples qui sont énoncées et prescrites dans les articles de cette seconde partie du *Dictionnaire cynologique*, il sera facile à tout lecteur de préparer, en associant des produits d'une action analogue, des remèdes composés appropriés à l'affection qu'il voudra combattre. C'est en opérant ainsi qu'un vermifuge, un purgatif ou un astringent dans la préparation desquels on fera entrer plusieurs substances, jouissant de propriétés similaires, donnera des résultats beaucoup plus certains qu'en employant un médicament de composition simple.

Un exemple suffira pour me faire comprendre. Tout le monde connaît les propriétés du semen-contra ; on peut affirmer que c'est le vermifuge le plus fréquemment employé ; eh bien, il sera facile de rendre son action plus énergique en le mélangeant à de la poudre de fougère mâle, d'absinthe, de tanaisie, de mousse de Corse, de calomel, selon, par exemple, la formule suivante :

Poudre vermifuge composée :

            Poudre de semen-contra.......... 4 grammes.
            Poudre de fougère, d'absinthe, de
            mousse de Corse ou de tanaisie.... 4   —
            Calomel......................... 50 centigrammes.

Administrez en deux fois à deux heures d'intervalle. Purger légèrement une heure après.

Poudre astringente contre la diarrhée :

            S.-nitrate de bismuth........... 4 grammes.
            Poudre d'opium.................. 10 centigrammes.
            Poudre de ratanhia.............. 4 grammes.

Faire prendre dans les 24 heures, par petites quantités à la fois dans des boulettes de viande ou des confitures de coings.

Poudre diurétique pour faire passer le lait :

Sel de nitre	4 grammes.
Sel de duobus	4 —
Sulfate de soude	10 —

On fait dissoudre le tout dans un litre de tisane de chiendent ou de queue de cerises. Donner exclusivement en boisson.

Poudre contre la jaunisse :

Sel de nitre	50 centigrammes.
Bicarbonate de soude	50 —
Poudre de rhubarbe	50 —
Poudre de quinquina	50 —

Donner cette dose matin et soir.

Poudre désinfectante (Corne et Demeaux) :

Plâtre à mouler fin	100 grammes.
Coaltar (goudron de houille)	4 —

Pour la désinfection et le pansement des plaies.

Quinquina. — Des trois quinquinas, gris, jaune et rouge, employés en pharmacie, c'est au jaune qu'il faut donner la préférence.

Le quinquina est le médicament tonique par excellence, et qui produit des effets merveilleux chez les chiens frappés d'atonie par suite de maladies d'épuisement, de mauvaise nourriture, etc. Il ranime les forces vitales, et procure de l'appétit. Il convient également dans les cas de diarrhée, de dyssenterie, d'anémie, et surtout contre la *maladie* dite *des jeunes chiens.*

A l'*extérieur*, on emploie souvent la poudre de quinquina soit pure, soit mélangée à du camphre, de l'aloès ou du charbon, dans le pansement des plaies de mauvaise nature.

Le quinquina se donne à l'*intérieur*, en bols, pilules à l'état de poudre ou d'extrait ; mais c'est surtout au vin de quinquina auquel on a le plus souvent recours à la dose de 4 à 5 cuillerées à soupe ou à café par jour, suivant la grosseur du chien. Le quinquina entre dans la composition de notre élixir tonique, si répandu aujourd'hui, pour combattre la maladie du jeune âge.

La quinine, ou plutôt le sulfate de quinine, est maintenant souvent prescrit à la dose de 10 centigrammes à 1 gramme pour combattre les accidents périodiques, fièvres intermittentes, etc.

Rhubarbe. — La rhubarbe est recommandée dans le traitement de l'ictère (jaunisse), contre les engorgements du foie, l'obstruction des canaux biliaires et les diarrhées du jeune âge.

A la dose de 50 centigrammes à 1 gramme, la poudre de rhubarbe est tonique ; on la donne immédiatement avant le repas.

Comme purgatif, il faut en administrer 4 à 8 grains.

Ricin (voir HUILE DE RICIN).

Les graines, desquelles on extrait l'huile de ricin, sont très purgatives. Une émulsion préparée avec 20 ou 30 amandes de ricin, et même 4 ou 5 seulement, suivant la taille et l'âge des animaux, les purge violemment.

Rue. — Cette plante est surtout employée en infusion dans les cas de parturition laborieuse ou de non délivrance. La dose, pour une chienne, est de 5 à 10 grammes, administrés à intervalles rapprochés.

Sabine. — Comme la rue, cette conifère exerce une action prononcée sur l'utérus. Elle est essentiellement abortive, et rend de grands services dans les cas où l'emploi de la rue est indiqué.

Pour les chiennes, la dose de la poudre est de 25 centigrammes à 2 grammes. Des doses plus élevées peuvent être dangereuses, entraîner même la mort.

Salicylate de soude. — L'action de ce médicament, dont l'entrée dans la thérapeutique date de quelques années seulement, présente une certaine analogie avec celle du sulfate de quinine.

Son emploi est recommandé pour combattre les affections rhumatismales. Il provoque parfois des vomissements.

La dose pour le chien est de 1 à 4 grammes dissous dans une potion administrée par cuillerées en 24 heures.

Sang desséché. — De nombreuses expériences faites avec notre sang desséché, sur différents animaux et sur le chien en particulier, ont démontré d'une façon absolue que ce produit constituait un aliment complet pouvant remplacer la viande, et surtout les déchets animaux ordinairement employés à l'alimentation des chiens.

C'est après avoir apprécié cette puissance nutritive et réparatrice du sang desséché, que j'ai choisi ce produit pour servir de base animale aux *biscuits français*, dont la valeur a été si bien constatée par les propriétaires qui les ont expérimentés.

Le sang desséché est préparé par des procédés spéciaux avec du sang frais des abattoirs de Paris provenant d'animaux destinés à la boucherie. Grâce au mode opératoire perfectionné, notre sang, qui contient encore toute sa fibrine, se conserve bien et ne possède aucune mauvaise odeur.

Le meilleur moyen de le faire prendre est de le mélanger à la soupe au moment de la donner.

Pour la nourriture, si on emploie le sang desséché pour remplacer la viande, il faut en donner 100 à 150 grammes par jour ; si au contraire on a recours à lui comme médicament tonique et reconstituant, on en donne deux à trois cuillerées à soupe par jour, et en deux fois.

C'est surtout dans le jeune âge, alors que les animaux se développent, qu'il est facile de constater les bons effets de ce produit.

Santonine. — La santonine, très active sous un petit volume, est extraite du semen-contra dont elle représente le principe actif. Elle est fréquemment employée, comme vermifuge, chez les chiens de petite espèce, auxquels il est si difficile d'administrer les remèdes.

La dose est de 10 à 20 centigrammes en une fois à jeun.

On ajoute souvent et très utilement à la santonine 50 centigrammes de calomel.

Savon de naphtol (voir Naphtol).

Seigle ergoté. — Le seigle ergoté provoque les contractions de l'utérus. On le prescrit dans les cas d'inertie de la matrice chez la chienne, lorsque le travail est languissant, et que la dilatation du col utérin est manifeste.

On le prescrit parfois comme hémostatique contre les hémorrhagies utérines.

Les effets du seigle ergoté se manifestent ordinairement une demi-heure, ou une heure après son administration, et durant un temps égal en longueur. Lorsque son action s'affaiblit, on la réveille par une nouvelle dose.

La dose est de 1, 2 à 4 grammes pour les chiennes. On l'administre en poudre dans une boulette, ou dans une infusion de camomille.

Sel ammoniac (voir Chlorure d'ammonium).

Séné. — Tout le monde connaît les propriétés purgatives du séné. On le prescrit très souvent aux chiens dans les cas de constipation, en lavements, associé à du sulfate de magnésie ou de soude.

Les évacuations produites par le séné ne sont ni séreuses, ni muqueuses, ni bilieuses; son rôle se borne à imprimer plus d'activité aux muscles de l'appareil digestif.

On l'administre à la dose de 5 à 10 grammes à la fois, en infusion, l'ébullition faisant perdre au séné une partie de ses propriétés.

Sirops. — Les sirops le plus souvent employés dans la thérapeutique du chien, et qu'on trouve dans toutes les pharmacies, sont les suivants :

Sirop diacode à la dose de 3 à 4 cuillerées à café ou à soupe par jour, et suivant la grosseur et l'âge, comme calmant, contre la toux.

Sirop d'ipécacuanha, très souvent employé à la dose de 5 à 30 grammes pour combattre la *maladie* des jeunes chiens.

Sirop de nerprun, à la dose de 30 à 60 grammes; c'est un des purgatifs les plus populaires.

Sirop de quinquina, excellent tonique réservé spécialement aux tout jeunes chiens, alors que le vin de quinquina ou l'élixir tonique ne seraient pas encore supportés.

Dose, 3 à 4 cuillerées à café par jour.

Sirop d'iodure de fer. Un grand nombre donnent la préférence à cette préparation ferrugineuse, et s'en trouvent fort bien.

On l'administre à la dose d'une cuillerée (à café ou à soupe suivant l'âge), matin et soir avant le repas.

Sirop de morphine, par cuillerées à café ou à soupe, deux ou trois fois par jour dans le cas de toux opiniâtre. On l'associe souvent, à parties égales, au sirop de codéine et au sirop de chloral.

Le mélange de ces trois sirops constitue un médicament calmant sur les effets duquel on peut constamment compter.

Sirop de rhubarbe composé. Se donne surtout dans les premiers jours qui suivent la naissance, soit pur, soit mélangé à de l'huile d'amandes douces, pour combattre la constipation et les coliques dont elle est la cause.

Solutions.

Solution astringente :

Sulfate de zinc..............	10 grammes.
Eau...............................	1 litre.

En injections dans l'oreille.

Solution de chloral :

Chloral hydraté....................	50 grammes.
Eau...............................	1 litre.

Pour calmer les démangeaisons de la peau.

Solution iodée d'iodure de potassium :

Iodure de potassium.............	10	grammes.
Teinture d'iode..................	1	—
Eau distillée....................	200	—

Contre les maladies de la peau; à la dose de 1 cuillerée matin et soir.

Solution de perchlorure de fer :

Perchlorure de fer liquide..	50	grammes.
Eau distillée....................	500	—

Astringent très employé pour arrêter les hémorrhagies et pour panser les plaies.

Solution phénique :

      Acide phénique.................   5 à 10 grammes.
      Alcool.......   100   —
      Eau............. ....   1 litre.

En lavage contre les rougeurs, démangeaisons, et pour le pansement antiseptique de toutes les plaies.

Soufre. — La fleur de soufre est surtout employée, à l'*extérieur*, comme antipsorique ; à l'*intérieur*, elle est purgative, stimulante et expectorante.

Comme purgatif, la fleur de soufre se donne à la dose de 2 à 20 grammes.

À l'extérieur, elle entre dans la composition d'un grand nombre de pommades destinées à combattre les maladies de la peau.

Dans le cas de maladies invétérées, il y a toujours avantage à combiner un traitement interne spécial avec le traitement externe; on administre alors, deux fois par jour, trois ou quatre pincées de fleurs de soufre à l'animal.

Staphysaigre. — Les graines de cette plante sont vomitives, purgatives, et vermifuges, mais rarement employées à l'intérieur.

La poudre faite avec ces graines, mélangée à de l'axonge (10 grammes pour 30 grammes), sert à détruire les poux et l'acarus de la gale. Deux ou trois applications de cette pommade précédées, chacune, d'un vigoureux lavage avec une brosse dure et du savon, suffisent ordinairement quand la maladie est récente.

Suie. — Cette substance, en raison des sels ammoniacaux et des matières pyrogénées qu'elle contient, est souvent employée en pommade (4 grammes pour 30 d'axonge) contre les affections dartreuses de la peau.

Sulfate de cuivre. — Le sulfate de cuivre peut être prescrit, à l'*intérieur*, comme vomitif chez le chien, à la dose de 10 à 20 centigrammes. Mais c'est surtout pour l'usage *externe* qu'on emploie ce médicament en médecine vétérinaire.

En solution, pour le pansement des plaies de mauvaise nature, contre les chancres des oreilles, les ophtalmies, les maladies anciennes de la peau avec ulcères, et, enfin, contre les fistules aboutissant à une carie osseuse.

On emploie aussi le sulfate de cuivre comme léger caustique à l'état sec; pour cela, on se sert d'un cristal taillé en cône, qu'on promène ensuite sur la conjonctive irritée.

Sulfate de fer. — Astringent, tonique reconstituant du sang, dessiccatif, le sulfate de fer est employé, à l'*intérieur*, dans les cas de débilité, à la dose de 5 à 30 centigrammes par jour en pilules ou en solution.

À l'*extérieur*, en lotions, collyres, injections. Il convient parfaitement contre les ulcères, les maladies chroniques de la peau, les écoulements muqueux, les hémorrhagies, etc.

Sulfate de magnésie. — La dose de ce sel, donné comme purgatif, est de 30 à 60 grammes, en une fois, dissous dans un peu de bouillon.

Sulfate de soude. — Employé, à l'*intérieur*, comme purgatif et laxatif, mais plus spécialement administré en lavements à la dose de 15 à 30 grammes dissous dans l'eau pure tiède, ou mieux, dans une infusion de séné.

Sulfate de zinc. — C'est l'astringent par excellence que l'on prescrit journellement, en collyre (voir ce mot), contre les maladies des yeux.

On l'emploie aussi en injections contre le catarrhe auriculaire, en solution aqueuse ; et pour le pansement des plaies récentes ou anciennes.

A la dose de 50 centigrammes à 1 gramme, le sulfate de zinc est vomitif.

Sulfate de mercure. — Connu sous le nom de *Turbith minéral*, ce sel constitue un violent purgatif et émétique.

5 centigrammes administrés dans un peu de beurre suffisent ordinairement pour purger un chien de moyenne taille.

La plupart des poudres douées, suivant les prospectus qui les accompagnent, de propriétés curatives extraordinaires, contiennent une certaine quantité de turbith minéral, auquel elles doivent leur action vomitive et purgative.

Le sulfate de mercure est prescrit, en pommade, comme antiherpétique et anti-dartreux.

Sulfate de quinine. — Bien que rarement ordonné dans la médecine du chien, le sulfate de quinine est un agent des plus précieux, toutes les fois qu'il s'agit de combattre les maladies périodiques. C'est aussi un puissant tonique que l'on remplace souvent par le quinquina ou ses préparations.

Le sulfate de quinine se donne très facilement en pilules de 0,10 centigrammes, à la dose de 2 à 8 pilules, suivant les cas.

Dans le cas de chorée ou danse de Saint-Guy, le sulfate de quinine a donné des résultats très appréciables, alors que les traitements ordinairement prescrits n'avaient produit aucun effet.

Sulfure de calcium. — Désigné ordinairement sous le nom de *sulfure de chaux*, ce sel est employé avec succès comme antipsorique, en solution appliquée sur les parties atteintes par l'acarus.

Sulfure de potasse. — *Foie de soufre, Barèges*, journellement prescrit pour préparer les bains sulfureux. Le sulfure de potasse est antipsorique, antidartreux et antirhumatismal.

En lotions (50 pour 1000), en pommade (4 pour 30), le sulfure de potasse exercé une action curative très connue contre les démangeaisons et les affections de la peau.

Tabac. — Le tabac de la régie et la feuille sèche s'emploient, à l'*extérieur*, sous forme de décoction pour tuer les poux, les puces chez le chien, ainsi que contre la gale, les dartres, etc.

La fumée de tabac produit le même effet que sa décoction dans le traitement des maladies pédiculaires.

Le tabac détermine très facilement les vomissements chez le chien, soit qu'on le donne à l'*intérieur*, soit qu'on se borne à l'employer en applications sur la peau, sous la forme de décoctions.

Tanaisie. — À la dose de 20 à 30 grammes, administrés en deux fois à jeun, à deux heures d'intervalle, la poudre de tanaisie est employée comme vermifuge pour expulser les ascarides.

Comme pour les autres vermifuges, il est bon d'administrer une légère purgation peu de temps après.

Térébenthine. — Telle qu'elle découle des pins et des sapins, la térébenthine ne s'emploie guère, dans la médecine du chien, que comme vermifuge. On en administre 5 à 15 grammes délayés dans un jaune d'œuf le matin à jeun; puis, comme avec les autres vermifuges, on donne une purgation une heure après.

Tartrate acide de potasse (BI-TARTRATE DE POTASSE, CRÈME DE TARTRE). — Suivant la dose à laquelle elle est administrée, la crème de tartre agit comme laxatif ou purgatif; dans le premier cas, on donne 5 à 10 grammes, dans le second 30 grammes. La crème de tartre est surtout prescrite dans le traitement de la jaunisse du chien, à la dose de quelques grammes administrés en plusieurs fois dans la journée.

Tartrate borico-potassique (CRÈME DE TARTRE SOLUBLE). — Ce sel possède, sur le précédent, l'avantage d'être plus soluble; il s'emploie aux mêmes usages et aux mêmes doses.

Tartrate de potasse et de fer (BOULES DE NANCY lorsqu'il est moulé en boule ovoïde). — Comme ferrugineux tonique, administré à l'*intérieur*, le tartrate de potasse et de fer est une des meilleures préparations que l'on puisse donner.

On l'administre en pilules ou en solution à la dose de 0,20 centigrammes à 1 gramme par jour.

Teintures. — On désigne sous le nom de *teintures* des préparations liquides qui résultent de l'action dissolvante de l'alcool pur, de l'alcool affaibli ou de l'éther, sur les matières médicamenteuses.

. Les teintures dont l'usage est le plus fréquent en vétérinaire sont :

Teinture d'aloès. — Cette teinture se prépare simplement en faisant dissoudre, à froid, 6 parties d'aloès pulvérisé dans 320 grammes d'eau-de-vie, et en filtrant quand la dissolution est achevée.

La teinture d'aloès s'emploie, à l'*extérieur*, comme cicatrisant, antiputride ; elle nettoie et fortifie les chairs, et favorise l'exfoliation des parties osseuses et tendineuses.

À l'*intérieur*, à petite dose, 1 à 4 grammes, elle est amère, stomachique et vermifuge. 15 à 20 grammes purgent assez énergiquement.

Teinture d'arnica. — Pure ou mélangée à de l'eau-de-vie camphrée, c'est un remède populaire contre les contusions.

On la prépare en faisant macérer 100 grammes de fleurs d'arnica dans 500 grammes d'eau-de-vie. Pressez et filtrez au bout de huit jours.

Teinture d'iode. — La teinture d'iode s'obtient en faisant dissoudre 10 grammes d'iode dans 120 grammes d'alcool. On l'emploie dans le pansement des plaies ulcéreuses, et contre les irritations de la peau, soit pure, soit mélangée à la glycérine (voir Glycérine iodée).

En injections chirurgicales, additionnée d'eau et d'une petite quantité d'iodure de potassium pour empêcher la précipitation de l'iode, cette teinture est fréquemment prescrite.

Teinture de quinquina. — Cette teinture, que l'on prépare en faisant macérer 30 grammes de quinquina dans 120 grammes d'eau-de-vie, s'administre à la dose de 5 ou 10 grammes, dans le cas de débilité chez le chien, accompagnée de manque d'appétit.

Teinture utérine de Caramija. — On la trouve dans presque toutes les pharmacies. Elle s'emploie à la dose de 5, 10 et 15 grammes, suivant la grosseur de la chienne, dans le cas de parturition difficile et laborieuse.

On l'administre délayée dans un peu d'eau sucrée ou de lait.

Teinture de Mars. — Préparation ferrugineuse excellente, employée comme tonique, astringent, dans les hémorrhagies de l'utérus. Elle est constituée par la solution de tartrate de fer dans l'eau alcoolisée.

La dose est de 2 à 6 grammes par jour, administrés, en deux fois, dans un peu d'eau.

Valériane. — Cette plante est antispasmodique et, à ce titre, recommandée pour combattre les affections nerveuses telles que la danse de Saint-Guy. La dose, dans ce cas, est de 10 à 20 grammes de poudre par jour, administrés en plusieurs fois.

Vaseline (*Pétréoline, Pétroléine, Graisse min rale*). — Ce nouveau produit extrait des résidus de distillation du pétrole est appelé à remplacer les corps gras dans la préparation des pommades.

Il a, sur ceux-ci, l'avantage d'être très onctueux et de ne pas rancir.

L'action adoucissante de la vaseline en fait recommander l'emploi dans les affections légères de la peau, les dartres, les brûlures, contre les démangeaisons, et dans le pansement des plaies pour remplacer le cérat.

On ajoute souvent à la vaseline des substances médicamenteuses : acide phénique, iode, perchlorure de fer, suivant l'effet que l'on veut obtenir (voir POMMADES).

Vin d'absinthe.

Prenez : Feuilles d'absinthe............ ....   30 grammes.
         Vin rouge ou blanc ....   1 litre.
         Eau-de-vie..................... ....   50 grammes.

Laissez macérer huit jours et filtrez.

Vermifuge, mais surtout tonique à la dose de deux ou trois grandes cuillerées par jour.

Vin aromatique.

Prenez : Espèces aromatiques.. . ...   100 grammes.
         Vin rouge...................... ..   1 litre.
         Eau-de-vie ....   60 grammes.

Filtrez après huit jours de macération.

Employé pour le pansement de toutes les plaies légères.

Vin de gentiane.

Prenez : Racine de gentiane coupée .... .   30 grammes.
         Vin rouge................ ....   1 litre.
         Eau-de-vie..................... ....   60 grammes.

Communément prescrit comme tonique dans le cas d'inappétence.

Vin de quinquina.

Prenez : Quinquina jaune concassé........   30 grammes.
         Vin rouge ou blanc... .. ..   1 litre.
         Eau-de-vie...................... .... 60 grammes.

Laissez le quinquina en contact avec l'eau-de-vie pendant 24 heures, ajoutez le vin, et filtrez au bout de huit jours.

Le vin de quinquina est le meilleur tonique stomachique que l'on puisse employer. Le premier effet de ce médicament est de ramener infailliblement l'appétit chez les chiens atteints de la maladie du jeune âge (voir ÉLIXIR TONIQUE).

La dose est de 3 à 4 cuillerées à café ou à soupe, suivant la grosseur de l'animal, administrées immédiatement avant le repas.

FIN DU FORMULAIRE PHARMACEUTIQUE.

ERRATA

—

Pages	Lignes	Au lieu de		Rectifications
3	19	tels	*Lisez :*	tel.
9	30	lana	—	l'ana.
13	11	quatre à deux mois	—	de deux à quatre mois.
22	39	de dépouillent	—	dépouiller.
22	40	alibide	—	alibile.
24	5	nouvelle	—	nouvelle.
26	29	proviser	—	profiter.
39	15	le choix est	—	le choix et.
40	30	il ne ne	—	il ne.
42	27	avec	—	éviter avec.
57	30	darwisnisme	—	darwinisme.
69	22	demeurés	—	demeurées.
72	40	au dessus	—	au dessous.
74	11	pastérieure	—	postérieure.
80	40	circulations	—	circulation.
85	39 et 40	mettre au masculin les mots : situées, la grande, la petite.		
97	24 et 25	désignées, sébacées creusées	*Lisez :*	désignés — sébacés. creusés.
98	36	impropremet	—	improprement.
109	33	chaque fois	—	à supprimer comme inutile.
117	12	Javelle	—	Javel.
126	8	bientôt finit après	—	bientôt après, finit.
137	30	huiles opiacées ou camphrées	—	à reporter à la ligne au dessus
148	8	qu'offre cet	—	qu'offre cet.
166	36	en courant	—	; court.
170	1	injections	—	ingestions.
191	21	injections	—	ingestions.
206	41	remarquable	—	remarquables.
210	19	lubréfiée	—	lubrifiée.
214	16	lubréfiée	—	lubrifiée.

Pages	Lignes	Au lieu de		Rectifications
291	22	explorative	*Lisez :*	exploratrice.
292	40	atteints	—	a atteints.
295	3	penchent	—	penchant.
296	6	ours	—	jours.
298	32	ses	—	ces.
301	22	paralysies	—	paralysie.
304	4	antres	—	autres.
304	8	instintivement	—	instinctivement.
305	9	soit ses	—	, soit ses.
307	13	nerprin	—	nerprun.
308	24	séjours	—	séjour.
317	38	plaies suppurantes	—	plaies contuses.
322	19	: aussitôt	—	aussitôt :
337	1	venin	—	virus.
342	2	cliniquement	—	chimiquement.
344	2	s'est guérit	—	s'est guéri.
345	5	est assez quelquefois,	—	est, quelquefois, assez.
346	33	soit à miction	—	soit à la miction.
349	24	sur les marois	—	sur les mares.
350	29	on emploie	—	on applique.
356	7	de la voir	—	de le voir.
364	18	aux des extrémités	—	aux deux extrémités.

FORMULAIRE PHARMACEUTIQUE

Pages	Lignes	Au lieu de		Rectifications
376	19	suivant son âge et sa force	*Lisez :*	suivant l'âge et la force des sujets.
384	7	la colchique	—	le colchique.
389	4	et ne pas	—	ne pas.

6903-86. — Corbeil. Typ. Crété.